弹性波散射研究与应用系列丛书

带形域中的导波散射

齐 辉　姚 东　吴国辉　编著
李振华　孙梦涵

国防工业出版社
·北京·

内容简介

本书首先介绍了弹性波散射相关基本知识以及弹性动力学的一些基本理论和方法，其次分别对带形介质中不同缺陷的导波散射问题进行了研究，包括带形域中空腔对导波的散射问题、带形域中夹杂和凹陷对导波的散射问题、带形域中复杂组合缺陷对导波的散射问题、带形单相压电介质中复杂组合缺陷对导波的散射问题、带形双相压电介质中缺陷对导波的散射问题等。

本书可供工程力学、固体力学、地震工程、无损探伤等相关专业的高年级学生和研究生学习参考，对相关领域的工程技术人员也有一定的参考价值。

图书在版编目（CIP）数据

带形域中的导波散射 / 齐辉等编著． -- 北京：国防工业出版社，2024.8． --（弹性波散射研究与应用系列丛书）． -- ISBN 978-7-118-13022-5

Ⅰ．O347.4

中国国家版本馆 CIP 数据核字第 20244L6E42 号

※

国防工业出版社 出版发行
（北京市海淀区紫竹院南路 23 号　邮政编码 100048）
北京凌奇印刷有限责任公司印刷
新华书店经售

*

开本 710×1000　1/16　插页 2　印张 21¼　字数 380 千字
2024 年 8 月第 1 版第 1 次印刷　印数 1—1000 册　定价 138.00 元

（本书如有印装错误，我社负责调换）

国防书店：(010) 88540777　　　书店传真：(010) 88540776
发行业务：(010) 88540717　　　发行传真：(010) 88540762

前　言

弹性波在弹性介质中传播，当其遇到障碍物（如夹杂物、孔洞和裂纹等）时，将与障碍物发生相互作用，这种相互作用的结果使障碍物表面上任何一点成为一个新的波源，这些次生的波源向各个方向发出次生波，这种现象就是弹性波的散射。次生波即称为散射波，障碍物称为散射体。

弹性波散射现象是导致材料发生局部破坏和损伤积累的主要原因之一。弹性波在固体内的传播与许多工程实际问题密切相关，所以对弹性波传播及散射的研究成为固体力学中非常重要的研究内容之一。其应用范围包括地震震源的定位，无损检测中确定暗伤的大小、形状及位置等信息。几个世纪以来，波在固体中传播的理论和应用取得了很大的进步，为学科建设及社会经济的发展作出了巨大贡献，其相关理论在地震工程、海洋工程、地质勘探及无损探伤等领域都有广泛应用。

弹性波的散射是弹性动力学学科中最重要的研究课题之一，它对于地球物理勘探和材料的定量无损检测两个主要领域都具有重大意义。目前，弹性波散射的研究主要集中在弹性全空间中的异质散射体方向和弹性半空间中的浅埋地下结构方向，如圆形孔洞、衬砌、圆形夹杂对 SH 型导波的散射已有相对成熟的理论和方法；而对于带形弹性介质或带形压电介质内孔洞及夹杂对 SH 型导波的散射问题的研究进展缓慢。

本书是《弹性波散射研究与应用系列丛书》之一，主要对带形介质中各种形态缺陷对 SH 型导波的散射问题进行了研究，在介绍弹性波基本理论外，主要总结了近年来相关学者在该领域所做的一些研究工作，其中也包含了对国内外研究现状的一些分析。

全书共 9 章：第 0 章为绪论，第 1 章介绍了弹性波散射相关基础知识，第 2 章介绍了弹性动力学基本理论和方法，第 3 章主要介绍弹性带形介质中的 SH 型导波散射，第 4 章主要介绍带形域中空腔对导波的散射，第 5 章主要介绍带形域中夹杂和凹陷对导波的散射，第 6 章主要介绍带形域中复杂组合缺陷对导波的散射，第 7 章主要介绍带形单相压电介质中复杂组合缺陷对导波的散射，第 8 章主要介绍带形双相压电介质中缺陷对导波的散射。

  由于时间较为匆忙，且限于作者的学术水平，书中难免存在不足之处，还望读者提出宝贵意见和建议。

作 者
2024 年 3 月

目　　录

第0章　绪论 ·· 1
  0.1　弹性波散射问题 ·· 1
  0.2　弹性波散射问题基本研究方法 ·· 6
  参考文献 ··· 10

第1章　弹性波散射相关基础知识 ······································· 15
  1.1　与弹性波能量相关的物理量 ·· 15
  1.2　物质坐标和空间坐标 ··· 17
  1.3　张量基础知识 ··· 18
  1.4　应力分析 ··· 21
    1.4.1　应力的概念 ·· 21
    1.4.2　应力张量 ·· 21
    1.4.3　力平衡条件、运动方程 ·· 22
  1.5　应变分析 ··· 23
    1.5.1　应变张量和转动张量 ·· 23
    1.5.2　位移场的标势和矢势 ·· 24
    1.5.3　用位移和位移势表示的运动方程 ··································· 25
  1.6　基本方程 ··· 27
    1.6.1　运动方程 ·· 27
    1.6.2　运动方程的解耦 ·· 29
  1.7　常见波动方程 ··· 30
    1.7.1　平面波动方程 ·· 30
    1.7.2　球面波动方程 ·· 31
    1.7.3　柱面波动方程 ·· 31
  1.8　平面问题 ··· 32
    1.8.1　平面内问题 ·· 32

  1.8.2 反平面问题 ··· 32
  1.8.3 带型域内的入射导波和反射导波 ·· 33
 1.9 重要的面积分和体积分 ··· 34
  1.9.1 面积分 $S_1 = \iint_R e^{iC_i x_i} dA'$ 的计算 ··································· 34
  1.9.2 体积分 $S_2 = \iint_R e^{iC_i x_i} dA'$ 的计算 ··································· 35
 参考文献 ··· 38

第 2 章 弹性动力学基本理论和方法 ··· 39
 2.1 弹性动力学基本理论 ·· 39
 2.2 波函数展开法 ·· 43
  2.2.1 平面波 ·· 43
  2.2.2 柱面波 ·· 45
  2.2.3 贝塞尔波函数和汉克尔波函数 ·· 46
 2.3 镜像法 ·· 47
 2.4 导波展开法 ·· 48
  2.4.1 入射导波 ·· 49
  2.4.2 散射导波 ·· 51
 参考文献 ··· 57

第 3 章 弹性带形介质中的 SH 型导波散射 ····································· 58
 3.1 引言 ·· 58
 3.2 导波展开法在带形域中的应用 ·· 58
  3.2.1 定解问题 ·· 58
  3.2.2 带形介质中的边界条件 ·· 59
  3.2.3 弹性带形介质中频率方程的求解 ··· 60
 3.3 格林函数的近似解 ·· 62
  3.3.1 格林函数的定义 ·· 62
  3.3.2 累次镜像方法 ·· 63
  3.3.3 收敛性和近似分析 ··· 65
 3.4 弹性带形介质中柱体 SH 型导波散射问题 ································· 66
  3.4.1 柱体的 SH 型导波散射 ··· 67
  3.4.2 散射导波 ·· 69

  3.4.3 定解条件 ·· 72
  3.4.4 近场解 ·· 79
  3.4.5 远场解 ·· 81
参考文献 ·· 82

第4章 带形域中空腔对导波的散射 ·· 83

4.1 带形域中单个圆孔对SH型导波的散射 ·· 83
  4.1.1 问题描述 ·· 83
  4.1.2 单个圆孔对SH型导波的散射 ··· 84
  4.1.3 数值结果与分析 ·· 86

4.2 带形域中多个圆孔对SH型导波的散射 ·· 88
  4.2.1 问题描述 ·· 88
  4.2.2 多个圆孔对SH型导波的散射问题 ·· 89
  4.2.3 数值结果与分析 ·· 90

4.3 带形域中含锯齿边界对SH型导波的散射 ·· 94
  4.3.1 问题描述 ·· 94
  4.3.2 数值结果与分析 ·· 94

4.4 带形域中非圆形孔洞对SH型导波的散射 ·· 100
  4.4.1 问题描述 ·· 100
  4.4.2 非圆形孔洞对SH型导波的散射问题 ··· 101
  4.4.3 数值结果与分析 ·· 102

参考文献 ·· 107

第5章 带形域中夹杂和凹陷对导波的散射 ·· 108

5.1 带形域中圆柱夹杂对SH型导波的散射 ··· 108
  5.1.1 问题描述 ·· 108
  5.1.2 位移波场相关理论 ··· 109
  5.1.3 点源散射的定解 ·· 113
  5.1.4 数值结果与分析 ·· 115

5.2 带形域中椭圆夹杂对SH型导波的散射 ··· 119
  5.2.1 理论模型 ·· 119
  5.2.2 SH型导波的散射 ·· 120
  5.2.3 边界条件和方程 ·· 124
  5.2.4 动应力集中系数 ·· 126

  5.2.5 数值结果与分析 ································· 126
 5.3 带形域中半圆形脱胶圆柱夹杂对 SH 型导波的散射 ········ 130
  5.3.1 问题描述 ····································· 131
  5.3.2 控制方程 ····································· 132
  5.3.3 SH 型导波的入射波求解 ························· 133
  5.3.4 带形域中散射波的求解 ························· 133
  5.3.5 圆柱形夹杂中驻波的求解 ······················· 135
  5.3.6 动应力集中系数 ······························· 136
  5.3.7 带形域内半圆形脱胶圆柱形夹杂的
      动应力集中问题算例 ··························· 137
 5.4 带形域中含多个半圆柱形凹陷对 SH 型导波的散射 ······· 147
  5.4.1 问题描述 ····································· 148
  5.4.2 理论分析 ····································· 148
  5.4.3 计算结果与讨论 ······························· 155
 参考文献 ·· 162

第 6 章 带形域中复杂组合缺陷对导波的散射 ················· 163
 6.1 带形域中半圆形凹陷和圆形夹杂对 SH 型导波的散射 ······ 163
  6.1.1 理论分析 ····································· 163
  6.1.2 数值结果与分析 ······························· 169
 6.2 带形域中半圆形脱胶夹杂和圆孔对 SH 型导波的散射 ······ 181
  6.2.1 问题描述 ····································· 181
  6.2.2 问题求解 ····································· 183
  6.2.3 数值结果与分析 ······························· 191
 6.3 带形域中复杂形态夹杂对 SH 型导波的散射 ·············· 197
  6.3.1 问题描述 ····································· 198
  6.3.2 SH 型导波对带形介质内圆形夹杂的散射 ·········· 200
  6.3.3 处理夹杂对 SH 型导波散射问题的有限元方法 ····· 204
  6.3.4 数值结果与分析 ······························· 205
 参考文献 ·· 220

第 7 章 带形单相压电介质中复杂组合缺陷对导波的散射 ········· 222
 7.1 带形压电介质中脱胶圆形夹杂和直线裂纹对 SH 型导波的

散射 ·· 222
    7.1.1 问题模型的描述 ·· 222
    7.1.2 格林函数 ·· 223
    7.1.3 SH 型导波的散射 ····································· 230
    7.1.4 动应力集中系数 ·· 230
    7.1.5 动应力强度因子 ·· 231
    7.1.6 数值结果与分析 ·· 231
7.2 带形压电介质中多个脱胶圆形夹杂和裂纹对 SH 型导波的
散射 ·· 238
    7.2.1 问题模型的描述 ·· 238
    7.2.2 格林函数 ·· 239
    7.2.3 SH 型导波的散射 ····································· 245
    7.2.4 动应力集中系数 ·· 246
    7.2.5 动应力强度因子 ·· 246
    7.2.6 数值结果与分析 ·· 247
7.3 带形压电介质中圆形空腔和半圆形凸部对 SH 型导波的散射 ··· 252
    7.3.1 理论模型 ·· 252
    7.3.2 SH 型导波的散射 ····································· 254
    7.3.3 边界条件和方程式 ····································· 261
    7.3.4 数值结果与分析 ·· 264
参考文献 ·· 274

第 8 章 带形双相压电介质中缺陷对导波的散射 ·················· 276

8.1 带形双相压电介质中界面附近圆形夹杂对 SH 型导波的散射 ··· 276
    8.1.1 问题描述 ·· 277
    8.1.2 格林函数 ·· 277
    8.1.3 SH 型导波的散射 ····································· 286
    8.1.4 契合法的应用 ··· 289
    8.1.5 动应力集中系数 ·· 290
    8.1.6 电场强度集中系数 ····································· 290
    8.1.7 数值结果与分析 ·· 291
8.2 带形双相压电介质中界面裂纹附近圆形夹杂对 SH 型导波的
散射 ·· 301

8.2.1　问题模型的描述 …………………………………… 302
8.2.2　格林函数 …………………………………………… 302
8.2.3　SH 型导波的散射 …………………………………… 305
8.2.4　契合法的应用 ……………………………………… 314
8.2.5　动应力集中系数 …………………………………… 316
8.2.6　动应力强度因子 …………………………………… 316
8.2.7　数值结果与分析 …………………………………… 316

参考文献 ……………………………………………………… 324

附录 …………………………………………………………… 326

第0章 绪　　论

0.1　弹性波散射问题

随着科学的不断进步和技术的长足发展，工程材料越来越广泛地应用于航空航天、航海、城市建设、能源开发和国防工程等方面。工程材料中天然存在，或者在加工制造过程中形成了许多不同的缺陷，如形状不规则的孔洞、不同介质参数的夹杂、细小的裂纹以及与介质脱离开来的脱胶缺陷等，这些缺陷广泛存在于各种构件中，如复合材料板的层间粘接处、构件的缝隙处等。许多工程材料如梁、板、柱、壳体，它们的破坏取决于环境条件、外部以及内部缺陷的共同作用。这些天然或人工缺陷的存在会对材料的力学性能、强度产生不可忽略的影响，因此对材料中的缺陷检测以及定性理论分析有着重大的理论意义和工程意义。随着结构建设规模的不断加大，材料的强度设计及其安全性评价，也越来越成为工程设计人员所关注的首要问题。弹性波是一种能量传播形式，在介质中通常是以直线形式传播，但在缺陷等遇障碍物的影响下，传播方向将发生改变，以散射波的方式传播。这种现象通常发生在形状不规则的孔洞、与介质参数不同的夹杂、细小的裂纹以及与介质脱离开来的脱胶缺陷、两种不同界面处。

研究弹性介质内异质物对弹性波的散射问题在许多工程领域中具有重要意义。例如，矿产勘探、石油勘探及定量无损检测、雷达、声纳和爆炸等技术的应用与发展，归根结底需要弄清楚弹性波的散射效应与埋藏的异质物的几何、物理特性之间的相互关系，散射效应与某些断裂力学参数的相互关系等。从工程应用的观点来看，众多弹性波散射问题是弹性动力学的反问题，即是在已知弹性波散射效应前提下反推诸如散射体（埋藏物）的位置、大小及方向，以及介质特性、发射源等，进行系统深入的研究，得到问题的固有规律和特性，从而为反问题的最终解决奠定基础。

由于在弹性介质上作用外力或动态载荷会对弹性介质产生应力、应变，使弹性介质中物质粒子初始平衡被打破，物质粒子随弹性介质的变形而以初始位置为平衡位置做上下振动，由于物质粒子间弹性力的存在，周围的粒子也发生形变和振动，如此一来，这种形式的运动将以一种波的形式传递下去，弹性波属于应力波，能量也以波的形式传播。按照质点的振动方向和波的传播方向两者的空间位置关系，波可分为横波和纵波，横波的振动方向矢量和波的传播方向矢量的点乘为零，电磁波、光波、SH 型导波均属于横波。另外，弹性波还包括 SV 波、P 波、Rayleigh 波、Love 面波、Stoneley 波等[1]。波在传播过程中，遇到不同的界面，将发生不同的现象，如波的反射、折射、干涉和绕射，这些现象都反映波的运动特性和动力学特性。当波遇到界面时，波的传播方向会按照反射定律而改变，遵循 snell 定律[2]。遇到双向介质界面，除反射以外，还会遵循折射定律，发生折射；遇到障碍物，波会绕过障碍物，传到反射和折射到不了的地方，继续向前传播。绕射现象的强弱与散射体的尺寸和波的波长有关。总的波场可以有两种表达形式：$w=w^i+w^s$ 和 $w=w^i+w^f+w^s$。

综合文献来看，弹性动力学发展的早期主要是针对音乐的音调或水波之类的问题，且仅限于定性观察而不能进行定量分析。19 世纪初，法国的 Grimaldi 和英国的 Robert 最先对衍射现象进行描述，他们在研究光的本质问题时发现了衍射现象。当人们逐渐认识到光现象的波动性后，作为一种工具，弹性波分析方法被尝试应用于光现象研究，这个时期弹性波传播理论得到了初步发展。1821 年，伟大的科学家 Navier 通过研究整理出了弹性体的振动和平衡方程，随后 Germain 通过一些严格的理论推导，获得了薄板振动的偏微分方程。物理学家 Fresnel 通过大量试验证明了横波的存在，这一重大发现引起了柯西（Cauchy）及 Poisson 的关注并进一步研究。这些前辈扎实稳健的工作使得弹性波问题的研究获得了快速发展。

在 1822 年时，Cauchy 不仅在弹性波领域中做了大量基础性的工作，如非常精确地定义了弹性常数并给出了应力应变的概念，而且在研究液体表面波的传播问题时，得到了许多经典结果，不仅如此，他还通过研究平面波在晶体中的传播，得到了波前传播速度方程。Freund、Achenbach 先后于 1845 年和 1849 年，论证了横波是畸变波、纵波是胀缩波。至此，成熟的弹性波传播数学理论形成了。随后，著名数学家 Poisson 解决了弹性动力学的初值问题，这对以后问题的研究提供了极大的帮助。在 19 世纪中期，Stokes 作为第一人分析了弹性波的衍射现象。1872 年，Rayleigh 采用波函数展开法详细讨论了固接球体和另一种与周围大气密度不同，可压缩性不同的气态球体对平面波和球面波的散射问题，分别对光的散射问题以及声波散射机理进行了研究，并且具体分析了在矢量波的作用下球体性夹杂的散射，对后人进一步分析波动问题提供了强大工具。[3] 1927 年，Sezawa 发表了"弹性波散射及其若干有关问题"的文章，其中研究了各向同性均匀的弹性固体里面有真空的圆柱、椭圆形柱或球形嵌入的问题，特别是利用波函数解法处理了两种类型波（P 波和 S 波）的散射[4]。Navier、Poisson、Cauchy、Clebsch、Rayleigh、Lamb、Love 等一大批物理学家对弹性动力学和弹性波的基础理论建设作出了巨大的贡献。随后，在 20 世纪中期，由于弹性波在地球物理领域的应用，使其成为工程领域中极其活跃的研究课题。而 SH 型导波作为最基本和简单的弹性波动模型，使许多有着复杂边界的弹性动力学反平面运动的初边值问题有了精确的解析解，因此得到了大量研究人员的重视和研究。

在地震波动领域，凹陷和凸起作为一种十分常见的地形，其对平面 SH 型导波散射引起的表位移和动应力集中的研究已有大量的文献可供参考。1972 年，Trifunac 利用波函数展开法，首次分析了半圆柱形峡谷对平面 SH 型导波的散射，发现了地形对地表位移的增大效应[5]。Cao 等人又分别对 SH 型导波和 P 波作用下圆弧形凹陷地形的散射进行了研究，分析发现圆弧形凹陷的深宽比对散射有着显著的影响[6-7]。Wong 研究了半椭圆柱形凹陷对平面 SH 型导波的散射，并分析了入射角度和入射波波长对地表位移幅值的影响[8]。Vaziri 和 Trifunac 运用边界数值方法研究了在平面 SH 型导波作用下带有衬砌的任意形状管道的散射问题，对三角形和矩形凹陷进行了具体的分析[9]。1980 年，刘殿魁等人将弹性力学中求解孔洞附近应力集中问题时用的复变函数方法引入弹性动力学中求解动应力问题，并通过数值算例，求得了圆形、椭圆形和马蹄形孔洞边沿的动应力集中[10-11]。复变函数方法在弹性动力学中的应用极大地简化了复杂边界的散射问题。随后，Liu 和 Han 运用这种方法研究了任意形状峡谷的反平面稳态运动问题[12]。许贻燕和韩峰对多个凹陷地形的弹性波散射问题进行了研究，并给出了两凹陷地形问题的数值结果，结果表明，两凹陷的中心距大于 200 倍的凹陷半径时，便可认为是孤立地形[13]。韩峰和刘殿魁运用保角映射法和傅里叶展开法研究了各向异性介质中带有衬砌的凹陷地形在 SH 型导波作用下的稳态响应[14]。梁建文等人利用傅里叶-贝塞尔（Fourier-Bessel）级数展开法系统地研究了平面 SH 型导波、平面 SV 波和平面 P 波对圆弧状凹陷的散射[15-17]。刘刚等人研究了平面 SH 型导波作用下，浅埋裂纹和凹陷同时存在时的散射响应[18]。Zhang 等人使用 Graf 加法定理研究了 V 形峡谷引起的平面 SH 型导波的二维散射和衍射，通过假设 Ricker 类型的入射信号在时域中进行参数分析，得到的地表和地下瞬态响应表明了波传播与散射的特征和机理[19]。Chang 等人采用区域匹配技术研究了平面 SH 型导波在圆形扇形峡谷中的散射问题，并推导出严格的级数解[20]。韩峰等人对两个等腰三角形与半圆形凹陷相连地形的散射问题进行了研究，并给出地表无量纲位移的分布情况，数值分析了入射波数和角度对其的影响[21]。瞿宗新和蒋格用数值法研究了三维半球形凹陷峡谷对平面 SH 型导波散射的瞬态响应,通过算例给出了 SH 型导波以一定角度倾斜入射时的凹陷一点的系数图和位移时程图[22]。Calzada 等人运用间接边界元法研究了海洋下凹陷和凸起等不规则地形对 P 波和 SV 波的散射[23]。近年来,齐辉等人研究了直角域中凹陷和凸起地形对 SH 型导波稳态的影响得到解析解,并用数值法分析了凹陷或凸起边沿的动应力集中和远场的位移模式[24-26]。Lee 和 Liu 给出了弹性半空间中无应力波函数形式的 P 波和 SV 波在半圆柱形周围散射的闭合解析解[27]。Shyu 等人将有限元法与级数展开法相结合,求解了弹性半平面内的两个峡谷对入射平面 SH 型导波的散射问题[28]。巴振宁等人将沉积风化作用下土体的横观各向同性介质模型引入地震波散射问题中,并在频域和时域内对凹陷地形进行了数值计算分析[29-30]。随后,他们又结合了区域匹配技术,提出了一种精度高、计算量小的周期性间接边界元法,并研究了地震波作用下层状半空间中周期性冲积河谷的反平面响应。丁海平等人采用有限元法分析了不同深宽比的方形凹陷对不同入射角度的 P 波和 SV 波的瞬态响应[31]。马荣等人用数值模拟的方法研究了 SH 型导波和 P 波作用下的带有半圆弧凹陷地形的地表位移变化,并与解析解进行了对比分析[32]。对于介质内部问题,夹杂、孔洞和裂纹等缺陷对 SH 型导波的散射问题一直是弹性动力学反平面问题中的热门课题,并且在全空间、半空间、1/4 空间中有大量的文献可以参考。陆建飞和王建华以 Biot 波动理论为基础,运用复变函数法和保角映射法,对饱和土中任意形状孔洞的弹性波散射问题进行了研究[33]。史文谱等人利用多级坐标平移技术对直角域中含夹杂的散射问题进行了研究,并讨论了水平边界一点的位移幅值和夹杂边沿动应力集中系数的变化情况[34]。刘刚和刘殿魁利用"分区契合"的思想解决了任意三角形凸起地形的散射问题,并得到了该地形中浅埋夹杂的 SH 型导波散射问题的解析解,通过算例分析,发现凸起地形的坡度和夹杂性质对地表位移幅值都有影响,且前者影响更大[35]。赵嘉喜等人建立了含有浅埋脱胶圆夹杂的半无限空间模型,研究了该模型在平面 SH 型导波作用下,水平边界位移的变化,数值结果表明,脱胶的位置、夹杂的埋深和入射波的参数对位移都有一定的影响[36]。Qi 等人运用格林(Green)函数法对双相介质内 SH 型导波的散射问题进行了研究,通过算例分析了界面附近夹杂边沿的动应力集中系数受界面、自由边界和不同介质参数的影响[37]。杨在林等人将圆形夹杂推广成更一般的椭圆形夹杂,并研究了在 SH 型导波作用下椭圆形夹杂与裂纹的相互作用,并讨论了夹杂周边动应力集中、表面位移幅值和裂纹尖端动应力强度的分布规律[38-39]。丁晓浩等人研究了直角域中的椭圆夹杂对 SH 型导波的散射,并得到了解析解[40]。Kanaun 等人利用非均匀介质中弹性位移的体积积分方程,

第0章 绪论

研究了三维问题中平面单色弹性波在任意形状夹杂上的散射问题,同时基于Biot理论,分析了多孔弹性介质中任意形状的混合夹杂对平面纵向单色波的散射,注意到弹性波在传播过程中会引起孔隙流体的非定常流动,从而导致传播速度存在频散和衰减现象[41-42]。因此,宋永佳等人以此为背景,分析了横波在含有球形夹杂孔隙介质中的传播特性[43-45]。李晓朋等人基于三维有限元数值模拟,研究了单个浅埋弱立方夹杂对地面运动的影响,利用谱比曲线分析了浅埋弱夹杂物和长宽比对地震动放大效应,最后与二维有限元数值模拟结果进行了比较[46]。刘中宪等人发展并运用了一种高精度快速多域间接边界元法,求解了半空间中大规模夹杂群对SH型导波的散射,为大规模多域散射问题提供了一种思路[47]。Li等人计算了SH型导波作用下含有孔洞的凸起地形中坡面及周边的位移幅值,并与现有工程结果进行了比较,验证了推导过程的正确性[48]。齐辉等人应用格林法建立脱胶模型,并对半空间中浅埋脱胶椭圆夹杂与圆形夹杂之间的相互作用进行了研究[49]。Pan运用一种直接的时域数值方法,研究了地表下任意形状的夹杂对SH型导波的散射,同时分析了地表震动情况[50]。

近年来,纤维增强型复合材料的广泛应用,使得SH型导波在带形域中散射的研究成为热门课题。Achenbach给出了带形介质中满足上、下边界应力自由的导波传播的一般形式[51-52]。Itou研究了带圆孔的无限弹性条带的瞬态响应[53]。Georgiadis等人研究了一般线性黏弹性板中孔洞周围的动应力集中的瞬态问题,并分析了黏弹性效应对动应力集中的影响[54]。Lu以连续加筋薄板和钢筋混凝土板的超声检测为背景,分析了周期分布的圆柱形夹杂对SH型导波色散特性的影响[55]。PAO等人用射线方法研究了板带中的弹性波[56-58]。WANG和YING利用模式匹配方法给出了脱胶圆柱夹杂对SH型导波散射的数值解[59]。Hayir和Bakirtas多次运用镜像法有效地处理了带形域上、下两条自由边界给问题求解带来的困难,同时运用波函数展开法构造了无限板中孔洞的散射波级数形式,并验证了该方法的正确性,分析了该方法的精度[60]。Hu等人运用这种方法对半无限板中孔洞边沿的动应力集中和应变能密度进行了理论分析[61-62]。齐辉等人继续运用和发扬累次镜像法,进一步地对带形域内夹杂的SH型导波散射问题进行了研究[63]。朱新杰等利用合成孔径聚焦原理,建立了SH型导波检测系统,并对其进行了研究,为工业在大尺度焊接结构板材缺陷的检测和监测提供了新的思路[64]。王艳采用大圆弧假定,将直边界化为半径很大的圆的圆弧边界,来处理上、下边界应力自由的问题,并对带形域内半圆形脱胶夹杂和圆柱形孔洞对SH型导波的散射问题进行研究[65]。Ayatollahi和Bagheri运用分布错位技术,得到了功能梯度带材中不同形状的裂纹在反平面时间谐和点源载荷作用下的解析解[66]。通过数值计算，研究了材料性能和裂纹形态对动应力强度因子的影响。潘向南等人运用累次镜像法和 Graf 加法公式深入研究了带形介质中圆柱孔洞对 SH 型导波的稳态散射，并在文章的最后一个部分，以出平面线源荷载为入射波，对带形域内圆柱夹杂的散射问题进行了理论推导，通过算例分析了不同位置线源荷载作用下的夹杂边沿动应力集中系数[67-68]。张洋结合理论分析与数值模拟两种方法，研究了混凝土板中孔洞的反平面动力问题[69]。Petcher 和 Dixon 利用电磁超声换能器（Electromagnetic Acoustic Transducer，EMAT）产生的 SH 型导波对奥氏体不锈钢焊缝的缺陷进行检测，将结果与使用全聚焦法（Full Focus Method，TFM）的一维压电相控阵的检测结果进行比较，发现 SH 型导波对缺陷检测的敏感性更高[70]。刘素贞等人以超声 SH 型导波在板材中的无损检测为背景，使用有限元软件 COMSOL Multiphysics，分析了 0 阶 SH 型导波在钢板中的传播特性，并通过试验验证了仿真方法的正确性和可行性[71]。

从散射问题研究的发展历程不难看出，人们是从对单个简单形状的球、圆柱等散射体的研究，发展到对单个或多个任意形状散射体的研究；从对半无限的裂纹研究发展到对有限裂纹和界面裂纹的研究；从对简单山谷地形的研究发展到对各种形状地形的研究。在研究方法上，从采用经典的波函数展开法、积分方程法进行研究，发展到运用积分方程的 Born 近似法、T 矩阵法、复变函数方法、射线方法、匹配渐进展开法、等效内含物法和有限元、边界元等数值方法对散射问题进行研究，且散射问题研究上的发展是和同时期的实际需求相适应的。例如，材料断裂问题的出现，要求对裂纹散射和动应力集中问题进行深入研究；散射问题的研究方法是在同时期数学和物理方法发展的基础上发展成熟，如对弗雷德霍姆（Fredholm）型积分方程和具有柯西型积分核的奇异积分方程的研究进展促进了散射问题积分方程法的发展。目前，还有很多散射问题需要人们研究和处理，这就要求我们不断学习数学物理方法知识，在继承前人已有成果的前提下锐意创新，努力发展更加精确、实用和有效的方法。

0.2　弹性波散射问题基本研究方法

近百年来，弹性波散射问题在理论和工程上的重要性越来越突出，应用范围非常广泛，很多学者也相继从事弹射波散射问题的研究，问题的研究也变得更加深入、细化。对于弹性波散射解答也总结出了许多研究和分析的方法，这些方法也被许多学者应用于界面波动等问题，获得的结论和试验等拟合得较好。常用的方法有波函数展开法、复变函数法、累次镜像法、导波展开法、傅里叶（Fourier）展开法、格林函数法、射线法、积分方程法、摄动法、数值法等。

1. 波函数展开法

波函数展开法来源于数学物理方程中的分离变量法。分离变量法的基本思想是，把数学物理方程定解问题中未知的多元函数分解成若干个一元函数的乘积，目的是把求解偏微分方程的定解问题转化成求解若干个常微分方程的定解问题。在求解弹性动力学反平面问题的过程中，首先按照分离变量法的思想处理二维波动方程，分离空间变量和时间变量后，略去时间谐和因子 $\exp(-i\omega t)$，再对位移的控制方程（Helmholz 方程）在平面极坐标系上进行变量分离，就得到可列的波函数级数形式的解，该解的一般形式为极径的函数（柱函数 $Z_n(kr)$）与极角的函数（指数函数 $\exp(-i\omega t)$）两者的乘积，这种方法称为波函数展开法。按照柱函数的分类，波函数展开法又分为贝塞尔（Bessel）波函数展开法和汉克尔（Hankel）波函数展开法，其中贝塞尔波函数描述的是有界区间内的柱波，汉克尔波函数描述的是不包含原点的向外传播或向内汇聚的行波。目前，学术领域的曲线坐标共有 11 种，然而对矢量波动方程进行分离变量时，仅仅需要 6 种坐标即可，所以说这就限制了该种方法的使用。但是通过该种方法算出的结论，对以后分析各种模型条件下弹性波的散射问题起到了非常重要的作用。基于上述方法不足之处，刘殿魁等人利用复变函数法提出"域函数"的概念，使得波函数展开法得到了进一步的拓展应用。

2. 复变函数法

复变函数法是引入复数坐标，将直角坐标下的波函数表达式，表示成复数坐标的形式。在弹性波理论研究中，刘殿魁第一次提出"域函数"的概念，并在原来的直角坐标、极坐标等二维波动问题中，引入复变函数，将波函数转换为复数形式。利用保角变换方法，将任意形状的散射体，通过变换，映射成简单的、规则形状的散射体来计算。能够处理单连通和多连通问题等复杂边界问题，即把物体在平面上的任意形状的区域，向映射区对应区域映射，通常为单位圆域等，从而简化了计算。研究表明，求解动应力集中问题时，在任意区域中，问题的解的完备逼近序列是级数形式的，并且是以"域函数"为项，将级数方程组线性代数处理，将其离散后数值求解。

3. 累次镜像法

累次镜像法是对镜像法的多次使用。镜像法是在半空间和直角域中经常使用的方法，给定直边界一侧的源位移场，将源位移场按照边界进行对称得到像位移场，用像位移场代替源位移场在边界处反射得到反射场，这样源、像位移场的叠加就是构造出的满足直边界应力自由的位移场，这是因为在平面直边界的两侧分别施加对称的位移场，对称轴所在平面上的应力必定为零。对带形域而言，由于带形域存在上、下两条直边界，使凹陷或柱体产生的散射波将会在带形域上、下自由边界发生多次反射，导致能满足带形域上、下边界上应力自由边界条件波场的解析解很难给出。而用镜像法时，对上边界镜像时产生的像位移场只能满足上边界的应力自由，这时需要将这个像位移场当作源位移场再对下边界进行第二次镜像，第二次镜像出的像位移场又不满足上边界的应力自由，所以又要进行第三次镜像，以此类推，理论上需要进行无穷次镜像，根据精度要求，可以截断镜像次数，即认为大于 N 次以后的镜像对边界上应力自由的影响可以忽略不计，这种方法就是累次镜像法。累次镜像法也可以理解为用像位移场来代替源位移场在上、下边界反射时产生的反射波。

4. 导波展开法

弹性带形介质中的反平面动力学问题有着与全空间、半空间、1/4 空间不同的特殊的波函数展开法，称为导波展开法。在直角坐标系下，按照分离变量法，对波动方程先后分离时间变量和两个空间变量，得到解的一个不可列的级数形式的表达式。再根据带形介质上、下两个边界的应力自由条件，可以将不可列的形式级数转化为与自然数 n 有关的可列的级数形式。这个级数的一般项由垂直带形介质边界方向上的干涉相和平行于带形介质边界方向上的传播相相乘得到，称为导波。带形介质中所有满足上、下边界应力自由的弹性波都可以表示为导波的级数形式，即可以进行导波展开。

5. 傅里叶展开法

在求解弹性动力学反平面运动的过程中，可用导波展开法和镜像方法来构造入射波和散射波以满足直边界应力自由的条件，这样，圆柱边界上的位移和应力条件就成为整个问题的定解条件，而该定解条件通常是与整数 n 有关的未知波函数系数 A_n 和极角 θ 的无穷方程组，这时需要对定解方程做傅里叶级数展开，并利用简谐函数的正交性，以得到一组与角变量 θ 无关的方程组，用来解出未知的波函数的系数 A_n。

6. 格林函数法

在数学中，格林函数是用来解有初始条件或边界条件的非齐次微分方程的函数。而从物理学的多体理论上看，它常常是指各种关联函数，如特定的"场"和产生这种"场"的"源"之间的关系，因此，又称为源函数或影响函数。对于很多实际问题，求解思路都是要首先根据具体的边界条件，先构造问题的格林函数，求得点源作用影响，之后根据具体的载荷分布情况，将构造的格林函数解按载荷形式叠加或沿载荷分布区域进行积分，得到总的位移场。

格林函数法的原理是叠加原理，只能应用于线性系统。对于含双向界面、凸起、凹陷地形、直角域等问题，都要构造格林函数。有些问题的格林函数解的形式已经确定，如集中力作用下半圆形凹陷的格林函数，半空间和全空间的 Mindlin 解与 Kelvin 解，这些结果在求解相关问题时，可以直接引用。

7. 射线法

在求解弹性波传播问题时，常用到一种渐进法，该方法是由声波理论发展而来的，也称为直接渐近展开法，是一种解决当弹性波以高频波的形式入射时，散射体散射问题的方法。该方法由 Keller 和 Lavy 提出，由 Achenbach 等人应用到实际问题的求解中。弹性波高频入射时，无论是稳态还是瞬态散射问题，这种方法是一种很好的选择，求解结果的精度不受散射体形状的限制。异质体的特征尺寸远远大于高频弹性波的波长，当两者相近时，这种方法的解精度也很高。

8. 积分方程法

积分方程法在弹性波散射问题中应用十分广泛。此法是以动力互等定理为基础，把域内问题向边界问题转化求解。由变分方法和格林函数方法推导出积分方程的表达式。积分表达式定理的含义是，任意形状散射体的散射波，都可以进一步分解为一个面积分和一个体积分。散射体与弹性体脱离开，是不连续的，脱胶部分引起的散射波，不是直接给出的。散射波是间接地转化为弹性介质中格林函数的体积分，即等价体积力的体积分来表达。求解总波场的体积分，需要采用数值法，因为波的积分方程由奇异积分方程和弗雷德霍姆型积分方程两部分组成，前者具有柯西型积分核，不能直接解析求解，而用数值叠代方法或渐近方法来解。总波场的近似方法主要有静态近似和 Bron 近似，两种近似方法都是寻找总波场的近似替代量，但不同的是，前者用静态场代替，后者用第一次试函数的入射波长代替。瞬态波和二维定常波常常采用这种方法。

9. 摄动法

摄动法的思想是先摄动后求解。这种近似方法有对边界条件摄动和对波动方程摄动两种，前者较为常见。在此基础上发展了一种新方法，即渐近匹配法，它的思想是先分解后匹配，即先将所求的问题化为一个外问题和一个内问题，再将两个问题用不同级数求解的解匹配在一起。这种方法也常和其他方法相结合应用，研究任意形状物体对声波和弹性波散射的影响。

10. 数值法

弹性波分析有解析法和数值计算法两种基本方法。解析法的应用范围很小，只适用少数简单问题，对于复杂性和多变性界面问题无法得到解析解，只能用数值法。对于稳态波入射问题，数值法也适用。数值法包括有限元法、边界元法、积分方程法、离散波数法、有限差分法。数值法可以解决任意几何特性、物理特性的弹性体，在非线性、不均匀、各向异性介质中对弹性波的波动问题。但是，这种方法的缺点是一种近似方法，不能从本质上反映物理特性，难以对误差定性分析。高频波入射时，误差和计算的精度不易控制。以上缺点使数值法应用起来受到限制。

参 考 文 献

[1] 钟伟芳，聂国华. 弹性波的散射理论 [M]. 武汉：华中理工大学出版社，1997.

[2] 王铎，马兴瑞，刘殿魁. 弹性动力学最新进展 [M]. 北京：科学出版社，1995.

[3] RAYLEIGH L. On the Instability of Jets [J]. Proceedings of the London Mathematical Society, 1878, s1-10 (1): 4.

[4] SEZAWA K. Scattering of elastic waves and some applied problems [J]. Bull. earthquake Res. inst, 1927, 3.

[5] TRIFUNAC M D. Scattering of plane SH waves by a semi-cylindrical canyon [J]. Earthquake Engineering and Structural Dynamics, 1972, 1 (3): 267-281.

[6] CAO H, LEE V W. Scattering and diffraction of plane P waves by circular cylindrical canyons with variable depth-to-width ratio [J]. Soil Dynamics and Earthquake Engineering, 1979, 9 (3): 141-150.

[7] LEE V W, HONG C. Scattering and diffraction of incident plane SH, P and SV waves by circular canyons with variable depth-to-width ratios [D]. America: USC, 1990.

[8] WONG H L, TRIFUNAC M D. Scattering of plane sh waves by a semi - elliptical canyon [J]. Earthquake Engineering Structural Dynamics, 1974, 3 (2): 157-169.

[9] MOEEN-VAZIRI N, TRIFUNAC M D. Scattering of plane SH-waves by cylindrical canals of arbitrary shape [J]. International Journal of Soil Dynamics Earthquake Engineering, 1985, 4 (1): 18-23.

[10] 刘殿魁，盖秉政，陶贵源. 论孔附近的动应力集中 [J]. 地震工程与工程振动，1980，试刊 (1): 97-109.

[11] LIU D K, GAI B, TAO G Y. Applications of the method of complex functions to dynamic stress concentrations [J]. Wave Motion, 1982, 4 (3): 293 – 304.

[12] LIU D K, FENG H. Scattering of plane SH-wave by cylindrical canyon of arbitrary shape [J]. Soil Dynamics and Earthquake Engineering, 1991, 10 (5): 249-255.

[13] 许贻燕，韩峰. 平面SH型导波在相邻多个半圆形凹陷地形上的散射 [J]. 地震工程与工程振动，1992, 12 (2): 12-18.

[14] 韩峰，刘殿魁. 各向异性介质中SH型导波对有衬砌的任意形半凹陷地形的散射 [J]. 应用数学和力学，1997, (8): 753-761.

[15] 梁建文,张郁山,顾晓鲁.圆弧形层状凹陷地形对平面 SH 型导波的散射 [J].振动工程学报,2003,16(2):26-33.

[16] 梁建文,严林隽.圆弧形凹陷地形表面覆盖层对入射平面 P 波的影响 [J].固体力学学报,2002,23(4):397-411.

[17] 梁建文,严林隽.圆弧形凹陷地形表面覆盖层对入射平面 SV 波的影响 [J].地震学报,2001,23(6):622-636.

[18] 刘刚,李宏亮,刘殿魁.SH 型导波对浅埋裂纹的半圆形凹陷地形的散射 [J].爆炸与冲击,2007,27(2):171-178.

[19] ZHANG N, GAO Y F, LI D Y, et al. Scattering of SH waves induced by a symmetrical V-shaped canyon: a unified analytical solution [J]. 地震工程与工程振动(英文版),2012,11(4):445-460.

[20] CHANG K H, TSAUR D H, WANG J H. Scattering of SH waves by a circular sectorial canyon [J]. Geophysical Journal International, 2013, 195(1):532-543.

[21] 韩峰,王光政,陈翰.SH 型导波对多个凸起与凹陷相连地形的散射问题研究 [J].应用数学和力学,2013,34(4):355-363.

[22] 瞿宗新,蒋格.SH 型导波入射凹陷半球形谷地的数值分析 [J].山西建筑,2013,39(34):83-85.

[23] MARTÍNEZ-CALZADA V, SAMAYOA-OCHOA D, RODRÍGUEZ-CASTELLANOS A, et al. Diffractions due to P and SV waves on irregular bathymetries [J]. Journal of Geophysics and Engineering, 2014, 32(3):035006.

[24] 齐辉,蔡立明,潘向南,等.弹性直角域中半圆形凹陷的 SH 型导波散射的稳态解 [J].天津大学学报(自然科学与工程技术版),2014,47(12):1065-1071.

[25] 齐辉,蔡立明,潘向南,等.含半圆形凸起的直角域对平面 SH 型导波的地震动 [J].岩土工程学报,2015,37(7):1294-1299.

[26] 齐辉,蔡立明,潘向南,等.直角域中凸起和孔洞对 SH 型导波的散射与地震动 [J].岩土力学,2015,36(2):347-353.

[27] LEE V W, LIU W Y. Two-dimensional scattering and diffraction of P- and SV-waves around a semi-circular canyon in an elastic half-space: An analytic solution via a stress-free wave function [J]. Soil Dynamics and Earthquake Engineering, 2014, 63:110-119.

[28] SHYU W S, TENG T J, YEH C S, et al. Surface Motion of Two Canyons for Incident SH Waves by Hybrid Method-ScienceDirect [J]. Procedia Engineering, 2014, 79:533-539.

[29] 巴振宁,张艳菊,梁建文.横观各向同性层状半空间中凹陷地形对平面 SH 型导波的散射 [J].地震工程与工程振动,2015,35(2):9-21.

[30] LIANG J W, ZHEN N. Dynamic Response Analysis of Periodic Alluvial Valleys under Incident Plane SH-Waves [J]. Journal of earthquake engineering, 2017, 21(3/4):531-550.

[31] 丁海平,朱重洋,于彦彦.P,SV 波斜入射下凹陷地形地震动分布特征 [J].振动与

冲击, 2017, 36 (12): 88-92, 98.

[32] 马荣, 李永强, 景立平, 等. 弹性波入射时半圆弧凹陷地形对地表位移影响研究 [J]. 地震工程学报, 2019, 41 (2): 392-398.

[33] 陆建飞, 王建华. 饱和土中的任意形状孔洞对弹性波的散射 [J]. 力学学报, 2002, 34 (6): 904-913.

[34] 史文谱, 陈瑞平, 张春萍. 直角平面内弹性圆夹杂对入射平面SH型导波的散射 [J]. 应用力学学报, 2007, 24 (1): 154-159, 181-182.

[35] 刘刚, 刘殿魁. SH型导波对浅埋圆形弹性夹杂附近任意三角形凸起地形的散射 [J]. 应用力学学报, 2007, 24 (3): 373-379, 502.

[36] 赵嘉喜, 齐辉, 杨在林. 含有部分脱胶的浅埋圆夹杂对SH型导波的散射 [J]. 岩土力学, 2009, 30 (5): 1297-1302.

[37] QI H, YANG J, SHI Y. Scattering of SH-Wave by Cylindrical Inclusion Near Interface in Bi-Material Half-Space [J]. Journal of Mechanics, 2011, 27 (1): 37-45.

[38] 杨在林, 许华南, 黑宝平. SH型导波上方垂直入射时界面附近椭圆夹杂与裂纹的动态响应 [J]. 岩土力学, 2013, 34 (8): 2378-2384.

[39] 杨在林, 许华南, 黑宝平. 半空间椭圆夹杂与裂纹对SH型导波的散射 [J]. 振动与冲击, 2013, 32 (11): 56-61, 79.

[40] 丁晓浩, 齐辉, 赵元博. 直角域中椭圆形夹杂对SH型导波的散射与地震动 [J]. 工程力学, 2016, 33 (7): 48-54, 83.

[41] KANAUN S, LEVIN V. Scattering of elastic waves on a heterogeneous inclusion of arbitrary shape: An efficient numerical method for 3D-problems [J]. Wave Motion, 2013, 50 (4): 687-707.

[42] KANAUN S, LEVIN V, MARKOV M, et al. Scattering of plane monochromatic waves from a heterogeneous inclusion of arbitrary shape in a poroelastic medium: An efficient numerical solution [J]. Wave Motion, 2020, 92: 102411.

[43] SONG Y J, HU H S, RUDNICKI J W. Shear properties of heterogeneous fluid-filled porous media with spherical inclusions [J]. International Journal of Solids and Structures, 2016, 83: 154-168.

[44] SONG Y J, HU H S, RUDNICKI J W, et al. Dynamic transverse shear modulus for a heterogeneous fluid-filled porous solid containing cylindrical inclusions [J]. Geophysical Journal International, 2016, 206 (3): 1677-1694.

[45] 宋永佳, 胡恒山. 含球形夹杂孔隙介质的横波频散与衰减 [C]//中国声学学会2017年全国声学学术会议论文集, 2017: 57-58.

[46] 李晓朋, 刘启方, 谷慎昌, 等. SH型导波作用下三维软弱夹杂对地面运动的影响 [J]. 地震工程与工程振动, 2017, 37 (6): 1-14.

[47] 刘中宪, 武风娇, 王冬, 等. 弹性半空间夹杂群对平面SH型导波散射的快速多极多域边界元法模拟 [J]. 岩土力学, 2017, 38 (4): 1154-1163.

[48] LI Z L, LI J C, LI X. Seismic interaction between a semi-cylindrical hill and a nearby underground cavity under plane SH waves [J]. Springer Nature, 2019, 5 (4): 405-423.

[49] 齐辉, 张洋, 陈洪英. 含有脱胶的椭圆夹杂及圆夹杂对 SH 型导波的散射 [J]. 哈尔滨工程大学学报, 2019, 40 (8): 1433-1439.

[50] PAN J M, MOJTABAZADEH-HASANLOUEI S, YASEMI F, et al. A half-plane time-domain BEM for SH-wave scattering by a subsurface inclusion [J]. Computers geosciences, 2020, 134 (Jan. a): 104342.1-104342.19.

[51] ACHENBACH J D, THAU S A. Wave propagation in elastic solids [J]. Journal of Applied Mechanics, 1980, 41 (2): 544.

[52] ACHENBACH J D, XU Y. Use of elastodynamic reciprocity to analyze point-load generated axisymmetric waves in a plate [J]. Wave Motion, 1999, 30 (1): 57-67.

[53] ITOU S. Dynamic Stress Concentration Around a Circular Hole in an Infinite Elastic Strip [J]. Journal of Applied Mechanics, 1983, 50 (1): 57-62.

[54] GEORGIADIS H G, RIGATOS A P, CHARALAMBAKIS N C, et al. Dynamic stress concentration around a hole in a viscoelastic plate [J]. Acta Mechanica, 1995, 111 (1-2): 1-12.

[55] LU Y. Guided antiplane shear wave propagation in layers reinforced by periodically spaced cylinders [J]. Journal of the Acoustical Society of America, 1996, 99 (4): 1937-1943.

[56] PAO Y H, SU X Y, TIAN J Y. Reverberation matrix method for propagation of sound in a multilayered liquid [J]. Journal of Sound and Vibration, 2000, 230 (4): 743-760.

[57] SU X Y, TIAN J Y, PAO Y H. Application of the reverberation-ray matrix to the propagation of elastic waves in a layered solid [J]. International Journal of Solids and Structures, 2002, 39 (21-22): 5447-5463.

[58] TIAN J Y, LI Z, SU L X. Crack detection in beams by wavelet analysis of transient flexural waves [J]. Journal of Sound and Vibration, 2003, 261 (4): 715-727.

[59] WANG X M, YING C H. Scattering of guided SH-wave by a partly debonded circular cylinder in a traction free plate [J]. Science in China, 2001, 44 (3): 378-388.

[60] HAYIR A, BAKIRTAS I. A note on a plate having a circular cavity excited by plane harmonic SH waves [J]. Journal of Sound and Vibration, 2004, 271 (1-2): 241-255.

[61] HU C, FANG X Q, HUANG W H. Multiple scattering of shear waves and dynamic stress from a circular cavity buried in a semi-infinite slab of functionally graded materials [J]. Engineering Fracture Mechanics, 2008, 75 (5): 1171-1183.

[62] FANG X Q, HU C, HUANG W H. Strain energy density of a circular cavity buried in a semi-infinite slab of functionally graded materials subjected to anti-plane shear waves [J]. International Journal of Solids and Structures, 2007, 44 (21): 6987-6998.

[63] 齐辉, 折勇, 赵嘉喜. 带形域内圆柱形夹杂对 SH 型导波的散射 [J]. 振动与冲击, 2009, 28 (5): 142-145, 210.

[64] 朱新杰,韩赞东,都东,等.基于合成孔径聚焦的超声 SH 型导波成像检测[J].清华大学学报(自然科学版),2011,51(5):687-692.

[65] 王艳.带形域内脱胶夹杂和圆孔对 SH 型导波的散射[D].哈尔滨:哈尔滨工程大学,2012.

[66] AYATOLLAHI M, BAGHERI R. Dynamic behavior of several cracks in functionally graded strip subjected to anti-plane time-harmonic concentrated loads[J]. 固体力学学报(英文版),2013,230(6):15.

[67] 潘向南.弹性带形介质中柱体的反平面稳态运动[D].哈尔滨:哈尔滨工程大学,2014.

[68] 齐辉,蔡立明,潘向南,等.带形介质内 SH 型导波对圆柱孔洞的动力分析[J].工程力学,2015,32(3):9-14,21.

[69] 张洋.混凝土板孔洞反平面动力问题的解析与数值方法[D].哈尔滨:哈尔滨工程大学,2014.

[70] PETCHER P A, DIXON S. Weld defect detection using PPM EMAT generated shear horizontal ultrasound[J]. Ndt and E International, 2015, 74: 58-65.

[71] 刘素贞,刘亚洲,张闯,等.SH 型导波在钢板缺陷检测中的传播特性[J].声学技术,2017,36(2):140-146.

第1章 弹性波散射相关基础知识

1.1 与弹性波能量相关的物理量

在弹性波的传播过程中，从能量角度来说实际上就是能量传递（输）的过程。当入射波在弹性介质中传播遇到障碍物（如夹杂、孔洞等异质体）时，由于障碍物的材料性质及几何尺寸的不同，各种障碍物对入射波能量的传递将有不同程度的阻碍，波能也就"有选择性地"沿各个方向散射开来[1]。工程实际中，尤其在定量无损检测（Non-Destructive Evaluation，NDE）技术应用中，最关心的问题就是探测与入射波能量相关的某一个方向散射的能量。

度量波的散射效应的物理量称为异质体的"散射横截面"（Scattering Cross Section，SCS）和"散射微分横截面"（Scattering Differential Cross Section，SDCS）。下面将给出这些物理量的定义及其物理意义。

首先，定义能流强度矢量如下：

$$I_i = -\sigma_{ij} \dot{u}_j \tag{1-1}$$

式中：$(\cdot) = \dfrac{\mathrm{d}(\ )}{\mathrm{d}t}$，重复的下标 $j=1,2,3$ 为哑标，下同。

若记波传播方向的单位矢量为 $\boldsymbol{n}_i$，则单位时间内在垂直于波传播方向的单位面积上能量传递量为

$$I = I_i n_i \tag{1-2}$$

式中：I 也称为能量强度。

透过一包围障碍物（散射体）的封闭曲面 s 的能流通量 $\dot{E}$ 表达式为

$$\dot{E} = \oint_s I_i l_i \mathrm{d}s = -\oint_s l_i \sigma_{ij} \dot{u}_j \mathrm{d}s \tag{1-3}$$

式中：l_i 为曲面 s 外法线方向的单位分量。相应的时间平均能流通量为

$$\langle \dot{E} \rangle = \dfrac{1}{T} \int_0^T \dot{E} \mathrm{d}t \tag{1-4}$$

式中：T 为波的周期。下面用 $\langle\ \rangle$ 表示对时间的平均。

与散射场（位移和应力）相对应的平均能流通量和与入射场相对应的能

量强度的比值,定义为散射横截面,其数学表达式为

$$P = \frac{\langle \dot{E}^{(s)} \rangle}{\langle I^{(i)} \rangle} = \frac{\langle \oint_s l_i \sigma_{ij}^{(s)} \dot{u}_j^{(s)} \mathrm{d}s \rangle}{\langle n_p \sigma_{pq}^{(i)} \dot{u}_q^{(i)} \rangle} \tag{1-5}$$

式 (1-5) 是综合衡量障碍物散射效果的物理量。它的量纲 $[P] = [长度]^2$,具有面积量纲是它被称为"截面"的原因。

为了度量某一个方向观察的散射效果,采用散射微分横截面这一物理量,其表达式是式 (1-5) 的微分形式

$$\frac{\mathrm{d}P}{\mathrm{d}\Omega} = \lim_{r \to \infty} \frac{\langle r^2 l_i \sigma_{ij}^{(s)} \dot{u}_j^{(s)} \rangle}{\langle n_p \sigma_{pq}^{(i)} \dot{u}_q^{(i)} \rangle} \tag{1-6}$$

式中:$\mathrm{d}\Omega = \mathrm{d}s/r^2$ 为立体角微元;r 为观察点与散射体之间的距离,因为这个距离很大,故式中取极限是必需的,$\frac{\mathrm{d}P}{\mathrm{d}\Omega}$ 的量纲仍是面积的量纲。

考虑时间谐和的稳态波情况,即

$$\begin{cases} \sigma_{ij}(x,t) = \sigma_{ij}(x)\mathrm{e}^{-\mathrm{i}\omega t} \\ u_j\sigma(x,t) = u_j(x)\mathrm{e}^{-\mathrm{i}\omega t} \end{cases} \tag{1-7}$$

通常,式 (1-7) 为复数形式。由于物理量的物理意义要求它们是实数,故其表达式中的应力和位移应取实数值。注意到

$$\begin{aligned}
&\langle \mathrm{Re}[\sigma_{ij}(x,t)] \cdot \mathrm{Re}[\dot{u}_j(x,t)] \rangle \\
&= \frac{1}{4}\langle [\sigma_{ij}(x,t) + \sigma_{ij}^*(x,t)][\dot{u}_j(x,t) + \dot{u}_j^*(x,t)] \rangle \\
&= \frac{1}{4}\mathrm{i}\omega[\sigma_{ij}(x)u_j^*(x) - \sigma_{ij}^*(x)u_j(x)] \\
&= -\frac{1}{2}\omega\mathrm{Im}(\sigma_{ij}u_j^*)
\end{aligned} \tag{1-8}$$

式中:"*" 表示共轭。

式 (1-8) 中已利用关系式

$$\frac{1}{T}\int_0^T \mathrm{e}^{\pm 2\mathrm{i}\omega t}\mathrm{d}t = 0 \quad \left(T = \frac{2\pi}{\omega}\right)$$

这样,式 (1-6) 可以进一步写成

$$\frac{\mathrm{d}P}{\mathrm{d}\Omega} = \lim_{r \to \infty} \frac{r^2 l_i \mathrm{Im}[\sigma_{ij}^{(s)} u_j^{*(s)}]}{n_p \mathrm{Im}[\sigma_{pq}^{(i)} u_q^{*(i)}]} \tag{1-9a}$$

总的散射横截面可简写成

$$P = \int \frac{\mathrm{d}P}{\mathrm{d}\Omega}\mathrm{d}\Omega \tag{1-9b}$$

式（1-9）中的位移场和应力场仅是位置坐标的函数。

1.2 物质坐标和空间坐标

在连续介质力学中，可以用拉格朗日（Lagrange）描述法和欧拉（Euler）描述法两种方法来描述介质的运动。

设在 t_0 时刻，连续介质中某个质点在固定空间中的位置为 $x=X$，于是不同的 X 代表不同的质点。若在以后的任何时刻 t，仍以 t_0 时刻质点的坐标 X 表示该质点，则属于这个质点的物理量是 X 和 t 的函数，这种随着介质中某参考时刻 t_0 初始位置命名的质点描述介质运动的方法称为拉格朗日描述法[2]。自变量 X 称为拉格朗日坐标或物质坐标。若以 $u(X,t)$ 表示 t 时刻质点 X 相对于 t_0 时刻的位移，则这个质点的速度 v 和加速度 a 分别为

$$v = \left(\frac{\partial u(X,t)}{\partial t}\right)_X \tag{1-10}$$

$$a = \left(\frac{\partial^2 u(X,t)}{\partial t^2}\right)_X \tag{1-11}$$

描述介质运动的欧拉描述法是把场变量直接作为空间变量 x 和时间变量 t 的函数来进行讨论，即研究空间中固定点 x 上质点的各种物理量随时间的变化。显然，以这种观点来讨论的物理量一般是属于不同质点的。相应地，自变量 x 称为欧拉坐标或空间坐标。

我们以 $(\cdot)$ 或者 $\mathrm{D}/\mathrm{D}t$ 表示"随着运动的导数"，即属于给定质点的某物理量的时间导数。对于拉格朗日描述法，有

$$\frac{\mathrm{D}}{\mathrm{D}t} = \left(\frac{\partial}{\partial t}\right)_X \tag{1-12}$$

对于欧拉描述法，质点的空间坐标系 x 随着运动的导数就是质点的速度 v，即 $v=\dot{x}$，任何作为 x 和 t 的函数物理量随着运动的导数可由复合函数求导的链式法则得出

$$\frac{\mathrm{D}}{\mathrm{D}t} = \left(\frac{\partial}{\partial t}\right)_{x_j} + \left(\frac{\partial}{\partial x_j}\right)_t \dot{x}_j = \left(\frac{\partial}{\partial t}\right)_{x_j} + v_j \left(\frac{\partial}{\partial x_j}\right)_t \tag{1-13}$$

例如，若 $u(x,t)$ 为质点的位移，则质点的速度为

$$v_i = \dot{u}_i(x_j,t) = \frac{\partial u_i}{\partial t} + v_j \frac{\partial u_i}{\partial x_j} \tag{1-14}$$

这是一个由位移场求速度场的方程。一旦由这个方程求出速度，其他场量可由式（1-13）求出。

以上介绍的两种描述介质运动的方法各有优点。例如用拉格朗日描述法，质点的速度、加速度与位移的关系十分简单，以后要讨论某些物理量在某时刻的守恒关系时，将用到张量分析中十分重要的高斯（Gauss）公式。这个公式把 V 内的体积分和包围 V 的外表面 S 上的面积分联系在一起。设 S 的单位外法向矢量为 n_j，而 f、v_i 和 τ_{ij} 分别为 V 内连续可微的标量、矢量和张量函数。高斯公式为

$$\begin{cases} \int_S f n_j \mathrm{d}S = \int_V \dfrac{\partial f}{\partial x_j} \mathrm{d}V \\ \int_S v_j n_j \mathrm{d}S = \int_V \dfrac{\partial v_j}{\partial x_j} \mathrm{d}V \\ \int_S \tau_{ij} n_i \mathrm{d}S = \int_V \dfrac{\partial \tau_{ij}}{\partial x_i} \mathrm{d}V \end{cases} \quad (1\text{-}15)$$

由于式（1-15）右边被积函数对空间的微分运算是对其欧拉坐标进行的，显然在这种情况下用欧拉描述法比较简单。特别指出，当位移梯度

$$\left| \dfrac{\partial u_i(x_j, t)}{\partial X_j} \right| \ll 1 \quad (1\text{-}16)$$

时，即小变形时，可以证明

$$\left(\dfrac{\partial u_i(x_j, t)}{\partial x_j} \right)_t \approx \left(\dfrac{\partial u_i(X_j, t)}{\partial X_j} \right)_t \quad (1\text{-}17a)$$

$$v_i = \left(\dfrac{\partial u_i(X_j, t)}{\partial t} \right)_{X_j} \approx \left(\dfrac{\partial u_i(x_j, t)}{\partial t} \right)_{x_j} \quad (1\text{-}17b)$$

若 $v = |v|$ 的值相对于弹性波的速度也是一个小量，则两种描述方法在研究弹性波的传播时是没有区别的。

1.3 张量基础知识

矢量作为张量的一个特例，本节在介绍张量概念之前，应先对矢量进行阐述。在三维空间中，矢量是具有大小和方向且满足一定规则的实体，用黑体字母表示，如 **u**、**v**、**w** 等。它们所对应矢量的大小（称为模、值）分别用 $|u|$、$|v|$、$|w|$ 表示。称模为 0 的矢量为零矢量，用 **0** 表示。称与矢量 v 模相等而方向相反的矢量为 v 的负矢量，用 $-v$ 表示[3]。根据矢量的实体定义，从而得

到：在三维空间的每一点处，v 可以按该点处的基矢量（协变基或逆变基）分解为三个分量（协变分量 v_i 和逆变分量 v^i），在同一坐标系中，协变分量与逆变分量互不独立，以该坐标系的度量张量分量升降指标；如果选择其他坐标系，同一矢量将具有不同的分量，但新老坐标系的矢量分量可以通过坐标关系相互推导。所以一旦给定一个矢量在某一坐标系中的任何一组分量，就可以完全确定这个矢量。由此可见，矢量和它的任一组（3 个）分量是完全等价的。下面用分量的观点定义矢量。

若在三维空间中任意点处的物理量可以用 3 个有序数 v_i（或另 3 个有序数 v^i）的集合表示，且当坐标转换时，它们在新坐标系中按以下转换关系转换为另一组 3 个有序数的集合：

协变转换关系 $\qquad v_{i'}=\beta_{i'}^{j}v_{j}=\dfrac{\partial x^{j}}{\partial x^{i'}}v_{j}$ （1-18a）

逆变转换关系 $\qquad v^{i'}=\beta_{j}^{i'}v^{j}=\dfrac{\partial x^{i'}}{\partial x^{j}}v^{j}$ （1-18b）

则上述 v_i（$i=1,2,3$）或 v^i（$i=1,2,3$）分别称为矢量的协变分量和逆变分量，该物理量称为矢量，记作 v。

式（1-18）给出的按分量定义的矢量与前述关于矢量实体的定义是可以互导的，即

$$v = v_{i'}g^{i'} = v_j g^j \qquad (1\text{-}19a)$$
$$v = v^{i'}g_{i'} = v^j g_j \qquad (1\text{-}19b)$$

反之，也可以从矢量分量的定义式（1-18）以及基矢量转换关系推导得到式（1-19）。

在连续介质力学中，位移、速度、力等物理量都是矢量；在传热学中，热流密度是矢量；在电磁学中，电场强度、磁场强度等是矢量。也可以举出不是矢量的数的集合。例如，一组与速度矢量 v 有关的数的集合：

$$u_{(1)} = v^1$$
$$u_{(2)} = |v| = \sqrt{v \cdot v}$$
$$u_{(3)} = v \cdot \dfrac{g_1}{|g_1|} + v \cdot \dfrac{g_2}{|g_2|} + v \cdot \dfrac{g_3}{|g_3|}$$

当坐标转换时，$u_{(2)}$ 不随坐标转换而变化，而 $u_{(1)}$ 与 $u_{(3)}$ 也不按照张量分量的规律随坐标转换而变化，故这组数的集合不是矢量。

若两个矢量在同一坐标系中的对应分量两两相等，即

$$u^i = v^i \text{ 或 } u_i = v_i, \quad i = 1, 2, 3 \qquad (1\text{-}20a)$$

则这两个矢量相等。或者用实体表示法记为

$$u = v \quad (1\text{-}20\text{b})$$

由于它们在同一坐标系中服从相同的指标升降关系，所以只要协（逆）变分量相等，则逆（协）变分量必相等。此外，由于某个坐标系中两个相等的矢量的分量服从相同的坐标转换关系，所以转换到任何新坐标系后，它们仍保持相等。

若一个矢量在某个坐标系中的全部分量都为零，即

$$v^i = 0 \text{ 或 } v_i = 0, \quad i = 1, 2, 3 \quad (1\text{-}21\text{a})$$

则称为零矢量，它在任意其他坐标系中的分量也全部为零。记作

$$v = 0 \quad (1\text{-}21\text{b})$$

与矢量相类似，定义由若干当坐标系改变时满足坐标转换关系的有序数组成的集合为张量。例如，一个由 9 个有序数组成的集合 $T(i,j)$ $(i,j=1,2,3)$，在坐标变换时，这组数按照以下坐标转换关系而变化：

$$T(i',j') = \beta_k^{i'} \beta_l^{j'} T(k,l), \quad i',j' = 1,2,3 \quad (1\text{-}22)$$

则这组有序数的集合就是张量。上例中当坐标转换时，新坐标系中 $T(i',j')$ 是由老坐标系中 $T(k,l)$ 乘两次逆变转换系数得到的，故称 $T(i,j)$ 是二阶张量的逆变分量，记作 T^{ij}。式（1-22）中自由指标的个数与所乘坐标转换系数的次数一致，称为张量的阶数。例如，T^{ijk} 是三阶张量，T^{ij} 是二阶张量，矢量是一阶张量而标量是零阶张量。在 n 维空间中，m 阶张量应是 n^m 个数的集合。

以指标的上、下分别表示张量分量的逆变或协变性质，若坐标转换时张量分量所乘的都是逆变（或协变）转换系数，则称为张量的逆变（或协变）分量，用上标（或下标）加以标识，记作 T^{ij}（或 T_{ij}）。若改变坐标时张量分量所乘的既有逆变又有协变转换系数，则按照对应转换系数的逆、协变性质，分别标识分量指标的上或下，称为张量的混变（或混合）分量，如 $T^i_{\cdot j}$ 表示前指标按逆变、后指标按协变方式转换。此处为确切表示指标的前后顺序，在上下指标的空位处用小圆点标识，并应特别注意指标顺序不能任意调换，即一般来说，$T_i^{\cdot j} \neq T^i_{\cdot j}$。

同一个坐标系内，张量的逆变、协变、混变分量之间应满指标升降关系。m 阶张量可以有 2^m 种分量的集合。

显然，n 维空间中 m 个矢量分量进行并乘运算所得到 n^m 个数的集合可构成 m 阶张量。例如，$T^{i\cdot k}_{\cdot j\cdot} = u^i v_j w^k$ $(i,j,k=1,2,3)$ 是三维空间中 3 个矢量分量进行并乘运算得到的一组 27 个有序数的集合，当改变坐标系时，它满足张量分量的坐标转换关系：

$$T^{i'\cdot k'}_{\cdot j'\cdot} = \beta_i^{i'} u^l \beta_{j'}^m v_{in} \cdot \beta_n^{k'} w^n = \beta_l^{i'} \beta_{j'}^m \beta_n^{k'} T^{l\cdot n}_{\cdot m \cdot}, \quad i',j',k' = 1,2,3$$

与矢量类似，张量也可看作一个实体，即将张量表示成各个分量与基矢量

的组合。如在一个坐标系内,二阶张量可以表示为

$$T = T^{ij}g_ig_j = T_{ij}g^ig^j = T_i^{\ j}g_ig^j = T_i^{*j}g^ig_j \quad (1\text{-}23\text{a})$$

三阶张量可表示为

$$T = T^{ijk}g_ig_jg_k = T_{ijk}g^ig^jg^k = T^{ij}_{\ \ k}g_ig_jg^k = T^{i\ k}_{\ j}g_ig^jg^k \quad (1\text{-}23\text{b})$$

在上述并矢表示法中假定：基矢量 g_i（或 g^i）（$i=1,2,3$）是线性无关的。从而它们的并矢又称基张量，如9个二阶基张量 g_ig_j（$i,j=1,2,3$）（或 g_ig^j 或 g^ig_j 或 g^ig^j），也是线性无关的。

由式（1-23）可见,在并矢表示法中,无论用逆变分量配协变基,还是用协变分量配逆变基,或是用混合分量配相应的基,都表示同一个张量实体。换而言之,张量分量的指标可以随意地上升或下降,只需将相配的基矢量的指标相应地下降或上升即可。这是因为两次升降指标所乘的度量张量 g^{ij} 与 g_{ij} 是互逆的。此外,在空间所论区域内,每点定义的同阶张量构成了张量场。一般张量场中,被考察的张量随位置而变化。研究张量场因位置而变化的情况使人们从张量代数的领域进入张量分析的领域[4-5]。

1.4 应 力 分 析

1.4.1 应力的概念

设 Q 为物体内一点，δS 为某一时刻包含 Q 点的一个小面积，n 为此小面积的单位法向矢量。称 n 的指向为 δS 的前方，其反方向为 δS 的后方。δS 前方的物质通过 δS 对其后方的物质的作用力在静力学上等效于作用在 Q 点的一个单力和一个力偶。这个单力称为通 δS，表示 S 面的曳引力，记作 P_n，P_n 与 δS 的面积之比在 δS 趋于零时的极限定义为 Q 点相应于方向 n 的应力矢量。用 σ_{ni} 表示这个应力矢量在 x_i 方向的分量，并将说明它是一个张量[6]。

1.4.2 应力张量

考虑含 Q 点的一个小四面体，其中三个面 δS_1、δS_2 和 δS_3 的外法线方向分别与 x_1、x_2 和 x_3 轴的正方向相反，而第四个面 δS 的外法线单位矢量 n 与另一个笛卡儿坐标系的 $x_{k'}$ 轴平行，如图1-1所示。以 $a_{ik'}$ 表示 x_i 轴与 $x_{k'}$ 轴夹角的余弦[6]。

作用于四面体内的体力（包括惯性力）和4个面上的曳引力是平衡的。考虑平行于 x_1 轴的分量。注意到体力与四面体的体积成正比，若取 h 为四面

体的线尺度，则有

$$\sigma_{k'l'}\delta S - \sigma_{11}\delta S_1 a_{1l'} - \sigma_{12}\delta S_1 a_{2l'} - \sigma_{13}\delta S_1 a_{3l'}$$
$$-\sigma_{21}\delta S_2 a_{1l'} - \sigma_{22}\delta S_2 a_{2l'} - \sigma_{23}\delta S_2 a_{3l'}$$
$$-\sigma_{31}\delta S_3 a_{1l'} - \sigma_{32}\delta S_3 a_{2l'} - \sigma_{33}\delta S_3 a_{3l'}$$
$$= O(h^3) \quad (1-24)$$

注意到 $\delta S_1 = \delta S a_{1k'}$，$\delta S_2 = \delta S a_{2k'}$，$\delta S_3 = \delta S a_{3k'}$，将式（1-24）两边除以 δS，并令 $h \to 0$，得

$$\sigma_{k'l'} = a_{ik'} a_{jl'} \sigma_{ij} \quad (1-25)$$

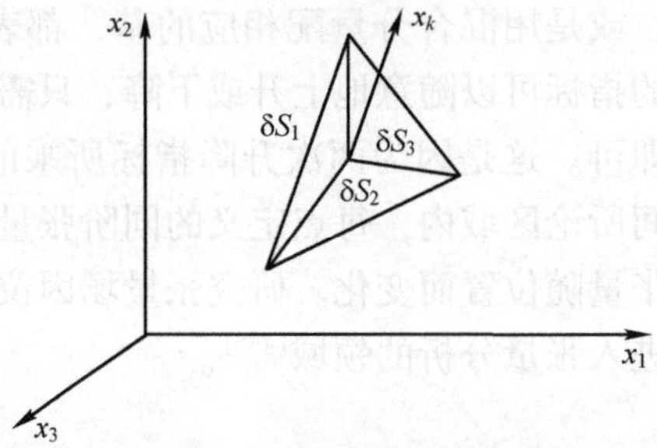

图 1-1 小四面体示意图

式（1-25）表明，存在 9 个量 σ_{ij}（与特定的点 Q 和特定的时刻 t 有关），用它们可以确定过 Q 点的任一小面积上的应力分量。由张量的定义知，一组 9 个量 σ_{ij}，当其坐标变换遵循式（1-25）的规律时，就是一个二阶 Cartesian 张量。σ_{ij} 称为应力张量。

重新考虑作用于上述四面体的力的平衡条件，不过这次考虑平行于 x_j 轴的分量。当 h 趋于零时，有

$$\begin{cases} \sigma_{k'j}\delta S = \sigma_{1j}\delta S_1 + \sigma_{2j}\delta S_2 + \sigma_{3j}\delta S_3 = \sigma_{ij} a_{k'i} \delta S \\ \sigma_{k'j} = \sigma_{ij} a_{k'i} \end{cases} \quad (1-26)$$

注意，$\sigma_{k'j}$ 是法向为 $x_{k'}$ 轴的单位面积所受到的曳引力在 x_j 方向的分量，记作 p_j，而 $a_{k'i}$ 是 $x_{k'}$ 方向的单位矢量在 x_i 方向的分量，记作 n_i。因此，式（1-26）可改写成

$$p_j = \sigma_{ij} n_i \quad (1-27)$$

1.4.3 力平衡条件、运动方程

设体积为 V，质量密度为 ρ 的物体内单位质量受到的体力（不包括惯性力）为 f_i，外表面 S 上单位面积受到的曳引力为 p_i，质点的位移为 u_i，则力平衡条件（包括惯性力在内）为

$$\oint_S p_i \mathrm{d}S + \int_V \rho f_i \mathrm{d}V - \int_V \rho \widetilde{u}_i \mathrm{d}V = 0 \qquad (1-28)$$

利用式（1-27）及高斯公式，将式（1-28）左边的面积分改写成以下体积分的形式：

$$\oint_S p_i \mathrm{d}S = \oint_S \sigma_{ji} n_i \mathrm{d}S = \int_V \frac{\partial \sigma_{ji}}{\partial x_j} \mathrm{d}V$$

于是式（1-28）变为

$$\int_V \left(\frac{\partial \sigma_{ji}}{\partial x_j} + \rho f_i - \rho \ddot{u}_i \right) \mathrm{d}V = 0$$

此式对任意的体积 V 都成立，因此必然有

$$\frac{\partial \sigma_{ji}}{\partial x_j} + \rho f_i = \rho \ddot{u}_i \qquad (1-29)$$

式（1-29）即运动方程。

1.5 应变分析

1.5.1 应变张量和转动张量

考虑空间中相距很近的两个点 M_0 与 M，在无变形时，它们的位置矢量分别为 x_0 和 x[7]。在很小的变形后，M_0 与 M 的位移分别为 $u(M_0)$ 和 $u(M)$，如图 1-2 所示。

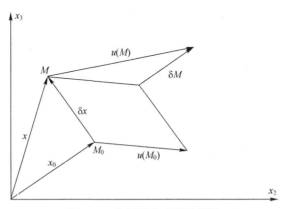

图 1-2 空间两点变形示意图

以 M_0 为参考点，令

$$\delta x = x - x_0, \quad \delta u = u(M) - u(M_0)$$

当 δx 很小时，有

$$\delta u_i = \frac{\partial u_i(M)}{\partial x_j}\bigg|_{M_0} \delta x_j = \frac{1}{2}\left(\frac{\partial u_i(M)}{\partial x_j} + \frac{\partial u_j(M)}{\partial x_i}\right)\bigg|_{M_0} \delta x_j + \frac{1}{2}\left(\frac{\partial u_i(M)}{\partial x_j} - \frac{\partial u_j(M)}{\partial x_i}\right)\bigg|_{M_0} \delta x_j \tag{1-30}$$

令

$$\varepsilon_{ij}(M_0) = \frac{1}{2}\left(\frac{\partial u_i(M)}{\partial x_j} + \frac{\partial u_j(M)}{\partial x_i}\right)\bigg|_{M_0} \tag{1-31}$$

$$\omega_{ij}(M_0) = \frac{1}{2}\left(\frac{\partial u_i(M)}{\partial x_j} - \frac{\partial u_j(M)}{\partial x_i}\right)\bigg|_{M_0} \tag{1-32}$$

式中：对称张量 $\varepsilon_{ij}(M_0)$ 称为 M_0 点的应变张量，反对称张量 $\omega_{ij}(M_0)$ 称为 M_0 点的转动张量。设反对称张量 ω_{ij} 的三个不恒为零的独立分量为 ω_{32}、ω_{13} 和 ω_{21}，用它们构成一个矢量 $\boldsymbol{b}$。

$$\boldsymbol{b} = (\omega_{32}, \omega_{13}, \omega_{21}) = \frac{1}{2}[\nabla \wedge \boldsymbol{u}(M)]\big|_{M_0} \tag{1-33}$$

利用式（1-31）~式（1-33），式（1-30）可以改写成

$$\delta \boldsymbol{u} = \varepsilon(M_0) \cdot \delta \boldsymbol{x} + \boldsymbol{b} \wedge \delta \boldsymbol{x} = \boldsymbol{u}^{(1)}(M, M_0) + \boldsymbol{u}^{(2)}(M, M_0) \tag{1-34}$$

式中：$\boldsymbol{u}^{(1)}(M, M_0) = \varepsilon(M_0) \cdot \delta \boldsymbol{x}$ 是 M_0 点的变形对 M 点相对于 M_0 点位移的贡献，而 $\boldsymbol{u}^{(2)}(M, M_0) = \boldsymbol{b}(M_0) \cdot \delta \boldsymbol{x}$ 由理论力学的分析知，是绕 M_0 点的一个无限小的刚性转动对 M 点相对于 M_0 点的位移贡献。

在进一步分析 M 点的位移场 $u(M)$ 的性质之前，先介绍体积膨胀率的概念。设 V 为无变形时包含 M_0 点的第一个小体积，变形后该体积 V 的增量为 ΔV，M_0 点的体积膨胀率 θ 定义为 $\Delta V/V$ 在 $V \to 0$ 时的极限。设 S 为 V 的表面，$\boldsymbol{n}$ 为 S 的外法线方向单位矢量，有

$$\begin{aligned}\theta &= \lim_{V \to 0} \frac{\Delta V}{V} = \lim_{V \to 0} \frac{1}{V} \oint_S \boldsymbol{u} \cdot \boldsymbol{n} \mathrm{d}S \\ &= \lim_{V \to 0} \frac{1}{V} \int_V \nabla \cdot \boldsymbol{u} \mathrm{d}V = \nabla \cdot \boldsymbol{u}(M)\big|_{M_0}\end{aligned} \tag{1-35}$$

1.5.2 位移场的标势和矢势

由图 1-2 和式（1-34）可以将 M 点的位移表示为

$$\boldsymbol{u}(M) = \boldsymbol{u}(M_0) + \boldsymbol{u}^{(1)}(M, M_0) + \boldsymbol{u}^{(2)}(M, M_0) \tag{1-36}$$

即 M 点的位移等于随 M_0 点的平均位移 $\boldsymbol{u}(M_0)$，绕 M_0 点的刚性转动产生的位移 $\boldsymbol{u}^{(2)}(M, M_0)$ 和由 M_0 点附近的变形而引起的位移 $\boldsymbol{u}^{(1)}(M, M_0)$ 之和。

利用关系式

有
$$\nabla \wedge \delta x = \nabla \wedge (x-x_0) = \nabla \wedge x = 0 \tag{1-37}$$

$$\nabla \wedge [u(M_0)+u^{(1)}] = \nabla \wedge u^{(1)} = \nabla \wedge [\varepsilon(M_0) \cdot \delta x]$$
$$= \varepsilon(M_0) \cdot (\nabla \wedge \delta x) = 0 \tag{1-38}$$

和

$$\nabla \cdot u^{(2)} = \nabla \cdot [b(M_0) \wedge \delta x]$$
$$= -b(M_0)(\nabla \wedge \delta x) = 0 \tag{1-39}$$

由矢量场论的分析知，$u(M_0)+u^{(1)}$ 和 $u^{(2)}$ 可分别由一标势 ϕ 和一矢势 ψ 表示如下：

$$u(M_0)+u^{(1)} = \nabla \phi \tag{1-40}$$

$$u^{(2)} = \nabla \wedge \psi \tag{1-41}$$

其中，矢势 ψ 还应满足一附加条件，如

$$\nabla \cdot \psi = 0 \tag{1-42}$$

应当指出，条件式（1-42）是充分的，但不是必需的，它还可以用其他条件来代替。

利用式（1-40）和式（1-41）代入式（1-36），得

$$u = \nabla \phi + \nabla \wedge \psi \tag{1-43}$$

利用式（1-38）和式（1-39）还可以得到

$$\nabla \cdot u^{(1)} = \nabla \cdot [u(M_0)+u^{(1)}+u^{(2)}] = \nabla \cdot u = \theta \tag{1-44}$$

和

$$\nabla \wedge u^{(2)} = \nabla \wedge [u(M_0)+u^{(1)}+u^{(2)}] = \nabla \wedge u = 2b \tag{1-45}$$

以上分析是以 M_0 为参考点进行的，也可以 M 点为参考点进行分析。实际上应变状态是点的性质，与参与点的选择无关，因此在以后的讨论中，可认为应变张量和转动张量都是 M 点的位置矢量 x（和时间 t）的函数，并写成

$$\varepsilon_{ij} = \frac{1}{2}\left(\frac{\partial u_i}{\partial x_j}+\frac{\partial u_j}{\partial x_i}\right) \tag{1-46}$$

和

$$\omega_{ij} = \frac{1}{2}\left(\frac{\partial u_i}{\partial x_j}-\frac{\partial u_j}{\partial x_i}\right) \tag{1-47}$$

1.5.3 用位移和位移势表示的运动方程

对于均质、各向同性、小变形的线弹性体，它的动力学位移运动方程为

$$(\lambda+\mu)\frac{\partial \theta}{\partial x_i}+\mu\frac{\partial^2 u_i}{\partial x_i^2}+\rho f_i=\rho\frac{\partial^2 u_i}{\partial t^2} \tag{1-48}$$

式中：λ、μ、ρ 分别为弹性介质的拉梅常数、剪切模量和质量体密度；θ 为体积膨胀率，定义为

$$\theta=\frac{\partial u_i}{\partial x_i}=\sum_{i=1}^{3}\frac{\partial u_i}{\partial x_i}$$

式（1-48）改写为矢量形式，即

$$(\lambda+\mu)\nabla\theta+\mu\nabla^2 u+\rho f=\rho\frac{\partial^2 u}{\partial t^2} \tag{1-49}$$

式中：$u=u_x e_x+u_y e_y+u_z e_z=u_k e_k$ 为位移场；e_x、e_y、e_z 为直角坐标系的三个单位方向矢量；$\theta=\frac{\partial u_k}{\partial x_k}=\sum_{k=1}^{\varepsilon}\frac{\partial u_k}{\partial x_k}$ 为弹性体体积膨胀率，也称为体积应变；

$$\nabla^2 u=\left(\frac{\partial^2 u_x}{\partial x^2},\frac{\partial^2 u_y}{\partial y^2},\frac{\partial^2 u_z}{\partial z^2}\right)$$

借助于算子等式

$$\nabla\times(\nabla\times u)=\nabla(\nabla\cdot u)-\nabla^2 u$$

式（1-49）可进一步改写为

$$(\lambda+2\mu)\nabla\theta+\mu\nabla\times(\nabla\times u)+\rho f=\rho\frac{\partial^2 u}{\partial t^2} \tag{1-50}$$

式（1-50）两边同除以质量体密度 ρ，并利用刚性转动矢量 R（$2R=\Delta\times u$）的定义，进一步整理，得

$$\nabla_p^2\nabla\theta-\nabla_s^2\times(2R)+f=\frac{\partial^2 u}{\partial t^2} \tag{1-51}$$

式中：u、f 分别为介质中质点的位移矢量和单位矢量的体积力矢量；c_p、c_s 分别为纵波波速和横波波速，其定义分别为

$$c_p=\sqrt{(\lambda+2\mu)/\rho},\; c_s=\sqrt{\mu/\rho}$$

由此可见，明显 $c_p>c_s$。

介绍完运动方程的位移表示，且矢量场在满足一定的条件下可以进行亥姆霍兹分解，线弹性动力学运动方程中的位移和体力矢量都是矢量，很自然，它们也可以进行相应的分解。假如对位移和体力矢量分别做出分解：

$$u(x,t)=\nabla\varphi(x,t)+\nabla\times\psi(x,t) \tag{1-52}$$
$$f(x,t)=c_p^2\nabla F(x,t)+c_s^2\nabla\times H(x,t) \tag{1-53}$$

将式（1-52）和式（1-53）代入矢量形式的泊松方程 $\nabla^2(x)=f(x)$ 中并

整理，得

$$\nabla\left(c_p^2 \nabla^2 \varphi + F - \frac{\partial^2 \varphi}{\partial t^2}\right) + \nabla \times \left(c_s^2 \nabla^2 \boldsymbol{\psi} + H - \frac{\partial^2 \boldsymbol{\psi}}{\partial t^2}\right) = 0 \quad (1-54)$$

假如选择标量函数 φ 和矢量函数 $\boldsymbol{\psi}$，使之满足

$$\nabla^2 \varphi - \frac{\partial^2 \varphi}{c_p^2 \partial t^2} = -F \quad (1-55)$$

$$\nabla^2 \boldsymbol{\psi} - \frac{\partial^2 \boldsymbol{\psi}}{c_s^2 \partial t^2} = -H \quad (1-56)$$

那么，矢量形式的泊松方程是恒定成立的。

从式（1-52）可以看出，位移矢量的三个标量分量由一个标量势函数和一个矢量的三个标量分量来确定。为了唯一确定它们，尚需要附加一个规范化条件，一般情况下，该规范化条件取为

$$\nabla \cdot \boldsymbol{\psi} = 0 \quad (1-57)$$

需注意的是：式（1-57）仅具有充分性，不具有必要性。式（1-52）中的 $\varphi(\boldsymbol{x},t)$、$\boldsymbol{\psi}(\boldsymbol{x},t)$ 就是位移场的拉梅势。从上面讨论可看出，由于引进了势函数概念，使得线弹性动力学方程从形式上得到了很大程度的简化，这对于从理论上研究线弹性动力学问题无疑是有帮助的。

1.6 基 本 方 程

1.6.1 运动方程

已知某弹性体满足均匀、各向同性和连续性假设，令此弹性体外表面积、体积分别为 S 与 V，物体受到外力作用时其位移用 u_i 表示[8]。面力 P_i 外施加在此弹性体表面的单位面积上，体力 f_i 作用在此弹性体的单位质量上，根据平衡关系可知：

$$\oint_S P_i \mathrm{d}S + \int_V \rho f_i \mathrm{d}V = \int_V \rho \ddot{u}_i \mathrm{d}V \quad (1-58)$$

式中：ρ 表示密度。

利用高斯公式对式（1-58）进行变换得

$$\oint_S P_i \mathrm{d}S = \oint_S \sigma_{ji} n_j \mathrm{d}S = \oint_V \frac{\partial \sigma_{ji}}{\partial x_j} \mathrm{d}V \quad (1-59)$$

将式（1-59）代入式（1-58）中可得

$$\int_V \left(\frac{\partial \sigma_{ij}}{\partial x_j} + \rho f_i - \rho \ddot{u}_i \right) dV = 0 \quad (1-60)$$

由积分函数为 0 可得

$$\frac{\partial \sigma_{ij}}{\partial x_j} + \rho f_i = \rho \ddot{u}_i \quad (1-61)$$

根据互易定理得

$$\sigma_{ij} = \sigma_{ji} \quad (1-62)$$

采用能量法并求导得

$$\frac{dU(\varepsilon_{ij})}{dt} = \sigma_{ij} \frac{d\varepsilon_{ij}}{dt} \quad (1-63)$$

式中：能量函数 $U(\varepsilon_{ij})$ 的自变量是 $\varepsilon_{ij}(i=1,2,3;j=1,2,3)$。此弹性体单位体积内能用 U 表示。

由对称关系可知

$$\sigma_{ij} = \frac{1}{2} \left(\frac{\partial U}{\partial \varepsilon_{ij}} + \frac{\partial U}{\partial \varepsilon_{ji}} \right) \quad (1-64)$$

由弹性体的几何关系可得

$$\varepsilon_{ij} = \frac{1}{2} \left(\frac{\partial u_i}{\partial x_j} + \frac{\partial u_j}{\partial x_i} \right) \quad (1-65)$$

若变形非常微小，则本构关系可得

$$\sigma_{kl} = c_{ijkl} \varepsilon_{ij} \quad (1-66)$$

由对称性得

$$c_{ijkl} = c_{jikl} = c_{ijlk} \quad (1-67)$$

式中：c_{ijkl} 为四阶张量，其分量个数为 81。

当绝热与等温情况时，由式（1-67）可得

$$c_{ijkl} = c_{klij} \quad (1-68)$$

若弹性体具有各向同性，则本构关系可以写成：

$$\sigma_{ij} = 2\mu \left(\varepsilon_{ij} - \frac{1}{3} \delta_{ij} \theta \right) + B \delta_{ij} \theta \quad (1-69)$$

式中：B 和 μ 均为弹性常量；θ 为体积膨胀率。

由式（1-69）可以推导得

$$\sigma_{ij} = \lambda \varepsilon_{kk} \delta_{ij} + 2\mu \varepsilon_{ij} \quad (1-70)$$

式中：λ 与 μ 表示拉梅常数。

弹性力学的基本方程式（1-61）、式（1-69）与式（1-70）中偏微分方程数量为 15 个，空间变量为 15 个，时间变量为 1 个，所以当边界条件确定

后，则方程可解。

1.6.2 运动方程的解耦

通过以上对弹性力学基本方程的介绍和推导，可以看出运动方程的各个变量相互耦合，不容易求解，因此推导出位移的势函数对原来的方程进行解耦。

由场论可知，一个矢量场可以表示为旋度和梯度之和，所以可以对矢量 $\boldsymbol{u}$ 进行分解得

$$\boldsymbol{u} = \nabla \times \boldsymbol{\psi} + \nabla \varphi \tag{1-71}$$

式中：$\boldsymbol{\psi}$ 表示矢量场，φ 表示标量场。

利用引入势函数的方法，将体力、初始位移和初始速度进行分解，推导出分解后含有待定系数的表达式：

$$\boldsymbol{u}(\boldsymbol{x},0) = \nabla A + \nabla \times \boldsymbol{B} \tag{1-72}$$

$$\dot{\boldsymbol{u}}(\boldsymbol{x},0) = \nabla C + \nabla \times \boldsymbol{D} \tag{1-73}$$

$$\boldsymbol{f}(\boldsymbol{x},t) = c_L^2 \nabla A + \nabla \times \boldsymbol{B} \tag{1-74}$$

由算子关系可知

$$\nabla \cdot \boldsymbol{B} = \nabla \cdot \boldsymbol{D} = \nabla \cdot \boldsymbol{G} = 0 \tag{1-75}$$

由式（1-74）对时间变量进行积分运算：

$$\boldsymbol{u} = \nabla \phi + \nabla \times \boldsymbol{\psi} \tag{1-76}$$

其中，ϕ 的积分表达式如下：

$$\phi = c_L^2 \int_0^t \int_0^\tau (\nabla \boldsymbol{u} + E) \mathrm{d}s \mathrm{d}\tau + Ct + A \tag{1-77}$$

$$\boldsymbol{\psi} = c_T^2 \int_0^t \int_0^\tau (-2\boldsymbol{b} + \boldsymbol{G}) \mathrm{d}s \mathrm{d}\tau + \boldsymbol{D}t + \boldsymbol{B} \tag{1-78}$$

式中：$\nabla \boldsymbol{b} = 0$，由式（1-74）可以推导出 $\Delta \boldsymbol{\psi} = 0$。对式（1-77）与式（1-78）中时间变量再次求导：

$$\ddot{\phi} = c_L^2 (\nabla \boldsymbol{u} + E), \quad \ddot{\boldsymbol{\psi}} = c_T^2 (-2\boldsymbol{b} + \boldsymbol{G}) \tag{1-79}$$

对式（1-76）进行简化：

$$\nabla \times \boldsymbol{u} = -\nabla^2 \boldsymbol{\psi}, \quad \nabla \cdot \boldsymbol{u} = \nabla^2 \phi \tag{1-80}$$

由式（1-79）和式（1-80）可以推导出：

$$\nabla^2 \phi + E = \frac{1}{c_L^2} \ddot{\phi} \tag{1-81}$$

$$\nabla^2 \boldsymbol{\psi} + \boldsymbol{G} = \frac{1}{c_T^2} \ddot{\boldsymbol{\psi}} \tag{1-82}$$

式（1-81）与式（1-82）均不存在耦合的变量，为方程的求解奠定了基础。

1.7 常见波动方程

首先，在研究齐次波动方程时，其表达式如下：
$$c^2 \nabla^2 \psi = \ddot{\psi} \tag{1-83}$$

引入变量对 ψ 进行分离
$$\psi = w(x_j) \cdot T(t) \tag{1-84}$$

式中：$w(x_j)$ 和 $T(t)$ 分别表示空间变量和时间变量。

利用式（1-83）与式（1-84）进行推导，令等式两端均等于一个常数：
$$c^2 \frac{\nabla^2 w(x_j)}{w(x_j)} = \frac{\ddot{T}(t)}{T(t)} = -\omega^2 \tag{1-85}$$

式中：ω 表示原频率。

引入 $k = \omega/c$，对式（1-85）进行简化：
$$\nabla^2 w(x_j) + k^2 w(x_j) = 0 \tag{1-86}$$
$$\ddot{T} + \omega^2 T = 0 \tag{1-87}$$

式（1-86）就是约化波动方程或亥姆霍兹（Helmholtz）方程的形式，式（1-87）求解后有两个独立的解：$e^{-i\omega t}$ 与 $e^{i\omega t}$，所以式（1-84）能表示为时间谐和波：$\psi = w(x_j) \cdot e^{\pm i\omega t}$。

下面对常见的波动方程进行简要介绍。

1.7.1 平面波动方程

平面波，顾名思义就是波阵面为一个无限大的平面，并且与波有关的几个参数，如波的传播方向、振幅以及相位等都是保持不变的。通常来说，在计算分析时通常是将三维波逐步简化为一维波进行求解，尤其是在分析远场问题时直接可以用一维波进行分析，并且误差很小。

采用直角坐标系对式（1-86）中变量 $w(x_j)$ 进行求解，则 $w(x_j)$ 表达式为
$$\frac{\partial^2 w(x)}{\partial x^2} + k^2 w(x) = 0 \tag{1-88}$$

式（1-88）求解后有两个独立的解：e^{-ikx} 与 e^{ikx}，所以式（1-84）能表示为简谐波：
$$\psi = A e^{\pm i(kx + \omega t)} \tag{1-89}$$

式中：k 表示波数；A 表示振幅；x 是坐标变量；$\theta = (kx \pm \omega t)$ 表示相位，此简谐波与 x 轴方向平行。$e^{i(kx-\omega t)}$ 表示在 x 轴正方向上进行传播，$e^{i(kx+\omega t)}$ 表示在 x

轴负方向上进行传播。

1.7.2 球面波动方程

球面波的波阵面为球形的,在现实生活中,人们遇到的问题一般也都是三维的、立体的,因此相对于平面波以及柱面波来说,球面波也就更有实际意义,但是其计算难度也随之增加。

在球坐标系(r,θ,φ)中对式(1-86)中变量$w(x_j)$进行求解,则$w(x_j)$表达式为

$$\frac{1}{r^2}\frac{\partial}{\partial r}\left(r^2\frac{\partial w}{\partial r}\right)+\frac{1}{r^2\sin\varphi}\frac{\partial}{\partial\varphi}\left(\sin\varphi\frac{\partial w}{\partial\varphi}\right)+\frac{1}{r^2\sin^2\theta}\frac{\partial^2 w}{\partial\theta^2}+k^2w=0 \quad (1-90)$$

式中:球半径模量为$r=|\boldsymbol{x}|$;φ表示$\boldsymbol{x}$与z轴之间的夹角;θ为$\boldsymbol{x}$在xy坐标平面上的分量与x轴之间的夹角。

如果坐标原点与球心重合,变量w和θ、φ均不相关,所以式(1-90)表示为

$$\frac{1}{r^2}\frac{\partial}{\partial r}\left(r^2\frac{\partial w}{\partial r}\right)+k^2w=0 \quad (1-91)$$

式(1-91)求解后有两个孤立的解:$\frac{1}{r}\mathrm{e}^{\mathrm{i}kr}$与$\frac{1}{r}\mathrm{e}^{-\mathrm{i}kr}$,时间谐和球面波$\frac{1}{r}\mathrm{e}^{\pm\mathrm{i}(kr-\omega t)}$以原点向无穷远处发散的方式进行传播;时间谐和球面波$\frac{1}{r}\mathrm{e}^{\pm\mathrm{i}(kr-\omega t)}$以无穷远处向原点聚集的方式进行传播。

1.7.3 柱面波动方程

柱面波和平面波的主要区别是柱面波的波阵面不同,它是一个柱面。在常用的直角坐标系下主要和柱面波有关的坐标分量是x轴和y轴。

在柱坐标系(r,θ,z)中对式(1-86)中变量$w(x_j)$进行求解,则$w(x_j)$表达式为

$$\frac{\partial^2 w(r,\theta)}{\partial r^2}+\frac{1}{r}\cdot\frac{\partial w(r,\theta)}{\partial r}+\frac{1}{r^2}\cdot\frac{\partial^2 w(r,\theta)}{\partial\theta^2}+k^2w(r,\theta)=0 \quad (1-92)$$

式中:圆半径模量为$r=\sqrt{x^2+y^2}$;$\theta=\arctan(y/x)$。

如果满足z轴的对称性,$w(r,\theta)$和θ不相关,所以式(1-92)表示为

$$\frac{\partial^2 w}{\partial r^2}+\frac{1}{r}\cdot\frac{\partial w}{\partial r}+k^2w=0 \quad (1-93)$$

式(1-93)表示零阶贝塞尔方程,求解后有两个独立的解:$H_0^{(1)}(kr)$与

$H_0^{(2)}(kr)$，这两个解与 $e^{\pm i\omega t}$ 的乘积就是与时间谐和的柱面波。$H_0^{(1)}$ 为零阶第一类汉克尔函数，$H_0^{(2)}$ 为零阶第二类汉克尔函数。$H_0^{(1)}(kr)e^{i\omega t}$ 与 $H_0^{(2)}(kr)e^{-i\omega t}$ 以原点向无穷远处发散的方式进行传播；$H_0^{(1)}(kr)e^{-i\omega t}$ 与 $H_0^{(2)}(kr)e^{i\omega t}$ 从无穷远处向原点聚集的方式进行传播。

1.8 平 面 问 题

1.8.1 平面内问题

若与 x_3 相关 σ_{33}、σ_{32} 与 σ_{31} 三个应力的值均为零，除此以外的应力与 x_3 不相关，则此时弹性体处于平面应力状态。根据 $\sigma_{33}=0$ 推导出：

$$\varepsilon_{33}=-\frac{\lambda}{\lambda+2\mu}\frac{\partial u_\alpha}{\partial x_\alpha} \tag{1-94}$$

根据式（1-94）对运动方程进行简化：

$$\frac{1+v}{2}\frac{\partial^2 u_\beta}{\partial x_\alpha \partial x_\beta}+\frac{1-v}{2}\frac{\partial^2 u_\alpha}{\partial x_\beta^2}+\frac{\rho(1-v^2)}{E}f_\alpha=\frac{\rho(1-v^2)}{E}\ddot{u}_\alpha \tag{1-95}$$

式中：E 表示弹性模量，$v=\dfrac{\lambda}{2(\lambda+\mu)}$。

若位移变量满足 $u_3=0$，$u_1=(x_1,x_2,t)$，$u_2=(x_1,x_2,t)$，则此时弹性体处于平面应变状态。根据 $\varepsilon_{31}=\varepsilon_{32}=0$ 推导出：

$$(\lambda+\mu)\frac{\partial\theta}{\partial x_\alpha}+\mu\frac{\partial^2 u_\alpha}{\partial x_\beta^2}+\rho f_\alpha=\rho u_\alpha \tag{1-96}$$

式中：$\theta=\varepsilon_{11}+\varepsilon_{22}$。

1.8.2 反平面问题

若位移变量满足 $u_1=u_2=0$，$u_3=u_3(x_1,x_2,t)$，则此时弹性体处于反平面应变状态，也称为纯剪切状态[9]。弹性体的应力分量 σ_{31}、σ_{32} 与应变分量 $\varepsilon_{31}=\dfrac{\partial u_3}{2\partial x_1}$、$\varepsilon_{32}=\dfrac{\partial u_3}{2\partial x_2}$ 的数值均不为零。根据 $u_1=u_2=0$ 推导出：

$$\mu\left(\frac{\partial^2 u_3}{\partial x_1^2}+\frac{\partial^2 u_3}{\partial x_2^2}\right)+\rho f_3=\rho\ddot{u}_3 \tag{1-97}$$

式（1-97）也可简化为

$$c_T^2\left(\frac{\partial^2 u_3}{\partial x_1^2}+\frac{\partial^2 u_3}{\partial x_2^2}\right)+f_3=\ddot{u}_3 \qquad (1-98)$$

1.8.3 带形域内的入射导波和反射导波

利用导波理论，入射导波 w^i 及其激发的电位势函数 ϕ^i 表达式为

$$w^i=w_0\sum_{m=0}^{+\infty}w_m^i, \quad \phi^i=\phi_0\sum_{m=0}^{+\infty}\phi_m^i \qquad (1-99)$$

带形介质内入射导波 w^i 中 w_m^i 的表达式为

$$w_m^i=f_{m0}(y)\exp[\mathrm{i}k_{m0}(x-d)-\mathrm{i}\omega t] \qquad (1-100)$$

由 w_m^i 激发的电位势函数 ϕ_m^i 可以表示为

$$\phi_m^i=f'_{m0}(y)\exp[\mathrm{i}k_{m0}(x-d)-\mathrm{i}\omega t] \qquad (1-101)$$

忽略时间因子 $\mathrm{e}^{-\mathrm{i}\omega t}$，上式中：$m$ 为导波阶数，表示 y 方向上干涉相的节点数，$k_{m0}^2=k_1^2-q_m^2$，$f_{m0}(y)$ 和 $f'_{m0}(y)$ 表示 y 方向上干涉相的驻波，二者表达式如下：

$$\begin{cases}f_{m0}(y)=w_{m0}^1\sin\left[q_m\left(y+\dfrac{h_2-h_1}{2}\right)\right]+w_{m0}^2\cos\left[q_m\left(y+\dfrac{h_2-h_1}{2}\right)\right]\\ f'_{m0}(y)=\phi_{m0}^1\sin\left[q_m\left(y+\dfrac{h_2-h_1}{2}\right)\right]+\phi_{m0}^2\cos\left[q_m\left(y+\dfrac{h_2-h_1}{2}\right)\right]\end{cases} \qquad (1-102)$$

入射导波 w^i 及其激发出来的电位势 ϕ^i，在带形介质上、下水平边界上满足应力自由和电绝缘边界条件：

$$\begin{cases}\tau_{zy}=c_{44}\dfrac{\partial w^i}{\partial y}+e_{15}\dfrac{\partial \phi^i}{\partial y}\bigg|_{y=h_1-h_2}=0\\ D_y=e_{15}\dfrac{\partial w^i}{\partial y}-\kappa_{11}\dfrac{\partial \phi^i}{\partial y}\bigg|_{y=h_1-h_2}=0\end{cases} \qquad (1-103)$$

将 w^i 和 ϕ^i 表达式代入式（1-103），得

$$\begin{cases}w_{m0}^1\cos\left[q_m\left(\dfrac{h_1+h_2}{2}\right)\right]\pm w_{m0}^2\sin\left[q_m\left(\dfrac{h_1+h_2}{2}\right)\right]=0\\ \phi_{m0}^1\cos\left[q_m\left(\dfrac{h_1+h_2}{2}\right)\right]\pm \phi_{m0}^2\sin\left[q_m\left(\dfrac{h_1+h_2}{2}\right)\right]=0\end{cases} \qquad (1-104)$$

须有 $q_m=\dfrac{m\pi}{h_1+h_2}$，当 m 为偶数时，$w_{m0}^1=0$，$\phi_{m0}^1=0$；当 m 为奇数时，$w_{m0}^2=0$，$\phi_{m0}^2=0$。

所以，入射导波 w^i 及其激发出来的电位势 ϕ^i，在带形介质上、下水平边界上满足应力自由和电绝缘边界条件。

1.9 重要的面积分和体积分

在研究异质体对弹性波的散射问题时，常常会遇到形如 $S_1 = \iint_R e^{iC_\alpha x_\alpha} dA'$ ($\alpha = 1, 2$，哑标)，$S_2 = \iint_R e^{iC_p x_p} dA'$ ($p = 1, 2, 3$，哑标) 的面积分和体积分。这些区域定积分的分析与计算是求解弹性动力学异质体散射问题的关键。像 Φ 型积分还经常在有关声学和电磁学领域内的波动问题中碰到，并且它可用来表示非齐次亥姆霍兹方程的解。

本节将就面域 R 和体域 Ω 的常见形状，采用坐标变换和位势理论给出其积分的显式结果。

1.9.1 面积分 $S_1 = \iint_R e^{iC_\alpha x_\alpha} dA'$ 的计算

1. 矩形域分析

对于 $R = \{R: -a \leq x_1' \leq a, -b \leq x_2' \leq b (a>0, b>0)\}$，有

$$\begin{aligned} S_1 &= \int_{-b}^{b} \int_{-a}^{a} e^{iC_\alpha x_\alpha'} dx_1' dx_2' \\ &= \int_{-b}^{b} \int_{-a}^{a} \cos(c_1 x_1') \cos(c_2 x_2') dx_1' dx_2' \\ &= \frac{4\sin(c_1 a) \sin(c_2 b)}{c_1 c_2} \end{aligned} \quad (1-105)$$

2. 椭圆（圆）域分析

对于 $R = \left\{ R: \dfrac{x_1'^2}{a^2} + \dfrac{x_2'^2}{b^2} = 1 \right\}$，做变换，有

$$\begin{pmatrix} x_1' \\ x_2' \end{pmatrix} = \frac{1}{\sqrt{(c_1 a)^2 + (c_2 b)^2}} \begin{pmatrix} c_1 a^2 & c_2 ab \\ c_2 b^2 & -c_1 ab \end{pmatrix} \begin{pmatrix} x \\ y \end{pmatrix} \quad (1-106)$$

此时

$$c_1 x_1' + c_2 x_2' = \sqrt{(c_1 a)^2 + (c_2 b)^2} \, x \quad (1-107a)$$

$$\frac{x_1'^2}{a^2} + \frac{x_2'^2}{b^2} = x^2 + y^2 \quad (1-107b)$$

雅可比行列式

$$J=\frac{\partial(x_1',x_2')}{\partial(x,y)}=\begin{vmatrix}\dfrac{\partial x_1'}{\partial x}&\dfrac{\partial x_1'}{\partial y}\\[6pt]\dfrac{\partial x_2'}{\partial x}&\dfrac{\partial x_2'}{\partial y}\end{vmatrix}$$

$$=\frac{1}{(c_1a)^2+(c_2b)^2}\begin{vmatrix}c_1a^2&c_2ab\\c_2b^2&-c_1ab\end{vmatrix}$$

$$=-ab$$

(1-108)

于是

$$S_1=\iint_{x^2+y^2=1}e^{i\sqrt{(c_1a)^2+(c_2b)^2}x}|J|\mathrm{d}x\mathrm{d}y$$

$$=ab\int_0^1 r\mathrm{d}r\int_0^{2\pi}e^{i\sqrt{(c_1a)^2+(c_2b)^2}r\cos\theta}\mathrm{d}\theta$$

(1-109a)

式（1-109a）可进一步写成

$$S_1=2\pi ab\int_0^1 rJ_0[\sqrt{(c_1a)^2+(c_2b)^2}r]\mathrm{d}r \tag{1-109b}$$

运用贝塞尔函数的积分形式，有

$$\int xJ_0(cx)\mathrm{d}x=\frac{1}{c}xJ_1(cx)$$

这样，式（1-109b）最后的积分结果是

$$S_1=2\pi ab\frac{1}{\sqrt{(c_1a)^2+(c_2b)^2}}J_1[\sqrt{(c_1a)^2+(c_2b)^2}] \tag{1-110}$$

当 $a=b$ 时，便是圆域的情形。

1.9.2 体积分 $S_2=\iint_R e^{iC_px_p}\mathrm{d}A'$ 的计算

1. 立方体域分析

对于 $\Omega=\{\Omega:-a_1\leq x_1'\leq a_1,-a_2\leq x_2'\leq a_2,-a_3\leq x_3'\leq a_3(a_1>0,a_2>0,a>0)\}$，有

$$S=\int_{-a_3}^{a_3}\int_{-a_2}^{a_2}\int_{-a_1}^{a_1}e^{i(c_1x_1'+c_2x_2'+c_3x_3')}\mathrm{d}x_1'\mathrm{d}x_2'\mathrm{d}x_3'$$

$$=8\int_0^{a_3}\int_0^{a_2}\int_0^{a_1}\cos(c_1x_1')\cos(c_2x_2')\cos(c_3x_3')\mathrm{d}x_1'\mathrm{d}x_2'\mathrm{d}x_3' \tag{1-111}$$

$$=\frac{8\sin(c_1a_1)\sin(c_2a_2)\sin(c_3a_3)}{c_1c_2c_3}$$

2. 椭球（球）域分析

对于 $\Omega = \left\{ \Omega : \dfrac{x_1'^2}{a_1^2} + \dfrac{x_2'^2}{a_2^2} + \dfrac{x_3'^2}{a_3^2} = 1 \right\}$，先做变换，有

$$\begin{pmatrix} x_1' \\ x_2' \\ x_3' \end{pmatrix} = \begin{pmatrix} a_1 & 0 & 0 \\ 0 & a_2 & 0 \\ 0 & 0 & a_3 \end{pmatrix} \begin{pmatrix} x \\ y \\ z \end{pmatrix} \quad (1\text{-}112)$$

易知，椭球变成单位半径的球 $\dfrac{x_1'^2}{a_1^2} + \dfrac{x_2'^2}{a_2^2} + \dfrac{x_3'^2}{a_3^2} = x^2 + y^2 + z^2 = 1$，且

$$J = \frac{\partial(x_1', x_2', x_3')}{\partial(x, y, z)} = a_1 a_2 a_3$$

故

$$S_2 = a_1 a_2 a_3 \iiint_{x^2+y^2+z^2=1} e^{i(c_1 a_1 x + c_2 a_2 y + c_3 a_3 z)} dx dy dz \quad (1\text{-}113)$$

记

$$A = c_1 a_1, \quad B = c_2 a_2, \quad C = c_3 a_3 \quad (1\text{-}114)$$

再做变换，使在坐标系 (xyz) 中的平面 $Ax + By + Cz = 0$ 变成另一坐标系 (ξ, η, ζ) 中的平行于 $\xi\eta$ 的平面。为此，设

$$\boldsymbol{j}_3^* = \frac{A}{\sqrt{A^2+B^2+C^2}} \boldsymbol{j}_1 + \frac{B}{\sqrt{A^2+B^2+C^2}} \boldsymbol{j}_2 + \frac{C}{\sqrt{A^2+B^2+C^2}} \boldsymbol{j}_3$$

$$\boldsymbol{j}_2^* = \frac{C}{\sqrt{B^2+C^2}} \boldsymbol{j}_2 - \frac{B}{\sqrt{B^2+C^2}} \boldsymbol{j}_3$$

而

$$\boldsymbol{j}_1^* = \boldsymbol{j}_2^* \times \boldsymbol{j}_3^*$$

$$= \frac{\sqrt{B^2+C^2}}{\sqrt{A^2+B^2+C^2}} \boldsymbol{j}_1 - \frac{AB}{\sqrt{B^2+C^2}\sqrt{A^2+B^2+C^2}} \boldsymbol{j}_2 \quad (1\text{-}115)$$

$$- \frac{AC}{\sqrt{B^2+C^2}\sqrt{A^2+B^2+C^2}} \boldsymbol{j}_3$$

式中：$\boldsymbol{j}_p$ 和 $\boldsymbol{j}_p^*$ $(p=1,2,3)$ 分别为两坐标 (x,y,z) 和 (ξ,η,ζ) 中的单矢量。两个坐标系的变换关系为

$$x\boldsymbol{j}_1 + y\boldsymbol{j}_2 + z\boldsymbol{j}_3 = \xi\boldsymbol{j}_1^* + \eta\boldsymbol{j}_2^* + \zeta\boldsymbol{j}_3^* \quad (1\text{-}116)$$

将式（1-115）代入式（1-116），就有

$$\begin{cases} x=\dfrac{\sqrt{B^2+C^2}\xi+A\zeta}{\sqrt{A^2+B^2+C^2}} \\ y=\dfrac{-AB\xi+C\sqrt{A^2+B^2+C^2}\eta+B\sqrt{B^2+C^2}\zeta}{\sqrt{B^2+C^2}\sqrt{A^2+B^2+C^2}} \\ z=\dfrac{-AC\xi-B\sqrt{A^2+B^2+C^2}\eta+C\sqrt{B^2+C^2}\zeta}{\sqrt{B^2+C^2}\sqrt{A^2+B^2+C^2}} \end{cases} \quad (1-117)$$

利用上面变换式，易得

$$\begin{cases} Ax+By+Cz=\sqrt{A^2+B^2+C^2}\zeta \\ x^2+y^2+z^2=\xi^2+\eta^2+\zeta^2 \\ J=\dfrac{\partial(x,y,z)}{\partial(\xi,\eta,\zeta)}=\begin{vmatrix} \dfrac{\partial x}{\partial \xi} & \dfrac{\partial x}{\partial \eta} & \dfrac{\partial x}{\partial \zeta} \\ \dfrac{\partial y}{\partial \xi} & \dfrac{\partial y}{\partial \eta} & \dfrac{\partial y}{\partial \zeta} \\ \dfrac{\partial z}{\partial \xi} & \dfrac{\partial z}{\partial \eta} & \dfrac{\partial z}{\partial \zeta} \end{vmatrix}=1 \end{cases} \quad (1-118)$$

于是，式（1-113）可进一步写成

$$\begin{aligned} S_2 &= a_1 a_2 a_3 \iiint_{\xi^2+\eta^2+\zeta^2=1} e^{i\sqrt{A^2+B^2+C^2}\zeta} d\xi d\eta d\zeta \\ &= a_1 a_2 a_3 \int_0^{2\pi} d\theta \int_0^1 r dr \int_{-\sqrt{1-r^2}}^{\sqrt{1-r^2}} \cos(\sqrt{A^2+B^2+C^2}\zeta) d\zeta \\ &= 4\pi a_1 a_2 a_3 \dfrac{\sin\sqrt{A^2+B^2+C^2} - \sqrt{A^2+B^2+C^2}\cos\sqrt{A^2+B^2+C^2}}{(\sqrt{A^2+B^2+C^2})^3} \end{aligned}$$

$$(1-119)$$

式（1-119）推导中已考虑到有关 ζ 的奇函数 $\sin\sqrt{A^2+B^2+C^2}\zeta$ 在区间 $[-\sqrt{1-r^2},\sqrt{1-r^2}]$ 上对 ζ 积分恒为零这一结果。

将式（1-114）代入式（1-119）可写出体积分的最后结果，即

$$S_2 = 4\pi a_1 a_2 a_3 \dfrac{\sin D - D\cos D}{D^3} \quad (1-120)$$

其中

$$D = \sqrt{(c_1 a_1)^2 + (c_2 a_2)^2 + (c_3 a_3)^2} \quad (1-121)$$

特别地，当 $a_1=a_2=a_3$ 时，便是球的情形。

3. 椭球（球）域分析

对于 $\Omega=\left\{\Omega:\dfrac{x_1'^2}{a_1^2}+\dfrac{x_2'^2}{a_2^2}=1,-a_3\leqslant x_3'\leqslant a_3(a_1>0,a_2>0,a_3>0)\right\}$，有

$$S_2=\int_{-a_3}^{a_3}\mathrm{e}^{ic_3x_3'}\mathrm{d}x_3'\iint_{\frac{x_1'^2}{a_1^2}+\frac{x_2'^2}{a_2^2}=1}\mathrm{e}^{i(c_1x_1'+c_2x_2')}\mathrm{d}x_1'\mathrm{d}x_2'$$

$$=\dfrac{2\mathrm{sinc}_3 a_3}{c_3}\iint_{\frac{x_1'^2}{a_1^2}+\frac{x_2'^2}{a_2^2}=1}\mathrm{e}^{i(c_1x_1'+c_2x_2')}\mathrm{d}x_1'\mathrm{d}x_2' \quad (1-122)$$

运用上面已推导的结果式（1-110），式（1-22）即可表示为

$$S_2=4\pi a_1 a_2 a_3\dfrac{\mathrm{sinc}_3 a_3}{c_3 a_3}\dfrac{J_1[\sqrt{(c_1a_1)^2+(c_2a_2)^2}]}{\sqrt{(c_1a_1)^2+(c_2a_2)^2}} \quad (1-123)$$

特别地，当 $a_1=a_2$ 时，椭圆柱体变成圆柱体。

参 考 文 献

［1］钟伟芳，聂国华. 弹性波的散射理论［M］. 武汉：华中理工大学出版社，1997.

［2］黎在良，刘殿魁. 固体中的波［M］. 北京：科学出版社，1995.

［3］黄克智，薛明德，陆明万. 张量分析［M］. 北京：清华大学出版社，1986.

［4］史文谱. 线弹性 SH 型导波散射理论及几个问题研究［M］. 北京：国防工业出版社，2013.

［5］CHANG K H, TSAUR D H, WANG J H. Scattering of SH waves by a circular sectorial canyon ［J］. Geophysical Journal International, 2013, 195（1）：532-543.

［6］王铎. 弹性动力学最新进展［M］. 北京：科学出版社，1995.

［7］王戍堂，温作基，张瑞. 实变函数论［M］. 西安：西北大学出版社，2001.

［8］齐辉，蔡立明，潘向南，等. 弹性直角域中半圆形凹陷的 SH 型导波散射的稳态解［J］. 天津大学学报（自然科学与工程技术版），2014，47（12）：1065-1071.

［9］ACHENBACH J D. Chapter 2-The Linearized Theory of Elasticity［M］. Amsterdam：Elsevier B. V., 1975.

第 2 章 弹性动力学基本理论和方法

2.1 弹性动力学基本理论

给定参考系，质点有确定的运动，在不同的坐标系下，质点的运动有着不同的表现形式。如图 2-1 所示，描述质点 p 的运动，给定一组固定基矢量 (i,j,k)，建立直角坐标系 (O,x,y,z)，其中，O 为原点，r 为质点 p 的位矢，其在坐标系 (O,x,y,z) 中的坐标值为 (p_x,p_y,p_z)，它们都是时间的函数，随着质点 p 的运动，位矢 r 及坐标 (p_x,p_y,p_z) 的数值随时间 t 不断变化，这种变化用位移矢量 d_r 来表示，位移矢量 d_r 对应基矢量 (i,j,k) 的分量为 (u,v,w)。这样，由位移分量 (u,v,w) 的时间表达式可以确定质点 p 的运动。

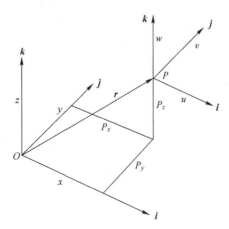

图 2-1 质点运动的描述

质点系运动的描述与单个质点运动的描述类似，但需要引入物质坐标（拉格朗日随体坐标系）来表征质点系中的质点，在小变形的情况下，可以用固定基矢量 (i,j,k) 对应的直角坐标系 (O,x,y,z) 作为拉格朗日随体坐标系来定义的物质坐标。质点系中的质点 p，可以记作 $p(x,y,z)$，其位矢为 $r(x,y,z,t)$，对应的位移分量 (u,v,w)，都是物质坐标 (x,y,z) 和时间 t 的函数。这样，描述质点系的运动需要三个物质坐标，视为三维问题。

物质坐标的定义域连通的介质，称为连续介质，是一类特殊的质点系。描述连续介质的运动，在固定基矢量(i,j,k)的直角坐标系(O,x,y,z)中，引入两个二阶张量场和两个矢量场，应力张量$\boldsymbol{\sigma}$和应变张量$\boldsymbol{\varepsilon}$，体力矢量$\boldsymbol{F}$和位移矢量$\boldsymbol{d}_r$，它们分别是定义域内物质坐标(x,y,z)的张量函数和矢量函数。应力张量$\boldsymbol{\sigma}$是连续介质中表面力的标度，常被视为连续介质内部质点的相互作用，体力矢量$\boldsymbol{F}$是连续介质中体积力的标度，常被视为外力或惯性力对连续介质内质点的作用。应变张量$\boldsymbol{\varepsilon}$是位移矢量$\boldsymbol{d}_r$的派生，在相关的弹性力学教材[1-2]中有详细的说明和推导，满足式（2-1），称为格林应变张量，这里，∇是三维哈密顿（Hamilton）算子，其与矢量函数的运算法则在张量分析的相关教材[3-5]中做了规定。在小变形的情况下，应变张量$\boldsymbol{\varepsilon}$满足几何方程式（2-2），称为柯西应变张量，是对称的二阶张量。

$$\boldsymbol{\varepsilon} = \frac{1}{2}(\boldsymbol{d}_r\nabla + \nabla\boldsymbol{d}_r + \nabla\boldsymbol{d}_r \cdot \boldsymbol{d}_r\nabla) \tag{2-1}$$

$$\boldsymbol{\varepsilon} = \frac{1}{2}(\boldsymbol{d}_r\nabla + \nabla\boldsymbol{d}_r) \tag{2-2}$$

对于均匀、各向同性的线弹性介质，应力张量$\boldsymbol{\sigma}$和应变张量$\boldsymbol{\varepsilon}$满足本构关系式（2-3），这里，δ_{ij}和ε_{ij}分别是应力张量和应变张量的分量，按式（2-4）定义，μ和λ是莱姆斯常数，其中，μ代表剪切模量。由体力矢量$\boldsymbol{F}$、位移矢量$\boldsymbol{d}_r$和应力张量$\boldsymbol{\sigma}$，得到质点系的运动方程式（2-5）。分别对体力矢量$\boldsymbol{F}$和位移矢量$\boldsymbol{d}_r$做亥姆霍兹分解式（2-6）和式（2-7），这里，E、φ和$\boldsymbol{G}$、$\boldsymbol{\Psi}$分别是矢量的标量势和矢量势。综合考虑几何方程式（2-2）和物理方程式（2-3），将式（2-6）和式（2-7）代入运动方程式（2-5），得到标量势的控制方程式（2-8）和矢量势的控制方程式（2-9）。考虑不受体积力作用的弹性介质，即$\boldsymbol{F}=0$，控制方程式（2-8）和式（2-9）等价于标量波动方程式（2-10）和矢量波动方程式（2-11），这里，c_p和c_s分别是体积波和剪切波的相速度。

$$\sigma_{ij} = 2\mu\varepsilon_{ij} + \lambda\varepsilon_{kk}\delta_{ij} \tag{2-3}$$

$$\delta_{ij} = \begin{cases} 1, & i=j \\ 0, & i \neq j \end{cases} \tag{2-4}$$

$$\nabla \cdot \boldsymbol{\sigma} + \rho\boldsymbol{F} = \rho\ddot{\boldsymbol{d}}_r \tag{2-5}$$

$$\boldsymbol{F} = \nabla E + \nabla \times \boldsymbol{G}, \quad \nabla \cdot \boldsymbol{G} = 0 \tag{2-6}$$

$$\boldsymbol{d}_r = \nabla\varphi + \nabla \times \boldsymbol{\psi}, \quad \nabla \cdot \boldsymbol{\psi} = 0 \tag{2-7}$$

$$\nabla^2[(\lambda+2\mu)(\nabla^2\varphi + E) - \rho\ddot{\varphi}] = 0 \tag{2-8}$$

$$\nabla^2[\mu(\nabla^2\boldsymbol{\psi}+\boldsymbol{G})-\rho\ddot{\boldsymbol{\psi}}]=0 \qquad (2-9)$$

$$\nabla^2\varphi=\frac{\ddot{\varphi}}{c_p^2}, \quad c_p=\sqrt{\frac{\lambda+2\mu}{\rho}} \qquad (2-10)$$

$$\nabla^2\boldsymbol{\psi}=\frac{\ddot{\boldsymbol{\psi}}}{c_s^2}, \quad c_s=\sqrt{\frac{\mu}{\rho}} \qquad (2-11)$$

研究反平面应变问题，位移矢量 $\boldsymbol{d}_r$ 对固定基矢量的位移分量 $(\boldsymbol{i},\boldsymbol{j},\boldsymbol{k})$ 满足式（2-12），弹性介质中质点的位移只是物质坐标 (x,y) 和时间的 t 函数，这是二维问题。将应力张量 $\boldsymbol{\delta}$ 按本构关系式（2-3）和几何方程式（2-2），代入运动方程式（2-5），得到按位移矢量 $\boldsymbol{d}_r$ 表示的运动方程式（2-13）。将反平面的位移方程式（2-12）代入运动方程式（2-13），得到位移分量 w 的控制方程式（2-14），这里，∇ 是二维哈密顿算子，方程式（2-14）是二维波动方程。研究稳态问题，按分离变量法，反平面位移满足式（2-15），$w(x,y)$ 和 $\exp(\mathrm{i}\omega t)$ 分别是反平面位移 w 的二维空间变量和一维时间变量，其中，ω 是时间变量的角频率，$i=\sqrt{-1}$ 是虚数单位。将式（2-15）代入控制方程，得到亥姆霍兹方程（2-16），这里，Δ 是二维拉普拉斯（Laplace）算子，k 是反平面剪切波的波数，进一步分离变量，可以得到反平面问题的稳态解。

$$\begin{cases} u=0 \\ v=0 \\ w=w(x,y,t) \end{cases} \qquad (2-12)$$

$$(\lambda+\mu)\nabla^2\cdot\boldsymbol{d}_r+\mu\nabla^2\boldsymbol{d}_r+\rho\boldsymbol{F}=\rho\ddot{\boldsymbol{d}}_r \qquad (2-13)$$

$$\mu\nabla^2 w=\rho\frac{\partial^2 w}{\partial t^2} \qquad (2-14)$$

$$w=w(x,y)\exp(-\mathrm{i}\omega t) \qquad (2-15)$$

$$\Delta w+k^2 w=0, \quad k=\frac{\omega}{c_s} \qquad (2-16)$$

$$\begin{cases} z=x+\mathrm{i}y=r\mathrm{e}^{\mathrm{i}\theta} \\ \bar{z}=x-\mathrm{i}y=r\mathrm{e}^{-\mathrm{i}\theta} \end{cases} \qquad (2-17)$$

如图 2-2 所示，"⊙"是出平面方向，取固定基矢量 $(\boldsymbol{i},\boldsymbol{j},\boldsymbol{k})$ 对应直角坐标系 (O,x,y,z) 的 x,y 和原点 O，建立平面直角坐标系 (O,x,y)，平面极坐标系 (O,r,θ)。以 x 轴为实轴，y 轴为虚轴，按式（2-17）引入复变量 z 和共轭复变量 $\bar{z}$ 建立复平面 $(z,\bar{z})$。

按二维拉普拉斯算子的直角坐标形式，得到反平面位移 w 的亥姆霍兹方程在平面直角坐标系 (O,x,y) 上的表达式（2-18），这是平面直角坐标系中反

平面位移 w 的控制方程。按本构方程式（2-3），求得应力分量 τ_{xz}、τ_{yz} 的表达式（2-19）。

$$\frac{\partial^2 w(x,y)}{\partial x^2}+\frac{\partial^2 w(x,y)}{\partial y^2}+k^2 w(x,y)=0 \qquad (2-18)$$

$$\tau_{xy}=\mu\frac{\partial^2 w(x,y)}{\partial x^2}, \quad \tau_{yz}=\mu\frac{\partial^2 w(x,y)}{\partial y^2} \qquad (2-19)$$

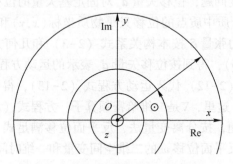

图 2-2　二维问题的平面坐标系

按二维拉普拉斯算子的极坐标形式，得到反平面位移 w 的亥姆霍兹方程在平面极坐标系 (O,r,θ) 上的表达式（2-20），这是平面极坐标系中反平面位移 w 的控制方程。按本构方程式（2-3），求得应力分量 τ_{rz}、$\tau_{\theta z}$ 的表达式。

$$\frac{\partial^2 w(r,\theta)}{\partial r^2}+\frac{1}{r}\frac{\partial w(r,\theta)}{\partial r}+\frac{1}{r^2}\frac{\partial^2 w(r,\theta)}{\partial \theta^2}+k^2 w(r,\theta)=0 \qquad (2-20)$$

$$\tau_{rz}=\mu\frac{\partial w(r,\theta)}{\partial r}, \quad \tau_{\theta z}=\frac{\mu}{r}\frac{\partial w(r,\theta)}{\partial \theta} \qquad (2-21)$$

按复变函数描述，不妨认为复变量 z 和共轭复变量 $\bar{z}$ 是一组独立变量，这样，直角坐标系的自变量 x、y 和极坐标系的自变量 r、θ，成为复变量 z 和共轭复变量 $\bar{z}$ 的因变量，满足式（2-22）和式（2-23）。这样，按式（2-24）和式（2-25），分别定义复变量 z 和共轭复变量 $\bar{z}$ 的形式微分。在复平面 $(z,\bar{z})$ 上，按定义的形式微分，对反平面位移 w 的亥姆霍兹方程（2-16）做展开，得到复变量 z 和共轭复变量 $\bar{z}$ 形式的亥姆霍兹方程式（2-26），这是复平面 $(z,\bar{z})$ 上反平面位移 w 的控制方程。平面直角坐标系 (O,x,y) 和平面极坐标系 (O,r,θ) 中的应力分量 τ_{xz}、τ_{yz} 和 τ_{rz}、$\tau_{\theta z}$，可以分别按复变量 z 和共轭复变量 $\bar{z}$ 来表示为式（2-27）和式（2-28）。

$$x=\frac{z+\bar{z}}{2}, \quad y=\frac{z-\bar{z}}{2\mathrm{i}} \qquad (2-22)$$

第2章 弹性动力学基本理论和方法

$$r^2 = z\bar{z}, \quad e^{2i\theta} = \frac{z}{\bar{z}} \tag{2-23}$$

$$\frac{\partial}{\partial z} = \frac{1}{2}\left(\frac{\partial}{\partial x} - i\frac{\partial}{\partial y}\right) = \frac{1}{2}\left(\frac{\partial}{\partial r} - \frac{i}{r}\frac{\partial}{\partial \theta}\right)e^{-i\theta} \tag{2-24}$$

$$\frac{\partial}{\partial \bar{z}} = \frac{1}{2}\left(\frac{\partial}{\partial x} + i\frac{\partial}{\partial y}\right) = \frac{1}{2}\left(\frac{\partial}{\partial r} + \frac{i}{r}\frac{\partial}{\partial \theta}\right)e^{i\theta} \tag{2-25}$$

$$\frac{\partial^2 w(z,\bar{z})}{\partial z \partial \bar{z}} + \frac{1}{4}k^2 w(z,\bar{z}) = 0 \tag{2-26}$$

$$\begin{cases} \tau_{xz} = \mu\left(\dfrac{\partial w(z,\bar{z})}{\partial z} + \dfrac{\partial w(z,\bar{z})}{\partial \bar{z}}\right) \\ \tau_{yz} = \mu i\left(\dfrac{\partial w(z,\bar{z})}{\partial z} - \dfrac{\partial w(z,\bar{z})}{\partial \bar{z}}\right) \end{cases} \tag{2-27}$$

$$\begin{cases} \tau_{rz} = \mu\left[\dfrac{\partial w(z,\bar{z})}{\partial z}\left(\dfrac{z}{\bar{z}}\right)^{\frac{1}{2}} + \dfrac{\partial w(z,\bar{z})}{\partial \bar{z}}\left(\dfrac{\bar{z}}{z}\right)^{\frac{1}{2}}\right] \\ \tau_{\theta z} = \mu i\left[\dfrac{\partial w(z,\bar{z})}{\partial z}\left(\dfrac{z}{\bar{z}}\right)^{\frac{1}{2}} - \dfrac{\partial w(z,\bar{z})}{\partial \bar{z}}\left(\dfrac{\bar{z}}{z}\right)^{\frac{1}{2}}\right] \end{cases} \tag{2-28}$$

2.2 波函数展开法

在给定的坐标系下,对亥姆霍兹方程按照分离变量法求解,分离两个空间变量,最终求得稳态波函数的表达式,称为波函数展开法。

2.2.1 平面波

在平面直角坐标系(o,x,y)中,亥姆霍兹方程式(2-29)可表示为方程式(2-30),按照式(2-31)对$w(x,y)$进行分离变量,得到方程式(2-32),分立方程进行求解,得到依赖于复常数A的实部a的分离变量解X_α和Y_α,见式(2-33)。因此,亥姆霍兹方程在直角坐标系下的解为式(2-34),其中$w_\alpha = w(x)Y(y)$。

$$\nabla^2 w + k^2 w = 0 \tag{2-29}$$

$$\frac{\partial^2 w(x,y)}{\partial x^2} + \frac{\partial^2 w(x,y)}{\partial y^2} + k^2 w(x,y) = 0 \tag{2-30}$$

$$w(x,y) = X(x)Y(y) \tag{2-31}$$

$$\frac{1}{X}\frac{d^2 X}{dx^2} + k^2 = -\frac{1}{Y}\frac{d^2 Y}{dy^2} = k^2 \sin^2 A \tag{2-32}$$

$$\begin{cases} X_a = w_x \exp(ikx\cos\alpha) \\ Y_a = w_y \exp(iky\sin\alpha) \end{cases} \quad (2\text{-}33)$$

$$w_\alpha(x,y) = w_\alpha \exp[ik(x\cos\alpha + y\sin\alpha)] \quad (2\text{-}34)$$

给定 α 后，稳态波 $w(x,y)$ 的波阵面为一个平面，因此式（2-34）表示的是稳态平面 SH 型导波的位移场，将 α 称为平面波的入射角，w_α 的模和辐角分别代表振幅和初相位。将式（2-34）带入式（2-35）和式（2-36）中，求得应力分量 τ_{xz}、τ_{yz} 的表达式为式（2-37）和式（2-38）。

$$\tau_{xz} = \mu \frac{\partial w(x,y)}{\partial x} \quad (2\text{-}35)$$

$$\tau_{yz} = \mu \frac{\partial w(x,y)}{\partial y} \quad (2\text{-}36)$$

$$\tau_{xz}(x,y) = ik\mu w_\alpha \cos\alpha \exp[ik(x\cos\alpha + y\sin\alpha)] \quad (2\text{-}37)$$

$$\tau_{yz}(x,y) = ik\mu w_\alpha \sin\alpha \exp[ik(x\cos\alpha + y\sin\alpha)] \quad (2\text{-}38)$$

根据式（2-39）可以得到平面 SH 型导波在平面极坐标系内的表达式为式（2-40），根据式（2-39）和式（2-40），可以得到应力分量 τ_{rz}、$\tau_{\theta z}$ 的表达式为式（2-43）和式（2-44）。

$$\tau_{rz} = \mu \frac{\partial w(r,\theta)}{\partial r} \quad (2\text{-}39)$$

$$\tau_{\theta z} = \frac{\mu}{r} \frac{\partial w(r,\theta)}{\partial \theta} \quad (2\text{-}40)$$

$$x = r\cos\theta, \quad y = r\sin\theta \quad (2\text{-}41)$$

$$w_\alpha(r,\theta) = w_\alpha \exp[ikr\cos(\theta - \alpha)] \quad (2\text{-}42)$$

$$\tau_{rz}(r,\theta) = ik\mu w_\alpha \cos(\theta - \alpha) \exp[ikr\cos(\theta - \alpha)] \quad (2\text{-}43)$$

$$\tau_{\theta z}(r,\theta) = -ik\mu w_\alpha \sin(\theta - \alpha) \exp[ikr\cos(\theta - \alpha)] \quad (2\text{-}44)$$

以上位移场和应力场在复平面内的表达式为

$$w_\alpha(z,\bar{z}) = w_\alpha \exp\left[\frac{ik}{2}(ze^{-i\alpha} + \bar{z}e^{i\alpha})\right] \quad (2\text{-}45)$$

$$\tau_{xz}(z,\bar{z}) = \frac{ik\mu w_\alpha}{2}(e^{-i\alpha} + e^{i\alpha}) \exp\left[\frac{ik}{2}(ze^{-i\alpha} + \bar{z}e^{i\alpha})\right] \quad (2\text{-}46)$$

$$\tau_{yz}(z,\bar{z}) = -\frac{k\mu w_\alpha}{2}(e^{-i\alpha} - e^{i\alpha}) \exp\left[\frac{ik}{2}(ze^{-i\alpha} + \bar{z}e^{i\alpha})\right] \quad (2\text{-}47)$$

$$\tau_{rz}(z,\bar{z}) = \frac{ik\mu w_\alpha}{2}\left(e^{-i\alpha}\frac{z}{|z|} + e^{i\alpha}\frac{\bar{z}}{|z|}\right) \exp\left[\frac{ik}{2}(ze^{-i\alpha} + \bar{z}e^{i\alpha})\right] \quad (2\text{-}48)$$

$$\tau_{\theta z}(z,\bar{z}) = -\frac{k\mu w_\alpha}{2}\left(\mathrm{e}^{-\mathrm{i}\alpha}\frac{z}{|z|} - \mathrm{e}^{\mathrm{i}\alpha}\frac{\bar{z}}{|z|}\right)\exp\left[\frac{\mathrm{i}k}{2}(z\mathrm{e}^{-\mathrm{i}\alpha}+\bar{z}\mathrm{e}^{\mathrm{i}\alpha})\right] \quad (2\text{-}49)$$

2.2.2 柱面波

在平面极坐标系(O,r,θ)中，按照式（2-50）对$w(r,\theta)$进行分离变量，得到方程式（2-51），其中λ是任意复常数，分立方程进行求解。极角θ的方程中，由于θ具有周期性，因此函数Θ满足周期条件式（2-47），其中n为任意整数，λ为本征值满足式（2-48），本征函数为式（2-49）。

$$w(r,\theta) = R(r)\Theta(\theta) \quad (2\text{-}50)$$

$$\frac{r^2}{R}\frac{\mathrm{d}^2 R}{\mathrm{d}r^2} + \frac{r}{R}\frac{\mathrm{d}R}{\mathrm{d}r} + k^2 r^2 = -\frac{1}{\Theta}\frac{\mathrm{d}^2\Theta}{\mathrm{d}\theta^2} = \lambda \quad (2\text{-}51)$$

$$\Theta(\theta) = \Theta(\theta+2n\pi) \quad (2\text{-}52)$$

$$\lambda = n^2, n = 0, \pm 1, \pm 2, \cdots \quad (2\text{-}53)$$

$$\Theta = C_1\exp(\mathrm{i}n\theta) + C_2\exp(-\mathrm{i}n\theta) \quad (2\text{-}54)$$

在极径r的方程中，代入整数n，得到方程式（2-55），用kr对r做变量代换，得到以kr为宗量的n阶贝塞尔方程式（2-56），该方程的解为n阶柱函数$Z_n(kr)$。n取全体整数，分别代入式（2-56）进行求解，然后将所有结果进行累加，得到亥姆霍兹方程在极坐标系下的解为式（2-57），其中w_n为复常数。此时$w(r,\theta)$的模仅为极半径r的函数，因此表示的是稳态柱面SH型导波的位移场。

$$\frac{\mathrm{d}^2 R}{\mathrm{d}r^2} + \frac{1}{r}\frac{\mathrm{d}R}{\mathrm{d}r} + \left(k^2 - \frac{n^2}{r^2}\right)R = 0 \quad (2\text{-}55)$$

$$\frac{\mathrm{d}^2 R}{\mathrm{d}(kr)^2} + \frac{1}{kr}\frac{\mathrm{d}R}{\mathrm{d}(kr)} + \left[1 - \frac{n^2}{(kr)^2}\right]R = 0 \quad (2\text{-}56)$$

$$w(r,\theta) = \sum_{n=-\infty}^{+\infty} w_n Z_n(kr)\exp(\mathrm{i}n\theta) \quad (2\text{-}57)$$

将式（2-57）代入式（2-39）和式（2-40）中，可以得到应力分量τ_{rz}和$\tau_{\theta z}$的表达式为

$$\tau_{rz}(r,\theta) = \sum_{n=-\infty}^{+\infty}\frac{k\mu w_n}{2}[Z_{n-1}(kr) - Z_{n+1}(kr)]\exp(\mathrm{i}n\theta) \quad (2\text{-}58)$$

$$\tau_{\theta z}(r,\theta) = \sum_{n=-\infty}^{+\infty}\frac{\mathrm{i}k\mu w_n}{2}[Z_{n-1}(kr) + Z_{n+1}(kr)]\exp(\mathrm{i}n\theta) \quad (2\text{-}59)$$

相应的位移场和应力场在复平面内表示为

$$w(z,\bar{z}) = \sum_{n=-\infty}^{+\infty} w_n Z_n(k|z|) \left(\frac{z}{|z|}\right)^n \quad (2-60)$$

$$\tau_{xz}(z,\bar{z}) = \sum_{n=-\infty}^{+\infty} \frac{k\mu w_n}{2}\left[Z_{(n-1)}(k|z|)\frac{\bar{z}}{|z|} - Z_{(n+1)}(k|z|)\frac{z}{|z|}\right]\left(\frac{z}{|z|}\right)^n \quad (2-61)$$

$$\tau_{yz}(z,\bar{z}) = \sum_{n=-\infty}^{+\infty} \frac{ik\mu w_n}{2}\left[Z_{(n-1)}(k|z|)\frac{\bar{z}}{|z|} + Z_{(n+1)}(k|z|)\frac{z}{|z|}\right]\left(\frac{z}{|z|}\right)^n \quad (2-62)$$

$$\tau_{rz}(z,\bar{z}) = \sum_{n=-\infty}^{+\infty} \frac{k\mu w_n}{2}\left[Z_{(n-1)}(k|z|) - Z_{(n+1)}(k|z|)\right]\left(\frac{z}{|z|}\right)^n \quad (2-63)$$

$$\tau_{\theta z}(z,\bar{z}) = \sum_{n=-\infty}^{+\infty} i\frac{k\mu w_n}{2}\left[Z_{(n-1)}(k|z|) + Z_{(n+1)}(k|z|)\right]\left(\frac{z}{|z|}\right)^n \quad (2-64)$$

2.2.3 贝塞尔波函数和汉克尔波函数

n 阶柱函数 $Z_n(kr)$ 分为 n 阶贝塞尔函数 $J_n(kr)$ 和 n 阶纽曼函数 $Y_n(kr)$，宗量 $kr=0$ 的点是 n 阶纽曼函数 $Y_n(kr)$ 的瑕点，因此，对于包含极点 O 区域中的波只能用 $J_n(kr)$ 来表示。将 n 阶贝塞尔函数 $J_n(kr)$ 代入式（2-60）中，得到式（2-65），用来表征柱体内驻波的位移场，称为贝塞尔波函数。

$$w(z,\bar{z}) = \sum_{n=-\infty}^{+\infty} w_n J_n(k|z|) \left(\frac{z}{|z|}\right)^n \quad (2-65)$$

对 n 阶贝塞尔函数 $J_n(kr)$ 和 n 阶纽曼函数 $Y_n(kr)$ 进行线性变换，便可得到 n 阶第一类汉克尔函数 $H_n^{(1)}(kr)$ 和 n 阶第二类汉克尔函数 $H_n^{(2)}(kr)$。两种函数与时间谐和因子 $\exp(-i\omega t)$ 相乘后，得到 $H_n^{(1)}(kr)\exp(-i\omega t)$ 和 $H_n^{(2)}(kr)\exp(-i\omega t)$，分别代表按 $\sqrt{1/r}$ 衰减的向外传播和向内传播的行波。因此，第一类汉克尔波函数式（2-65）用于表征柱面向外散射的柱面波，第二类汉克尔波函数式（2-68）用于表征柱面向内散射的柱面波。

$$\begin{cases} H_n^{(1)}(kr) = J_n(kr) + iY_n(kr) \\ H_n^{(2)}(kr) = J_n(kr) - iY_n(kr) \end{cases} \quad (2-66)$$

$$w(z,\bar{z}) = \sum_{n=-\infty}^{+\infty} w_n H_n^{(1)}(k|z|) \left(\frac{z}{|z|}\right)^n \quad (2-67)$$

$$w(z,\bar{z}) = \sum_{n=-\infty}^{+\infty} w_n H_n^{(2)}(k|z|) \left(\frac{z}{|z|}\right)^n \quad (2-68)$$

2.3 镜 像 法

在弹性动力学中，几何对称结构如图 2-3 所示，对称平面为 $y=0$，当施加对称的动荷载时，对称面上 z 方向位移变量 w 对 y 的奇数阶导数在对称面上为 0，在对称面 $y=0$ 上切应力 $\tau_{yz}=0$。

图 2-3　几何对称结构

在 SH 型导波稳态问题的研究中，结构如图 2-4 所示，半空间区域 I 中有圆柱形孔 O_O，其产生的柱面散射波 $w_0(z,\bar{z})$ 会在区 I 的上表面 $y=0$ 发生反射，产生上表面反射波 $w^r(z,\bar{z})$。为了构造满足上表面应力自由条件的散射柱面波，将区域和圆孔沿着平面 $y=0$ 进行对称，得到区域 II 和圆孔 $O_{O'}$，用圆孔 $O_{O'}$ 产生的柱面散射波 $w_{O'}(z',\bar{z'})$ 来代替区域 I 中的上表面反射波 $w_r(z,\bar{z})$，这样将圆孔 O_O 和圆孔 $O_{O'}$ 产生的散射波场进行叠加，即可得到满足平面 $y=0$ 上应力自由条件的散射柱面波，其中圆孔 $O_{O'}$ 的散射波称为镜像散射波。将这种为了满足平面边界应力自由条件，运用对称来构造介质内波场的方法称为镜像法。

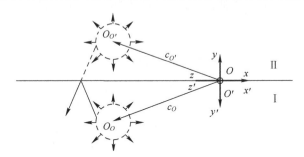

图 2-4　镜像法

在复平面 xOy 内，由圆孔 O_O 产生的散射波场为 $w_0(z,\bar{z})$，见式（2-69）。将坐标系 xOy 和圆孔 O_O 沿着平面 $y=0$ 进行镜像，得到坐标系 $x'O'y'$ 和镜像圆孔 $O_{O'}$，在复平面内，由圆孔 $O_{O'}$ 产生的散射波场为 $w_{O'}(z',\bar{z'})$，见式（2-70）。根据复平面 xOy 与复平面 $x'O'y'$ 之间的变换关系式（2-66），可得 $w'(z',\bar{z'})$ 在复平面 xOy 内的表达式 $w'(z,\bar{z})$ 为式（2-72）。半空间中圆孔 O_O 产生的散射波

为 $w(z,\bar{z})$，是 $w_O(z,\bar{z})$ 与 $w_{O'}(z',\overline{z'})$ 的叠加，见式 (2-73)。

$$w_O(z,\bar{z}) = \sum_{n=-\infty}^{+\infty} w_n H_n^{(1)}(k|z-c_O|) \left(\frac{(z-c_O)}{|z-c_O|}\right)^n \quad (2-69)$$

$$w_{O'}(z',\overline{z'}) = \sum_{n=-\infty}^{+\infty} w_n H_n^{(1)}(k|z'-c_{O'}|) \left(\frac{(z'-c_{O'})}{|z'-c_{O'}|}\right)^n \quad (2-70)$$

$$z' = \bar{z}, \quad c_{O'} = \overline{c_O} \quad (2-71)$$

$$w_O(z,\bar{z}) = \sum_{n=-\infty}^{+\infty} w_n H_n^{(1)}(k|\overline{z-c_O}|) \left(\frac{\overline{(z-c_O)}}{|\overline{z-c_O}|}\right)^n$$

$$= \sum_{n=-\infty}^{+\infty} w_n H_n^{(1)}(k|z-c_O|) \left(\frac{(z-c_O)}{|z-c_O|}\right)^{-n} \quad (2-72)$$

$$w_O(z,\bar{z}) = \sum_{n=-\infty}^{+\infty} w_n H_n^{(1)}(k|z-c_O|) \left[\left(\frac{(z-c_O)}{|z-c_O|}\right)^n + \left(\frac{(z-c_O)}{|z-c_O|}\right)^{-n}\right] \quad (2-73)$$

2.4 导波展开法

对弹性带形域中的所有稳态 SH 型导波展开成如式 (2-74) 的级数形式，称为导波展开[6]。$w(x,y)$ 是带形域中的相容波，满足弹性带形域的上、下表面应力自由条件。

$$w(x,y) = \sum_{n=0}^{+\infty} w_n(x,y) \quad (2-74)$$

带形域是长和宽无限大、厚度为 h 的立方体，可以看作均匀、连续、各向同性的无限大弹性板。弹性体的剪切模量为 μ，密度为 ρ。任取弹性板的一个纵截面，如图 2-5 所示。建立平面直角坐标系 (O,x,y)，平行于上、下直边界为 x 轴，板厚方向为 y 轴，弹性板的上、下表面分别为平面 B_U 和平面 B_L，原

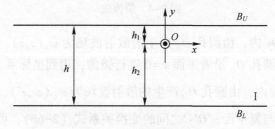

图 2-5 弹性带形域

点 O 与上、下边界的距离分别为轴与上、下表面平行，按右手法则即可确定 z 轴。弹性动力学反平面运动是二维问题，弹性板中所有点的反平面位移 w 都与 z 轴平行，并且 w 只是 x 和 y 的函数。

2.4.1 入射导波

在平面直角坐标系中，根据带形域的几何特征，首先假设带形域内的沿着 x 方向传播的 SH 型导波可以进行分离变量，表示为两相乘积的形式，即式（2-75）。$f(y)$ 是 y 方向上的驻波相，$\exp[i(k_x)(-\omega t)]$ 表示 x 方向上的传播相，其中 k_x 是 x 方向的视波数，$-h \leq y \leq +h$，$-\infty < x < +\infty$。略去时间谐和因子 $\exp(-i\omega t)$ 后得到式（2-76）。

$$w(x,y,t) = f(y)\exp[i(k_x x)(-\omega t)] \quad (2\text{-}75)$$

$$w(x,y) = f(y)\exp(ik_x x) \quad (2\text{-}76)$$

根据前面的讨论可知，在弹性动力学反平面稳态问题中，平面直角坐标系下的空间变量控制方程为亥姆霍兹方程式（2-15），其中 $k=\omega/C_s$ 是 SH 型导波的波数，C_s 为带形域中 SH 型导波的相速度。将式（2-76）代入方程式（2-15）进行求解，得到方程式（2-77），其中 q 满足式（2-78）。

$$\frac{d^2 f(y)}{dy^2} + q^2 f(y) = 0 \quad (2\text{-}77)$$

$$q^2 = k^2 - k_m^2 \quad (2\text{-}78)$$

方程式（2-77）的通解为

$$f(y) = A\sin(qy) + B\cos(qy) \quad (2\text{-}79)$$

位移场变量的表达式（2-76）除满足空间变量的控制方程外，还应该满足带形域上、下表面的应力自由条件式（2-80），将式（2-76）代入方程式（2-80）中，得到式（2-81）。

$$\tau_{yz}|_{y=+h_1,-h_2} = \mu \frac{\partial w(x,y)}{\partial y} = 0 \quad (2\text{-}80)$$

$$f'(y)|_{y=+h_1,-h_2} = 0 \quad (2\text{-}81)$$

将已求得的式（2-79），代入方程式（2-81）中，并令 $h_1 = h_2 = h/2$，得到式（2-81）。

$$A\cos(qh/2) \mp B\sin(qh/2) = 0 \quad (2\text{-}82)$$

有两种情况可以满足条件式（2-82）：

情况 1：$A=0$，并且 $qh/2 = m\pi/2$，其中 $m=0,2,4,\cdots$。

情况 2：$B=0$，并且 $qh/2 = m\pi/2$，其中 $m=1,3,5,\cdots$。

可以看出，式（2-83）的成立是位移场变量式（2-81）满足带形域表面应力自由式（2-85）的必要条件。由于 q 的取值与自然数 m 有关，是可列的，所以将 q 改写成 q_m，根据式（2-78）把 x 方向的视波数 k_x 改写成 k_m，根据式（2-79）把 $f(y)$ 写成式（2-89），根据式（2-81）把 $w(x,y)$ 写成 $w_m(x,y)$。当 m 为偶数时 $A=0$，$w_m(x,y)$ 关于 $y=0$ 对称，是对称波型；当 m 为奇数时 $B=0$，$w_m(x,y)$ 关于 $y=0$ 反对称，是反对称波型。定义 m 为 SH 型导波的阶数，其物理意义为 y 轴方向上驻波干涉相 $f_m(y)$ 的波节的数目，即第 m 阶传播振型产生的出平面位移沿板厚方向有 m 个节点，如图 2-6 所示为前三阶 SH 型导波的传播振型，0 阶导波的传播振型为一个平面，1 阶导波的有 1 个节点，2 阶导波的有 2 个节点。

$$q = \frac{m\pi}{h}, m = 0,1,2,\cdots \quad (2\text{-}83)$$

$$f_m(y) = A\sin(q_m y) + B\cos(q_m y) \quad (2\text{-}84)$$

$$w_m(x,y) = [A\sin(q_m y) + B\cos(q_m y)]\exp(\mathrm{i}k_m x) \quad (2\text{-}85)$$

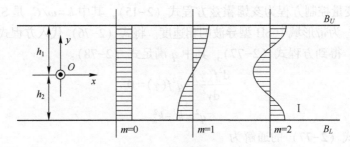

图 2-6　导波振型

令 k_m 表示为 x 方向的视波速，并由式（2-83）和式（2-78）可以得

$$\left(\frac{c_m}{c_s}\right)^2 = 1 + \left(\frac{m\pi}{hk_m}\right)^2 \quad (2\text{-}86)$$

按式（2-82）引入无量纲频率 Ω 和无量纲波数 ξ，根据式（2-86）得到频率方程式（2-88）。每一个确定的整数 m 都确定了 Ω-ξ 平面上的一条曲线，称为分支，所有的分支构成频谱，如图 2-7 所示。第 m 个分支表示着 m 阶 SH 型导波的无量纲频率 Ω 和无量纲波数 ξ 之间的关系。因为角频率 $\omega>0$，所以无量纲频率 Ω 一定是正实数。由式（2-88）可知，当 $\Omega>n$ 时，无量纲波数 $\xi=\pm\sqrt{\Omega^2-n^2}$ 为实数，k_m 为实数，$\exp[\mathrm{i}(k_{mx}-\omega t)]$ 可以表示 x 方向上的传播相，$k_m>0$ 时代表沿 x 轴正方向传播，$k_m<0$ 时代表沿 x 轴负方向传播，$k_m=0$ 时为驻波；当 $\Omega<n$ 时，无量纲波数 $\xi=\pm\sqrt{\Omega^2-n^2}$ 为虚数，k_m 为虚数，此时 $\exp[\mathrm{i}(k_{mx}-\omega t)]$ 表示为 x 方向上的局部驻波相，正虚数波时，由式（2-76）

可知，位移 w 随着 x 增大指数衰减；$\Omega=n$ 时，无量纲波数 $\xi=0$，$k_m=0$，此时 $\exp[\mathrm{i}(k_{mx}-\omega t)]$ 表示在 x 轴方向上振幅处处相等的驻波相。

$$\Omega=\frac{h\omega}{\pi c_s}, \quad \xi=\frac{hk_m}{\pi} \tag{2-87}$$

$$\Omega^2=m^2+\xi^2 \tag{2-88}$$

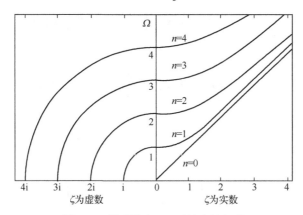

图 2-7　带形域中 SH 型导波的频谱

对于第 m 阶 SH 型导波，将 x 轴方向上视波数 $k_m=0$ 时的频率称为该阶导波的截止频率 ω_{cr}，按式（2-89）定义。只有 $\omega>\omega_{cr}$ 时，第 m 阶 SH 型导波才能在带形域中传播；而当 $\omega<\omega_{cr}$ 时，第 m 阶 SH 型导波不会沿 x 轴方向传播，只是 x 轴上局部的驻波；当 $\omega=\omega_{cr}$ 时，它是 x 轴上全局的驻波，且振幅都相等。

$$\omega_{cr}=\frac{m\pi c_s}{h} \tag{2-89}$$

当给定入射波的波数 $k=\bar{k}$ 时，根据 $k=\omega/c_s$、带形域厚度 h 和式（2-85）可以算出给定的无量纲频 $\Omega=\bar{\Omega}$，从图 2-7 中可以看出 $\bar{\Omega}$ 对应有限个传播振型和无限个非传播振型。只讨论传播型的 SH 型导波，因此要求 $\xi>0$，即 $k_m>0$。由式（2-85）可知此时带形域中传播型导波的阶数 m 应满足

$$m<\frac{hk}{\pi} \tag{2-90}$$

2.4.2　散射导波

以带形域中含有孔洞的模型为例，对构造散射导波的方法进行说明。带形域中含有圆柱形孔洞的模型如图 2-8 所示，圆柱形孔洞的圆心 O_0^0 与带形域的

上表面距离为 h_1、与下表面的距离为 h_2，同时以圆心 O_0^0 为坐标中心建立如图 2-8 中的平面直角坐标。在该坐标系下，圆孔在全空间产生的散射波场为式（2-91），对应的应力场为式（2-92）和式（2-93）。

$$w^{(s)}{}_0^0(z) = \sum_{n=-\infty}^{+\infty} A_n H_n^{(1)}(k|z|) \left(\frac{z}{|z|}\right)^n \tag{2-91}$$

$$\tau_{rz}^{(s)}{}_0^0(z) = \frac{k\mu}{2} \sum_{n=-\infty}^{+\infty} A_n \left[H_{n-1}^{(1)}(k|z|) \left(\frac{z}{|z|}\right)^n - H_{n+1}^{(1)}(k|z|) \left(\frac{z}{|z|}\right)^n \right] \tag{2-92}$$

$$\tau_{\theta z}^{(s)}{}_0^0(z) = \frac{ik\mu}{2} \sum_{n=-\infty}^{+\infty} A_n \left[H_{n-1}^{(1)}(k|z|) \left(\frac{z}{|z|}\right)^n + H_{n+1}^{(1)}(k|z|) \left(\frac{z}{|z|}\right)^n \right] \tag{2-93}$$

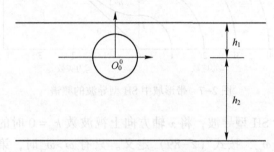

图 2-8 含有圆孔的带形域

圆孔产生的散射波在传播的过程中，首次遇到上、下表面会进行第一次反射，如图 2-9 所示。根据 2.3 节的镜像法，将孔洞 O_0^0 以上表面为镜像面进行一次镜像，用镜像圆孔的散射波来代替上表面的反射波；同时将孔洞 O_0^0 以下表面为镜像面进行一次镜像，用镜像圆孔 O_0^1 的散射波来代替下表面的反射波。在坐标系 (O_1^1, x, y) 下，圆孔 O_0^0 的第一次镜像散射波的表达式为式（2-94）和式（2-95），对应的应力为式（2-96）、式（2-97）和式（2-98）、式（2-99），式中 c_1^1 和 c_2^1 满足式（2-100）和式（2-101），h_1^1 是对上表面第一次镜像圆孔的圆心 O_1^1 与上表面之间的距离，h_2^1 是对下表面第一次镜像圆孔的圆心 O_2^1 与下表面之间的距离。

$$w^{(s)}{}_1^1(z) = \sum_{n=-\infty}^{+\infty} A_n H_n^{(1)}(k|z-c_1^1|) \left(\frac{z-c_1^1}{|z-c_1^1|}\right)^{-n} \tag{2-94}$$

$$w^{(s)}{}_2^1(z) = \sum_{n=-\infty}^{+\infty} A_n H_n^{(1)}(k|z-c_2^1|) \left(\frac{z-c_2^1}{|z-c_2^1|}\right)^{-n} \tag{2-95}$$

$$\tau_{rz}^{(s)1}{}_1(z) = \frac{k\mu}{2} \sum_{n=-\infty}^{+\infty} A_n \left[H_{n-1}^{(1)}(k|z-c_1^1|) \left(\frac{z-c_1^1}{|z-c_1^1|} \right)^{-n+1} e^{-i\theta} \right.$$
$$\left. - H_{n+1}^{(1)}(k|z-c_1^1|) \left(\frac{z-c_1^1}{|z-c_1^1|} \right)^{-n-1} e^{-i\theta} \right] \quad (2-96)$$

$$\tau_{\theta z}^{(s)1}{}_1(z) = -\frac{ik\mu}{2} \sum_{n=-\infty}^{+\infty} A_n \left[H_{n-1}^{(1)}(k|z-c_1^1|) \left(\frac{z-c_1^1}{|z-c_1^1|} \right)^{-n+1} e^{-i\theta} \right.$$
$$\left. - H_{n+1}^{(1)}(k|z-c_1^1|) \left(\frac{z-c_1^1}{|z-c_1^1|} \right)^{-n-1} e^{-i\theta} \right] \quad (2-97)$$

$$\tau_{rz}^{(s)1}{}_2(z) = \frac{k\mu}{2} \sum_{n=-\infty}^{+\infty} A_n \left[H_{n-1}^{(1)}(k|z-c_2^1|) \left(\frac{z-c_2^1}{|z-c_2^1|} \right)^{-n+1} e^{-i\theta} \right.$$
$$\left. - H_{n+1}^{(1)}(k|z-c_2^1|) \left(\frac{z-c_2^1}{|z-c_2^1|} \right)^{-n-1} e^{-i\theta} \right] \quad (2-98)$$

$$\tau_{\theta z}^{(s)1}{}_2(z) = -\frac{ik\mu}{2} \sum_{n=-\infty}^{+\infty} A_n \left[H_{n-1}^{(1)}(k|z-c_2^1|) \left(\frac{z-c_2^1}{|z-c_2^1|} \right)^{-n+1} e^{-i\theta} \right.$$
$$\left. - H_{n+1}^{(1)}(k|z-c_2^1|) \left(\frac{z-c_2^1}{|z-c_2^1|} \right)^{-n-1} e^{-i\theta} \right] \quad (2-99)$$

$$c_1^1 = i(h_1 + h_1^1), \quad h_1^1 = h_1 \quad (2-100)$$
$$c_2^1 = -i(h_2 + h_2^1), \quad h_2^1 = h_2 \quad (2-101)$$

上、下表面的第一次反射波在带形域内继续传播，随后分别在下、上表面形成第二次反射波，见图 2-9。根据镜像法的思想，将第一次镜像孔洞 O_2^1 以上表面为镜像面进行一次镜像，用第二次镜像圆孔 O_1^2 的散射波来代替上表面的第二次反射波；同时将第一次镜像孔洞 O_1^1 以下表面为镜像面进行一次镜像，用第二次镜像圆孔 O_2^2 的散射波来代替下表面的第二次反射波，如图 2-10 所示。在坐标系 (O_0^0, x, y) 下，第二次镜像散射波的表达式为式（2-102）和式（2-103），对应的应力为式（2-104）、式（2-105）和式（2-106）、式（2-107），式中 c_1^2 和 c_2^2 满足式（2-108）和式（2-104），h_1^2 是上表面第二次镜像圆孔的圆心 O_1^2 与上表面之间的距离，h_2^2 是对下表面第二次镜像圆孔的圆心 O_2^2 与下表面之间的距离。

$$w^{(s)2}_1(z) = \sum_{n=-\infty}^{+\infty} A_n H_n^{(1)}(k|z-c_1^2|) \left(\frac{z-c_1^2}{|z-c_1^2|} \right)^n \quad (2-102)$$

带形域中的导波散射

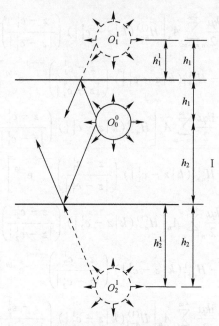

图 2-9 第一次镜像

$$w^{(s)\,2}_{\;\;\;2}(z) = \sum_{n=-\infty}^{+\infty} A_n H_n^{(1)}(k|z-c_2^2|)\left(\frac{z-c_2^2}{|z-c_2^2|}\right)^n \quad (2\text{-}103)$$

$$\tau^{(s)\,2}_{rz\;1}(z) = \frac{k\mu}{2}\sum_{n=-\infty}^{+\infty} A_n\left[H_{n-1}^{(1)}(k|z-c_1^2|)\left(\frac{z-c_1^2}{|z-c_1^2|}\right)^{n-1}e^{i\theta}\right. \\ \left. - H_{n+1}^{(1)}(k|z-c_1^2|)\left(\frac{z-c_1^2}{|z-c_1^2|}\right)^{n+1}e^{-i\theta}\right] \quad (2\text{-}104)$$

$$\tau^{(s)\,2}_{\theta z\;1}(z) = -\frac{ik\mu}{2}\sum_{n=-\infty}^{+\infty} A_n\left[H_{n-1}^{(1)}(k|z-c_1^2|)\left(\frac{z-c_1^2}{|z-c_1^2|}\right)^{n-1}e^{i\theta}\right. \\ \left. - H_{n+1}^{(1)}(k|z-c_1^2|)\left(\frac{z-c_1^2}{|z-c_1^2|}\right)^{n+1}e^{-i\theta}\right] \quad (2\text{-}105)$$

$$\tau^{(s)\,2}_{rz\;2}(z) = \frac{k\mu}{2}\sum_{n=-\infty}^{+\infty} A_n\left[H_{n-1}^{(1)}(k|z-c_2^2|)\left(\frac{z-c_2^2}{|z-c_2^2|}\right)^{n-1}e^{i\theta}\right. \\ \left. - H_{n+1}^{(1)}(k|z-c_2^2|)\left(\frac{z-c_2^2}{|z-c_2^2|}\right)^{n+1}e^{i\theta}\right] \quad (2\text{-}106)$$

$$\tau_{\theta z}^{(s)2}{}_2(z) = \frac{ik\mu}{2} \sum_{n=-\infty}^{+\infty} A_n \left[H_{n-1}^{(1)}(k|z-c_2^2|) \left(\frac{z-c_2^2}{|z-c_2^2|} \right)^{n-1} e^{i\theta} \right.$$
$$\left. - H_{n+1}^{(1)}(k|z-c_2^2|) \left(\frac{z-c_2^2}{|z-c_2^2|} \right)^{n+1} e^{-i\theta} \right] \quad (2-107)$$

$$c_1^1 = i(h_1 + h_1^1), \quad h_1^1 = h_1 \quad (2-108)$$

$$c_2^1 = -i(h_2 + h_2^1), \quad h_2^1 = h_2 \quad (2-109)$$

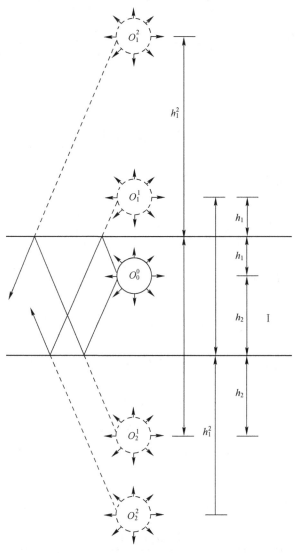

图 2-10 第二次镜像

按照上面的思路，圆柱形孔洞 O_0^0 的散射波会在带形域内形成多次反射，每一次反射都能用镜像孔洞的散射波代替，第 p 次镜像散射波的位移场和应力场的表达式如下：

$$w^{(s)p}_1(z) = \sum_{n=-\infty}^{+\infty} A_n H_n^{(1)}(k|z-c_1^p|) \left(\frac{z-c_1^p}{|z-c_1^p|}\right)^{(-1)^p n} \quad (2-110)$$

$$w^{(s)p}_2(z) = \sum_{n=-\infty}^{+\infty} A_n H_n^{(1)}(k|z-c_2^p|) \left(\frac{z-c_2^p}{|z-c_2^p|}\right)^{(-1)^p n} \quad (2-111)$$

$$\tau^{(s)p}_{rz\,1}(z) = \frac{k\mu}{2}\sum_{n=-\infty}^{+\infty} A_n \left[H_{n-1}^{(1)}(k|z-c_1^p|) \left(\frac{z-c_1^p}{|z-c_1^p|}\right)^{(-1)^p(n-1)} e^{(-1)^p i\theta} \right.$$
$$\left. - H_{n+1}^{(1)}(k|z-c_1^p|) \left(\frac{z-c_1^p}{|z-c_1^p|}\right)^{(-1)^p(n+1)} e^{(-1)^{(p+1)} i\theta} \right] \quad (2-112)$$

$$\tau^{(s)p}_{\theta z\,1}(z) = (-1)^p \frac{ik\mu}{2}\sum_{n=-\infty}^{+\infty} A_n \left[H_{n-1}^{(1)}(k|z-c_1^p|) \left(\frac{z-c_1^p}{|z-c_1^p|}\right)^{(-1)^p(n-1)} e^{(-1)^p i\theta} \right.$$
$$\left. + H_{n+1}^{(1)}(k|z-c_1^p|) \left(\frac{z-c_1^p}{|z-c_1^p|}\right)^{(-1)^p(n+1)} e^{(-1)^{(p+1)} i\theta} \right] \quad (2-113)$$

$$\tau^{(s)p}_{rz\,2}(z) = \frac{k\mu}{2}\sum_{n=-\infty}^{+\infty} A_n \left[H_{n-1}^{(1)}(k|z-c_2^p|) \left(\frac{z-c_2^p}{|z-c_2^p|}\right)^{(-1)^p(n-1)} e^{(-1)^p i\theta} \right.$$
$$\left. - H_{n+1}^{(1)}(k|z-c_2^p|) \left(\frac{z-c_2^p}{|z-c_2^p|}\right)^{(-1)^p(n+1)} e^{(-1)^{(p+1)} i\theta} \right] \quad (2-114)$$

$$\tau^{(s)p}_{\theta z\,2}(z) = (-1)^p \frac{ik\mu}{2}\sum_{n=-\infty}^{+\infty} A_n \left[H_{n-1}^{(1)}(k|z-c_2^p|) \left(\frac{z-c_2^p}{|z-c_2^p|}\right)^{(-1)^p(n-1)} e^{(-1)^p i\theta} \right.$$
$$\left. + H_{n+1}^{(1)}(k|z-c_2^p|) \left(\frac{z-c_2^p}{|z-c_2^p|}\right)^{(-1)^p(n+1)} e^{(-1)^{(p+1)} i\theta} \right] \quad (2-115)$$

式中：c_1^p 和 c_2^p 满足式（2-116）和式（2-117），h_1^p 是对上表面第 p 次镜像圆孔的圆心 O_1^p 与上表面之间的距离，h_2^p 是对下表面第 p 次镜像圆孔的圆心 O_2^p 与下表面之间的距离。上标 p 代表镜像的次数，下式中 1 或 2 代表镜像面为上表面或下表面。

$$c_1^p = i(h_1+h_1^p), h_1^p = \frac{(-1)^{p+1} h_1 + (-1)^p h_2 + h}{2} + (p-1)h \quad (2-116)$$

$$c_2^p = h_2 + h_2^p, h_2^p = \frac{(-1)^p h_1 + (-1)^{p+1} h_2 + h}{2} + (p-1)h \quad (2-117)$$

运用叠加法，将每次镜像散射波累加到一起，就能得到满足带形域上、下表面应力自由的散射波，由此得到带形域内由圆柱形孔洞 O_0^0 产生的散射波，其位移场为式（2-118），应力场为式（2-119）和式（2-120）。参考文献 [7] 将这种多次运用镜像来构造带形域内散射波的方法称为累次镜像法。

$$w^{(s)} = w^{(s)0}_0 + \sum_{P=1}^{+\infty}(w^{(s)p}_1 + w^{(s)p}_2) \qquad (2\text{-}118)$$

$$\tau^{(s)}_{rz} = \tau^{(s)0}_{rz0} + \sum_{P=1}^{+\infty}(\tau^{(s)P}_{rz1} + \tau^{(s)P}_{rz2}) \qquad (2\text{-}119)$$

$$\tau^{(s)}_{\theta z} = \tau^{(s)0}_{\theta z0} + \sum_{P=1}^{+\infty}(\tau^{(s)P}_{\theta z1} + \tau^{(s)P}_{\theta z2}) \qquad (2\text{-}120)$$

参 考 文 献

[1] 沈观林. 复合材料力学 [J]. 玻璃钢, 1996, 2: 51.
[2] 陆明万, 罗学富. 弹性理论基础: 下册 [M]. 2版. 北京: 清华大学出版社, 2001.
[3] 黄克智, 薛明德, 陆明万. 张量分析 [M]. 北京: 清华大学出版社, 1986.
[4] 谢树艺. 工程数学: 矢量分析与场论 [M]. 北京: 高等教育出版社, 1978.
[5] 王戍堂, 温作基, 张瑞. 实变函数论 [M]. 西安: 西北大学出版社, 2001.
[6] ACHENBACH J D. The Linearized Theory of Elasticity [M]. Amsterdam: Elsevier B. V., 1975.
[7] 潘向南. 弹性带形介质中柱体的反平面稳态运动 [D]. 哈尔滨: 哈尔滨工程大学, 2014.

第 3 章 弹性带形介质中的 SH 型导波散射

3.1 引 言

带形介质，实际上是厚度为 $2h$，长、宽各为无限大的立方体，其为连续、均匀、各向同性的完全线弹性体，即弹性层，剪切弹性模量的质量密度为 ρ。任取弹性层的一个纵截面，以厚度方向为 y 轴，建立平面直角坐标系 (O, x, y)，弹性层的上、下边界分别为 B_1 和 B_2 平面，原点 O 与上、下边界的距离均为 h，x 轴与边界平面平行，按照右手法则，确定 z 轴，这样就确定了弹性层的直角坐标系弹性动力学反平面运动是二维问题，弹性层中所有的反平面位移 w 都与 z 轴平行，取原点 O 与 x 轴、y 轴所在的平面为二维反平面问题的坐标平面，构成平面直角坐标系 (O,x,y)，如图 3-1 所示，显然，出平面方向是 z 轴的正方向。这样，弹性层中的反平面运动可以用平面直角坐标系上带形区域中质点的反平面运动来描述。因而，对于反平面运动而言，三维弹性层与二维弹性带存在一一对应的关系。

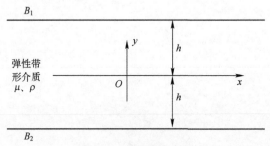

图 3-1 弹性带形介质

3.2 导波展开法在带形域中的应用

3.2.1 定解问题

弹性动力学反平面问题的控制方程是波动方程式 (3-1)，研究稳态问题，

第3章 弹性带形介质中的SH型导波散射

分离时间变量和空间变量,得到时间变量t的二阶常系数线性微分方程,其解为时间谐和函数$e^{-i\omega t}$,得到空间变量的亥姆霍兹方程式(3-2),这里,$c_s=\sqrt{\mu/\rho}$为弹性带形介质中反平面剪切波的相速度,$k=\omega/c_s$是反平面剪切波的波数。带形介质中所有满足亥姆霍兹方程式(3-2)的位移场与时间函数的耦合,都可以看作带形介质中的SH型导波,当这种耦合是以分离时间变量和空间变量的形式,如果满足式(3-2)的位移场与时间谐和函数$e^{-i\omega t}$的乘积,那么它们可以看作带形介质中的稳态SH型导波。

$$\mu \nabla^2 w = \rho \frac{\partial^2 w}{\partial t^2} \tag{3-1}$$

$$\Delta w + k^2 w = 0, \quad k = \frac{\omega}{c_s} \tag{3-2}$$

$$\frac{\partial^2 w(x,y)}{\partial x^2} + \frac{\partial^2 w(x,y)}{\partial y^2} + k^2 w(x,y) = 0 \tag{3-3}$$

3.2.2 带形介质中的边界条件

在平面直角坐标系(O,x,y)中,稳态SH型导波的控制方程是亥姆霍兹方程式(3-2),它的直角坐标形式是方程式(3-3)。在弹性带形介质的反平面稳态运动对应的数学物理方程定解问题中,偏微分方程式(3-3)作为泛定方程,带形介质的上、下边界B_1和B_2平面上的剪应力自由条件作为定解条件,它们是两个齐次的诺伊曼(Neumann)边界条件。

$$\tau_{yz}\big|_{y=\pm h} = \mu \frac{\partial w(x,y)}{\partial y}\bigg|_{y=\pm h} = 0 \tag{3-4}$$

同样按照分离变量法,分离空间变量x和y,构造带形介质中的稳态SH型导波。在带形介质中,由于y轴的方向有限,$-h \leq y \leq +h$,考虑存在干涉相的驻波;x轴方向无限,$-\infty < x < +\infty$,考虑作为传播相的行波。由此,得到带形介质中依赖于整数n的位移波w_n的表达式(3-5),式中,$f_n(y)$是y轴方向上干涉相的表达式,按式(3-6)定义,w_n^a和w_n^s是依赖于整数n的常数,k_m是x轴方向上的剪切波的视波数,其与中间变量q_n满足方程式(3-7)。按照式(3-5)构造的稳态SH型导波,显然满足弹性带形介质中控制方程式(3-1),为使其成为弹性带形介质中反平面动力学定解问题的解,还需满足边界条件式(3-4)。于是,将式(3-5)带入边界条件式(3-4),得到方程式(3-8),有两种方式可以使其成立:一是$w_n^a=0$,并且$\sin(q_n h)=0$;二是$w_n^s=0$,并且$\cos(q_n h)=0$。当$w_n^a=0$时,按式(3-5)定义的反平面位移w关于x轴是对称的,其振幅为w_n^s;当$w_n^s=0$时,按式(3-5)定义的反平面位移w关于x轴是

反对称的，其振幅为 w_n^a。这两种情况，都要求 q_n 满足式（3-9），式中，n 为整数，不妨约定 n 取非负整数，当 n 为偶数时，要求 $w_n^a = 0$，为对称波型；当 n 为奇数时，要求 $w_n^s = 0$，为反对称波型。对于 SH 型导波，Achenbach 将对称波型称为 SS 波型，将反对称波型称为 AS 波型，如图 3-2 所示，推知正整数 n 的物理意义，它代表 y 轴方向上驻波干涉相 $f_n(y)$ 的波节的数目，由此，定义形如式（3-5）的稳态 SH 型导波为 SH 型导波，称正整数 n 为 SH 型导波的阶数。

$$w_n(x,y,t) = f_n(y) e^{[i(k_n x - \omega t)]} \tag{3-5}$$

$$f_n(y) = w_n^a \sin(q_n y) + w_n^s \cos(q_n y) \tag{3-6}$$

$$q_n^2 = \frac{w^2}{c_s^2} - k_n^2 \tag{3-7}$$

$$w_n^a \cos(q_n h) \pm w_n^s \sin(q_n h) = 0 \tag{3-8}$$

$$q_n h = \frac{n\pi}{2} \tag{3-9}$$

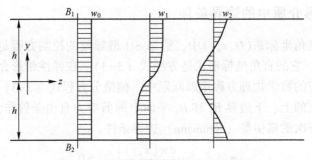

图 3-2 带形介质中 SH 型导波的波型

3.2.3 弹性带形介质中频率方程的求解

通过上文的讨论，弹性带形介质中所有稳态的 SH 型导波都可以写成形如式（3-5）的反平面位移波 w_n 的叠加，注意到 w_n 和非负整数 n 的对应关系，非负整数的基数是自然数的势 N_0 是可列的。因而，可以对弹性带形介质中所有满足边界条件式（3-4）的稳态 SH 型导波做形如式（3-5）的级数展开，称为导波展开法。

$$w(x,y,t) = \sum_{n=0}^{+\infty} w_n(x,y,t) \tag{3-10}$$

按照导波展开法，求解弹性带形介质中的稳态 SH 型导波的关键在于确定导波级数式（3-10）的系数 w_n^a 和 w_n^s，为此，了解导波阶数 n 给定时 SH 型导波的相关性质有必要的意义。给定导波阶数 n 实际上确定了 q_n，按式（3-9），

第 3 章 弹性带形介质中的 SH 型导波散射

给定按照方程式（3-7），可以求得稳态 SH 型导波的角频率 ω 和 n 阶 SH 型导波在 x 轴方向上的视波数之间的关系，得到频率方程式（3-11），方程中，Ω 是无量纲频率，ξ 是无量纲波数，按式（3-12）定义。参考波数和相速度的关系，引入视波数 k_n 和 SH 型导波在轴方向上的相速度 c_n 的关系式（3-13），将式（3-13）代入频率方程式（3-11），得到 x 轴方向上的相速度 c_n 与视波数 k_n 的关系式（3-14）。可见，在零阶导波 $n=0$ 时，相速度 c_n 等于剪切波的相速度 c_s，与视波数 k_n 无关；当导波阶数 $n \neq 0$ 时，在 x 轴方向上，相速度 c_n 依赖于视波数 k_n，这说明，在弹性带形介质中，所有非零阶的稳态 SH 型导波在 x 轴方向上有频散。根据频率方程式（3-11），任意给定 SH 型导波的阶数 n 和稳态波的角频率 ω，都可以对应地求出 x 轴方向上的视波数 k_n。当 $\Omega > n$ 时，无量纲波数 $\xi = \pm\sqrt{\Omega^2 - n^2}$，为非零实数，对应的 SH 型导波 w_n 在 x 轴方向上是作为传播相的行波，称为传播波型，无量纲波数 ξ 为正数时，代表波沿 x 轴正方向传播，无量纲波数 ξ 为负数时，代表波沿 x 轴负方向传播。当 $\Omega = n$ 时，无量纲波数 $\xi = \pm\sqrt{\Omega^2 - n^2}$，对应的 SH 型导波在 x 轴方向上以相同的振幅做反平面振动，是一个处处相等的驻波。当 $\Omega < n$ 时，无量纲波数 $\xi = \pm\sqrt{\Omega^2 - n^2}$，为纯虚数，对应的 SH 型导波 w_n 在 x 轴方向上是不均匀波，称为截止波型，当无量纲波数 ξ 的虚部为正数时，这个不均匀波随着 x 坐标的增大以负指数幂的形式迅速地衰减，当无量纲波数 ξ 的虚部为负数时，这个不均匀波随着 x 坐标的减小以负指数幂的形式迅速地衰减。

$$\Omega^2 = n^2 + \xi^2 \tag{3-11}$$

$$\Omega = \frac{2h\omega}{\pi c_s}, \quad \xi = \frac{2k_n h}{\pi} \tag{3-12}$$

$$k_n c_n = \omega \tag{3-13}$$

$$\left(\frac{c_n}{c_s}\right)^2 = 1 + \left(\frac{n\pi}{2k_n h}\right)^2 \tag{3-14}$$

当导波阶数 $n=0$ 时，即零阶导波，稳态的 SH 型导波可以任意的角频率在弹性带形介质中传播，即有传播波型。当导波阶数 $n \neq 0$ 时，即非零阶导波，稳态的 SH 型导波在弹性带形介质中传播需要满足一定的条件，即 $\omega > \omega_c$，这里，ω_c 称为截止频率，按式（3-15）定义，是 x 轴方向上视波数 k_n 为零时的角频率。当 $\omega < \omega_c$ 时，弹性带形介质中的稳态 SH 型导波是截止波型，并不会沿 x 轴方向传播，而是 x 轴上局部的驻波。当 $\omega = \omega_c$ 时，虽然弹性带形介质中的稳态 SH 型导波同样不会沿 x 轴方向传播，但它是 x 轴上全局的驻波，使得 x 轴上所有的质点都以相同的振幅做反平面振动。

$$\omega_c = \frac{n\pi c_s}{2h} \tag{3-15}$$

弹性带形介质中所有的 SH 型导波都可以按照导波展开法表示成形如式（3-10）的级数表达式，可分离时间变量和空间变量的稳态 SH 型导波可以用有限项的导波级数来很好地描述，而依赖于时间变量的反平面位移波也可以按照导波展开的方法来做近似分析。稳态的 SH 型导波有传播波型和截止波型两种，传播波型代表带形介质中的行波，截止波型代表带形介质中局部的驻波，它们的组合可以很好地描述带形介质中反平面位移的分布。

3.3 格林函数的近似解

3.3.1 格林函数的定义

格林函数，又称为源函数或影响函数，是数学物理中的一个重要概念，代表一个点源所产生的场，普遍地说，格林函数是一个点源在一定的边界条件和初值条件下所产生的场[1-2]。

在控制方程中考虑外力的作用时，弹性动力学反平面运动的数学物理定解问题的泛定方程式（3-16）中，f 是反平面的外力，同样按照分离变量法，分离时间变量和空间变量，得到反平面位移的控制方程（3-17）。

$$\mu\Delta w + f = \rho\frac{\partial^2 w}{\partial t^2} \tag{3-16}$$

$$\Delta w + k^2 w = -\frac{f}{\mu}\mathrm{e}^{\mathrm{i}\omega t} \tag{3-17}$$

研究反平面稳态的点源荷载作用下，控制方程式（3-17）的基本解，即反平面弹性动力学问题在全空间中的格林函数。如图 3-3 所示，在平面直角坐标系 (O,x,y) 中，按照复变函数描述，取 $f = \sigma(z-z_0)\mathrm{e}^{-\mathrm{i}\omega t}$，其中，$\delta(\cdot)$ 是 $\sigma(\cdot)$ Dirac 函数，z_0 是点源荷载作用点的复数值，代入控制方程式（3-17），得到复变函数形式的控制方程式（3-18）。按照柱面波函数展开法，方程式（3-18）有形如式（3-20）的级数解，全空间问题是无界的，点源荷载 $\sigma(z-z_0)$ 所产生的场应当与方向无关，只是距离的函数，并且代表向外扩散传播的散射波，所以，波函数展开式（3-20）所对应的柱函数就只能是 0 阶第一种汉克尔函数 $H_0^{(1)}(\cdot)$，于是得到弹性动力学反平面全空间问题的格林函数 $G(z,z_0)$。格林函数 $G(z,z_0)$ 按式（3-19）定义，其中，z_0 是源点，z 是像点，详细的推导可以在数学物理的相关参考文献 [3] 中找到。

$$\frac{\partial^2 w(z,\bar{z})}{\partial z \partial \bar{z}} + \frac{1}{4}k^2 w(z,\bar{z}) = -\frac{\sigma(z-z_0)}{\mu} \qquad (3-18)$$

$$G(z,z_0) = \frac{\mathrm{i}}{4\mu} H_0^{(1)}(k|z-z_0|) \qquad (3-19)$$

$$w(z) = \sum_{n=-\infty}^{+\infty} w_n Z_n(k|z|)\left(\frac{z}{|z|}\right)^n \qquad (3-20)$$

3.3.2 累次镜像方法

通过上面的分析与讨论，即可得到弹性动力学反平面稳态问题在全空间中的基本解，即格林函数 $G(z,z_0)$，它是全空间内略去时间谐和函数 $\mathrm{e}^{-\mathrm{i}\omega t}$ 的位移场。按照这个位移场，在弹性带形介质中，上、下边界 B_1 和 B_2 平面上的剪应力自由条件并不会得到满足，为此，本节将应用推导得出的镜像方法，即累次镜像方法，构造弹性带形介质中满足上、下边界 B_1 和 B_2 平面上剪应力为零的稳态位移场，即弹性带形介质中的格林函数。

图 3-3 中，点源荷载的作用点 z_0 距离弹性带形介质的上边界 B_1 平面为 y_1^0，距离下边界 B_2 平面为 y_2^0。按照镜像方法，在荷载作用点 z_0 关于上边界 B_1 平面对称的 z_1^1 点，施加同样大小的点源荷载 $\sigma(z-z_1^1)$，它们在全空间中产生的格林函数 $G(z,z_0)$ 和 $G(z,z_1^1)$ 关于上边界 B_1 平面对称，即满足 B_1 平面上的剪应力自由边界条件。按照镜像方法，在荷载作用点 z_0 关于下边界 B_2 平面对称的 z_2^1 点，施加同样大小的点源荷载 $\sigma(z-z_2^1)$，它们在全空间中产生的格林函数 $G(z,z_0)$ 和 $G(z,z_2^1)$ 均关于下边界 B_2 平面对称，即满足 B_2 平面上的剪应力自由边界条件。这里，把点源荷载 $\delta(z,z_0)$ 分别关于上、下边界 B_1、B_2 平面对称的荷载 $\sigma(z-z_1^1)$、$\delta(z,z_2^1)$ 称为点源荷载 $\delta(z,z_0)$ 的一次镜像，把全空间中的格林

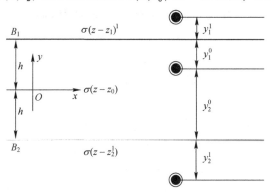

图 3-3 带形介质中的格林函数

函数 $G(z,z_0)$ 分别关于上、下边界 B_1、B_2 平面对称的位移场 $G(z-z_1^1)$、$\delta(z-z_0)G(z,z_2^1)$ 称为格林函数 $G(z,z_0)$ 的一次镜像。在全空间中，一次镜像只能保证点源荷载和 $\sigma(z-z_1^1)$ 产生格林函数 $G(z,z_0)$、$G(z,z_1^1)$ 的矢量和在 B_1 平面上剪应力自由，以及点源荷载 $\delta(z-z_0)$、$\sigma(z-z_2^1)$ 产生的格林函数 $G(z,z_0)$、$G(z,z_2^1)$ 的矢量和在平面上剪应力自由，并不能保证点源荷载 $\sigma(z-z_1^1)$、$\sigma(z-z_2^1)$ 产生的格林函数 $G(z,z_1^1)$、$G(z,z_2^1)$ 的矢量和在 B_1、B_2 平面上满足剪应力自由条件。为此，再次按照镜像方法，在荷载作用点 z_2^1 关于上边界 B_1 平面对称的 z_1^2 点，施加同样大小的点源荷载 $\sigma(z-z_1^2)$，它们在全空间中产生的格林函数 $G(z,z_2^1)$、$G(z,z_1^2)$ 关于上边界 B_1 平面对称，即满足平面 B_1 上的剪应力自由边界条件。按照镜像方法，在荷载作用点 z_1^1 关于下边界 B_2 平面对称的 z_2^2 点，施加同样大小的点源荷载 $\sigma(z-z_2^2)$，它们在全空间中产生的格林函数 $G(z,z_1^1)$、$G(z,z_2^2)$ 关于下边界 B_2 平面对称，即满足 B_2 平面上的剪应力自由边界条件。这里，把点源荷载 $\delta(z-z_2^1)$、$\sigma(z-z_1^1)$ 分别关于上、下边界 B_1、B_2 平面对称的荷载 $\delta(z-z_1^2)$、$\sigma(z-z_2^2)$ 称为点源荷载的二次镜像，把全空间中的格林函数 $G(z,z_2^1)$、$G(z,z_1^1)$ 分别关于上、下边界 B_1、B_2 平面对称的位移场 $G(z,z_1^2)$、$G(z,z_2^2)$ 称为格林函数 $G(z,z_0)$ 的二次镜像。在全空间中，二次镜像只能保证点源荷载 $\sigma(z-z_2^1)$、$\sigma(z-z_1^2)$ 产生的格林函数 $G(z,z_2^1)$、$G(z,z_1^2)$ 的矢量和在 B_2 平面上剪应力自由，以及点源荷载 $\delta(z-z_1^1)$、$\sigma(z-z_2^2)$ 产生的格林函数 $G(z,z_1^1)$、$G(z,z_2^2)$ 的矢量和在 B_2 平面上剪应力自由，并不能保证点源荷载 $\sigma(z-z_1^2)$、$\sigma(z-z_2^2)$ 产生的格林函数 $G(z,z_1^2)$、$G(z,z_2^2)$ 的矢量和在 B_1、B_2 平面上满足剪应力自由条件。为此，再一次应用镜像方法，在全空间中，定义点源荷载 $G(z,z_0)\delta(z-z_0)$、格林函数 $G(z,z_0)$ 的三次镜像 $\sigma(z-z_1^3)$、$\sigma(z-z_2^3)$ 和 $G(z,z_1^3)$、$G(z,z_2^3)$，如此反复，累次应用镜像法，定义点源荷载 $\delta(z-z_0)$ 和格林函数 $G(z,z_0)$ 的 n 次镜像 $\sigma(z-z_1^n)$、$\sigma(z-z_2^n)$ 和 $G(z,z_1^n)$、$G(z,z_2^n)$，n 为正整数。

这样，可以将格林函数 $G(z,z_0)$ 和它所有的镜像相叠加做矢量和，就得到了弹性带形介质中稳态位移场即格林函数的形式级数表达式（3-21），这就是累次镜像方法。在表达式（3-21）中，复常数 z_1^n 和 z_2^n 分别是复平面 $(z,\bar{z})$ 中点源荷载 $\delta(z-z_0)$ 的第 n 次镜像 $\sigma(z-z_1^n)$ 和 $\sigma(z-z_2^n)$ 的作用点，z_1^n 与上边界 B_1 平面的距离为 y_1^n，z_2^n 与下边界 B_2 平面的距离为 y_2^n，当 n 为奇数时，y_1^n 和 y_2^n 满足式（3-22），当 n 为偶数时，y_1^n 和 y_2^n 满足式（3-23）。虽然已经得到了格林函数 $G_s(z,z_0)$ 的形式级数式（3-21），但还不知道表达式（3-21）的收敛性，为此，下文将做专门的讨论。

$$(G_S(z,z_0) = G(z,z_0) + \sum_{n=1}^{+\infty}\left[G(z,z_1^n) + G(z,z_2^n)\right]$$

$$= \frac{\mathrm{i}}{4\mu}\left\{H_0^{(1)}(k|z-z_0|) + \sum_{n=1}^{+\infty}\left[H_0^{(1)}(k|z-z_1^n|) + H_0^{(1)}(k|z-z_2^n|)\right]\right\}$$

(3-21)

$$\begin{cases} y_1^n = y_1^n + 2(n-1)h \\ y_2^n = y_2^0 + 2(n-1)h \end{cases}$$

(3-22)

$$\begin{cases} y_1^n = y_2^n + 2(n-1)h \\ y_2^n = y_1^0 + 2(n-1)h \end{cases}$$

(3-23)

3.3.3 收敛性和近似分析

本节主要讨论弹性带形介质中点源荷载 $\delta(z-z_0)$ 的稳态位移场，即格林函数，按累次镜像方法构造的形式级数式（3-21）的收敛性。随着镜像次数正整数 n 的增大，形式级数式（3-21）的通项，全空间中的格林函数 $G(z,z_0)$ 的 n 次镜像 $G(z,z_1^n)$、$G(z,z_2^n)$ 所对应的 0 阶第一种汉克尔函数 $H_0^{(1)}(\cdot)$ 的宗量 $k|z-z_1^n|$、$k|z-z_2^n|$ 也将增大，0 阶第一种汉克尔函数 $H_0^{(1)}(\cdot)$ 在宗量趋于无穷大时趋于零，这说明，随着镜像次数 n 的增大，形式级数式（3-21）的通项将趋于零，这是级数收敛的必要条件。

虽然形式级数式（3-21）的通项在 n 趋于无穷大时趋于零，但这并不足以保证级数式（3-21）的收敛性。0 阶第一种汉克尔函数在宗量无穷大时有渐近性质式（3-24），注意到 $H_0^{(1)}(\cdot)$ 在宗量无穷远点按宗量的负 1/2 次幂衰减，由此导出，级数式（3-21）的通项 $G(z,z_1^n)$、$G(z,z_2^n)$ 的级数在镜像次数 n 趋于无穷大时的渐近表达式（3-25），对两端取模，显然不收敛，这说明形式级数式（3-21）不是绝对收敛的。这表明，按累次镜像方法得到的点源荷载 $\delta(z-z_0)\mathrm{e}^{-\mathrm{i}\omega t}$ 在弹性带形介质中的稳态位移场，即格林函数的形式级数式（3-21），仅仅在形式上是弹性动力学反平面问题在带形介质中的稳态解。这是正常的，因为弹性带形介质中所有的反平面动力学问题的稳态解，即弹性带形介质中所有的稳态 SH 型导波都可以按式（3-21）做导波展开，其形式与稳态运动的角频率 ω 有关，所有非零阶的导波都有一定的截止频率，而按累次镜像叠加法构造的格林函数 $G_s(z,z_0)$ 的级数式（3-21）的形式与稳态运动的角频率无关，而且不涉及截止频率。

$$H_0^{(1)}(\cdot) \xrightarrow{\cdot \to +\infty} \sqrt{\frac{2}{\pi \cdot}}\mathrm{e}^{\left(-\frac{\mathrm{i}}{4}\pi\cdot\right)}$$

(3-24)

$$\begin{cases} \sum_{n=N}^{+\infty} G(z,z_1^n) \xrightarrow{N \to +\infty} \sum_{n=N}^{+\infty} \sqrt{\dfrac{2}{\pi k |z - z_1^n|}} e^{(-i/4\pi k |z-z_1^n|)} \\ \sum_{n=N}^{+\infty} G(z,z_2^n) \xrightarrow{N \to +\infty} \sum_{n=N}^{+\infty} \sqrt{\dfrac{2}{\pi k |z - z_2^n|}} e^{(-i/4\pi k |z-z_2^n|)} \end{cases} \quad (3-25)$$

虽然按照累次镜像方法构造的形式级数式（3-21）并不收敛，因而不是弹性带形介质中反平面运动问题的稳态解，但在近似分析的角度，其结果还是很有意义的。考虑 0 阶第一种汉克尔函数 $H_0^{(1)}(\cdot)$ 在宗量趋于零时的渐近性质式（3-26），注意到 $H_0^{(1)}(\cdot)$ 的虚部在宗量无穷小点按宗量的对数负增大。可见，全空间中，当格林函数 $G(z,z_0)$ 的 n 次镜像 $G(z,z_1^n)$、$G(z,z_2^n)$ 在宗量 $k|z-z_1^n|$、$k|z-z_2^n|$ 很小时，随着镜像次数 n 的略微增大，通项 $G(z,z_1^n)$、$G(z,z_2^n)$ 将迅速地减小，虽然并不收敛，但相对而言，可以取正整数 n 的前 N 项，作为通项 $G(z,z_1^n)$、$G(z,z_2^n)$ 级数的近似式（3-27）。受此启发，可以取弹性带形介质反平面运动的稳态位移场的形式格林函数式（3-21）级数的前 N 项，作为带形介质中稳态运动的格林函数 $G_s(z,z_0)$ 的近似式（3-28）。实际上，在运动中，由于时间的影响和阻尼的存在，当镜像次数 n 取值较大时，第 n 次镜像及以后的镜像都可以被忽略，这也是由累次镜像方法构造的格林函数 $G_s(z,z_0)$ 的形式级数式（3-21）可以近似地描述弹性带形介质中 SH 型导波的一个重要理由。

$$H_0^{(1)}(\cdot) \xrightarrow{\cdot \to +0} 1 - i \dfrac{2}{\pi} \ln \dfrac{\cdot}{2} \quad (3-26)$$

$$\begin{cases} \sum_{n=N}^{+\infty} G(z,z_1^n) \xrightarrow{\pi k |z-z_1^N| \to 0} \sum_{N=1}^{N} \left[1 - i \dfrac{2}{\pi} \ln \left(\dfrac{k|z-z_1^n|}{2} \right) \right] \\ \sum_{n=N}^{+\infty} G(z,z_2^n) \xrightarrow{\pi k |z-z_2^N| \to 0} \sum_{N=1}^{N} \left[1 - i \dfrac{2}{\pi} \ln \left(\dfrac{k|z-z_2^n|}{2} \right) \right] \end{cases} \quad (3-27)$$

$$G_S(z,z_0) \xrightarrow[\pi k|z-z_2^N| \to 0]{\pi k|z-z_1^N| \to 0} G(z,z_0) + \sum_{n=1}^{N} \left[G(z,z_1^n) + G(z,z_2^n) \right] \quad (3-28)$$

3.4 弹性带形介质中柱体 SH 型导波散射问题

由于柱体缺陷散射问题是最基本也是最常见的问题，所以本节讨论一个具体的柱体 SH 型导波散射，研究弹性带形介质中的柱体对 SH 型导波的稳态响应。如图 3-4 所示，弹性带形介质中有一个柱体，带形介质的剪切弹性模量和质量密度分别为 μ_1 和 ρ_1，柱体的剪切弹性模量和质量密度分别为 μ_2 和 ρ_2。

第 3 章 弹性带形介质中的 SH 型导波散射

引入平面直角坐标系(O,x,y)，在柱心 O_0 处建立平行于(O,x,y)的平面直角坐标系(O,x,y)。柱心 O_0 到 y 轴的距离为 d，到带形介质的上边界 B_1 与下边界 B_2 的距离分别为 h_1 和 h_2。以柱心 O_0 为极点，x_0 轴为极轴，定义平面极坐标系(O_0,r_0,θ_0)，柱体的边界 B_3 柱面在坐标面(O_0,r_0,θ_0)上的投影是一条闭合的连续曲线，其极半径为 R，显然，极半径 R 是极角 θ_0 的函数。本节研究的是完好的接触问题，即在带形介质和柱体的接触柱面上，位移和应力都满足连续性条件。

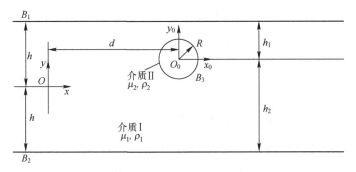

图 3-4 带形介质中的柱体

3.4.1 柱体的 SH 型导波散射

引入空间直角坐标系(O,x,y)柱体的 SH 型导波散射问题只涉及一个平行于 z 轴的反平面位移 w。在带形介质中，质点的反平面位移记作 w_1，在柱体中，质点的反平面位移记作 w_2，它们分别满足控制方程式（3-29）和式（3-30）。考虑稳态运动，分离时间变量和空间变量，略去时间谐和因子 $e^{-i\omega t}$，得到空间变量的控制方程亥姆霍兹方程式（3-31）和式（3-32），式中，k_1 和 k_2 分别是带形介质和柱体中的弹性剪切波数。

$$\mu_1 \nabla^2 w_1 = \rho_1 \frac{\partial^2 w_1}{\partial t^2} \tag{3-29}$$

$$\mu_2 \nabla^2 w_2 = \rho_2 \frac{\partial^2 w_2}{\partial t^2} \tag{3-30}$$

$$\Delta w_1 + k_1^2 w_1 = 0, \quad k_1 = \omega \sqrt{\frac{\rho_1}{\mu_1}} \tag{3-31}$$

$$\Delta w_2 + k_2^2 w_2 = 0, \quad k_2 = \omega \sqrt{\frac{\rho_2}{\mu_2}} \tag{3-32}$$

按式（3-33），引入复变量 z 和共轭复变量 $\bar{z}$，定义复平面$(z,\bar{z})$，按式（3-34），定义复变量 z_0。按分离变量法，在平面极坐标系 (O_0, r_0, θ_0) 上，得到柱体外散射波的反平面位移 w_1 的傅里叶-汉克尔（Fourier-Hankel）波函数展开式（3-35），得到柱体内驻波的反平面位移 w_2 的傅里叶-贝塞尔波函数展开式（3-35），式中，总和为待定的波函数系数。这里，无穷级数式（3-35）和式（3-36）仅仅是柱体的散射波和驻波的形式表达式，其收敛性取决于具体的定解条件，即柱面 B_3 上位移和应力的连续性条件。

$$\begin{cases} z = x + \mathrm{i}y = r e^{\mathrm{i}\theta} \\ \bar{z} = x - \mathrm{i}y = r e^{-\mathrm{i}\theta} \end{cases} \quad (3\text{-}33)$$

$$z_0 = z - d + \mathrm{i}(h_1 - h) = r_0 e^{(\mathrm{i}\theta_0)} \quad (3\text{-}34)$$

$$w_1 = \sum_{n=-\infty}^{+\infty} A_n H_n^{(1)}(k_1 |z_0|) \left(\frac{z_0}{|z_0|} \right)^n \quad (3\text{-}35)$$

$$w_2 = \sum_{n=-\infty}^{+\infty} A_n J_n(k_2 |z_0|) \left(\frac{z_0}{|z_0|} \right)^n \quad (3\text{-}36)$$

若考虑圆柱的 SH 型导波散射问题，即 B_3 是圆柱面，柱心 O_0 是圆柱的圆心，当波数 k_1 和 k_2 不太大时，波函数级数式（3-35）和式（3-36）有较好的收敛性，因而，傅里叶-汉克尔波函数展开法和傅里叶-贝塞尔波函数展开法经常被应用于圆柱体的散射问题。当 B_3 是椭圆柱面，则采用椭圆柱面坐标系，分离代表一簇椭圆和一簇双曲线的空间变量，得到 Mathieu 函数的波函数级数表示的柱面散射波的级数展开式，其收敛性较三类贝塞尔函数的波函数展开式要好。当 B_3 是抛物柱面，则采用抛物柱面坐标系，分离代表不同凸性的两簇抛物线的空间变量，得到 Weber 函数的波函数级数表示的柱面散射波的级数展开式，其收敛性较三类贝塞尔函数的波函数展开式要好。当 B_3 是一种特殊的柱面，可以构造某种对应的曲线坐标系，在其上分离空间变量，得到对应的波函数的级数，其收敛性一般较三类贝塞尔函数的波函数展开式要好。

实际上，在任意曲线坐标系下分离空间变量，只要所得的本征值是可列的，就可以得到对应的特殊函数的波函数展开式的形式级数，其收敛性取决于边界柱面上的定解条件。换言之，由任意曲线坐标对应的特殊函数的波函数展开式表示的柱面散射波的形式级数都是等价的，如其收敛，它们所表示的柱面散射波的级数解也是等价的。因此，按傅里叶-汉克尔波函数展开法和傅里叶-贝塞尔波函数展开法定义的柱面散射在形式上都具有普遍的意义。具体而言，在选定的曲线坐标系所对应的复平面上，按照黎曼映射定理，总能存在单叶解析的复变函数将任意形状的柱体保角地映射为圆柱体，在这样保角变换后的复平面上，按圆柱边界定解得到波函数级数的系数。特别地，对椭圆柱体的散射问题，可以将椭圆边界保角地变换成圆边界；对多边形柱体的散射问题，可以运用 Schwarz-Christoffe 映射，将多边形边界保角地变换成圆边界。另外，只要柱面散射的边界 B_3 的极半径 R 是某个中间变量的周期函数，就可按照前面所介绍的傅里叶展开法定解傅里叶-汉克尔和傅里叶-贝塞尔波函数展开式[4]。

3.4.2 散射导波

3.4.2.1 累次镜像方法

研究弹性带形介质中柱体的 SH 型导波散射，考虑上边界 B_1 平面和下边界 B_2 平面的限制作用，使得带形介质中柱体散射的 SH 型导波在上、下边界之间不断地反射，构成了带形介质中的散射导波，其位移场为 $w_G(z)$，满足上、下边界平面的应力自由条件，可以按导波展开法式（3-10）得到一种待定的级数形式。

按照傅里叶-汉克尔波函数展开法和累次镜像方法，得到散射导波 w_G 的另一种待定的级数形式。柱体散射所造成的带形介质中的散射波的位移场记作 $w_1^0(z)$，满足式（3-37），柱体散射所造成柱体中的驻波的位移场记作 $w_0^0(z)$，满足式（3-38）。如图 3-5 所示，柱心 O_0 相对于上边界 B_1 平面的镜像点记作 O_1^1，相对于下边界 B_1 平面的镜像点记作 O_2^1，称为一次镜像。柱体的散射波 w_1^0 对上边界 B_1，平面镜面反射，产生的镜像散射波的位移场记作对下边界 B_2 平面镜面反射，产生的镜像散射波的位移场记作 $w_2^1(z)$，称为一次镜像散射波。一次镜像点 O_1^1 相对于上边界 B_1 平面的镜像点记作 O_1^2，一次镜像点相对于下边界 B_2 平面的镜像点记作 O_2^2，称为二次镜像。一次镜像散射波 w_2^1 对上边界 B_1 平面镜面反射，产生的镜像散射波的位移场记作 $w_1^2(z)$，一次镜像散射波对下边界 B_2 平面镜面反射，产生的镜像散射波的位移场记作二次镜像散射波。如此反复，定义次镜像，上边界 B_1 平面的 p 次镜像点为 O_1^p，下边界 B_2 平面的 p 次镜像点为 O_2^p；定义 p 次镜像散射波，上边界 B_1 平面的 p 次镜像散射波为 w_1^p，下边界 B_2 平面的 p 次镜像散射波为 w_2^p，这里，p 次镜像点 O_1^p 到上边界 B_1 平面的距离为 h_1^p，p 次镜像点 O_2^p 到下边界 B_2 平面的距离为 h_2^p，当 p 为奇数时，它们满足式（3-39）；当 p 为偶数时，它们满足式（3-40）。按式（3-40）定义复变量 z_1^p 和 z_2^p，应用累次镜像方法，构造次镜像散射波 w_1^p 和 w_2^p 的位移场 $w_1^p(z)$ 和 $w_2^p(z)$，当 p 为奇数时，它们分别满足式（3-42）和式（3-43），当 p 为偶数时，它们分别满足式（3-44）和式（3-45）。

$$w_1^0(z) = \sum_{n=-\infty}^{+\infty} A_n H_n^{(1)}(k_1|z_0|)\left(\frac{z_0}{|z_0|}\right)^n \tag{3-37}$$

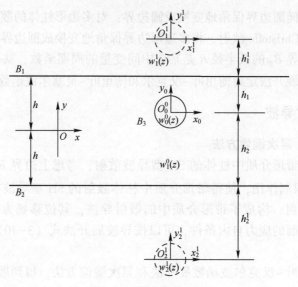

图 3-5 累次镜像方法

$$w_0^0(z) = \sum_{n=-\infty}^{+\infty} B_n J_n(k_2|z_0|) \left(\frac{z_0}{|z_0|}\right)^n \tag{3-38}$$

$$\begin{cases} h_1^p = h_1 + 2(p-1)h \\ y_2^p = h_2 + 2(p-1)h \end{cases} \tag{3-39}$$

$$\begin{cases} h_1^n = h_2 + 2ph \\ h_2 = h_1 + 2ph \end{cases} \tag{3-40}$$

$$\begin{cases} z_1^p = z - d - \mathrm{i}(h_1^p + h) = z_0 - \mathrm{i}(h_1^p + h_1) \\ z_2^p = z - d + \mathrm{i}(h_2^p + h) = z_0 + \mathrm{i}(h_2^p + h_2) \end{cases} \tag{3-41}$$

$$w_1^p(z) = \sum_{n=-\infty}^{+\infty} A_n H_n^{(1)}(k_1|z_1^p|) \left(\frac{z_1^p}{|z_1^p|}\right)^{-n} \tag{3-42}$$

$$w_2^p(z) = \sum_{n=-\infty}^{+\infty} A_n H_n^{(1)}(k_1|z_2^p|) \left(\frac{z_2^p}{|z_2^p|}\right)^{-n} \tag{3-43}$$

$$w_1^p(z) = \sum_{n=-\infty}^{+\infty} A_n H_n^{(1)}(k_1|z_1^p|) \left(\frac{z_1^p}{|z_1^p|}\right)^{n} \tag{3-44}$$

$$w_2^p(z) = \sum_{n=-\infty}^{+\infty} A_n H_n^{(1)}(k_1|z_2^p|) \left(\frac{z_2^p}{|z_2^p|}\right)^{n} \tag{3-45}$$

将全部的 p 次镜像散射波 w_1^p 和 w_2^p 的位移场和叠加，构造散射导波 w_z 的

位移场 $w_z(z)$ 的由傅里叶-汉克尔波函数级数组成的无穷级数式（3-46），这是按累次镜像方法构造的形式级数，其收敛性待考。

$$w_G(z) = w_1^0(z) + \sum_{p=1}^{+\infty} \left[w_1^p(z) + w_2^p(z) \right] \qquad (3-46)$$

3.4.2.2 收敛性分析

为了分析散射导波形式级数式（3-46）的收敛性，将柱体散射波 w_1^0 的位移场 $w_1^0(z)$ 以及全部的 p 次镜像散射波 w_1^p、w_2^p 的位移场 $w_1^p(z)$、$w_2^p(z)$ 的傅里叶-汉克尔波函数级数式（3-37）和式（3-42）~式（3-45），代入散射导波 w_G 的位移场 $w_G(z)$ 的形式级数式（3-46），得到式（3-47）。这里，无穷级数 $w_G(z)$ 是级数 w_1^0、$w_G^\infty(z)$ 的叠加，$w_G^\infty(z)$ 满足式（3-48），其中，$G_n^p(z)$ 是中间变量，当 p 为奇数时，按式（3-49）定义，当 p 为偶数时，按式（3-50）定义。这样，得到散射导波的关于待定系数 A_n 的无穷级数式（3-51）。

$$w_G(z) = w_1^0(z) + w_G^\infty(z) \qquad (3-47)$$

$$w_G^\infty(z) = \sum_{n=-\infty}^{+\infty} \sum_{p=1}^{+\infty} A_n G_n^p(z) \qquad (3-48)$$

$$G_1^p(z) = H_n^{(1)}(k_1|z_1^p|)\left(\frac{z_1^p}{|z_1^p|}\right)^{-n} + H_n^{(1)}(k_1|z_2^p|)\left(\frac{z_2^p}{|z_2^p|}\right)^{-n}, \quad p \in \{p|p=2j+1, j \in N^+\} \qquad (3-49)$$

$$G_1^p(z) = H_n^{(1)}(k_1|z_1^p|)\left(\frac{z_1^p}{|z_1^p|}\right)^n + H_n^{(1)}(k_1|z_2^p|)\left(\frac{z_2^p}{|z_2^p|}\right)^n, \quad p \in \{p|p=2j, j \in N^+\} \qquad (3-50)$$

$$w_G(z) = \sum_{n=-\infty}^{+\infty} A_n \left[H_n^{(1)}(k_1|z_0|)\left(\frac{z_0}{|z_0|}\right)^n + \sum_{p=1}^{+\infty} G_n^p(z) \right] \qquad (3-51)$$

观察散射导波的级数式（3-51）可知，若待定系数族次是确定的一族常数数列，则由傅里叶-汉克尔函数在宗量无穷远点处的渐近性，可知级数式（3-51）发散，即散射导波 w_G 的形式级数式（3-46）不收敛，这样，按累次镜像方法得到的散射导波式（3-46）就仅仅在形式上是带形介质中柱体散射的稳态解。由于时间的影响和阻尼的存在，当镜像次数 p 的取值较大时，第 p 次镜像以及以后的镜像都可以忽略，这样所得的散射导波 w_G 的形式级数可以近似地认为收敛。

实际上，讨论散射导波 w_G 的形式级数式（3-46）的收敛性，需要考虑定解条件，即边界柱面 B_3 上位移和应力的连续性条件。给定带形介质中的入射导波，其为有限值，满足导波展开式（3-10），柱体中的驻波也为有限值，满

足傅里叶-贝塞尔波函数展开式（3-38）。取前 p 次镜像，截断镜像散射波的形式级数式（3-38），构造定解方程，可知待定系数族 A_n 是 p 的函数，记作 $A_n(p)$，于是得到散射导波 w_G 位移场 $w_G(z)$ 的部分和式（3-52）。按照汉克尔函数在宗量零点处的渐近性，评估镜像次数 p 的部分和式（3-52）数列的收敛性。在汉克尔函数的渐近表达式（3-53）中，C_n^1 和 C_n^2 是依赖于阶数 n 的常数，当 $n=0$ 时，汉克尔函数有渐近表达式（3-54）。将汉克尔函数的渐近表达式代入散射导波的部分和级数式（3-52），式中，汉克尔函数的宗量分别为 $k_1|z_0|$ 以及若干项 $k_1|z_1^p|$ 和 $k_1|z_2^p|$，若边界柱面 B_3 对应的 z_0 值有界且 k_1 较小时，不妨以 $k_1|z_0|$ 为宗量代入汉克尔函数的渐近表达式（3-53）和式（3-54），随着阶数 n 的增大，汉克尔函数的模按宗量的负幂指数迅速地增大，而 $G_n^p(z)$ 的前 p 项和总是有限值，由此，可以近似地认为待定系数 $A_n(p)$ 按宗量的正幂指数迅速地减小。这样，就定性地证明了波函数级数式（3-52）相对于阶数 n 的收敛性。当 p 的取值达到一定值时，$G_n^p(z)$ 的前 p 项和与前 $p+1$ 项和相差并不是很大，将其与汉克尔函数的渐近项相比较，这种差异更加地微小，代入定解方程，则求得的待定系数族 $A_n(p)$ 与 $A_n(p+1)$ 相差无几。这样，就定性地证明了波函数级数式（3-52）相对于镜像次数 p 的收敛性。

在实际应用中，散射导波的截断镜像次数 p 的选取以基本满足带形介质上边界 B_1 平面和下边界 B_2 平面上的应力自由条件为参考，常用的标准是构造散射导波使带形介质上、下边界上无量纲化的动应力控制在 10^{-3} 以内，对某些要求较高精度的问题中，常将其控制在 10^{-5} 以内。

$$w_G(z) = \sum_{n=-\infty}^{+\infty} A_n(p)\left[H_n^{(1)}(k_1|z_0|)\left(\frac{z_0}{|z_0|}\right)^n + \sum_{p=1}^{p} G_n^p(z)\right] \quad (3\text{-}52)$$

$$H_n^{(1)}(\cdot) \xrightarrow{\cdot \to +0} C_n^1\left(\frac{\cdot}{2}\right)^{|n|} + iC_n^2\left(\frac{\cdot}{2}\right)^{-|n|}, n \neq 0 \quad (3\text{-}53)$$

$$H_0^{(1)}(\cdot) \xrightarrow{\cdot \to +0} 1 - i\frac{2}{\pi}\ln\frac{\cdot}{2} \quad (3\text{-}54)$$

3.4.3 定解条件

3.4.3.1 弹性带形介质中的边界条件

弹性带形介质中按导波展开法构造的入射波 w_I 的位移场 $w_I(z)$，散射导波按累次镜像方法构造的位移场 $w_G(z)$，它们都满足带形介质上边界 B_1 平面和下边界 B_2 平面的应力自由条件，因此，柱体边界 B_3 柱面两侧位移和应力的连续性条件就成为问题的定解条件。

按柱面边界 B_3 在坐标平面上的投影曲线，构造柱面边界集合 $\tilde{B}_3$，它们满

第3章 弹性带形介质中的SH型导波散射

足——映射关系。这样,在(O,x,y)坐标系中,柱面边界B_3对应的复变量记作z,同样地,在(O_0,x_0,y_0)坐标系中,柱面边界B_3对应的复变量z_0,记作$z_0 \in B_3$。

构造柱体边界B_3柱面两侧位移和应力的连续性条件式(3-55)和式(3-56),在式(3-56)中,$w_s(z)=w_0^0(z)$是柱体中驻波的位移场,$\tau_J(z)$、$\tau_G(z)$和$\tau_S(z)$分别是带形介质边界B_3柱面上入射波、散射导波和柱体边界柱面上驻波所产生的剪切应力的分布。

$$w_J(z)+w_G(z)=w_S(z), \quad z \in B_3 \tag{3-55}$$

$$\tau_J(z)+\tau_G(z)=\tau_S(z), \quad z \in B_3 \tag{3-56}$$

在极坐标系(O_0,r_0,θ_0)中,若边界B_3柱面的投影曲线的极半径R是极角θ_0的单值函数,则集合满足式(3-57),式中,θ_0可在实数域内任意取值。实际上,边界B_3柱面在坐标平面上的投影是闭合曲线,总能存在某种——映射关系,使得集合B_3满足式(3-58),式中,ξ是定义在实数域的某个连通区间中连续取值的自变量,称为内变量,边界B_3柱面所对应的复变量z_0是内变量ξ的连续单值函数,记作$z_0(\xi)$。

$$B_3=\{z|z=R(\theta_0)e^{(i\theta_0)}+d+i(h-h_1)\} \tag{3-57}$$

$$B_3=\{z|z=z_0(\xi)+d+i(h-h_1)\} \tag{3-58}$$

3.4.3.2 弹性带形介质中的应力分量

入射波w_J的位移场$w_J(z)$按导波展开法构造,满足式(3-59),式中,$f_n(y)$是导波沿带形介质y轴方向的干涉相,按式(3-6)定义,k_n是导波沿带形介质x轴方向的视波数,按式(3-7)定义。这里,位移场$w_J(z)$是给定的已知函数,在极坐标系(O_0,r_0,θ_0)中,位移场$w_J(z)$所对应的径向应力分量场为$\tau_{rz}^J(z)$,周向应力分量场为$\tau_{\theta z}^J(z)$,它们同样是求得的已知函数。

$$w_J = \sum_{n=0}^{+\infty} f_n(y)e^{ik_n x} \tag{3-59}$$

散射导波w_G的位移场$w_G(z)$按累次镜像方法构造,满足式(3-46),含有一组待定系数。在极坐标系(O_0,r_0,θ_0)中,散射波w_1^0的位移场$w_1^0(z)$所对应的径向应力分量场为$\tau_{1\,rz}^0(z)$,周向应力分量场为$\tau_{1\,\theta z}^0(z)$,它们分别满足式(3-60)和式(3-61)。同样地,在复变量z_1^p和z_2^p对应的极坐标系中,p次散射波w_1^p和w_2^p的位移场$w_1^p(z)$与$w_2^p(z)$所对应的径向应力分量场分别为$\tau_{1\,rz}^p(z)$和$\tau_{2\,rz}^p(z)$,周向应力分量场分别为$\tau_{1\,\theta z}^p(z)$和$\tau_{2\,\theta z}^p(z)$,当p为奇数时,它们分别满足式(3-62)~式(3-65),当p为偶数时,它们分别满足式(3-66)~式(3-69)。

$$\tau^0_{1\ rz}(z) = \frac{k_1\mu_1}{2}\sum_{n=-\infty}^{+\infty} A_n [H^{(1)}_{n-1}(k_1|z_0|) - H^{(1)}_{n+1}(k_1|z_0|)]\left(\frac{z_0}{|z_0|}\right)^n \quad (3\text{-}60)$$

$$\tau^0_{1\ \theta z}(z) = \frac{ik_1\mu_1}{2}\sum_{n=-\infty}^{+\infty} A_n [H^{(1)}_{n-1}(k_1|z_0|) + H^{(1)}_{n+1}(k_1|z_0|)]\left(\frac{z_0}{|z_0|}\right)^n \quad (3\text{-}61)$$

$$\tau^p_{1\ rz}(z) = \frac{k_1\mu_1}{2}\sum_{n=-\infty}^{+\infty} A_n [H^{(1)}_{n-1}(k_1|z^p_1|) - H^{(1)}_{n+1}(k_1|z^p_1|)]\left(\frac{z^p_1}{|z^p_1|}\right)^{-n} \quad (3\text{-}62)$$

$$\tau^p_{1\ \theta z}(z) = -\frac{ik_1\mu_1}{2}\sum_{n=-\infty}^{+\infty} A_n [H^{(1)}_{n-1}(k_1|z^p_1|) + H^{(1)}_{n+1}(k_1|z^p_1|)]\left(\frac{z^p_1}{|z^p_1|}\right)^{-n}$$
$$(3\text{-}63)$$

$$\tau^p_{2\ rz}(z) = \frac{k_1\mu_1}{2}\sum_{n=-\infty}^{+\infty} A_n [H^{(1)}_{n-1}(k_1|z^p_2|) - H^{(1)}_{n+1}(k_1|z^p_2|)]\left(\frac{z^p_2}{|z^p_2|}\right)^{-n} \quad (3\text{-}64)$$

$$\tau^p_{2\ \theta z}(z) = -\frac{ik_1\mu_1}{2}\sum_{n=-\infty}^{+\infty} A_n [H^{(1)}_{n-1}(k_1|z^p_2|) + H^{(1)}_{n+1}(k_1|z^p_2|)]\left(\frac{z^p_2}{|z^p_2|}\right)^{-n}$$
$$(3\text{-}65)$$

$$\tau^p_{1\ rz}(z) = \frac{k_1\mu_1}{2}\sum_{n=-\infty}^{+\infty} A_n [H^{(1)}_{n-1}(k_1|z^p_1|) - H^{(1)}_{n+1}(k_1|z^p_1|)]\left(\frac{z^p_1}{|z^p_1|}\right)^n \quad (3\text{-}66)$$

$$\tau^p_{1\ \theta z}(z) = -\frac{ik_1\mu_1}{2}\sum_{n=-\infty}^{+\infty} A_n [H^{(1)}_{n-1}(k_1|z^p_1|) + H^{(1)}_{n+1}(k_1|z^p_1|)]\left(\frac{z^p_1}{|z^p_1|}\right)^n$$
$$(3\text{-}67)$$

$$\tau^p_{2\ rz}(z) = \frac{k_1\mu_1}{2}\sum_{n=-\infty}^{+\infty} A_n [H^{(1)}_{n-1}(k_1|z^p_2|) - H^{(1)}_{n+1}(k_1|z^p_2|)]\left(\frac{z^p_2}{|z^p_2|}\right)^n \quad (3\text{-}68)$$

$$\tau^p_{2\ \theta z}(z) = -\frac{ik_1\mu_1}{2}\sum_{n=-\infty}^{+\infty} A_n [H^{(1)}_{n-1}(k_1|z^p_2|) + H^{(1)}_{n+1}(k_1|z^p_2|)]\left(\frac{z^p_2}{|z^p_2|}\right)^n$$
$$(3\text{-}69)$$

柱体中的驻波 $w_s = w^0_0$，按傅里叶-贝塞尔波函数展开法构造，满足式（3-38），含有一组待定系数 B_n。在极坐标系 (O_0, r_0, θ_0) 中，驻波 w_s 的位移场 $w^0_0(z)$ 所对应的径向应力分量场为 $\tau^0_{0\ rz}(z)$，周向应力分量场为 $\tau^0_{0\theta z}(z)$，它们分别满足式（3-70）和式（3-71）。

$$\tau^0_{0\ rz}(z) = \frac{k_2\mu_2}{2}\sum_{n=-\infty}^{+\infty} B_n [J_{n-1}(k_2|z_0|) - J_{n+1}(k_2|z_0|)]\left(\frac{z_0}{|z_0|}\right)^n \quad (3\text{-}70)$$

$$\tau^0_{0\theta z}(z) = \frac{ik_2\mu_2}{2}\sum_{n=-\infty}^{+\infty} B_n [J_{n-1}(k_2|z_0|) + J_{n+1}(k_2|z_0|)]\left(\frac{z_0}{|z_0|}\right)^n \quad (3\text{-}71)$$

3.4.3.3 弹性带形介质中的定解方程

将驻波 w_S 和散射导波 w_G 的位移场 $w_G(z)$、$w_S(z)$ 的表达式（3-38）、式（3-46）代入式（3-55），得到边界柱面 B_3 两侧位移的连续性条件式（3-72），式中 $D_G^n(z)$、$D_S^n(z)$ 是中间变量，分别按式（3-73）和式（3-74）定义，$G_n^p(z)$ 按 3.4.2.2 节定义。这样就得到了第一个包含待定系数族 A_n 和 B_n 的关于复变量 z 的函数方程。

$$w_J(z) + \sum_{n=-\infty}^{+\infty} A_n D_G^n(z) = \sum_{n=-\infty}^{+\infty} B_n D_s^n(z), z \in B_3 \quad (3-72)$$

$$D_G^n(z) = H_n^{(1)}(k_1|z_0|)\left(\frac{z_0}{|z_0|}\right)^n + \sum_{p=1}^{+\infty} G_n^p(z) \quad (3-73)$$

$$D_S^n(z) = J_n(k_2|z_0|)\left(\frac{z_0}{|z_0|}\right)^n \quad (3-74)$$

在极坐标系 (O_0, r_0, θ_0) 中，将边界 B_3 柱面在坐标面上投影的闭合曲线上各点 $Z \in B_3$ 的外法向量的辐角 θ_0 记作 $\theta_0^\perp(z)$，它同样是内变量 ξ 的单值函数，在定义域内连续或只有第一类间断点。结合斜面应力公式，代入散射导波 w_G 的应力分量表达式（3-60）～式（3-69）以及驻波 w_S 的应力分量表达式（3-70）和式（3-71）得到式（3-75）。式中，$T_J(z)$ 按式（3-76）定义，$T_G^n(z)$ 按式（3-77）定义，$G_{0n}(z)$ 按式（3-78）定义，当 p 为奇数时，$G_{1n}^p(z)$ 和 $G_{2n}^p(z)$ 按式（3-79）和式（3-80）定义，当 p 为偶数时，$G_{1n}^p(z)$ 和 $G_{2n}^p(z)$ 按式（3-81）和式（3-82）定义，中间函数 $O_-^n(\cdot)$ 和 $O_+^n(\cdot)$ 按式（3-83）定义，中间函数 $E_-^n(\cdot)$ 和 $E_+^n(\cdot)$ 按式（3-84）定义，$T_s^n(z)$ 按式（3-85）定义，中间函数 $S_-^n(\cdot)$ 和 $S_+^n(\cdot)$ 按式（3-86）定义。这样就得到了第二个包含待定系数族 A_n 和 B_n 的关于复变量 z 的函数方程。

$$T_J(z) + \sum_{n=-\infty}^{+\infty} A_n T_G^n(z) = \sum_{n=-\infty}^{+\infty} B_n T_s^n(z), \quad z \in B_3 \quad (3-75)$$

$$T_J(z) = \tau_{rz}^J(r_i)\cos[\theta_0^\perp(z) - \arg z_0] + \tau_{\theta z}^J(z)\sin[\theta_0^\perp(z) - \arg z_0] \quad (3-76)$$

$$T_G^n(z) = G_0 n(z) + \sum_{p=1}^{+\infty}[G_{1n}^p(z) + G_{2n}^p(z)] \quad (3-77)$$

$$G_{0n}(z) = E_-^n(z_0)\cos[\theta_0^\perp(z) - \arg z_0] + E_+^n(z_0)\sin[\theta_0^\perp(z) - \arg z_0] \quad (3-78)$$

$$G_{1n}^p(z) = O_-^n(z_1^P)\cos[\theta_0^\perp(z) - \arg z_1^p] + O_+^n(z_1^P)\sin[\theta_0^\perp(z) - \arg z_1^p] \quad (3-79)$$

$$G_{2n}^p(z) = O_-^n(z_2^P)\cos[\theta_0^\perp(z) - \arg z_2^p] + O_+^n(z_2^P)\sin[\theta_0^\perp(z) - \arg z_2^p] \quad (3-80)$$

$$G_{1n}^p(z) = E_-^n(z_1^P)\cos[\theta_0^\perp(z) - \arg z_1^p] + E_+^n(z_1^P)\sin[\theta_0^\perp(z) - \arg z_1^p] \quad (3-81)$$

$$G_{2n}^p(z) = E_-^n(z_2^P)\cos[\theta_0^\perp(z) - \arg z_2^p] + E_+^n(z_2^P)\sin[\theta_0^\perp(z) - \arg z_2^p] \quad (3-82)$$

$$\begin{cases} O_-^n(\cdot) = \dfrac{k_1\mu_1}{2}[H_{n-1}^{(1)}(k_1|\cdot|) - H_{n+1}^{(1)}(k_1|\cdot|)]\left(\dfrac{\cdot}{|\cdot|}\right)^{-n} \\ O_+^n(\cdot) = -\dfrac{ik_1\mu_1}{2}[H_{n-1}^{(1)}(k_1|\cdot|) + H_{n+1}^{(1)}(k_1|\cdot|)]\left(\dfrac{\cdot}{|\cdot|}\right)^{-n} \end{cases} \quad (3\text{-}83)$$

$$\begin{cases} E_-^n(\cdot) = \dfrac{k_1\mu_1}{2}[H_{n-1}^{(1)}(k_1|\cdot|) - H_{n+1}^{(1)}(k_1|\cdot|)]\left(\dfrac{\cdot}{|\cdot|}\right)^{n} \\ E_+^n(\cdot) = \dfrac{ik_1\mu_1}{2}[H_{n-1}^{(1)}(k_1|\cdot|) + H_{n+1}^{(1)}(k_1|\cdot|)]\left(\dfrac{\cdot}{|\cdot|}\right)^{n} \end{cases} \quad (3\text{-}84)$$

$$T_S^n(z) = S_-^n(z_0)\cos[\theta_0^\perp(z) - \arg z_0] + S_+^n(z_0)\sin[\theta_0^\perp(z) - \arg z_0] \quad (3\text{-}85)$$

$$\begin{cases} S_-^n(\cdot) = \dfrac{k_2\mu_2}{2}[J_{n-1}(k_1|\cdot|) - J_{n+1}(k_2|\cdot|)]\left(\dfrac{\cdot}{|\cdot|}\right)^{n} \\ S_+^n(\cdot) = \dfrac{ik_2\mu_2}{2}[J_{n-1}^{(1)}(k_2|\cdot|) + J_{n+1}^{(1)}(k_2|\cdot|)]\left(\dfrac{\cdot}{|\cdot|}\right)^{n} \end{cases} \quad (3\text{-}86)$$

联立位移和应力的连续性方程（3-72）和方程（3-75），观察傅里叶-贝塞尔波函数的应力分量表达式（3-83）和式（3-84）以及傅里叶-贝塞尔波函数的应力分量表达式（3-86）。通过比较可知，如带形介质的剪切弹性模量 μ_1 为常数，当柱体的剪切弹性模量 $\mu_2 = 0$ 时，得到 B_3 柱面上的自由边界条件式（3-87），当柱体的剪切弹性模量 $\mu_2 \to \infty$ 时，得到 B_3 柱面上的固定边界条件式（3-88）。当 $\mu_2 = 0$ 时，虽然可以通过联立的位移连续性方程（3-72），将求得的系数族 A_n 代入以确定未知系数族 B_n 的取值，但其并不是柱体中驻波的傅里叶-贝塞尔波函数级数真实的系数。当 $\mu_2 \to \infty$ 时，可以通过联立的应力连续性方程式（3-75），将求得的系数族 A_n 代入以确定未知系数族 B_n 的取值，求得 $B_n \to 0$。注意到，当 $\mu_2 = 0$ 时，柱体对应为孔洞，取系数族 $B_n = 0$；当 $\mu_2 \to \infty$ 时，柱体对应为固定刚体，取系数族 $B_n = 0$；当 $0 < \mu_2 < \infty$ 时，柱体对应为弹性夹杂，按联立方程式（3-72）和式（3-75）求解。

$$T_I(z) + \sum_{n=-\infty}^{+\infty} A_n T_G^n(z) = 0, \quad z \in B_3 \quad (3\text{-}87)$$

$$w_I(z) + \sum_{n=-\infty}^{+\infty} A_n D_G^n(z) = 0, \quad z \in B_3 \quad (3\text{-}88)$$

按照傅里叶展开法，对函数方程式（3-72）和式（3-75）两端在复平面 $(z,\bar{z})$ 上乘以内变量 ξ 的 m 次负幂指数函数 $e^{-im\xi}$ 沿边界 B_3 柱面的投影曲线对内变量 ξ 做围道积分，这里，m 从 $-\infty$ 取到 $+\infty$，得到对应于边界 B_3 柱面两侧位移和应力的连续性条件的待定系数族 A_n 和 B_n 的无穷线性代数方程组（3-89）和方程组（3-90）。式中，F_{Dm}^J、F_{Dm}^{Gn}、F_{Dm}^{Sn} 和 F_{Tm}^J、F_{Tm}^{Gn}、F_{Tm}^{Sn} 是按式（3-91）

分别定义的傅里叶系数。

$$\begin{cases} F_{Dm}^l + \sum_{n=-\infty}^{+\infty} A_n F_{Dm}^{Gn} = \sum_{n=-\infty}^{+\infty} B_n F_{Dm}^{Sn}, & m = -\infty \\ \vdots \\ F_{Dm}^l + \sum_{n=-\infty}^{+\infty} A_n F_{Dm}^{Gn} = \sum_{n=-\infty}^{+\infty} B_n F_{Dm}^{Sn} \\ \vdots \\ F_{Dm}^l + \sum_{n=-\infty}^{+\infty} A_n F_{Dm}^{Gn} = \sum_{n=-\infty}^{+\infty} B_n F_{Dm}^{Sn}, & m = +\infty \end{cases} \quad (3\text{-}89)$$

$$\begin{cases} F_{Tm}^l + \sum_{n=-\infty}^{+\infty} A_n F_{Tm}^{Gn} = \sum_{n=-\infty}^{+\infty} B_n F_{Tm}^{Sn}, & m = -\infty \\ \vdots \\ F_{Tm}^l + \sum_{n=-\infty}^{+\infty} A_n F_{Tm}^{Gn} = \sum_{n=-\infty}^{+\infty} B_n F_{Tm}^{Sn} \\ \vdots \\ F_{Tm}^l + \sum_{n=-\infty}^{+\infty} A_n F_{Tm}^{Gn} = \sum_{n=-\infty}^{+\infty} B_n F_{Tm}^{Sn}, & m = +\infty \end{cases} \quad (3\text{-}90)$$

$$\begin{cases} F_{Dm}^J = \oint_{R_3} w_I(z) e^{-im\xi} d\xi, \ F_{Dm}^{Gn} = \oint_{B_3} D_G^n(z) e^{-im\xi} d\xi, \ F_{Dm}^{Sn} = \oint_{R_3} D_S^n(z) e^{-im\xi} d\xi \\ F_{Tm}^J = \oint_{R_3} w_I(z) e^{-im\xi} d\xi, \ F_{Tm}^{Gn} = \oint_{B_3} T_G^n(z) e^{-im\xi} d\xi, \ F_{Tm}^{Sn} = \oint_{R_3} T_S^n(z) e^{-im\xi} d\xi \end{cases}$$

$$(3\text{-}91)$$

这样就通过边界 B_3 柱面两侧位移和应力的两个连续性条件得到了确定带形介质中散射导波 w_G 的待定系数族 A_n 和柱体中驻波 w_s 的待定系数族 B_n 的两组无穷线性代数方程组。联立这两组线性代数方程组，对散射导波 w_G 级数式（3-46）取前 p 次镜像，适当地截断傅里叶-汉克尔波函数级数，取对应的内变量 ξ 的傅里叶系数，同样地，适当地截断驻波 w_s 的傅里叶-贝塞尔波函数级数，取对应的内变量 ξ 的傅里叶系数，得到待定系数族 A_n 和 B_n 的有限线性代数方程组。

3.4.3.4 弹性带形介质中的圆柱散射

本节讨论一个既特殊又普遍的定解问题，即弹性带形介质中的圆柱散射，如图 3-6 所示，带形介质中的柱体是圆柱，边界 B_3 柱面在坐标面的投影是圆形，柱心 O_0 是圆心，极半径 R 是常数，在复平面 $(z,\bar{z})$ 上，柱面边界 B_3 的集合满足式 (3-92)，取角变量 θ_0 为内变量 ξ，得到集合 B_3 的表达式 (3-93)。在极坐标系 (O_0,r_0,θ_0) 中，圆柱边界 B_3 柱面在坐标面上投影的闭合曲线上各点 $z \in B_3$ 的外法向量和其对应的复变量 z_0 平行，其辐角 $\theta_0^\perp(z)=\arg z_0$，对应复变量 z_0 的辐角。

$$B_3 = \{z \mid |z_0| = R\} \tag{3-92}$$

$$B_3 = \{z \mid z = \mathrm{Re}^{(i\theta_0)} + d + \mathrm{i}(h-h_1)\} \tag{3-93}$$

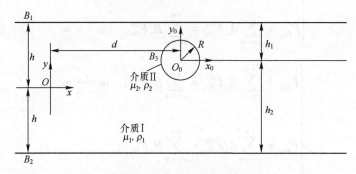

图 3-6 圆柱散射的定解

按前一节的分析，得到圆柱边界 B_3 柱面上的定解方程式 (3-71) 和式 (3-74)，做傅里叶展开，得到傅里叶系数的方程组 (3-88) 和方程组 (3-89)，联立得到散射导波 w_G 的傅里叶-汉克尔波函数系数族次和驻波的傅里叶-贝塞尔波函数系数族的定解方程组。

实际上，对于圆柱散射的问题，带形介质和圆柱体中的位移场和应力场都是空间坐标的连续函数，即使带形介质和圆柱体之间存在间隙或微裂纹，即局部不完好的接触，由断裂力学可知裂纹尖端的应力场具有距离的负 1/2 幂次的奇异性[5-6]，其在复平面 $(z,\bar{z})$ 内沿任意围道可积，满足狄利克雷 (Dirichlet) 充分条件。另外，作为内变量 ξ 的角变量 θ_0，在整个实数域内有定义，它是以 2π 为周期的周期函数，不妨将 θ_0 限定在 $(-\pi,\pi]$ 上，可以对其做周期延拓。

这样，在圆柱边界 B_3 柱面上，对位移和应力的连续性方程式 (3-72) 和式 (3-75) 做展开，得到位移和应力连续性条件的傅里叶级数方程式 (3-94) 和式 (3-95)，式中，F_{Dm}^{J}、F_{Dm}^{Gn}、F_{Dm}^{Sn} 和 F_{Tm}^{J}、F_{Tm}^{Gn}、F_{Tm}^{Sn} 是傅里叶系数，按式 (3-91) 分别定义。根据复指数函数系 $\mathrm{e}^{im\theta_0}$ 的正交性，得到等价的方程组 (3-89) 和方程组 (3-90)，联立得到待定系数族 A_n 和 B_n 的定解方程组。对于圆柱散射的完好接触问题，通过傅里叶-汉克尔和傅里叶-贝塞尔波函数展开法构造的散射波和驻波，按照傅里叶展开法得到定解条件的线性代数方程组，相应地截断波函数和傅里叶系数，当带形介质中的无量纲波数 k_1R 较小时，有较好的收敛性。

$$\sum_{m=-\infty}^{+\infty} F_{Dm}^{J} \mathrm{e}^{\mathrm{i}m\theta_0} + \sum_{m=-\infty}^{+\infty}\sum_{n=-\infty}^{+\infty} A_n F_{Dm}^{Gn} \mathrm{e}^{\mathrm{i}m\theta_0} = \sum_{m=-\infty}^{+\infty}\sum_{n=-\infty}^{+\infty} B_n F_{Dm}^{Sn} \mathrm{e}^{\mathrm{i}m\theta_0}, \quad \theta_0 \in (-\pi, \pi] \tag{3-94}$$

$$\sum_{m=-\infty}^{+\infty} F_{Tm}^{J} \mathrm{e}^{\mathrm{i}m\theta_0} + \sum_{m=-\infty}^{+\infty}\sum_{n=-\infty}^{+\infty} A_n F_{Tm}^{Gn} \mathrm{e}^{\mathrm{i}m\theta_0} = \sum_{m=-\infty}^{+\infty}\sum_{n=-\infty}^{+\infty} B_n F_{Tm}^{Sn} \mathrm{e}^{\mathrm{i}m\theta_0}, \quad \theta_0 \in (-\pi, \pi] \tag{3-95}$$

3.4.4 近场解

3.4.4.1 标准化位移幅值

柱体的 SH 型导波散射，考虑近场问题，标准化位移幅值是重要的无量纲参数。研究稳态运动需对时间函数和空间函数进行分离，同时，略去时间谐和函数 $\mathrm{e}^{-\mathrm{i}\omega t}$，在复平面 $(z,\bar{z})$ 上，标准化位移幅值 w^* 的分布 $w^*(z)$ 满足式（3-96），代表在 z 点处，质点振动的总位移的时间幅值 $|w(z)|$ 与入射波引起的振幅的比值。特别地，在带形介质中的柱体 SH 型导波散射问题中，当入射波是 0 阶导波时，标准化位移幅值场 $w^*(z)$ 满足式（3-97），式中，w_0^s 是 0 阶导波的对称波型的振幅。

$$w^*(z) = \frac{|w(z)|}{|w_I(z)|} \tag{3-96}$$

$$w^*(z) = \frac{|w(z)|}{w_0^s} \tag{3-97}$$

3.4.4.2 动应力集中因子

柱体的 SH 型导波散射，考虑近场问题，动应力集中因子是重要的无量纲参数。研究稳态运动，分离时间函数和空间函数，略去时间谐和函数 $\mathrm{e}^{-\mathrm{i}\omega t}$，在复平面 $(z,\bar{z})$ 上，给定某个定向曲面，其上动应力集中因子 τ^* 的分布 $\tau^*(z)$ 满足式（3-98），代表在 z 点处，曲面上的剪切应力的时间幅值 $|\tau(z)|$ 与入射波 w_I 在该点处所引起的剪切应力的最大值（过该点沿任意曲面方向）的振幅 $|\tau_I^{\max}(z)|$ 的比值。特别地，在带形介质中的柱体 SH 型导波散射问题中，当入射波是 0 阶导波时，动应力集中因子场满足式（3-99）。

$$\tau^*(z) = \frac{|\tau(z)|}{|\tau_I^{\max}(z)|} \tag{3-98}$$

$$\tau^*(z) = \frac{|\tau(z)|}{w_0^s k_1 \mu_1} \tag{3-99}$$

研究圆柱的 SH 型导波散射问题，在极坐标系 (O_0, r_0, θ_0) 中，定义径向应力分量场 $\tau_{rz}(z)$ 的动应力集中因子 $\tau_{rz}^*(z)$，称为径向动应力集中因子，满足式（3-100）；定义周向应力分量场的动应力集中因子 $\tau_{\theta z}^*(z)$，称为周向动应力集中因子，满足式（3-101）。特别地，在带形介质中，当入射波是 0 阶导波时，动应力集中因子 $\tau_{rz}^*(z)$ 和 $\tau_{\theta z}^*(z)$ 分别满足式（3-102）和式（3-103）。

$$\tau_{rz}^*(z) = \frac{|\tau_{rz}(z)|}{|\tau_I^{\max}(z)|} \tag{3-100}$$

$$\tau_{\theta z}^*(z) = \frac{|\tau_{\theta z}(z)|}{|\tau_I^{\max}(z)|} \tag{3-101}$$

$$\tau_{rz}^*(z) = \frac{|\tau_{rz}(z)|}{w_0^s k_1 \mu_1} \tag{3-102}$$

$$\tau_{\theta z}^*(z) = \frac{|\tau_{\theta z}(z)|}{w_0^s k_1 \mu_1} \tag{3-103}$$

3.4.4.3 误差分析

柱体的 SH 型导波散射的近场问题，结合标准化的位移幅值和动应力集中因子，用来分析计算误差。在柱体散射的定解问题中，计算的误差主要来源于截断傅里叶-汉克尔和傅里叶-贝塞尔波函数级数，将无穷线性代数方程组截断为有限线性代数方程组所造成的误差。另外，考虑带形介质中的柱体散射问题，对累次镜像方法构造的散射导波的级数式（3-46）取前 p 项和，也将造成一定的截断误差。

在弹性带形介质中，对于截断波函数级数造成的误差，可以通过柱体边界 B_3 柱面两侧标准化的位移差 Δw^* 和应力差 $\Delta \tau^*$ 来评估，它们在 B_3 柱面上的分布 $\Delta w^*(z)$ 和 $\Delta \tau^*(z)$ 分别满足式（3-104）和式（3-105）。式中，$\tau_J(z)$、$\tau_G(z)$ 和 $\tau_S(z)$ 分别是带形介质边界 B_3 柱面上入射波、散射导波和柱体边界 B_3 柱面上驻波所产生的剪切应力的分布。特别地，当入射波是 0 阶导波时，和分别满足式（3-106）和式（3-107）。

$$\Delta w^*(z) = \frac{|w_J(z) + w_G(z) - w_S(z)|}{|w_J(z)|}, \quad z \in B_3 \tag{3-104}$$

$$\Delta \tau^*(z) = \frac{|\tau_J(z) + \tau_G(z) - \tau_S(z)|}{|\tau_J^{\max}(z)|}, \quad z \in B_3 \tag{3-105}$$

$$\Delta w^*(z) = \frac{|w_J(z) + w_G(z) - w_S(z)|}{w_0^s}, \quad z \in B_3 \tag{3-106}$$

$$\Delta \tau^*(z) = \frac{|\tau_J(z) + \tau_G(z) - \tau_S(z)|}{w_0^s k_1 \mu_1}, \quad z \in B_3 \tag{3-107}$$

第3章 弹性带形介质中的 SH 型导波散射

当柱体的剪切弹性模量 $\mu=0$ 时，柱体弱化为孔洞，连续边界退化为自由边界，柱面 B_3 上的动应力集中因子 τ^* 称为应力残量，可用以评估截断定解方程组的计算误差。当柱体的剪切弹性模量 $\mu\to\infty$ 时，柱体强化为固定刚体，连续边界退化为固定边界，柱面 B_3 上的标准化位移幅值 w^* 称为位移残量，可用以评估截断定解方程组的计算误差。

特别地，介质中的柱体为圆柱时，当剪切模量 $\mu=0$ 时，柱体边界 B_3 上的径向动应力集中因子 $\tau^*_{rz}(z)$ 作为应力残量，当剪切模量 $\mu\to\infty$ 时，柱体边界 B_3 上的周向动应力集中因子 $\tau^*_{\theta z}(z)$ 作为应力残量，可用于评估截断定解方程组的计算误差。

在弹性带形介质中，对于截断散射导波 w_C 级数式（3-55）取前 p 项和所造成的误差，按带形介质上边界 B_1 平面和下边界 B_2 平面上的应力残量来评估。在直角坐标系中，取应力分量 τ_{yz} 的动应力集中因子 τ^*_{yz}，其在上、下边界上的分布 $\tau^*_{yz}(z)$ 按式（3-108）定义，作为带形介质上、下边界上的应力残量。

$$\tau^*_{yz}(z)=\frac{|\tau_{yz}(z)|}{|\tau^{\max}_J(z)|}, \quad z\in\{z \mid \mathrm{Im}(z)=\pm h\} \tag{3-108}$$

3.4.5 远场解

3.4.5.1 位移模式

柱体的 SH 型导波散射，考虑远场问题，位移模式是重要的无量纲参数。在极坐标系 (O_0,r_0,θ_0) 中，柱体的 SH 散射波的位移模式与极半径 r_0 无关，它是极角 θ_0 的函数，记作 $F(\theta_0)$。位移模式 $F(\theta_0)$ 体现了散射波在远场依赖于方向的传播特性，$F(\theta_0)$ 是无量纲化的远场位移，代表散射波在远场沿不同方向传播的振动位移的时间幅值的相对值。

按照傅里叶-汉克尔波函数展开法构造的柱体散射波，按极坐标 (O_0,r_0,θ_0) 描述，满足式（3-110），按傅里叶-汉克尔函数在宗量无穷远点处的渐近性，代入式（3-109），得到散射波 w_1 的渐近表达式（3-111），式中，位移模式 $F(\theta_0)$ 按式（3-112）定义。

$$H^{(1)}_n(\cdot)\xrightarrow{\cdot\to\infty}\sqrt{\frac{2}{\pi\cdot}}\exp\left[\mathrm{i}\left(-\frac{1+2n}{4}\pi\right)\right] \tag{3-109}$$

$$w_1=w_1(r_0,\theta_0)=\sum_{n=-\infty}^{+\infty}A_n H^{(1)}_n(k_1 r_0)\exp(\mathrm{i}n\theta_0) \tag{3-110}$$

$$w_1=w_1(r_0,\theta_0)\xrightarrow{r_0\to+\infty}\sqrt{\frac{2}{\pi k_1 r_0}}\exp\left[\mathrm{i}\left(k_1 r_0-\frac{\pi}{4}\right)\right]F(\theta_0) \tag{3-111}$$

$$F(\theta_0) = \sum_{n=-\infty}^{+\infty} A_n e^{in\left(\theta_0 - \frac{\pi}{2}\right)} \qquad (3-112)$$

对于含界面的柱体散射问题或多个柱体的散射问题，在考虑远场问题时，需要选定一个固定的极坐标系，运用 Graf 加法公式，对不同宗量所对应的极坐标系下的傅里叶-汉克尔波函数展开式做坐标变换，将它们变换到固定的极坐标系下，再按照傅里叶-汉克尔函数在宗量无穷远点处的渐近性，构造坐标变换后的全部散射波的渐近表达式，进而求得对应的位移模式。

3.4.5.2 散射截面

从能量的角度，考虑柱面的 SH 型导波散射问题，散射截面是重要的无量纲参数。散射截面与能量有关，具体的定义和讨论，可以参照 Pao 和 Mow 的专著[4]。

参 考 文 献

[1] CAI L M, QI H, PAN X N. The Scattering of Circular Cylindrical Cavity with Time-Harmonic SH Waves in Infinite Strip Region [J]. Applied Mechanics and Materials, 2014 (580-583): 3083-3088.

[2] PAN X N, QI H. Steady Solution for Anti-plane Elasto Dynamics of a Cylinder in an Infinite Strip [J]. International Journal of Solids and Structures, Submitted, 2013, 3.

[3] 潘向南. 弹性带形介质中柱体的反平面稳态运动 [D]. 哈尔滨：哈尔滨工程大学, 2014.

[4] PAO Y H, MOW C C, ACHENBACH J D. Diffraction of Elastic Waves and Dynamic Stress Concentrations [J]. Journal of Applied Mechanics, 1973, 40 (4): 213-219.

[5] 范天佑. 断裂理论基础 [M]. 北京：科学出版社, 2003.

[6] 王自强, 陈少华. 高等断裂力学 [M]. 北京：科学出版社, 2009.

第4章　带形域中空腔对导波的散射

板类结构在生产和生活实践中具有广泛的应用，但在生产或使用板状结构时常常会产生孔洞缺陷或者有时需要生产带有孔洞结构的板材去实现抗震目的。而弹性波在这些孔洞处会产生应力集中现象，对这些材料和结构在工程应用中的安全性和可靠性产生了不利影响。在直角域或者半空间中多个孔洞对SH型导波的散射[1-2]，在直角域或者半空间中椭圆孔洞对SH型导波的研究[3-4]，以及拥有不规则边界的半空间中SH的散射问题上[5-6]，都有相关研究存在。但还没有专门对带形介质中无限多圆孔、锯齿状边界和非圆孔模型中SH型导波的散射问题的研究。并且目前大多参考文献仅停留在理论分析的阶段，运用的都是解析方法处理问题，没有相关的有限元研究和比较。诚然，解析方法拥有可靠的理论推导，但它大多有极为苛刻的限制条件，很难涵盖实际工程中所有的复杂问题。本章所研究的模型，在工程实践中有很多类似的例子。目前，对于含有单个圆形孔洞的直线边界的带形弹性介质模型具有严格的理论推导，但无限多圆孔、锯齿状边界和非圆孔的带形弹性介质模型更为复杂，很难得到解析解。所以，本章结合解析方法与有限元方法分析了这些模型中SH型导波的散射问题。首先分析了含有单个圆孔带形弹性介质中SH型导波散射的解析解，全空间中多个圆孔和正多边形孔的SH型导波散射理论；其次通过单孔解析解与有限元解对比验证准确性和可行性后，对本章的复杂形态模型进行有限元分析；最后讨论了各种参数对动应力集中系数的影响。

4.1　带形域中单个圆孔对SH型导波的散射

4.1.1　问题描述

SH型导波在上、下边界应力自由的弹性带形介质中传播，带形介质中有一个圆柱孔洞，半径为R，圆心距离上、下边界分别为h_1和h_2，带形介质的剪切弹性模量和质量密度分别为μ和ρ。如图4-1所示，以圆柱孔洞的圆心O为原点建立右手平面直角坐标系(O,x,y)，同时以圆心O为极点，x轴为极轴，建立右手平面极坐标系(O,r,θ)，以出平面方向为z轴正方向。

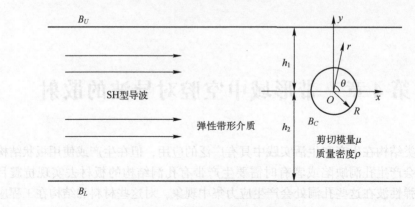

图 4-1 带形介质中的圆柱孔洞

作为反平面应变问题，弹性带形介质内的位移 w 沿 z 轴方向，且只是面内坐标 (x,y) 或 (r,θ) 的函数，其时间函数满足标量波动方程式。考虑稳态响应，SH 型导波为时间谐和的位移波，其角频率为 ω，按分离变量法，略去时间谐和项 $\mathrm{e}^{-\mathrm{i}\omega t}$，得到亥姆霍兹方程。带形介质内的位移波还需要满足上、下边界 B_U 和 B_L 平面与圆柱孔洞边界 B_C 柱面上的应力自由条件。

由于圆柱孔洞的存在，其边界 B_C 柱面对带形介质内的 SH 型导波产生散射，散射波在带形介质中传播形成散射导波，散射导波造成圆柱孔洞边沿的动应力集中。动应力集中的程度用动应力集中因子（Dynamic Stress Concentration Factor，DSCF）来表示，按表达式（4-1）来定义，式中，τ_{rz} 和 $\tau_{\theta z}$ 是带形介质内某点处全部位移波产生的合应力分量，τ^m 是带形介质内同一点在第 m 导波入射下产生动应力的最大值。可见，动应力集中因子表征了散射的显著性，DSCF_{rz} 和 $\mathrm{DSCF}_{\theta z}$ 为其分量。

$$\mathrm{DSCF}_{rz}=\frac{|\tau_{rz}|}{|\tau^m|}=\frac{|\tau_{rz}^s+\tau_{xz}^m\cos\theta+\tau_{yz}^m\sin\theta|}{|\tau^m|} \quad (4-1)$$

$$\mathrm{DSCF}_{\theta z}=\frac{|\tau_{\theta z}|}{|\tau^m|}=\frac{|\tau_{\theta z}^s+\tau_{xz}^m\sin\theta+\tau_{yz}^m\cos\theta|}{|\tau^m|} \quad (4-2)$$

圆柱孔洞边沿的动应力集中最为显著，其边界 B_C 柱面上应力为零，因而，孔洞边沿 DSCF 的分布足以描述带形介质内动应力的集中情况。

4.1.2 单个圆孔对 SH 型导波的散射

按照波函数展开法，圆柱孔洞产生的散射波的位移满足式（4-3），w_0 是常数，根据入射导波的幅值选定，A_n 是傅里叶-汉克尔波函数级数的系数，

第4章 带形域中空腔对导波的散射

$H_n^{(1)}(\cdot)$ 是 n 阶第一类汉克尔函数，其与时间谐和项 $\mathrm{e}^{-\mathrm{i}\omega t}$ 的乘积在其宗量无穷远处的渐进性质，满足索末菲（Sommerfeld）辐射条件，代表向外传播的柱面行波。$z = x + \mathrm{i}y = r\mathrm{e}^{\mathrm{i}\theta}$，为位置坐标的复变量，$\mathrm{i} = \sqrt{-1}$ 为虚数单位。

$$w_s(z, t) = w_0 \sum_{n=-\infty}^{+\infty} A_n H_n^{(1)}(k|z|) \left(\frac{z}{|z|}\right)^n \mathrm{e}^{-\mathrm{i}\omega t} \tag{4-3}$$

圆柱孔洞产生的散射波在带形介质的上、下边界 B_U 和 B_L 上分别发生反射，其反射波可以用散射波对上、下边界 B_U 和 B_L 镜像来表示，称为一次镜像散射波。一次镜像散射波在介质的上、下边界 B_U 和 B_L 上分别发生反射，其反射波可以用一次镜像散射波对对应边界的镜像来表示，称为二次镜像散射波，如此反复，定义 p 次镜像散射波。如图 4-2 所示，略去时间谐和项 $\mathrm{e}^{-\mathrm{i}\omega t}$，第 p 次镜像散射波沿 sw_1^p 和 sw_2^p，当 p 为奇数时，满足式（4-4）；当 p 为偶数时，满足式（4-5）。这里，$s_1^p = \mathrm{i}(h_1 + d_1^p)$，$s_2^p = \mathrm{i}(h_2 + d_2^p)$ 分别为第 p 次镜像散射波对应柱面的圆心的复数值，当 p 分别为奇数和偶数时，d_1^p 和 d_2^p 分别满足式（4-6）和式（4-7）。

$$\begin{cases} sw_1^p(z) = w_0 \sum_{n=-\infty}^{n=+\infty} A_n H_n^1(k|z-s_1^p|) \left(\frac{(z-s_1^p)}{(|z-s_1^p|)}\right)^{(-n)} \\ sw_2^p(z) = w_0 \sum_{n=-\infty}^{n=+\infty} A_n H_n^1(k|z-s_2^p|) \left(\frac{(z-s_2^p)}{(|z-s_2^p|)}\right)^{(-n)} \end{cases} \tag{4-4}$$

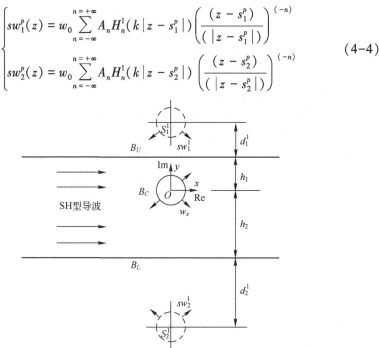

图 4-2 圆柱面的散射导波

$$\begin{cases} sw_1^p(z) = w_0 \sum_{n=-\infty}^{n=+\infty} A_n H_n^1(k|z-s_1^p|) \left(\frac{(z-s_1^p)}{(|z-s_1^p|)} \right)^{(n)} \\ sw_2^p(z) = w_0 \sum_{n=-\infty}^{n=+\infty} A_n H_n^1(k|z-s_2^p|) \left(\frac{(z-s_2^p)}{(|z-s_2^p|)} \right)^{(n)} \end{cases} \quad (4\text{-}5)$$

$$\begin{cases} d_1^p = h_1 + (P-1)(h_1+h_2) \\ d_2^p = h_2 + (P-1)(h_1+h_2) \end{cases} \quad (4\text{-}6)$$

$$\begin{cases} d_1^p = h_2 + (P-1)(h_1+h_2) \\ d_2^p = h_1 + (P-1)(h_1+h_2) \end{cases} \quad (4\text{-}7)$$

综上所述,这些镜像散射波的和构成带形介质中的散射导波 w_s^g 的形式级数式 (4-8),根据汉克尔函数在其宗量无穷远点处趋于零,由式 (4-6)、式 (4-7) 可以得到此形式级数的收敛性。

$$w_s^g = w_s + \sum_{P=1}^{+\infty} (sw_1^p + sw_2^p) \quad (4\text{-}8)$$

本章研究特定阶导波入射对圆柱孔洞的反平面散射,不妨设入射导波 w_i^g 的阶数为 m,即

$$w_i^g(z,t) = w_m(x,y,t) \quad (4\text{-}9)$$

入射导波和散射导波都是带形介质中相容的 SH 型导波,因而都满足上、下边界 B_U 和 B_L 平面上的应力自由条件,作为柱面散射问题的解,其和 w 满足圆柱孔洞边界 B_C 柱面上的应力自由条件,散射导波的波函数级数系数可由方程 (4-10) 求解得到,其为角变量 θ 的函数,对角变量 θ 做傅里叶级数展开如式 (4-11),其中 F_Q^s 和 F_Q^m 是第 Q 项的傅里叶系数,分别满足式 (4-12)、式 (4-13)。根据三角函数的正交性,得到其独立性,由方程 (4-11) 推知对其傅里叶级数的各项系数均有 $F_Q^s = F_Q^m$,F_Q^s 是散射导波波函数级数系 A_n 的线性函数,F_Q^m 是常数,于是得到关于 A_n 的线性代数方程组。截断方程组,定解求得散射导波的系数,由给定的入射导波和求得的散射导波得到带形介质中的全部位移波场。

$$\tau_{xy}^m \cos\theta + \tau_{yz}^m \sin\theta + \tau_{rz}^s = 0, \quad |z|=R \quad (4\text{-}10)$$

$$\sum_{Q=-\infty}^{+\infty} F_Q^s e^{iQ\theta} = \sum_{Q=-\infty}^{+\infty} F_Q^m e^{iQ\theta}, \quad |z|=R \quad (4\text{-}11)$$

$$F_Q^s = \int_{-\pi}^{\pi} \tau_{rz}^s e^{(-iQ\theta)} d\theta, \quad |z|=R \quad (4\text{-}12)$$

4.1.3 数值结果与分析

图 4-3 和图 4-4 给出圆柱孔洞边沿动应力的分布情况,图中 $\tau_{\theta z}$ 代表全部

位移波产生的标准化的合应力的周向分量，τ_{rz}^m 和 $\tau_{\theta z}^m$ 分别代表第 m 阶入射导波产生的标准化应力的径向和周向分量。从图中可以看出，高阶导波对圆柱孔洞散射的影响有限，入射导波的阶数越高其截止频率也越高，由其散射引起的动应力集中就越小。不同阶数的入射导波在圆柱孔洞边界上产生不同大小与分布的动应力，也就造成了不同的散射效应。这说明可以通过预设沿圆柱孔洞边界分布的动应力来构造入射导波，从而提供另一个角度来分析圆柱孔洞对 SH 型导波的散射。

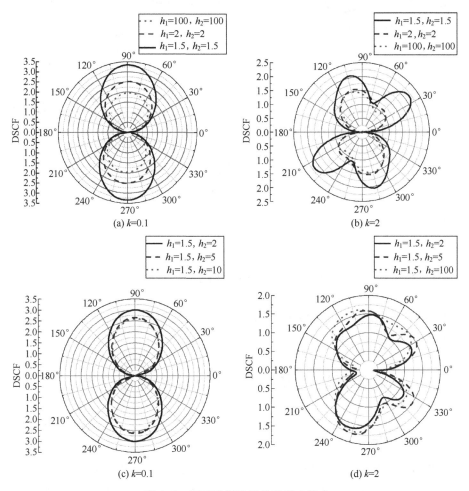

图 4-3　圆柱孔洞边沿的动应力集中

数值计算结果表明，低频的入射导波对圆柱孔洞散射产生的动应力集中更为明显，而高频的入射导波对圆柱孔洞的散射对孔洞位置更为敏感，介质边界

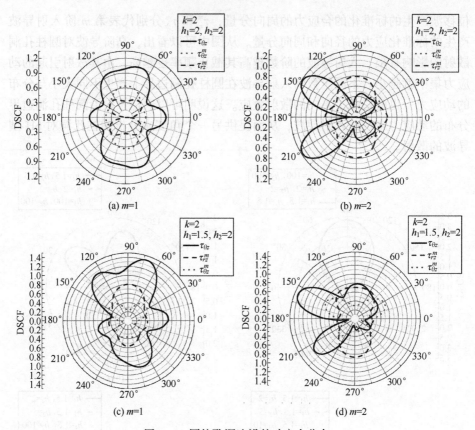

图 4-4 圆柱孔洞边沿的动应力分布

附近的圆柱孔洞总能引起较大的动应力集中。这些结论与现象，在工程实践中应该予以充分的考虑和重视。

4.2 带形域中多个圆孔对 SH 型导波的散射

4.2.1 问题描述

如图 4-5 所示，带形弹性介质中有无穷多个圆形孔洞，介质的弹性模量和质量密度分别为 m 和 r，圆孔半径为 R，边界为 B_C，圆心距离上边界 B_U 与下边界 B_L 分别为 h_1 和 h_2。模型中孔洞规律排布，$h_1=h_2$，并且圆柱孔洞之间距离 q 相同。在解析方法的研究中没有类似无限多个圆孔排列的模型，本章运用有限元软件进行建模求解，并且对比了解析解与有限元解来验证方法的正确性。

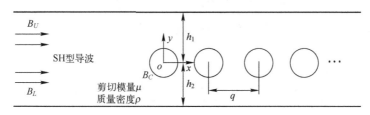

图 4-5 含有无穷多孔洞的带形弹性介质模型

4.2.2 多个圆孔对 SH 型导波的散射问题

多孔介质中孔洞周边的散射现象可以分成两部分来考虑：第一部分是入射波对孔洞造成的散射，入射波是无限长的一个直线型波动，因此认为每个孔洞都会受到入射波的作用，都可以构造一个与单一入射波作用下单一孔洞激发的散射波场相类似的散射波场，表达式如下：

$$w_1^{(s)} = \sum_{n=-\infty}^{n=+\infty} B_n H_n^{(1)}(k|z|) \left(\frac{z}{|z|}\right)^n \tag{4-13}$$

第二部分是每个孔洞在入射波作用下激发的散射波场又会在其他孔洞处激发新的散射波场，由于研究的问题是线弹性问题，可以用叠加原理构造出散射波场，表达式如下：

$$w_2^{(s)} = \sum_{p=1}^{p=m-1}\left[\sum_{n=-\infty}^{n=+\infty} C_n^p H_n^{(1)}(k|z|) \left(\frac{z}{|z|}\right)^n\right] \tag{4-14}$$

最后，对这两部分进行累加，即可得到每个孔洞总的散射波场。

假设有 m 个孔洞，编号为 $1\sim m$，以第 p 个孔洞为例，对每个孔洞在入射波作用下的散射波场可表示为

$$w_1^{(s),p} = \sum_{n=-\infty}^{n=+\infty} B_n^p H_n^{(1)}(k|z|) \left(\frac{z}{|z|}\right)^n \tag{4-15}$$

每个孔洞都会受到其他孔洞由入射波激发的散射波的影响激发出新的 $m-1$ 个散射波，以第 p 个孔洞为例，可表示为

$$\begin{aligned} w_2^{(s),p} &= \sum_{q=1}^{q=m-1}\left[\sum_{n=-\infty}^{n=+\infty} C_n^p H_n^{(1)}(k|z|) \left(\frac{z}{|z|}\right)^n\right] \\ &= \sum_{n=-\infty}^{n=+\infty} \left(\sum_{q=1}^{q=m-1} C_n^{p,q}\right) H_n^{(1)}(k|z|) \left(\frac{z}{|z|}\right)^n \end{aligned}, \quad q=1\sim(m-1) \tag{4-16}$$

因为 $\sum_{q=1}^{q=m-1} C_n^{p,q}$ 可以表示为 D_n^p，所以有

$$w_1^{(s),p} = \sum_{n=-\infty}^{n=+\infty} B_n^p H_n^{(1)}(k|z|)\left(\frac{z}{|z|}\right)^n \tag{4-17}$$

所以第 p 个孔洞的总的散射波场可以表示为

$$\begin{aligned} w^{(s),p} &= w_1^{(s),p} + w_2^{(s),p} \\ &= \sum_{n=-\infty}^{n=+\infty} B_n^p H_n^{(1)}(k|z|)\left(\frac{z}{|z|}\right)^n + \sum_{n=-\infty}^{n=+\infty} D_n^p H_n^{(1)}(k|z|)\left(\frac{z}{|z|}\right)^n \\ &= \sum_{n=-\infty}^{n=+\infty} (B_n^p + D_n^p) H_n^{(1)}(k|z|)\left(\frac{z}{|z|}\right)^n \end{aligned} \tag{4-18}$$

设 $E_n^p = B_n^p + D_n^p$，所以第 p 个孔洞的总的散射波场最终可以表示为

$$w_1^{(s),p} = \sum_{n=-\infty}^{n=+\infty} E_n^p H_n^{(1)}(k|z|)\left(\frac{z}{|z|}\right)^n \tag{4-19}$$

上述理论为多孔模型的简易散射理论，但运用解析法求解带形介质中多个圆孔的散射波场中圆孔周围的动应力集中因子较为复杂。若是求解本章中无限多个孔洞模型的散射问题，达到发现规律的目的就更加困难。并且，带形介质中求解还要考虑上、下边界的反射问题，不但烦琐，而且累次镜像法也为近似求解，受限于计算机技术的限制，得出结果运算时间长，误差也大。由于有限元计算与解析计算方法不同，误差小且运算简洁方便，所以本章使用有限元的方法求解这类问题。此外，本章先用单孔的解析解与有限元解做对比来验证有限元求解的正确性，更加科学、严谨，更具有说服力。

4.2.3 数值结果与分析

研究多孔算例前，先研究单孔模型中的一些 SH 型导波散射问题，然后进一步分析多孔模型中的 SH 型导波散射问题。

由图 4-6 可知，在 SH 型导波入射作用下，带形弹性介质中圆形孔洞周围的动应力集中系数（DSCF）随 h 的变化而变化。当 $h_1^* = h_2^* = 2$ 时，圆孔正上方和正下方应力集中现象明显，并且由于与上、下方边界的距离相同，所以有相同且对称的动应力集中系数 $\tau_{\theta z}^*$。此时，圆孔正上方和正下方位置处有最大动应力集中系数 2.556。当 $h_1^* = 1.75$，$h_2^* = 2.25$ 时，也可以说 $h_2^* > h_1^*$ 时，带形介质内圆形孔洞上方的动应力集中大于下方的动应力集中。此时，圆孔正上方动应力集中系数 $\tau_{\theta z}^*$ 为 2.676，正下方 $\tau_{\theta z}^*$ 为 2.504。当 $h_1^* = 1.5$，$h_2^* = 2.5$ 时，带形介质内圆形孔洞上方的动应力集中系数 $\tau_{\theta z}^*$ 为 2.956，正下方 $\tau_{\theta z}^*$ 为 2.501。由此可知，随着圆孔与边界距离的减小，边界效应增加，靠近边界一侧的动应力集中系数 $\tau_{\theta z}^*$ 也会逐渐增大。

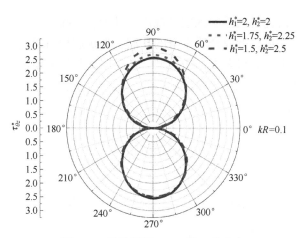

图 4-6　圆孔周围 DSCF 随 h 的分布

图 4-7 展示了 SH 型导波入射作用下圆孔周围动应力集中系数随 kR 的变化分布。由图可知，随着频率的增加，圆孔周围的动应力集中系数 $\tau_{\theta z}^*$ 逐渐减小。且频率越高，动应力集中系数 $\tau_{\theta z}^*$ 最大值在孔洞周围的位置偏离 90°方向越大。当 $kR=0.1$ 时，圆孔周围的动应力集中系数 $\tau_{\theta z}^*$ 有最大值 3.403；当 $kR=0.5$ 时，$\tau_{\theta z}^*$ 有最大值 2.483；当 $kR=1$ 时，$\tau_{\theta z}^*$ 有最大值 2.005。随着频率波数的增加，圆孔周围动应力集中系数逐渐减小。低频情况下孔洞的 SH 型导波散射效应强，避免工程中低频入射对工程构件的损伤，也可以借此强效应来实现利用无损探伤技术更加快速地发现构件中的损伤。

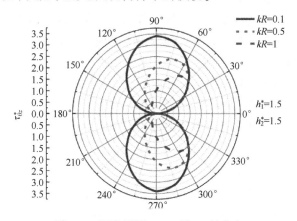

图 4-7　圆孔周围 DSCF 随 kR 的分布

到目前为止，还没有关于 SH 型导波在带形多孔弹性介质中的散射的相关研究。建立图 4-8 所示模型，带形介质内有无穷多个圆形孔洞，孔洞之间的距离是相同的，研究目的是发现散射规律。其中，多孔介质中的圆形孔洞可以看成孔洞缺陷，也可以看成介质本身的孔洞，如抗震材料中的多孔抗压抗震板材，在工程实践中还有很多类似的模型。在有限元软件中镜像带形弹性介质中的圆孔，由单孔模型变化为多孔模型，然后进行分析研究。

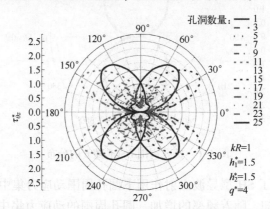

图 4-8　多孔带形介质中心圆孔周围 DSCF 的周期性分布（见彩插）

对于多孔介质，挑选中心孔洞处的动应力集中系数分布进行研究与分析。图 4-8 展示了 SH 型导波入射作用下，带形介质的中心圆孔周围动应力集中系数随介质内孔洞数量增多的变化分布。由图 4-8 可知，随着带形弹性介质内圆形孔洞数目的增多，处在众多孔洞中心位置处的圆孔周围动应力集中系数的分布呈现周期性变化。而由图还可以观测到不同数目孔洞情况下，中心孔洞周围的动应力集中系数的详细分布。特定范围内，在不同数目情况下的动应力集中系数结果图呈对称分布，并且直到分布图出现重合情形。

由图 4-9 可知，当带形弹性介质内存在 27 个孔洞时，其中心孔洞的动应力集中系数分布情况与只有单孔存在时的动应力集中系数分布情况相同。

图 4-10 展示了 SH 型导波入射作用下，带形介质的中心圆孔正上方处的动应力集中系数分布变化与最大值的分布变化。由图可知，中心孔洞处的动应力集中系数 $\tau_{\theta z}^*$ 分布变化周期为 $52R$（$26*q^*/2$）。同时，每个周期里有两次波谷，即极小值的周期为 $26R$（$13*q^*/2$）。中心孔洞处正上方处的动应力集中系数 DSCF（90°）的极大值为 1.607，极小值为 0.084；中心孔洞处动应力集中系数的最大值 DSCF（Max）的极大值为 2.470，极小值为 1.095。我们还得到其他结论，比如说在一个周期内中心孔洞的最大值会出现两次极大值、两次极小值。经过此次分析，可得到带形弹性多孔介质中孔洞的动应力集中系数的安全阈值，如图示情况下，孔洞的最大动应力集中系数不会低于 1，不会超过

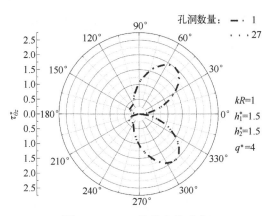

图 4-9　DSCF 的分布的重合

1.7。得到这些有用的参数，可以大大提高工程的安全性与可靠性。

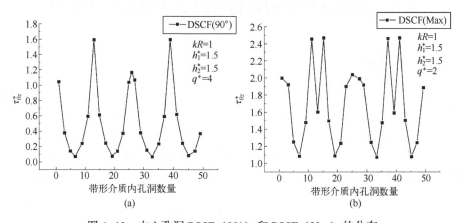

图 4-10　中心孔洞 DSCF（90°）和 DSCF（Max）的分布

图 4-11 展示了若带形介质内孔洞数量固定，SH 型导波入射作用中心位置圆孔周围动应力集中系数最大值随孔洞间距离 q^* 的变化。当带形介质内存在 27 个孔洞，q^* 范围设置为 4~5，中心位置的孔洞周围的最大动应力集中系数随孔洞间距离的增加出现振荡递增的情况。而在图示情况下，在 q^* 取 4.35、4.55、4.75 时，最大动应力集中系数出现极小值。可知在工程中若选取多孔介质作为施工构件时，在孔洞数量确定的前提下，选取合适的孔间距离可以降低孔洞处的动应力集中系数，从而增加工程中的安全性与稳定性。

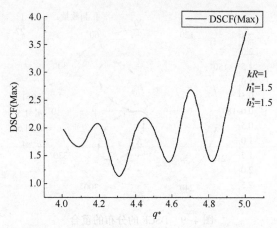

图 4-11 中心孔洞 DSCF (Max) 随 q^* 分布

4.3 带形域中含锯齿边界对 SH 型导波的散射

4.3.1 问题描述

如图 4-12 所示,具有锯齿边界的带形弹性介质中有一个圆形孔洞,介质的弹性模量和质量密度同样为 μ 和 ρ,边界处分布紧密排列的半圆孔来模拟锯齿边界,半圆半径为 R_b,介质内圆孔半径为 R,圆心距离上、下边界处的半圆圆心处 B_U 与下边界 B_L 分别为 h_1 和 h_2。模型边界的半圆紧密排布,在解析方法中这种排列由于奇点缘故无法得到准确解析解,从而运用有限元软件去分析求解。

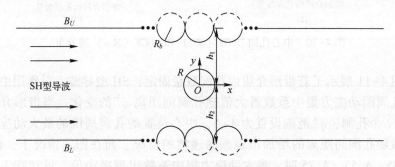

图 4-12 具有锯齿边界的带形弹性介质模型

4.3.2 数值结果与分析

解决了多孔问题,进一步研究边界问题。图 4-13 所示为在上边界和下边界上各带有一个半圆凹陷的含有圆孔缺陷的带形弹性介质模型。分析了这样的模型后,只需要把半圆缺陷镜像就可以得到一个含有孔洞缺陷的锯齿状边界带形弹性介质。

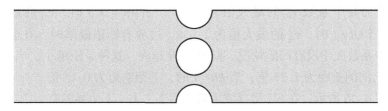

图 4-13　边界处含有半圆凹陷的带形介质模型

图 4-14 所示为直线边界(边界上有无凹陷)的带形弹性介质中孔洞缺陷周围的动应力集中系数分布的对比。可知在有凹陷的情况下,当 $kR=0.1$ 时,

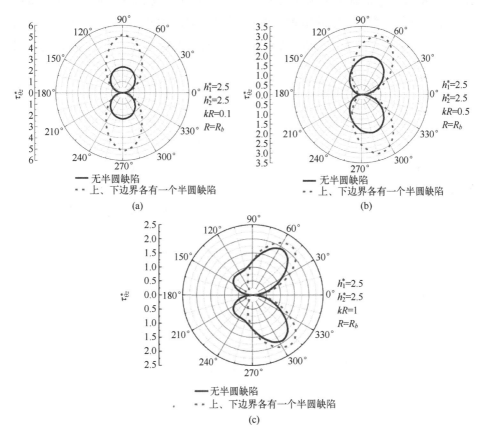

图 4-14　边界处含有半圆凹陷的带形介质中孔洞的 DSCF 分布

孔洞周围的动应力集中系数 $\tau_{\theta z}^*$ 的最大值为 5.187；当 $kR=0.5$ 时，$\tau_{\theta z}^*$ 的最大值为 3.153；当 $kR=1$ 时，$\tau_{\theta z}^*$ 的最大值为 2.222。可知随着波数的增加，圆孔周围的动应力集中系数逐渐减小。同时，若没有缺陷，当 $kR=0.1$ 时，孔洞周围的动应力集中系数 $\tau_{\theta z}^*$ 的最大值为 2.307；当 $kR=0.5$ 时，$\tau_{\theta z}^*$ 的最大值为 2.027；当 $kR=1$ 时，$\tau_{\theta z}^*$ 的最大值为 1.938。边界有凹陷缺陷时，孔洞周围动应力集中系数大于没有凹陷情况。同时，kR 越大，这种差距越小，当 $kR=0.1$ 时，$\tau_{\theta z}^*$ 之间的差距为 1.25 倍；当 $kR=1$ 时，差距缩短为 0.15 倍。

如图 4-15 所示，在 SH 型导波入射作用下，上、下边界各有一个半圆凹陷的带形介质内圆孔周围的动应力集中系数随半圆半径 R_b 的变化。由图 4-15（a）可知，当 $kR=0.1$ 时，介质处于准静态状态。当 $R_b=0.5R$ 时，孔洞周围的动应力集中系数 $\tau_{\theta z}^*$ 的最大值为 2.463；当 $R_b=R$ 时，$\tau_{\theta z}^*$ 的最大值为 3.402；当 $R_b=1.5R$ 时，$\tau_{\theta z}^*$ 的最大值为 5.935。图 4-15（b）为 $kR=0.5$ 时的情况，规律与准静态相同。随着 R_b 的增加，圆孔周围的动应力集中系数逐渐增大。而图 4-15（c）中 $kR=1$，当 $R_b=0.5R$ 时，孔洞周围的动应力集中系数 $\tau_{\theta z}^*$ 的最

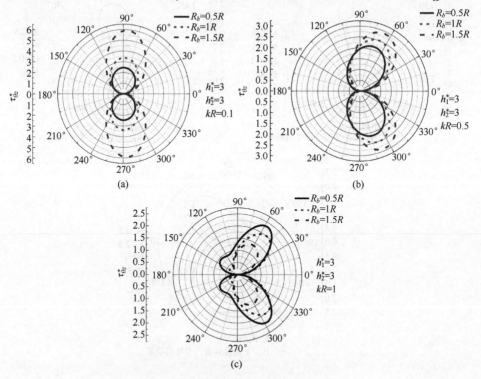

图 4-15　圆孔周围 DSCF 随 R_b 的分布

大值为 2.008；当 $R_b=R$ 时，$\tau_{\theta z}^*$ 的最大值为 2.334；当 $R_b=1.5R$ 时，$\tau_{\theta z}^*$ 的最大值为 1.388。与准静态和低频状态不同，当 $kR=1$，非低频 SH 型导波入射时，随着凹陷半径 R_b 的增加，圆孔周围的动应力集中系数 $\tau_{\theta z}^*$ 逐渐减小。

研究了上、下边界各有一个凹陷的情况，试着增加凹陷数量。接下来当带形介质上、下边界各有紧靠的三个凹陷时，分析圆孔及凹陷周围的动应力集中系数的变化。图 4-16 所示为圆形孔洞周围及正上方凹陷处的动应力集中系数的分布，而且分为上、下边界只有一个凹陷和三个凹陷两种情况。如图 4-16（a）所示，若 SH 型导波入射模型为图 4-16 所示的模型，那么圆孔上方凹陷周围的动应力集中系数 $\tau_{\theta z}^*$ 的分布和圆孔周围的 $\tau_{\theta z}^*$ 分布重合。此外，如图 4-16（b）所示，随着凹陷次数的增加，孔洞上方凹陷周围的动应力集中系数的值逐渐小于圆孔周围的 DSCF 值。例如，当上下各有三个凹陷时，圆孔边的动应力集中系数 $\tau_{\theta z}^*$ 最大值为 3.215，圆孔上方凹陷周围的 $\tau_{\theta z}^*$ 最大值为 2.792。

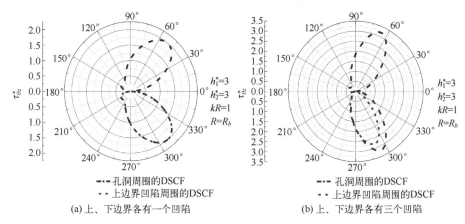

(a) 上、下边界各有一个凹陷 (b) 上、下边界各有三个凹陷

图 4-16 圆孔及凹陷周围 DSCF 的分布

图 4-17 所示为边界上三个凹陷的动应力集中系数随凹陷位置变化的曲线，可知第一个凹陷有最大的动应力集中系数 5.220；第二个凹陷由于第一个凹陷的阻挡与正下方孔洞的散射作用，其动应力集中系数的最大值为 1.990；第三个凹陷周围的动应力集中系数最大值为 1.796。凹陷周围的动应力集中系数 $\tau_{\theta z}^*$ 最大值随着在边界次序的增大逐渐递减。

可知，在迎着 SH 型导波入射的第一个凹陷周边的动应力集中系数会偏大，但是用镜像凹陷来模拟锯齿边界时可以忽略它的影响。在分析了把孔洞移至边界形成半圆形凹陷的模型，以及上、下三个凹陷的带形介质模型后，本节最终分析在带形弹性介质上、下边界上设定无限个紧靠的半圆凹陷来模拟锯齿边界带形介质中圆形孔洞对 SH 型导波的散射问题。

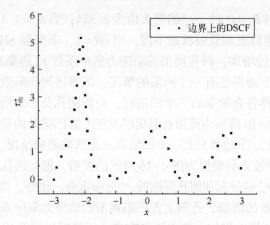

图 4-17 边界上三个凹陷周围 DSCF 的分布

如图 4-18 所示,圆孔周边的动应力集中系数的分布随边界上凹陷数量的变化而呈现出周期性变化。

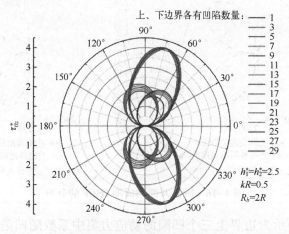

图 4-18 圆孔周围 DSCF 随边界凹陷数量的分布(见彩插)

如图 4-19 所示,随着凹陷数量的增加,带形介质内圆形孔洞周围的动应力集中系数的最大值 DSCF(Max)的分布呈周期性变化。DSCF(Max)的极大值为 4.11,极小值为 1.49,并可知周期为 6。

此时,可以得到许多有趣的结论。例如,如果锯齿边界的带形弹性介质上、下边界上的锯齿个数为 $3+T^*n$ ($T=6$) ($n=0,1,2,3,\cdots$),圆形孔洞缺陷周边的动应力集中现象最为明显;如果带形弹性介质上、下边界上的锯齿个数为 $6+T^*n$ ($T=6$) ($n=0,1,2,3,\cdots$),孔洞缺陷周边动应力集中现象最轻微;并且在图示情况下,圆孔的动应力集中系数不会超过 4.2,工程中可设定安全

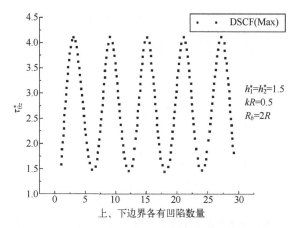

图 4-19 圆孔 DSCF（Max）随边界凹陷数量的变化曲线

阈值为 4.5 或 5。

由图 4-20 可以看出，圆孔上方凹陷周边的动应力集中系数的分布随边界上凹陷数量的变化而呈现出周期性变化。如图 4-21 所示，随着凹陷数量的增加，凹陷周边的动应力集中系数的最大值 DSCF（Max）的分布呈周期性变化。DSCF（Max）的极大值为 3.28，极小值为 1.13，皆小于圆孔周边的动应力集中系数的最大值。此时，在图中情况下，可以得到许多有趣的结论。例如，如果锯齿边界的带形弹性介质上、下边界上的锯齿个数为 $3+T^*n$（$T=6$）（$n=0,1,2,3,\cdots$），凹陷周边的动应力集中现象最为明显；如果带形弹性介质上、下边界上的锯齿个数为 $6+T^*n$（$T=6$）（$n=0,1,2,3,\cdots$），凹陷周边动应力集中现象最轻微；并且在图示情况下，凹陷周边的动应力集中系数不会超过 3.28。

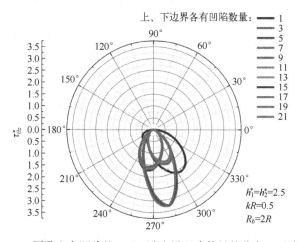

图 4-20 圆孔上方凹陷处 DSCF 随边界凹陷数量的分布（见彩插）

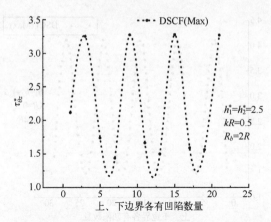

图 4-21　圆孔上方凹陷处 DSCF（Max）随边界凹陷数量的变化曲线

结果表明，锯齿边界带形介质中孔洞缺陷周围的动应力集中系数 $\tau_{\theta z}^*$ 随锯齿的数量呈现周期性变化。以图中结果为依据，达到减少类似构件中的动应力集中现象，丰富了工程构件的抗震理论和无损检测理论，对工程中可靠性分析具有重要指导意义。

4.4　带形域中非圆形孔洞对 SH 型导波的散射

4.4.1　问题描述

如图 4-22 所示，带形弹性介质中含有非圆孔，介质的弹性模量和质量密度同样为 μ 和 ρ，介质内圆孔半径为 R，椭圆横向半轴为 aa，纵向半轴为 bb，矩形纵向边长为 cc，横向边长为 dd，菱形边长为 ee。所有孔洞中心距离上边界 B_U 与下边界 B_L 分别为 h_1 和 h_2。在解析方法中得不到类似异型孔的准确解析解，而这也是本章的目的，对于解析法得不到的结果运用有限元软件去分析求解。

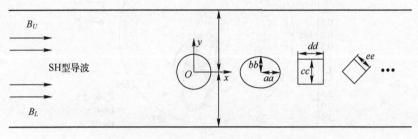

图 4-22　含有非圆孔的带形弹性介质模型

4.4.2 非圆形孔洞对 SH 型导波的散射问题

对于非圆形孔洞的散射问题研究上,刘殿魁等首先研究了全空间中椭圆孔洞对 SH 型导波的散射,开启了非圆形孔洞对稳态 SH 型导波反平面问题研究的先河[7]。他们将求解无限弹性平面中不规则形孔洞静应力集中的复变函数方法推广到动载荷情形中,给出了椭圆孔周边动态应力集中系数的计算结果。在复平面 $(z,\bar{z})$ 上,控制方程如下:

$$\frac{\partial^2 w}{\partial z \partial \bar{z}} + \frac{1}{4}k^2 w = 0 \tag{4-20}$$

通过保角变换,在 z 平面椭圆边界的外保角映射到圆形边界的外保形平面 η,如图 4-23 所示。

$$z = \omega(\eta) = R\left(\eta + \frac{m}{\eta}\right), \quad \eta = Re^{i\theta}, \quad R = \frac{aa+bb}{2}, \quad m = \frac{aa-bb}{aa+bb} \tag{4-21}$$

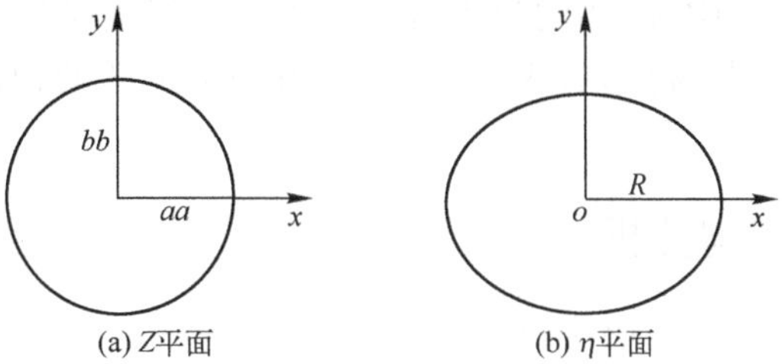

(a) Z 平面　　(b) η 平面

图 4-23　椭圆的保角映射

控制方程形式变换如下:

$$\frac{1}{\omega'(\eta)\overline{\omega'(\eta)}} \frac{\partial^2 w}{\partial \eta \partial \bar{\eta}} + \frac{1}{4}k^2 w = 0 \tag{4-22}$$

应力表达式为

$$\begin{cases} \tau_{rz} = \dfrac{\mu}{R|\omega'(\eta)|}\left(\eta\dfrac{\partial w}{\partial \eta} + \bar{\eta}\dfrac{\partial w}{\partial \bar{\eta}}\right) \\ \tau_{\theta z} = \dfrac{i\mu}{R|\omega'(\eta)|}\left(\eta\dfrac{\partial w}{\partial \eta} + \bar{\eta}\dfrac{\partial w}{\partial \bar{\eta}}\right) \end{cases} \tag{4-23}$$

如果孔洞是正多边形,由参考文献 [8] 可知,其映射函数为

$$Z = \omega(\eta) = R\left(\frac{1}{\eta} - \frac{2}{k(k-1)}\eta^{k-1} + \frac{k-2}{k^2(2k-1)}\eta^{2k-1}\right.$$
$$\left. -\frac{(k-2)(2k-2)}{3k^3(3k-1)}\eta^{3k-1} + \frac{(k-2)(2k-2)(3k-2)}{12k^4(4k-1)}\eta^{4k-1} - \cdots\right) \tag{4-24}$$

k 代表边的数量。若 $k=4$，孔洞为正方形，代入式 (4-24) 可得

$$Z = \omega(\eta) = R \sum_{K=-1,3,7,\cdots}^{\zeta} A_\kappa \eta^K \qquad (4-25)$$

式中：A_k 为实数。根据参考文献 [8] 可知，复应力函数为

$$\begin{cases} \varphi(\eta) = \varphi^1(\eta) + \varphi_0(\eta) \\ \Psi(\eta) = \Psi^1(\eta) + \Psi_0(\eta) \end{cases} \qquad (4-26)$$

式中：$\varphi_0(\eta) \approx \sum_{k=1,3,5,\cdots}^{\zeta} a_k \eta^k$，$\psi_0(\eta) \approx \sum_{k=1,3,5,\cdots}^{\zeta} b_k \eta^\kappa$，$a_k$ 和 b_k 由孔口的边界条件确定。进而可以求出孔洞边缘的环向应力，也可以求出全空间中方孔的应力集中系数。

可以看出，采用映射函数法求解 SH 型导波入射作用下椭圆孔洞或正多边形孔洞周围的应力集中时，由于近似求解，结果会产生误差。并且随着各种边界的加入，求解过程变得越来越复杂，矩形孔及菱形孔的 SH 型导波散射问题更是无法解决的。

4.4.3 数值结果与分析

前几节分析的都是圆形孔洞的 SH 型导波散射问题，但是实际工程中很少遇到规则圆形孔洞，大多为非圆形孔洞缺陷。本节研究了非圆孔洞对 SH 型导波的影响，给出了非圆孔洞周围动应力集中系数的分布规律。在 SH 型导波入射的情况下，依次分析了椭圆孔洞、方形孔洞、矩形孔洞及菱形孔洞的动应力集中情况。

图 4-24 所示为带形弹性介质中椭圆孔洞缺陷周围的动应力集中系数分布情况，分为横椭圆和竖椭圆两种情形。如图 4-24 (a) 可知，在带形介质内存在横椭圆的情况下，当 $kR=0.1$ 时，孔洞周围的动应力集中系数 $\tau^*_{\theta z}$ 的最大值为 1.702；当 $kR=0.5$ 时，$\tau^*_{\theta z}$ 的最大值为 1.273；当 $kR=1$ 时，$\tau^*_{\theta z}$ 的最大值为 1.571。可知准静态情形下，横椭圆周围的动应力集中系数最大。同时，如图 4-24 (b) 所示，在带形介质内存在竖椭圆的情况下，当 $kR=0.1$ 时，孔洞周围的动应力集中系数 $\tau^*_{\theta z}$ 的最大值为 4.330；当 $kR=0.5$ 时，$\tau^*_{\theta z}$ 的最大值为 2.505；当 $kR=1$ 时，$\tau^*_{\theta z}$ 的最大值为 2.382。竖椭圆情况下，孔洞周围的动应力集中系数随 kR 的增大而减小，并且竖椭圆周围的动应力集中系数远大于横椭圆情况。可知，相比横椭圆孔洞缺陷，工程中应尽量注意避免带形板件中竖椭圆孔洞缺陷的出现，若出现此类情况应及时处理。

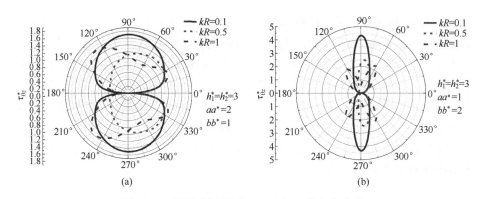

图 4-24 椭圆孔洞周围 DSCF 随 kR 的变化曲线

而对于动应力集中系数随 h 的变化前文已分析多次，这次只分析横椭圆周围动应力集中系数随 h 的变化作为示例。由图 4-25 可知，在 SH 型导波入射作用下，椭圆孔洞周围的动应力集中系数随 h 变化。当 $h_1^*=h_2^*=3$ 时，孔洞上下位置动应力集中情况相同，最大值为 1.352，数值呈现对称分布。当 $h_1^*<h_2^*$ 时，孔洞上方的动应力集中系数大于孔洞下方的动应力集中系数。并随着 h_1^* 的减小，边界效应逐步增加，孔洞上方的动应力集中系数逐渐增大。其中 $h_1^*=2.5$，$h_2^*=3.5$ 时，动应力集中系数最大值为 2.097；$h_1^*=2$，$h_2^*=4$ 时，动应力集中系数最大值为 3.218。而此时，孔洞下方的动应力集中系数变化较小。h^* 的变化主要引起边界效应让孔洞中逐渐靠近边界一侧形成较大的动应力集中现象。

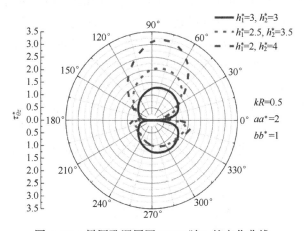

图 4-25 椭圆孔洞周围 DSCF 随 h 的变化曲线

如图 4-26 所示，在 SH 型导波入射作用下，带形介质中方形孔洞周围的动应力集中系数随 kR 而变化。这时，与圆孔和椭圆孔的结果不同，方孔周围的动应力集中系数与 kR 正相关，它随着 kR 的增加而增大。并且，动应力集中现象在方孔的 4 个尖角处是非常明显的，并且在后方两个尖角处达到最大动应力集中系数 $\theta = \pm 45°$。当 $kR = 0.1$ 时，$\tau_{\theta z}^*$ 最大值为 2.0；$kR = 0.5$ 时，$\tau_{\theta z}^*$ 最大值为 2.1；$kR = 1$ 时，$\tau_{\theta z}^*$ 最大值为 3.193。在已知板件中存在方孔缺陷时，应该尽量避免高频 SH 型导波的入射，并且知晓了在图示情况下，方孔的动应力集中系数不会超过 3.5。

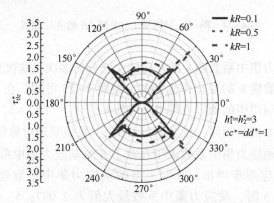

图 4-26 方形孔洞周围 DSCF 随 kR 的变化曲线

如图 4-27 所示，在 SH 型导波入射作用下，带形介质中矩形孔洞周围的动应力集中系数随 kR 而变化，分为 $cc^* = 1$，$dd^* = 2$ 和 $cc^* = 2$，$dd^* = 1$ 两种情形。同方孔情形相同，矩形孔周围的动应力集中系数与 kR 正相关，它随着 kR 的增加而增大，在后方两个尖角处达到最大动应力集中系数。如图 4-27（a）所示，当 $kR = 0.1$ 时，$\tau_{\theta z}^*$ 最大值为 1.732；当 $kR = 0.5$ 时，$\tau_{\theta z}^*$ 最大值为 2.147；当 $kR = 1$ 时，$\tau_{\theta z}^*$ 最大值为 3.080。如图 4-27（b）所示，当 $kR = 0.1$ 时，$\tau_{\theta z}^*$ 最大值为 3.045；当 $kR = 0.5$ 时，$\tau_{\theta z}^*$ 最大值为 3.657；当 $kR = 1$ 时，$\tau_{\theta z}^*$ 最大值为 6.678。与横椭圆和竖椭圆情形相同，$cc^* = 2$，$dd^* = 1$ 情形下动应力集中系数远大于 $cc^* = 1$，$dd^* = 2$ 情形。在已知板件中存在方孔或矩形孔缺陷时，应该尽量避免高频 SH 型导波的入射，并且知晓了在图示情况下，方孔的动应力集中系数不会超过 7。

根据本节发现规律及结论可以预知板件中出现方形和矩形孔洞时的应力集中系数最大值，根据这些参数再去挑选不同的建材，这样工程安全性和可靠性就会大大提高。以前没有相关文献进行过与本节类似的讨论，根据本节得到的结论，我们知晓在材料的超声无损检测和材料的抗震性能检测等实际工程问题

第4章 带形域中空腔对导波的散射

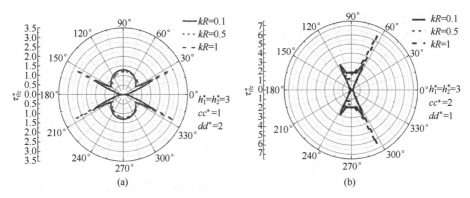

图 4-27 矩形孔洞周围 DSCF 随 kR 的变化曲线

中应区别对待圆形孔洞与矩形/方形孔洞的散射问题。

如图 4-28 所示,在 SH 型导波入射作用下,带形弹性介质中菱形孔洞周围的动应力集中系数随 kR 而变化。这时,菱形孔洞迎着入射 SH 型导波的两条边上的动应力集中系数偏小,即在孔洞 $0°<\theta<90°$,$270°<\theta<360°$ 时的动应力集中系数大于 $0°<\theta<90°$,$180°<\theta<270°$ 范围处的动应力集中系数。而且菱形孔洞周围的动应力集中系数与 kR 正相关,随着 kR 的增加而增大。最后,动应力集中现象在菱形孔洞上下尖角处达到最大。当 $kR=0.1$ 时,$\tau_{\theta z}^*$ 最大值为 2.839;当 $kR=0.5$ 时,$\tau_{\theta z}^*$ 最大值为 3.812;当 $kR=1$ 时,$\tau_{\theta z}^*$ 最大值为 4.383。在已知板件中存在菱形孔洞缺陷时,应该尽量避免高频 SH 型导波的入射,并且知晓了在图示情况下,孔洞的动应力集中系数不会超过 5。

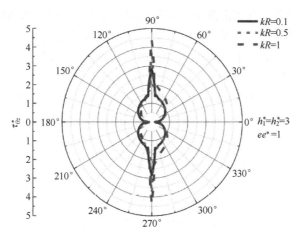

图 4-28 菱形孔洞周围 DSCF 随 kR 的变化曲线

本章利用导波理论研究了带形弹性介质中单个孔洞对 SH 型导波的散射，并探讨了全空间中多个孔洞及正多边形对 SH 型导波的散射，然后利用有限元方法解决了运用解析法难以解决的无限多圆孔、锯齿边界及非圆孔的 SH 型导波散射问题。运用导波理论得出了带形弹性介质中单个圆孔对 SH 型导波散射的解析解，并运用有限元软件对模型进行还原，对比验证了解析结果与有限元结果。在证明了有限元方法解决此类问题的正确性后，进一步镜像圆孔得到了多孔介质中 SH 型导波散射问题的结论，改变边界形状及孔洞形状来达到解决复杂形态孔洞对 SH 型导波散射问题的目的。

总之，本章得到了许多以往没有出现过的有趣且严谨的结果，对工程实际中的此类 SH 型导波散射问题起到指导作用。算例表明：在多孔带形弹性介质中，随着孔洞数目的增多，圆孔周围动应力集中系数的分布呈现周期性变化，不同数目的孔洞模型的动应力集中结果图呈对称分布。在本章设定条件下，在一个周期内中心孔洞的最大值会出现两次极大值、两次极小值，且孔洞的最大动应力集中系数有一个固定范围。当带形介质内存在固定数目的孔洞时，中心位置处孔洞周围的最大动应力集中系数随孔洞间距离的增加出现振荡递增的情况。可知在工程中若选取多孔介质作为施工构件，在孔洞数量确定的前提下，选取合适的孔间距离可以降低孔处的动应力集中系数，从而增加工程中的安全性与稳定性。在含有锯齿边界带形弹性介质中，上、下边界上的锯齿个数为某个规律参数时，本章设定条件下此参数为 $3+T^*n$（$T=6$）（$n=0,1,2,\cdots$），圆形孔洞缺陷周边的动应力集中现象最为严重；如果带形弹性介质上、下边界上的锯齿个数为另一参数，孔洞缺陷周边动应力集中现象最轻微；并且圆孔的最大动应力集中系数有固定范围。锯齿边界带形介质中孔洞缺陷周围的动应力集中系数随锯齿的数量呈现周期性变化，以此为参考达到减少类似构件中的动应力集中现象，丰富了工程构件的抗震理论和无损检测理论，对工程中可靠性分析具有重要指导意义。

在带形弹性介质中存在非圆孔缺陷时可知，相比横椭圆孔洞缺陷，工程中应尽量注意避免带形板件中竖椭圆孔洞缺陷的出现，若出现要及时处理。与圆孔和椭圆孔的结果不同，带形弹性介质若存在矩形孔、方孔和菱形孔，它们周围的动应力集中系数与波数正相关，且随着波数的增加而增大。在已知板件中存在方孔、矩形孔及菱形缺陷时，应该尽量避免高频 SH 型导波的入射，并且可以根据本章内容推导此类孔洞的动应力集中系数范围。这样，工程安全性和可靠性会大大提高，并且在材料的超声无损检测和材料的抗震性能检测等实际工程问题中应区别对待圆形孔洞与非圆孔洞问题。

以本章研究内容为参考与指导，工程中可以减少类似构件中的动应力集中现象，对工程中可靠性分析和安全性的提升具有重要意义。

参 考 文 献

[1] 史文谱，王中训，褚京莲．二维直角平面内多个圆孔对稳态平面 SH 型导波的散射［J］．船舶力学，2009，13（5）：761-769.

[2] 赵元博．半空间及覆盖层中多个椭圆形及圆形缺陷对 SH 型导波的散射［D］．哈尔滨：哈尔滨工程大学，2018.

[3] 史文谱，张春萍，李莉，等．四分之一空间内椭圆孔对 SH 波的散射［C］．//第九届全国振动理论及应用学术会议论文摘要集．2007：147-148.

[4] 龚曲．双相介质半空间内椭圆孔洞及夹杂对透射 SH 型导波的散射［D］．哈尔滨：哈尔滨工程大学，2017.

[5] 张坚，曹军，陈晓非．地震波在二维不规则地形上的散射（1）：SH 型导波情况［C］．//2001 年中国地球物理学会年刊——中国地球物理学会第十七届年会论文集，2001：391.

[6] 袁晓铭，廖振鹏．自由表面圆弧型不规则边界对 SH 型导波的散射［J］．科学通报，1997（3）：262-265.

[7] LIU D K, GAI B Z, TAO G Y. Applications of the method of complex functions to dynamic stress concentrations [J]. Wave Motion, 1982, 4: 293-304.

[8] SAVIN G N. Stress distribution around holes [M]. Oxford: Pergamon, 1961.

第5章 带形域中夹杂和凹陷对导波的散射

5.1 带形域中圆柱夹杂对 SH 型导波的散射

5.1.1 问题描述

如图 5-1 所示,在无限大的带形介质内有圆柱夹杂,它们的剪切模量和质量密度分别为 μ_1、ρ_1 和 μ_2、ρ_2,圆柱夹杂的半径为 R,其圆心距离带形介质上、下边界分别为 h_1 和 h_2。以圆柱夹杂圆心为原点 O,建立平面直角坐标系 (O,x,y),同时以原点 O 为极点,以 x 轴为极轴,建立平面极坐标系 (O,r,θ),以出平面方向为 z 轴正方向。

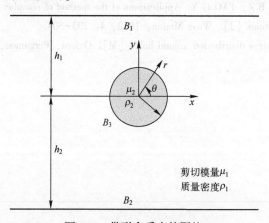

图 5-1 带形介质内的圆柱

作为反平面应变问题,带形介质和圆柱夹杂内的质点只有一个沿 z 轴的反平面位移 w,且仅为面内坐标 (x,y) 和 (r,θ) 的函数,当面内坐标位于带形介质中,其满足标量波动方程(5-1),当面内坐标位于圆柱夹杂中,其满足标量波动方程式(5-2),这里 Δ 是二维拉普拉斯算子,考虑稳态问题,对反平面位移 w 做分离变量,如式(5-3)所示,其中,r 是面内坐标的位置矢量,是反平面位移的角频率。将式(5-3)代入式(5-1)和式(5-2),得到亥姆霍兹方程式（5-4）和式（5-5），这里，w 是略去时间谐和因子 $\exp(-\mathrm{i}\omega t)$ 的反平面位移，$k_1^2=\omega^2\rho_1/\mu_1$，$k_2^2=\omega^2\rho_2/\mu_2$ 分别为带形介质和圆柱夹杂内的波数。

$$\mu_1 \Delta w = \rho_1 \frac{\partial^2 w}{\partial t^2} \tag{5-1}$$

$$\mu_2 \Delta w = \rho_2 \frac{\partial^2 w}{\partial t^2} \tag{5-2}$$

$$w(\mathbf{r},t) = w(\mathbf{r})\exp(-\mathrm{i}\omega t) \tag{5-3}$$

$$\Delta w + k_1^2 w = 0 \tag{5-4}$$

$$\Delta w + k_2^2 w = 0 \tag{5-5}$$

考虑边界条件，无限大弹性带形介质的上、下边界分别命名为 B_1 和 B_2，为垂直于 y 轴的无限大平面，上边界 B_1 平面的法向量沿 y 轴正方向，下边界 B_2 平面的法向量沿 y 轴负方向，它们的应力都为零，这正是带形介质内位移波的相容条件。考虑接触良好的问题，圆柱夹杂与带形介质的界面命名为 B_3，为平行于 z 轴的圆柱面，边界两边的位移与应力在这个柱面上应满足连续性条件。

5.1.2 位移波场相关理论

5.1.2.1 导波理论

如果不考虑圆柱夹杂的影响，按式（5-6）构造带形介质内的反平面应变问题的稳态解，其中 $\exp(\mathrm{i}k\omega)$ 是变量分离后 x 轴方向上的形式行波相，为 x 轴方向上的波数，$f(y)$ 是变量分离后 y 轴方向上的形式驻波相，将其代入控制方程式（5-1）中，解得 $f(y)$ 满足式（5-6），w_a^1 和 w_a^2 为与中间变量 a 有关的常数，这里 a 与 k 满足式（5-8）。考虑带形介质上、下边界 B_1 和 B_2 平面上的应力自由条件式（5-8），将式（5-6）代入，得到式（5-9），为满足式（5-9），a 须满足 $a(h_1+h_2)=m\pi$，这里 m 应为整数，并且，当 m 为偶数时，$w_a^1=0$，当 m 为奇数时，$w_a^2=0$。这样，就建立了式（5-6）中的反平面位移波 $w(x,y,t)$ 和 m 的对应关系，称其为带形介质中的第 m 阶反平面导波，规定其表达式（5-6）、式（5-7）中，$a=a(m)$，$k=k(m)$。第 0、1、2 阶反平面导波的振型如图 5-2 所示，可见导波的阶 m 有明确的物理意义，即形式驻波相 $f(y)$ 在 y 轴方向上波节的个数。

$$w(x,y,t) = \exp(\mathrm{i}kx)f(y)\exp(-\mathrm{i}\omega t) \tag{5-6}$$

$$f(y) = w_a^1 \sin[a(y+(h_2-h_1)/2)] + w_a^2 \cos[a(y+(h_2-h_1)/2)] \tag{5-7}$$

$$a^2 = k_1^2 - k^2 \tag{5-8}$$

$$\mu_1 \frac{\partial w}{\partial y}\bigg|_{y=-h_2,+h_1} = 0 \tag{5-9}$$

$$w_a^1 \cos[a(h_1+h_2)/2] \pm w_a^2 \sin[a(h_1+h_2)/2] = 0 \tag{5-10}$$

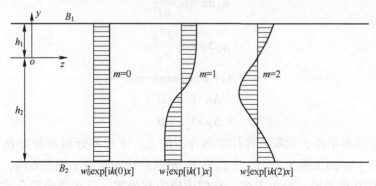

图 5-2 反平面导波的振型

这样，带形介质内所有的相容反平面位移波都可以用不同阶导波的叠加来表示。当 x 轴方向上的波数 k_m 为实数时，导波为传播波型，x 轴方向上的形式行波相 $\exp[ik(m)x]$ 和时间谐和因子 $\exp(-i\omega t)$ 的乘积代表 x 轴正方向上的行波。当 x 轴方向上的波数为纯虚数时，形式行波相是 $\exp[ik(m)x]$ 沿 x 轴方向指数衰减的不均匀波，这时导波为 x 轴上局部 k_m 的驻波，并不能向外传播，所以称为形式行波。对于 $m \neq 0$，存在某个频率 k_c，当 $k(m) > k_c$ 时，导波为传播波型，否则，导波为 x 轴上的局部驻波，称 k_c 为截止频率。

5.1.2.2　格林函数

波动问题的本质实际上是振动在空间上的分布，外加激励在振源处引起的受迫振动，通过介质之间的相互作用得以传播，这样就形成了整个介质内的波场。

鉴于此，考虑点源荷载在带形介质内产生的稳态位移波，如图 5-3 所示，在直角坐标系 (O,x,y) 和极坐标系 (O,r,θ) 上引入复变函数 $z=x+iy=r\exp(i\theta)$，这里，$i=\sqrt{-1}$ 是虚数单位。在介质内施以荷载 $\delta(z-z_0)$，即作用在 z_0 上的点源荷载，这里 $\delta(\cdot)$ 为狄拉克函数。由点源函数在介质中产生的稳态波函数，称为格林函数。点源荷载 $\delta(z-z_0)$ 在全空间内产生的格林函数 $G(z,z_0)$ 满足式 (5-11)，$H_0^{(1)}(\cdot)$ 是 0 阶第一类汉克尔函数，其为控制方程的一类柱面波稳态解，与时间谐和因子 $\exp(-i\omega t)$ 的乘积在无穷远点处的渐近性质代表宗量从 0 到 $+\infty$ 向外传播的行波，满足索末菲辐射条件。

$$G(z,z_0) = \frac{i}{4\mu_1} H_0^{(1)}(k_1|z-z_0|) \tag{5-11}$$

第5章 带形域中夹杂和凹陷对导波的散射

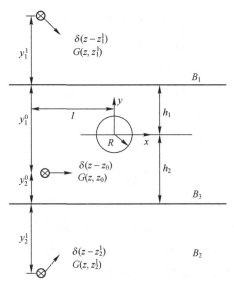

图 5-3 带形介质内的格林函数

为满足带形介质上边界 B_1 平面上的应力自由条件，按镜像方法，在点源荷载作用点 z_0 相对 B_1 平面的镜像点 z_1^1 上加以同样大小的点源荷载 $\delta(z-z_1^1)$。同理，为满足带形介质下边界 B_2 平面上的应力自由条件，按镜像方法，在点源荷载作用点 z_0 相对 B_2 平面的镜像点 z_2^1 上加以同样大小的点源荷载 $\delta(z-z_2^1)$。这样，由点源荷载 $\delta(z-z_0)$ 在介质内产生的格林函数 $G(z,z_0)$ 和点源荷载 $\delta(z-z_0)$ 在介质内产生的格林函数 $G(z,z_1^1)$ 的叠加在 B_1 平面上剪应力自由。同样，由点源荷载 $\delta(z-z_0)$ 在介质内产生的格林函数 $G(z,z_0)$ 和点源荷载 $\delta(z-z_2^1)$ 在介质内产生的格林函数 $G(z,z_2^1)$ 的叠加在 B_2 平面上剪应力自由。但是，格林函数 $G(z,z_1^1)$、$G(z,z_2^1)$ 的叠加在带形介质上、下边界 B_1 和 B_2 平面上并不能满足应力自由条件。再次应用镜像方法，在点源荷载 $\delta(z-z_1^1)$ 作用点 z_1^1 对 B_2 平面的镜像点 z_2^2 处加以同样大小的点源荷载 $\delta(z-z_2^2)$，在点源荷载 $\delta(z-z_2^1)$ 作用点 z_2^1 对 B_1 平面的镜像点 z_1^2 处加以同样大小的点源荷载 $\delta(z-z_1^2)$，其产生的格林函数分别为 $G(z,z_2^2)$ 和 $G(z,z_1^2)$。反复应用镜像方法，构造一族点源荷载 $\delta(z-z_1^1)$，$\delta(z-z_1^2)$，…，$\delta(z-z_1^n)$，…，以及 $\delta(z-z_2^1)$，$\delta(z-z_2^2)$，…，$\delta(z-z_2^n)$，…，这里，z_1^n、z_2^n 点与边界 B_1、B_2 平面的距离分别为 y_1^n、y_2^n，当 n 为奇数时，y_1^n、y_2^n 按式 (5-12) 定义，当 n 为偶数时，y_1^n、y_2^n 按式 (5-13) 定义，y_1^0、y_2^0 分别是 z_0 点与边界 B_1、B_2 平面的距离。点源荷载 $\delta(z-z_1^n)$、$\delta(z-z_2^n)$ 在全空间产生的格林函数分别为 $G(z,z_1^n)$、$G(z,z_2^n)$，按式 (5-14) 定义。

$$\begin{cases} y_1^n = y_1^0 + (n-1)(h_1+h_2) \\ y_2^n = y_2^0 + (n-1)(h_1+h_2) \end{cases} \quad (5-12)$$

$$\begin{cases} y_1^n = y_2^0 + (n-1)(h_1+h_2) \\ y_2^n = y_1^0 + (n-1)(h_1+h_2) \end{cases} \quad (5-13)$$

$$\begin{cases} G(z,z_1^n) = \dfrac{\mathrm{i}}{4\mu_1} H_0^{(1)}(k_1|z-z_1^n|) \\ G(z,z_2^n) = \dfrac{\mathrm{i}}{4\mu_1} H_0^{(1)}(k_1|z-z_2^n|) \end{cases} \quad (5-14)$$

于是，点 z_0 处的点源荷载 $\delta(z,z_0)$ 在带形介质内产生的满足上、下边界 B_1 和 B_2 平面应力自由的反平面位移函数 $G^s(z,z_0)$ 满足式（5-15）。由 $G(z,z_1^n)$ 和 $G(z,z_2^n)$ 的表达式（5-14），带形介质内的位移函数 $G^s(z,z_0)$ 与时间谐和因子 $\exp(-\mathrm{i}\omega t)$ 的乘积是介质内 z_0 点附近局域的驻波。

$$G^s(z,z_0) = G(z,z_0) + \sum_{n=1}^{+\infty} \left[G(z,z_1^n) + G(z,z_2^n) \right] \quad (5-15)$$

5.1.2.3 圆柱夹杂

带形介质中的圆柱在反平面激励的作用下的稳态弹性响应分为两部分：一是由柱面边界 B_3 向外在带形介质中产生的散射波及其在介质上、下边界 B_1 和 B_2 平面上的反射波；二是由柱面边界 B_3 向内在弹性夹杂中产生的驻波。

柱面边界 B_3 在带形介质中产生的散射波，其位移 $S^0(z)$ 按照波函数展开法满足式（5-16），$H_m^{(1)}(\cdot)$ 阶第一类汉克尔函数，A_m 是待定的傅里叶-汉克尔波函数级数的系数。构造介质上、下边界 B_1 和 B_2 平面上的镜像反射波 $S_1^n(z)$，当 n 为奇数时，其满足式（5-17），其中，d_1^n 和 d_2^n 满足式（5-18）；当 n 为偶数时，其满足式（5-19），其中，d_1^n 和 d_2^n 满足式（5-20）。

$$S^0(z) = \sum_{m=-\infty}^{+\infty} A_m H_m^{(1)}(k_1|z|) \left(\dfrac{z}{|z|}\right)^m \quad (5-16)$$

$$\begin{cases} S_1^n(z) = \sum_{m=-\infty}^{+\infty} A_m H_m^{(1)}(k_1|z-\mathrm{i}d_1^n|) \left(\dfrac{z-\mathrm{i}d_1^n}{|z-\mathrm{i}d_1^n|}\right)^{-m} \\ S_2^n(z) = \sum_{m=-\infty}^{+\infty} A_m H_m^{(1)}(k_1|z+\mathrm{i}d_2^n|) \left(\dfrac{z+\mathrm{i}d_2^n}{|z+\mathrm{i}d_2^n|}\right)^{-m} \end{cases} \quad (5-17)$$

$$\begin{cases} d_1^n = 2h_1 + (n-1)(h_1+h_2) \\ d_2^n = 2h_2 + (n-1)(h_1+h_2) \end{cases} \quad (5-18)$$

第5章 带形域中夹杂和凹陷对导波的散射

$$\begin{cases} S_1^n(z) = \sum_{m=-\infty}^{+\infty} A_m H_m^{(1)}(k_1|z - \mathrm{i}d_1^n|) \left(\dfrac{z - \mathrm{i}d_1^n}{|z - \mathrm{i}d_1^n|}\right)^m \\ S_2^n(z) = \sum_{m=-\infty}^{+\infty} A_m H_m^{(1)}(k_1|z + \mathrm{i}d_2^n|) \left(\dfrac{z + \mathrm{i}d_2^n}{|z + \mathrm{i}d_2^n|}\right)^m \end{cases} \quad (5-19)$$

$$\begin{cases} d_1^n = n(h_1 + h_2) \\ d_2^n = n(h_1 + h_2) \end{cases} \quad (5-20)$$

这样,由柱面边界 B_3 的散射波及其在带形介质上、下边界 B_1 和 B_2 平面上的反射,在带形介质中产生的总位移 $S(z)$ 可以写成式(5-21),且反平面位移函数 $S(z)$ 与时间谐和因子 $\exp(-\mathrm{i}\omega t)$ 的乘积是带形介质内圆柱附近局域的驻波。由 $S(z)$ 的位移表达式(5-21)可以求得其对应的应力张量在极坐标系 (O,r,θ) 中的分量 $\tau_{rz}^s(z)$ 和 $\tau_{\theta z}^s(z)$ 的表达式(5-22),这里,$\bar{z}=x-\mathrm{i}y=r\exp(-\mathrm{i}\theta)$ 为复变量 z 的共轭复变量。

$$S(z) = S^0(z) + \sum_{n=1}^{+\infty} S_1^n(z) + S_2^n(z) \quad (5-21)$$

$$\begin{cases} \tau_{rz}^s(z) = \mu_1 \left(\dfrac{\partial S(z)}{\partial z} e^{\mathrm{i}\theta} + \dfrac{\partial S(z)}{\partial \bar{z}} e^{-\mathrm{i}\theta}\right) \\ \tau_{\theta z}^s(z) = \mathrm{i}\mu_1 \left(\dfrac{\partial S(z)}{\partial z} e^{\mathrm{i}\theta} - \dfrac{\partial S(z)}{\partial \bar{z}} e^{-\mathrm{i}\theta}\right) \end{cases} \quad (5-22)$$

柱面边界 B_3 在弹性夹杂中产生的驻波,按照波函数展开法,其位移 $C(z)$ 满足式(5-23),应力张量在极坐标系 (O,r,θ) 中的分量 $\tau_{rz}^c(z)$ 和 $\tau_{\theta z}^c(z)$ 满足式(5-24),其中,$J_m(\cdot)$ 是 m 阶贝塞尔函数,B_m 是待定的傅里叶-贝塞尔波函数级数的系数。

$$C(z) = \sum_{m=-\infty}^{+\infty} B_m J_m(k_2|z|) \left(\dfrac{z}{|z|}\right)^m \quad (5-23)$$

$$\begin{cases} \tau_{rz}^c(z) = \dfrac{k_2\mu_2}{2} \sum_{m=-\infty}^{+\infty} B_m [J_{m-1}(k_2|z|) - J_{m+1}(k_2|z|)] \left(\dfrac{z}{|z|}\right)^m \\ \tau_{\theta z}^c(z) = \dfrac{\mathrm{i}k_2\mu_2}{2} \sum_{m=-\infty}^{+\infty} B_m [J_{m-1}(k_2|z|) + J_{m+1}(k_2|z|)] \left(\dfrac{z}{|z|}\right)^m \end{cases} \quad (5-24)$$

5.1.3 点源散射的定解

点源荷载 $\delta(z-z_0)$ 在带形介质内产生的稳态位移函数 $G^s(z,z_0)$ 按照前文已经得到,其应力张量在极坐标系 (O,r,θ) 中的分量 $\tau_{rz}^G(z,z_0)$ 和 $\tau_{\theta z}^G(z,z_0)$ 满足式(5-25)。带形介质中的圆柱在反平面激励的作用下,产生的散射波及其在介质边界处的反射波总位移的傅里叶-汉克尔波函数级数的含无穷多个待定未知系数 A_m 的形式（式（5-21）），和圆柱夹杂中驻波位移的傅里叶-汉克尔波函数级数的含无穷多个待定未知系数 B_m 的形式（式（5-23））已经分别得到。

$$\begin{cases} \tau_{rz}^G(z,z_0) = \mu_1 \left(\dfrac{\partial G^S}{\partial z} e^{i\theta} + \dfrac{\partial G^S}{\partial \bar{z}} e^{-i\theta} \right) \\ \tau_{\theta z}^G(z,z_0) = i\mu_1 \left(\dfrac{\partial G^S}{\partial z} e^{i\theta} - \dfrac{\partial G^S}{\partial \bar{z}} e^{-i\theta} \right) \end{cases} \quad (5\text{-}25)$$

本节研究反平面激励为 z_0 处的点源荷载 $\delta(z-z_0)$ 时，带形介质中圆柱的稳态弹性响应。依照上文的讨论，带形介质内点源荷载 $\delta(z-z_0)$ 的位移函数 $G^S(z,z_0)$ 和由于圆柱散射在带形介质内产生的位移函数 $S(z)$ 在介质上、下边界 B_1 和 B_2 平面上分别满足应力自由，即相容条件。同时，带形介质中的位移函数 $G^S(z,z_0)$、$S(z)$ 的矢量和其产生的合应力以及弹性夹杂中的位移函数 $C(z)$ 及其产生的应力都必须满足连续性条件。这样，给定 z_0 点，连续性条件式（5-26）被用来确定波函数级数展开式的系数 A_m 和 B_m，式中，$|z|=R$，即 $z=R\exp(i\theta)$，在 $S(z)$ 和 τ_{rz}^s 中含有无穷多个待定的系数 A_m，在 $C(z)$ 和 τ_{rz}^c 中含有无穷多个待定的系数 B_m。连续性条件式（5-26）是角变量 θ 的函数的方程组，对其两边分别做傅里叶级数展开，如式（5-27）所示，Z_s^1、Z_s^2、Z_s^3、Z_s^4、Z_s^5、Z_s^6 分别为傅里叶系数，按式（5-28）定义，$s=0,\pm1,\pm2,\cdots,\pm\infty$。由三角函数系的正交性，得到连续性条件的方程组（5-27）的两组等价方程（5-29），这两组方程是待定系数 A_m 和 B_m 的线性代数方程组，分别截断傅里叶-汉克尔波函数级数式（5-26）和傅里叶-贝塞尔波函数级数式（5-23），得到相应截断的位移函数 $S(z)$ 和 $C(z)$，应力函数 τ_{rz}^s 和 τ_{rz}^c，选取相应项数的傅里叶级数展开式（5-29），截断方程组（5-29），于是求得波函数系数 A_m 和 B_m，这样就定解了本节所研究的反平面问题。

$$\begin{cases} G^S(z,z_0) + S(z) = C(z), \ |z|=R \\ \tau_{rz}^{(i)}(z,z_0) + \tau_{rz}^s(z) = \tau_{rz}^c(z), \ |z|=R \end{cases} \quad (5\text{-}26)$$

$$\begin{cases} \displaystyle\sum_{s=-\infty}^{+\infty} [Z_s^1 + Z_s^2] \exp(is\theta) = \sum_{s=-\infty}^{+\infty} Z_s^3 \exp(is\theta) \\ \displaystyle\sum_{s=-\infty}^{+\infty} [Z_s^4 + Z_s^5] \exp(is\theta) = \sum_{s=-\infty}^{+\infty} Z_s^6 \exp(is\theta) \end{cases} \quad (5\text{-}27)$$

$$\begin{cases} Z_s^1 = \int_{-\pi}^{\pi} S(Re^{i\theta})\exp(-is\theta)d\theta, Z_s^2 = -\int_{-\pi}^{\pi} C(Re^{i\theta})\exp(-is\theta)d\theta \\ Z_s^3 = -\int_{-\pi}^{\pi} G^S(Re^{i\theta},z_0)\exp(-is\theta)d\theta, Z_s^4 = \int_{-\pi}^{\pi} \tau_{rz}^s(Re^{i\theta})\exp(-is\theta)d\theta \\ Z_s^5 = -\int_{-\pi}^{\pi} \tau_{rz}^c(Re^{i\theta})\exp(-is\theta)d\theta, Z_s^6 = -\int_{-\pi}^{\pi} \tau_{rz}^G(Re^{i\theta},z_0)\exp(-is\theta)d\theta \end{cases}$$

(5-28)

$$\begin{cases} Z_{-\infty}^1 + Z_{-\infty}^2 = Z_{-\infty}^3 \\ \vdots \\ Z_s^1 + Z_s^2 = Z_s^3 \\ \vdots \\ Z_{+\infty}^1 + Z_{+\infty}^2 = Z_{+\infty}^3 \end{cases}, \begin{cases} Z_{-\infty}^4 + Z_{-\infty}^5 = Z_{-\infty}^6 \\ \vdots \\ Z_s^4 + Z_s^5 = Z_s^6 \\ \vdots \\ Z_{+\infty}^4 + Z_{+\infty}^5 = Z_{+\infty}^6 \end{cases}$$

(5-29)

5.1.4 数值结果与分析

本章计算不同频率、不同位置的点源荷载对带形介质中任意位置的圆柱的响应，求得带形介质中的位移场和应力场。本章用圆柱边沿的约化动应力 τ_{rz}^* 和 $\tau_{\theta z}^*$ 来表征介质中的应力分布，这里，τ_{rz}^* 和 $\tau_{\theta z}^*$ 按式（5-30）定义，同时给出格林函数 $G^S(z,z_0)$ 产生的约化动应力 τ_{rz}^{G*} 和 $\tau_{\theta z}^{G*}$ 在圆柱边沿上的分布，τ_{rz}^{G*} 和 $\tau_{\theta z}^{G*}$ 按式（5-31）定义。

$$\tau_{rz}^* = \frac{|\tau_{rz}^{(i)}(Re^{i\theta},z_0) + \tau_{rz}^s(Re^{i\theta})|}{k_1}, \tau_{\theta z}^* = \frac{|\tau_{\theta z}^{(i)}(Re^{i\theta},z_0) + \tau_{\theta z}^s(Re^{i\theta})|}{k_1} \quad (5-30)$$

$$\tau_{rz}^{G*} = \frac{|\tau_{rz}^G(Re^{i\theta},z_0)|}{k_1}, \tau_{\theta z}^{G*} = \frac{|\tau_{\theta z}^G(Re^{i\theta},z_0)|}{k_1} \quad (5-31)$$

数值算例以带形介质中圆柱的半径 R 为参照尺寸，$R=1$，定义点源荷载 $\delta(z-z_0)\exp(-i\omega t)$ 相对低频的无量纲波数 $k_1=0.1$，相对高频的无量纲波数，$k_1=1$。根据上文的讨论，点源荷载在带形介质内的位移函数 $G^S(z,z_0)$ 及其对应的应力函数是 z_0 点附近局域的驻波，为使计算便于比较，在算例中取 $|z|=4$。取带形介质的剪切模量 $\mu_1=1$ 为参照，当圆柱夹杂的剪切模量 $\mu_2\to+\infty$ 时，其等效为固定圆柱刚体，其边沿的约化动应力 $\tau_{\theta z}^*=0$；当圆柱夹杂的剪切模量 $\mu_2\to 0$ 时，其等效为圆柱孔洞，其边沿的约化动应力 $\tau_{rz}^*=0$，据此，算例给出了圆柱夹杂极限情形下边沿动应力的分布。

通过数值算例的计算，图 5-4 给出了带形介质中不同位置的圆柱在不同位置的点源荷载作用下，圆柱边沿约化的动应力分布情况。由图5-4（a）、(c)、(e)、(g)可见，在相对低频的情况下，$k_1=0.1$，$k_2=0.5$，圆柱软夹杂($\mu_2<\mu_1$)可以有效地减小径向动应力τ_{rz}^*，同时却显著地增大周向动应力$\tau_{\theta z}^*$。同样地，圆柱硬夹杂($\mu_2>\mu_1$)可以有效地减小周向动应力$\tau_{\theta z}^*$，同时却显著地增大径向动应力τ_{rz}^*。由图5-4（b）、(d)、(f)、(h)可知，在相对高频的情况下，$k_1=1$，$k_2=5$，圆柱边沿的径向动应力τ_{rz}^*和τ_{rz}^{G*}与周向动应力$\tau_{\theta z}^*$和$\tau_{\theta z}^{G*}$要明显地小于相对低频的情况，但其与剪切模量μ_2的关系要复杂得多。全面观察图5-4可见，带形介质的自由边界在很大程度上影响了圆柱夹杂边沿径向动应力τ_{rz}^*和τ_{rz}^{G*}与周向动应力$\tau_{\theta z}^*$和$\tau_{\theta z}^{G*}$的大小与分布，在相对低频激励作用下，动应力的大小受到自由边界更大的影响，而在相对高频激励作用下，动应力的分布受到自由边界更大的影响。

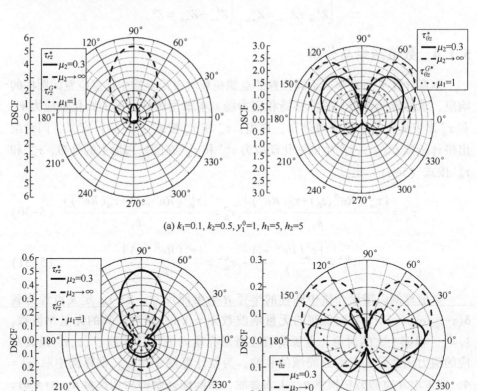

(a) $k_1=0.1$, $k_2=0.5$, $y_1^0=1$, $h_1=5$, $h_2=5$

(b) $k_1=1$, $k_2=5$, $y_1^0=1$, $h_1=5$, $h_2=5$

第 5 章 带形域中夹杂和凹陷对导波的散射

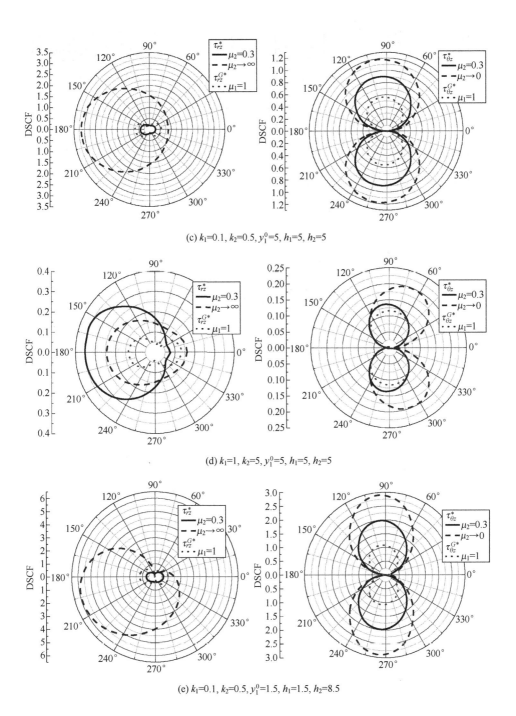

(c) $k_1=0.1$, $k_2=0.5$, $y_1^0=5$, $h_1=5$, $h_2=5$

(d) $k_1=1$, $k_2=5$, $y_1^0=5$, $h_1=5$, $h_2=5$

(e) $k_1=0.1$, $k_2=0.5$, $y_1^0=1.5$, $h_1=1.5$, $h_2=8.5$

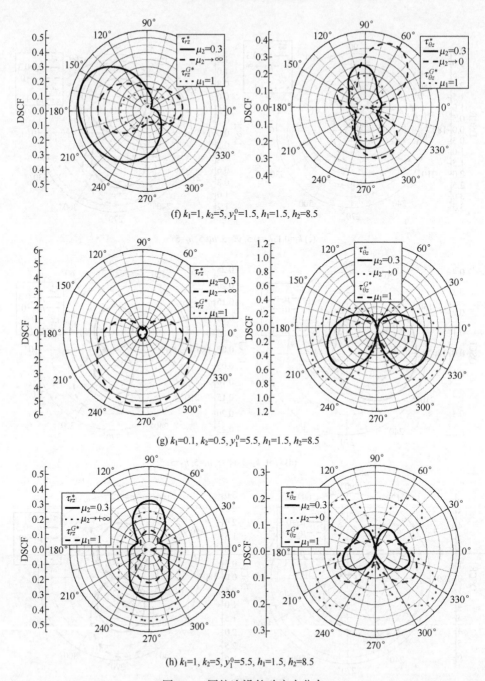

(f) $k_1=1, k_2=5, y_1^0=1.5, h_1=1.5, h_2=8.5$

(g) $k_1=0.1, k_2=0.5, y_1^0=5.5, h_1=1.5, h_2=8.5$

(h) $k_1=1, k_2=5, y_1^0=5.5, h_1=1.5, h_2=8.5$

图 5-4 圆柱边沿的动应力分布

本节求解了一类弹性动力学反平面应变问题，按照镜像叠加的方法，构造了上、下边界应力自由的带形无限大弹性介质中点源荷载的稳态波函数，其变量分离后的位移函数就是格林函数，应用格林函数和镜像方法，分析了这样的带形介质中圆柱的稳态响应，按波函数展开法求解了圆柱外的散射波和圆柱内的驻波的级数表达式。

数值计算结果表明，带形介质的自由边界对点源荷载造成的格林函数和其激励的圆柱边沿的动应力分布都有很大的影响，临近自由边界的点源荷载总是能造成介质中很大的动应力，这种动应力在自由边界附近的圆柱夹杂周边将会有显著的应力集中。进一步分析说明，相对低频的激励造成带形介质中圆柱夹杂更大的动应力分布，而相对高频的激励对圆柱夹杂的位置与剪切模量更为敏感。在工程应用上，自由边界附近的杂质或缺陷应该尽量避免在相对低频激励下的工作，而相对高频的激励可用于检测介质中的杂质或缺陷。

5.2 带形域中椭圆夹杂对 SH 型导波的散射

5.2.1 理论模型

本节所要研究的二维模型如图 5-5 所示。它表示在 SH 型导波作用下存在于 xOy 平面上的弹性、各向同性、均匀的条带。弹性带区域包含两部分：

（1）介质是一个带椭圆腔的无限大带状区域，夹杂体的上水平边界和下水平边界分别为 B_U 和 B_L。

（2）夹杂为椭圆形包裹体。

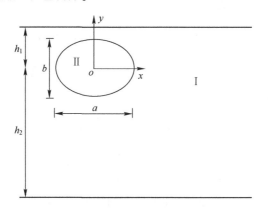

图 5-5　带椭圆夹杂的无限带域模型

在椭圆包体中心建立局部坐标系 xOy。该模型的几何参数为：椭圆包体沿 x 轴的半轴长度为 a；椭圆包体沿 y 轴的半轴长度为 b；椭圆包体中心到水平上边界 B_U 的距离为 h_1；椭圆包体中心到下水平边界 B_U 的距离为 h_2。该模型的材料参数如表 5-1 所列。本节所建立的模型是在 SH 型导波作用下含夹杂等缺陷的复合材料层合板动力性能问题的简化模型。

表 5-1 材料参数

介 质	参 数	
	体 密 度	剪切模量
介质 I	ρ_1	μ_1
介质 II	ρ_2	μ_2

5.2.2 SH 型导波的散射

在直角坐标下，位移场和 w 的表达式必须满足以下控制方程，其中省略时间谐波因子 $\exp(-\mathrm{i}\omega t)$。

$$\frac{\partial^2 w}{\partial X^2}+\frac{\partial^2 w}{\partial Y^2}+k^2 w=0 \tag{5-32}$$

式（5-32）为控制方程，$k=\omega/c_s$ 为波数，ω 为圆频率，$c_s=\sqrt{\mu/\rho}$ 为介质的剪切速度，ρ、μ 分别为介质的质量体密度和剪切模量。基于保角映射方法，利用复变量 $X+Yi=\omega(\eta)$，$X-Yi=\overline{\omega(\eta)}$，可以将 xy 平面上的椭圆场变换为平面上的单位圆，条件为 $\omega(\eta)'\ne 0^{[1]}$。列坐标系 (r,θ) 表示的映射域以原点 O 为中心，其中复变量 $\eta=x+yi=r\mathrm{e}^{\mathrm{i}\theta}$ 并且 $R_0=1$ 为圆包含半径，如图 5-6 所示。此时，基本方程式（5-32）可进一步简化为

$$\frac{\partial^2 w}{\partial \eta \partial \bar{\eta}}=\left(\frac{k\mathrm{i}}{2}\right)^2 \omega'(\eta)\overline{\omega'(\eta)}w(\eta,\bar{\eta}) \tag{5-33}$$

引入 n 平面复变量 $\eta=x+yi=r\mathrm{e}^{\mathrm{i}\theta}$，$\bar\eta=x-yi=r\mathrm{e}^{-\mathrm{i}\theta}$，反平面剪应力分量（$\tau_{rz}$ 和 $\tau_{\theta z}$）可表示为

$$\begin{cases}\tau_{rz}=\dfrac{\mu}{|\omega'(\eta)|}\left(\dfrac{\partial w}{\partial \eta}\mathrm{e}^{\mathrm{i}\theta}+\dfrac{\partial w}{\partial \bar\eta}\mathrm{e}^{-\mathrm{i}\theta}\right)\\[2mm] \tau_{\theta z}=\dfrac{\mathrm{i}\mu}{|\omega'(\eta)|}\left(\dfrac{\partial w}{\partial \eta}\mathrm{e}^{\mathrm{i}\theta}-\dfrac{\partial w}{\partial \bar\eta}\mathrm{e}^{-\mathrm{i}\theta}\right)\end{cases} \tag{5-34}$$

满足式（5-34）的解包含 SH 型导波的传播和圆形夹杂引起的散射位移场两部分。前者可视为入射导波，后者可视为散射波，两者在条形板的上下水平边界上均满足无应力条件。

第5章 带形域中夹杂和凹陷对导波的散射

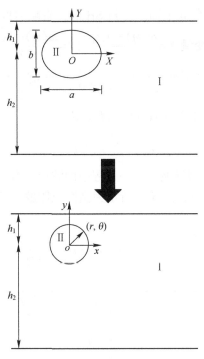

图 5-6 等效映射平面

根据参考文献 [2]，xy 平面入射导波可以用级数展开法表示为

$$w_m = f_m(Y)\exp[\mathrm{i}(k_m X - \omega t)] \tag{5-35}$$

式中：w_m 为入射导波的位移函数，式 (5-35) 满足条状上下水平边界处的无应力条件：

$$\tau_{zy} = c_{44}\frac{\partial w}{\partial Y}\bigg|_{Y=h_1,-h_2} = 0 \tag{5-36}$$

$$\begin{aligned} f_m(Y) =\ & w_m^1 \sin\left[q_m\left(Y+\frac{h_2-h_1}{2}\right)\right] \\ & + w_m^2 \cos\left[q_m\left(Y+\frac{h_2-h_1}{2}\right)\right] \end{aligned} \tag{5-37}$$

式中：$f_m(Y)$ 为沿 Y 轴相移的干涉驻波；k_m 是沿 X 轴的波数，如果为实数，$f_m(Y)$ 为传播波形，$\exp[\mathrm{i}(k_m X-\omega t)]$ 为谐波行波；q_m 和 k_m 都满足：

$$w_m^1 \cos\left[q_m\left(\frac{h_1+h_2}{2}\right)\right] \pm w_m^2 \sin\left[q_m\left(\frac{h_1+h_2}{2}\right)\right] = 0 \tag{5-38}$$

其中，$q_m = m\pi/(h_1+h_2)$，m 为导波阶，$m=0,1,2,\cdots,+\infty$，其物理意义为干涉相移沿 y 轴的节点数；w 为波形传播时的振幅，m 为奇数时，$w_m^2=0$；m

121

为偶数时，$w_m^1=0$。当在 η 平面上分析 SH 时，省略时间谐波因子 $\exp(-i\omega t)$，式（5-35）可以用复变量 $X=\dfrac{\omega(\eta)+\overline{\omega(\eta)}}{2},Y=\dfrac{\omega(\eta)-\overline{\omega(\eta)}}{2i}$ 表示：

$$w_m=f_m\left(\frac{\omega(\eta)+\overline{\omega(\eta)}}{2}\right)\exp\left(i\left[k_m\frac{\omega(\eta)-\overline{\omega(\eta)}}{2i}\right]\right) \quad (5-39)$$

总 SH 型导波可以用不同阶导波的叠加表示：

$$w_i^g=\sum_{m=0}^{+\infty}w_m(\eta,t) \quad (5-40)$$

图 5-7 所示为 SH 型导波在传播过程中的波形和振动模态，图 5-8 所示为 SH 型导波的位移（w_i^g/a），图 5-9 所示为椭圆包体散射波。散射波可以用保角映射法表示为

$$w_s=\sum_{n=-\infty}^{+\infty}A_nH_n^{(1)}(k_1|\omega(\eta)|)\left[\frac{\omega(\eta)}{|\omega(\eta)|}\right]^n e^{-i\omega t} \quad (5-41)$$

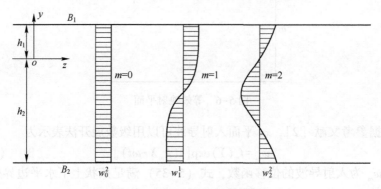

图 5-7 SH 型导波的振动模态

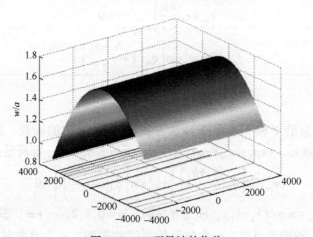

图 5-8 SH 型导波的位移

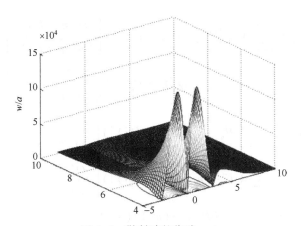

图 5-9 散射波的位移 w_s/a

如图 5-10 所示,圆形夹杂的散射波会反射在上边界 B_U 和下边界 B_L 上,第一幅图像的散射波将分别反射在上边界 B_U 和下边界 B_L 上,新的散射波可以再次用上边界 B_U 和下边界 B_L 的成像法表示。通过重复处理得到第 p 幅图像的散射波。省略时间谐波因子 $\exp(-\mathrm{i}\omega t)$,第 p 幅图像的散射波为 w_{s1}^p、w_{s2}^p,当 p 为奇数时,w_{s1}^p、w_{s2}^p 满足式 (5-42),当 p 为偶数时,w_{s1}^p、w_{s2}^p 满足式 (5-43)。$L_1^p = h_1 + d_1^p$ 和 $L_2^p = -(h_2 + d_2^p)$ 为与第 p 幅图像相关的复数的模值。当 p 为奇数时,d_1^p 满足式 (5-44),当 p 为偶数时,d_1^p 满足式 (5-45)。

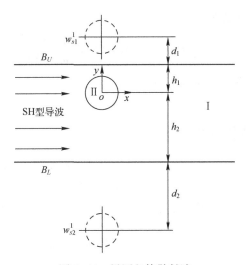

图 5-10 椭圆包体散射波

$$\begin{cases} w_{s1}^p = \sum_{n=-\infty}^{+\infty} A_n H_n^{(1)}(k_1|\omega(\eta - L_1^p\mathrm{i})|)\left[\dfrac{\omega(\eta - L_1^p\mathrm{i})}{|\omega(\eta - L_1^p\mathrm{i})|}\right]^{-n} \\ w_{s2}^p = \sum_{n=-\infty}^{+\infty} A_n H_n^{(1)}(k_1|\omega(\eta - L_2^p\mathrm{i})|)\left[\dfrac{\omega(\eta - L_2^p\mathrm{i})}{|\omega(\eta - L_2^p\mathrm{i})|}\right]^{-n} \end{cases} \quad (5\text{-}42)$$

$$\begin{cases} w_{s1}^p = \sum_{n=-\infty}^{+\infty} A_n H_n^{(1)}(k_1|\omega(\eta - L_1^p\mathrm{i})|)\left[\dfrac{\omega(\eta - L_1^p\mathrm{i})}{|\omega(\eta - L_1^p\mathrm{i})|}\right]^{n} \\ w_{s2}^p = \sum_{n=-\infty}^{+\infty} A_n H_n^{(1)}(k_1|\omega(\eta - L_2^p\mathrm{i})|)\left[\dfrac{\omega(\eta - L_2^p\mathrm{i})}{|\omega(\eta - L_2^p\mathrm{i})|}\right]^{n} \end{cases} \quad (5\text{-}43)$$

$$\begin{cases} d_1^p = h_1 + (p-1)(h_1+h_2) \\ d_2^p = h_2 + (p-1)(h_1+h_2) \end{cases} \quad (5\text{-}44)$$

$$\begin{cases} d_1^p = h_2 + (p-1)(h_1+h_2) \\ d_2^p = h_1 + (p-1)(h_1+h_2) \end{cases} \quad (5\text{-}45)$$

总散射波函数可以表示为

$$w_s^g = w_s + \sum_{p=1}^{+\infty} w_{s1}^p + w_{s2}^p \quad (5\text{-}46)$$

由于汉克尔函数的多变量在无穷点处趋于零,散射波的表达式收敛。介质的总位移函数可以表示为

$$w^{\mathrm{I}} = w_i^g + w_s^g \quad (5\text{-}47)$$

介质驻波的表达式为

$$w_{st} = \sum_{n=-\infty}^{+\infty} B_n J_n(k_2|\omega(\eta)|)\left[\dfrac{\omega(\eta)}{|\omega(\eta)|}\right]^n \quad (5\text{-}48)$$

介质的总位移函数可以表示为

$$w^{\mathrm{II}} = w_{st} \quad (5\text{-}49)$$

5.2.3 边界条件和方程

圆形夹杂周围的应力和位移是连续的,因此圆形夹杂的边界条件为

$$w^{\mathrm{I}} = w^{\mathrm{II}}, \tau_{rz}^{\mathrm{I}} = \tau_{rz}^{\mathrm{II}} \quad (5\text{-}50)$$

根据式(5-50),运用积分方程对未知量 A_n 和 B_n 进行求解得

$$\begin{cases} \sum_{n=-\infty}^{+\infty} A_n \xi_n^{(11)} + \sum_{n=-\infty}^{+\infty} B_n \xi_n^{(14)} = \xi^{(1)} \\ \sum_{n=-\infty}^{+\infty} A_n \xi_n^{(21)} + \sum_{n=-\infty}^{+\infty} B_n \xi_n^{(22)} = \xi^{(2)} \end{cases} \quad (5\text{-}51)$$

其中

$$\xi_n^{(11)} = H_n^{(1)}(k_1|\omega(\eta)|)\left[\frac{\omega(\eta)}{|\omega(\eta)|}\right]^n + \sum_{p=1}^{+\infty} v_1^p + \sum_{p=1}^{+\infty} v_2^p$$

$$\xi_n^{(12)} = -J_n(k_2|\omega(\eta)|)\left[\frac{\omega(\eta)}{|\omega(\eta)|}\right]^n$$

$$\xi_n^{(21)} \frac{\mu k_1}{2}\left[\frac{1}{|\omega'(\eta)|}\chi_1 \exp(\mathrm{i}\theta) + \frac{1}{|\omega'(\eta)|}\chi_2 \exp(-\mathrm{i}\theta)\right.$$

$$+ \frac{1}{|\omega'(\eta - L_1^p \mathrm{i})|}\sum_{p=1}^{+\infty}\varphi_1^p \exp(\mathrm{i}\theta)$$

$$+ \frac{1}{|\omega'(\eta - L_1^p \mathrm{i})|}\sum_{p=1}^{+\infty}\varphi_2^p \exp(-\mathrm{i}\theta) + \frac{1}{|\omega'(\eta - L_2^p \mathrm{i})|}\sum_{p=1}^{+\infty}\psi_1^p \exp(\mathrm{i}\theta)$$

$$+ \left.\frac{1}{|\omega'(\eta - L_2^p \mathrm{i})|}\sum_{p=1}^{+\infty}\psi_2^p \exp(-\mathrm{i}\theta)\right]$$

$$\xi_n^{(22)} = \frac{\mu k_2}{2|\omega'(\eta)|}\left[J_{n-1}(k_2|\omega(\eta)|)\left[\frac{\omega(\eta)}{|\omega(\eta)|}\right]^{n-1}\omega'(\eta)\mathrm{e}^{\mathrm{i}\theta}\right.$$

$$\left.-J_{n+1}(k_2|\omega(\eta)|)\left[\frac{\omega(\eta)}{|\omega(\eta)|}\right]^{n+1}\overline{\omega'(\eta)}\mathrm{e}^{-\mathrm{i}\theta}\right]$$

$$\xi^{(1)} = -w_i^g, \quad \xi^{(2)} = -(\tau_{zx}^i \cos\theta + \tau_{zy}^i \sin\theta)$$

$$\chi_1 = H_{n-1}^{(1)}(k_1|\omega(\eta)|)[\omega(\eta)/|\omega(\eta)|]^{n-1}\omega'(\eta)$$

$$\chi_2 = -H_{n+1}^{(1)}(k_1|\omega(\eta)|)[\omega(\eta)/|\omega(\eta)|]^{n+1}\overline{\omega'(\eta)}$$

如果 p 是奇数，有

$$\begin{cases}\varphi_1^p = -H_{n+1}^{(1)}(k_1|\omega(\eta-L_1^p\mathrm{i})|)[\omega(\eta-L_1^p\mathrm{i})/|\omega(\eta-L_1^p\mathrm{i})|]^{-n-1}\omega'(\eta-L_1^p\mathrm{i})\\ \varphi_2^p = H_{n-1}^{(1)}(k_1|\omega(\eta-L_1^p\mathrm{i})|)[\omega(\eta-L_1^p\mathrm{i})/|\omega(\eta-L_1^p\mathrm{i})|]^{-n+1}\overline{\omega'(\eta-\overline{L_1^p}\mathrm{i})}\end{cases}$$

$$\begin{cases}\psi_1^p = -H_{n+1}^{(1)}(k_1|\omega(\eta-L_2^p\mathrm{i})|)[\omega(\eta-L_2^p\mathrm{i})/|\omega(\eta-L_2^p\mathrm{i})|]^{-n-1}\omega'(\eta-L_2^p\mathrm{i})\\ \psi_2^p = H_{n-1}^{(1)}(k_1|\omega(\eta-L_2^p\mathrm{i})|)[\omega(\eta-L_2^p\mathrm{i})/|\omega(\eta-L_2^p\mathrm{i})|]^{-n+1}\overline{\omega'(\eta-\overline{L_2^p}\mathrm{i})}\end{cases}$$

$$\begin{cases}v_1^p = H_n^{(1)}(k_1|\omega(\eta-L_1^p\mathrm{i})|)[\omega(\eta-L_1^p\mathrm{i})/|\omega(\eta-L_1^p\mathrm{i})|]^{-n}\\ v_2^p = H_n^{(1)}(k_1|\omega(\eta-L_2^p\mathrm{i})|)[\omega(\eta-L_2^p\mathrm{i})/|\omega(\eta-L_2^p\mathrm{i})|]^{-n}\end{cases}$$

如果 p 是偶数，有

$$\begin{cases}\varphi_1^p = H_{n-1}^{(1)}(k_1|\omega(\eta-L_1^p\mathrm{i})|)[\omega(\eta-L_1^p\mathrm{i})/|\omega(\eta-L_1^p\mathrm{i})|]^{n-1}\omega'(\eta-L_1^p\mathrm{i})\\ \varphi_2^p = -H_{n+1}^{(1)}(k_1|\omega(\eta-L_1^p\mathrm{i})|)[\omega(\eta-L_1^p\mathrm{i})/|\omega(\eta-L_1^p\mathrm{i})|]^{n+1}\overline{\omega'(\eta-\overline{L_1^p}\mathrm{i})}\end{cases}$$

$$\begin{cases}\psi_1^p = H_{n-1}^{(1)}(k_1|\omega(\eta-L_2^p\mathrm{i})|)[\omega(\eta-L_2^p\mathrm{i})/|\omega(\eta-L_2^p\mathrm{i})|]^{n-1}\omega'(\eta-L_2^p\mathrm{i})\\ \psi_2^p = -H_{n+1}^{(1)}(k_1|\omega(\eta-L_2^p\mathrm{i})|)[\omega(\eta-L_2^p\mathrm{i})/|\omega(\eta-L_2^p\mathrm{i})|]^{n+1}\overline{\omega'(\eta-\overline{L_2^p}\mathrm{i})}\end{cases}$$

$$\begin{cases} v_1^p = H_n^{(1)}(k_1|\omega(\eta-L_1^p\mathrm{i})|)[\omega(\eta-L_1^p\mathrm{i})/|\omega(\eta-L_1^p\mathrm{i})|]^n \\ v_2^p = H_n^{(1)}(k_1|\omega(\eta-L_2^p\mathrm{i})|)[\omega(\eta-L_2^p\mathrm{i})/|\omega(\eta-L_2^p\mathrm{i})|]^n \end{cases}$$

式 (5-50) 两边乘以 $\exp(-\mathrm{i}q\theta)$, $(q=0,\pm1,\pm2)$ 在相应区间 $(-\pi,\pi)$ 内求积分, 则得到一系列代数方程:

$$\begin{cases} \sum_{n=-\infty}^{+\infty} A_{nq}\xi_{nq}^{(11)} + \sum_{n=-\infty}^{+\infty} B_{nq}\xi_{nq}^{(12)} = \xi_q^{(1)} \\ \sum_{n=-\infty}^{+\infty} A_{nq}\xi_{nq}^{(21)} + \sum_{n=1}^{+\infty} B_{nq}\xi_{nq}^{(22)} = \xi_q^{(2)} \\ \xi_{nq}^{(11)} = \int_{-\pi}^{\pi} \xi_n^{(11)} \mathrm{e}^{-\mathrm{i}q\theta} \mathrm{d}\theta, \quad \xi_{nq}^{(12)} = \int_{-\pi}^{\pi} \xi_n^{(12)} \mathrm{e}^{-\mathrm{i}q\theta} \mathrm{d}\theta \\ \xi_{nq}^{(21)} = \int_{-\pi}^{\pi} \xi_n^{(21)} \mathrm{e}^{-\mathrm{i}q\theta} \mathrm{d}\theta, \quad \xi_{nq}^{(22)} = \int_{-\pi}^{\pi} \xi_n^{(22)} \mathrm{e}^{-\mathrm{i}q\theta} \mathrm{d}\theta \\ \xi_q^{(1)} = \int_{-\pi}^{\pi} \xi^{(1)} \mathrm{e}^{-\mathrm{i}q\theta} \mathrm{d}\theta, \quad \xi_q^{(2)} = \int_{-\pi}^{\pi} \xi^{(2)} \mathrm{e}^{-\mathrm{i}q\theta} \mathrm{d}\theta \end{cases} \quad (5-52)$$

5.2.4 动应力集中系数

圆柱形夹杂物周围的周向剪应力可表示为

$$\tau_{\theta z} = \tau_{\theta z}^i + \tau_{\theta z}^s = -\tau_{zx}^i \sin\theta + \tau_{zy}^i \cos\theta + \tau_{\theta z}^s \quad (5-53)$$

DSCF 可以表示为

$$\tau_{\theta z}^* = |\tau_{\theta z}/\tau_0| \quad (5-54)$$

式中: $\tau_0 = \mathrm{i}k_1\mu w_0$ 为入射波引起的剪应力的振幅。

5.2.5 数值结果与分析

将 xy 平面上的椭圆变换为 n 平面上的单位圆的保角映射函数:

$$X+Y\mathrm{i} = \omega(\eta) = \frac{a+b}{2}\left(\eta + \frac{a-b}{a+b}\eta^{-1}\right) \quad (5-55)$$

式中: a、b 分别表示椭圆夹杂体沿 x 轴和 y 轴的半轴长度。如图 5-11 所示, 给出了围绕圆夹杂的 DSCF, 讨论了自由边界、SH 型导波阶数、材料参数等因素的影响。这里, 无量纲参数 $h_1^* = h_1/a$ 和 $h_2^* = h_2/a$。

在数值算例中, 可采用各向同性弹性介质进行分析。本节数值算例的工程背景是实际工程中常见的, 如在工程实际中某长钢板加工工艺产生的椭圆形夹杂物可简化为受动荷载或平面波作用时的模型, 无量纲参数 $h_1^* = h_1/a$ ($a=1$) 为分析变量。通过形象的方式方法和无量纲参数 $a=b$ 及 $\rho_2=0$, 本节数值示例可以转化成具有一个圆形腔的弹性带形域问题[3], 图 5-11 显示了椭圆夹杂的

第5章 带形域中夹杂和凹陷对导波的散射

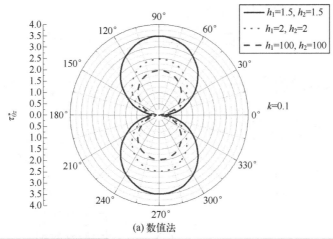

(a) 数值法

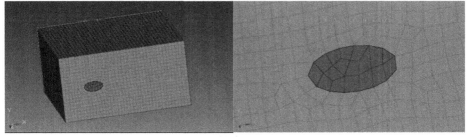

(b) 有限元法

图 5-11 本节方法的验证（见彩插）

DSCF 分布的算例。当介质组合参数与参考文献 [2] 相同时，本节的结果与参考文献 [2] 的结果吻合较好。如图 5-11（b）所示，材料蓝色和红色的接触点合并，使两者之间的应力传递良好，因此为了计算精度，采用六面体单元建立有限模型并进行网格划分。当有限元模型中的参数按照下面的数值算例进行设置时，两种方法的结果几乎一致。证明了本节方法的正确性和有效性。

图 5-12 显示了 SH 型导波入射下圆形夹杂周围 DSCF 随 h 变化的分布。当入射波频率 $ka=0.1$，这是"静态"的情况下，可以找到图形几乎是对称的，当 $h_1^*=20$，DSCF 的值达到最大值 0.049（$\theta=343°$），相比之下，$\tau_{\theta z}^*$ 最大值 0.043（$\theta=18°$）在 $h_1^*=80$ 的情况下，这个值增加 12% 以上。当入射波频率 $ka=1$ 和 $ka=2$ 时，分别为中频和高频。当入射波频率 $ka=1$ 时，可以发现 h 值越大，DSCF 值越大，这是因为圆形夹杂距下水平边界的距离越大 SH 型导波的影响将越大。当 $ka=2$，$h_1^*=80$ 时，DSCF 达到最大值 0.089（$\theta=165°$），当 $ka=2$，$h_1^*=40$ 时，DSCF 的最大值 0.059（$\theta=161°$），不难看出，$h_1^*=80$ 时是

其 1.5 倍，因此 h 的影响不容忽视。

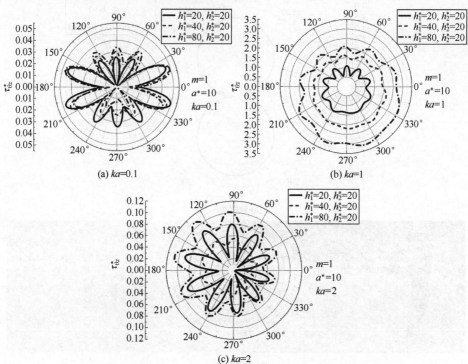

图 5-12 SH 型导波入射下圆形夹杂周围 DSCF 与 h 的分布

图 5-13 显示了 SH 型导波入射下圆形包体周围 DSCF 随 ka 变化的分布。可以发现图形的变化是明显的。当入射波频率 $ka=1$ 时，DSCF 值达到最大值 3.20（$\theta=290°$），远远大于 $ka=2$ 和 $ka=0.1$ 时的最大值。因此，入射波频率的影响不容忽视，中频时损伤严重。

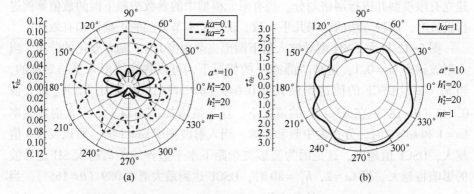

图 5-13 SH 型导波入射下圆形包体周围 DSCF 与 ka 的分布

图 5-14 显示了 SH 型导波入射下，圆包体周围 DSCF 随 ka 变化的分布。可以发现，频率 ka 越大，$\tau_{\theta z}^*$ 的值就越大。由图 5-13 可知，当 $m=1$，SH 型导波在一阶的情况下，入射波频率 $ka=1$，$\tau_{\theta z}^*$ 到达最大值 $3.2(\theta=290°)$，相比 $m=2$ 的情况下，$\tau_{\theta z}^*$ 最大值为 $2.96(\theta=243°)$，这个值增加了 8% 以上，所以 m 的影响不应忽略。

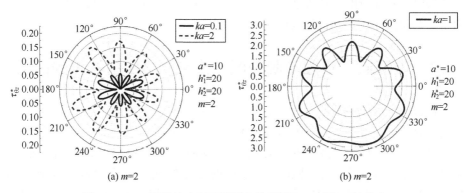

图 5-14 SH 型导波入射下圆形包体周围 DSCF 随 ka 的分布

图 5-15 显示了 SH 型导波入射下圆形包体周围 DSCF 随 a^* 变化的分布。a^* 表示半轴 a/b 的比值。当 $a^*=10$ 时，$\tau_{\theta z}^*$ 达到最大值 $0.19(\theta=164°)$，相比 $a^*=10$ 的情况下的最大值 $0.121(\theta=243°)$，这个值增加 57% 以上，所以半轴影响的比例在 DSCF 上很明显，当现在的椭圆夹杂物长度 a 趋向于零时，这种方法并不适用，因为椭圆退化为裂纹，应采用动态应力强度因子法对裂纹进行更精确的分析。

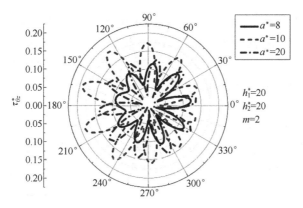

图 5-15 SH 型导波入射下圆形凸点附近 DSCF 对 a^* 的分布

本节从理论上分析了横观各向同性带内含椭圆夹杂时，动态入射反平面 SH 型导波对 DSCF 的影响，得到了许多有价值的统计数据，可为实际工程提供参考。数值算例表明，椭圆包体周围的 DSCF 受入射波频率、椭圆包体位置、SH 型导波阶数和半轴长度等因素的影响，且中频 SH 型导波入射时，DSCF 变化明显。椭圆包体中心到水平边界的距离越大，DSCF 值越大。SH 型导波的阶数不能忽略。该方法可用于复杂缺陷的压电材料带形板的分析，也可用于船舶和海洋结构的设计与健康监测。

5.3 带形域中半圆形脱胶圆柱夹杂对 SH 型导波的散射

材料的缺陷检测问题，材料的强度设计及其安全性评价，是工程实际中的一类重要问题，许多工程材料如梁、板、柱、壳体，以及一些人工合成材料，如纤维增强型复合材料，由于必然存在各种各样的缺陷，如孔洞、夹杂、裂纹、脱胶、衬砌等，各种连接和黏接的复合结构、复合材料以及新型材料等，都会对材料的力学性能、强度产生不可忽略的影响。为了使工程材料结构处于强度范围内，不被破坏，有必要对缺陷引起的弹性波散射问题进行研究。

解析法和数值法是求解界面问题的两种基本方法，至于选用哪种方法要根据具体问题而定。两种方法相比，各有各的优缺点。从应用范围方面看，数值法优于解析法，因为解析法的应用范围很小，只适用少数简单问题，对于复杂界面问题只能用数值法。但就精确度而言，解析法优于数值法。因此，在解决问题时，通常也会采用半解析的方法，既融合了两种方法的优点，又弥补了缺点。

本节为了克服直接构造波函数场带来的困难，采用大圆弧假定法研究该问题。大圆弧假定法的思想是，将直边界化为圆弧边界，确切地说，就是一个半径很大的圆的圆弧，针对带形域问题，两条自由直边界，要用同心圆的圆弧来拟合，此方法的应用，有效地避开了导波在带形域内反复折射带来的求解困难，大大简化了计算。首先，根据亥姆霍兹定理，将位移和应力用弹性波的形式表示，预先射出的弹性波是含有未知参数的；其次，将位移和应力展开成傅里叶-汉克尔级数形式，带入该问题的边界条件，得到一个无穷线性代数方程组；最后，解方程并求系数。方程的求解是通过编程对无穷代数方程组截断数值求解。将求解的系数回带到位移、应力、动应力集中系数的表达式中，各个量就求出来了。

5.3.1 问题描述

含有两个无限长自由直边界的带形域，区域内部缺陷，是一个圆柱形夹杂，圆柱形夹杂与弹性介质部分脱开。如图 5-16 所示，设带形域的上自由直边界 T_U，带形域的厚度为 h，下自由直边界 T_D。带形区域是弹性介质，弹性介质的介质参数包括剪切弹性模量和介质密度，假设这两个参数为已知的，剪切弹性模量取为 μ_1、密度为 ρ_1；脱胶圆柱形夹杂为 T_S，圆柱形夹杂的半径用 a_s 表示，夹杂的中心坐标记为 c_s，即在总体坐标下的坐标，夹杂上脱胶表面为边界 C_j，非脱胶表面为边界 $\overline{C}_j$，夹杂的密度为 ρ_2，剪切弹性模量为 μ_2。设大圆弧中心记为 O'，到带形域的上、下边界的半径分别设为 R_U 和 R_D，总体坐标系 xOy 取在带形域的下边界处，依据坐标移动技术，要选取整体坐标和局部坐标，局部坐标系的原点 $x_jO_jy_j$ 与脱胶圆柱形夹杂的圆心相重合。该问题的求解过程：将弹性波的位移和应力形式，代入具体的边界条件，求解方程组的解。该问题的边界条件为：满足地表带形域的上边界 T_U 和下边界 T_D 上以及脱胶圆柱夹杂脱胶部分 C_j 周边上应力自由，脱胶夹杂的非脱胶部分 $\overline{C}_j$ 周边上应力和位移连续。该问题是一个混合边值问题，既有应力边界条件，又有位移边界条件，要想解决该问题，需要对研究对象进行"分区"，分成几个容易求解的问题来计算。将带形域和夹杂分开讨论，将整个区域的夹杂部分分离出去，记为区域Ⅱ，剩下的含圆孔带形域作为区域Ⅰ。

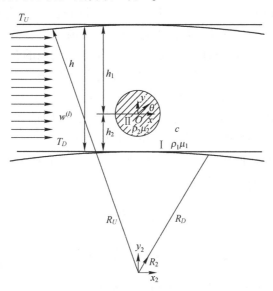

图 5-16 带形域内任意脱胶夹杂对波的散射模型

将模型进行分区，所求问题转换成对两个部分来求解，如图 5-17 和图 5-18 所示。

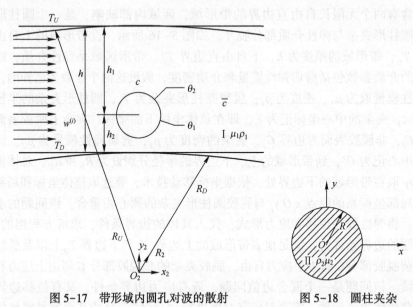

图 5-17　带形域内圆孔对波的散射　　　　图 5-18　圆柱夹杂

5.3.2　控制方程

弹性波散射问题有很多种，如各向异性、各向同性、对称问题、非对称问题、均匀介质、非均匀介质、P 波入射、SH 型导波入射、SV 波入射等，本书研究的是最简单的形式，SH 型导波入射各向同性、均匀的介质。SH 型导波的特点是：位移分量只与空间坐标的一个分量有关，在 xy 平面内入射任意方向的入射波，产生的位移 $w_j(x,y,t)$ 方向垂直 xy 平面，做出平面的剪切运动，由位移形式可以看出，位移为一个与 z 轴无关的量，时间谐和因子 $\exp(-i\omega t)$ 表示位移函数和时间函数的依赖关系，用位移函数 $w_j(x,y,t)$ 表示的亥姆霍兹方程的形式有很多种，前面给出过柱坐标下的形式，还有球坐标、极坐标以及直角坐标的形式，下面给出平面直角坐标系下的控制方程：

$$\frac{\partial^2 w_j}{\partial x^2}+\frac{\partial^2 w_j}{\partial y^2}+k^2 w_j=0 \tag{5-56}$$

式中：k_j 表示简谐波的波数；w_j 表示弹性波的位移函数；$k_j=\dfrac{\omega}{c_s}$，c_s 表示剪切波的波速，ω 表示位移函数 $w(x,y,t)$ 的圆频率。

通过位移和应力的转换关系，导出用位移表示的应力形式：

第5章 带形域中夹杂和凹陷对导波的散射

$$\tau_{xz}=\mu\frac{\partial w}{\partial x}, \quad \tau_{yz}=\mu\frac{\partial w}{\partial y} \tag{5-57}$$

推导极坐标下，控制方程的形式，引入复数变量$(z,\bar{z})$，其中$z=x+\mathrm{i}y$，$\bar{z}=x-\mathrm{i}y$，直角坐标下的控制方程和应力表达式变成极坐标下的形式：

$$\frac{\partial^2 w_j}{\partial z \partial \bar{z}}+\frac{1}{4}k^2 w_j=0 \tag{5-58}$$

$$\tau_{xz}=\mu_j\left(\frac{\partial w_j}{\partial z}+\frac{\partial w_j}{\partial \bar{z}}\right), \quad \tau_{yz}=\mu_j\left(\frac{\partial w_j}{\partial \bar{z}}-\frac{\partial w_j}{\partial z}\right) \tag{5-59}$$

$$\tau_{rz}=\mu_j\left(\frac{\partial w_j}{\partial z}\mathrm{e}^{\mathrm{i}\theta}+\frac{\partial w_j}{\partial \bar{z}}\mathrm{e}^{-\mathrm{i}\theta}\right), \quad \tau_{\theta z}=\mathrm{i}\mu_j\left(\frac{\partial w_j}{\partial z}\mathrm{e}^{\mathrm{i}\theta}-\frac{\partial w_j}{\partial \bar{z}}\mathrm{e}^{-\mathrm{i}\theta}\right) \tag{5-60}$$

5.3.3 SH型导波的入射波求解

如图5-16所示，一稳态谐和的波水平入射到含有脱胶圆柱形夹杂的带形域内，在复平面$(z,\bar{z})$上，可以写出入射波位移场$w^{(i)}$的表达式为

$$w^{(i)}=w_0\exp\left\{\frac{\mathrm{i}k_1}{2}[z\cdot\mathrm{e}^{-\mathrm{i}\alpha_0}+\bar{z}\cdot\mathrm{e}^{\mathrm{i}\alpha_0}]\right\} \tag{5-61}$$

式中：k_1为波数；w_0表示入射的最大幅值；α_0为x轴正向的夹角即波的入射角，当水平入射时，取$\alpha_0=0$。此时相应波位移的入射波的应力可表示为

$$\tau_{rz}^{(i)}=\mathrm{i}\tau_0\cos(\theta-\alpha)\exp\left\{\frac{\mathrm{i}k_1}{2}(z\mathrm{e}^{-\mathrm{i}\alpha}+\bar{z}\mathrm{e}^{\mathrm{i}\alpha})\right\} \tag{5-62}$$

$$\tau_{\theta z}^{(i)}=-\mathrm{i}\tau_0\sin(\theta-\alpha)\exp\left\{\frac{\mathrm{i}k_1}{2}(z\mathrm{e}^{-\mathrm{i}\alpha}+\bar{z}\mathrm{e}^{\mathrm{i}\alpha})\right\} \tag{5-63}$$

式中：$\tau_0=\mu_1 k_1 w_0$表示剪应力最大幅值。

5.3.4 带形域中散射波的求解

求解区域Ⅰ中的散射波$w^{(St)}$，包含三部分：第一部分是圆孔产生的散射波$w_{T_S}^{(St)}$；第二部分是带形域的上边界T_U产生的散射波$w_{T_U}^{(SI)}$；第三部分为带形域的下边界T_U产生的散射波$w_{T_D}^{(St)}$。因此，整个带形域中的散射波的位移场可以表示为

$$w^{(SI)}=w_{T_S}^{(SI)}+w_{T_V}^{(SI)}+w_{T_D}^{(SI)} \tag{5-64}$$

入射波在带形域内圆孔处发生散射，生成的散射波$w_{T_S}^{(St)}$，在极坐标下，具体的表达形式为

$$w_{T_S}^{(SI)}(z,\bar{z})=\sum_{n=-\infty}^{\infty}A_n H_n^{(1)}(k_1|z|)[z/|z|]^n \tag{5-65}$$

式中：A_n 是待定系数；$H_n^{(1)}(\cdot)$ 为 n 阶第一类汉克尔函数，与时间因子的乘积 $H_n^{(1)}(\cdot)\exp(-\mathrm{i}\omega t)$，表示起点是坐标原点向无穷远处传播的，呈现发散状的散射波。

入射波入射到带形域的上自由边界时，直边界假设为圆弧边界，因此会在带形域的上边界 T_U 产生散射波 $w_{T_U}^{(SI)}$，$w_{T_U}^{(St)}$ 在复平面 $(z_2,\bar{z}_2)$ 上散射波的形式为

$$w_{T_U}^{(SI)}(z_2,\bar{z}_2) = \sum_{n=-\infty}^{\infty} B_n H_n^{(2)}(k_1|z_2|)[z_2/|z_2|]^n \tag{5-66}$$

入射波入射到带形域的下自由边界时，直边界假设为圆弧边界，因此会在带形域的下边界 T_D 产生散射波 $w_{T_D}^{(SI)}$，$w_{T_D}^{(St)}$ 在复平面 $(z_2,\bar{z}_2)$ 上散射波的形式为

$$w_{T_D}^{(SI)}(z_2,\bar{z}_2) = \sum_{n=-\infty}^{\infty} C_n H_n^{(2)}(k_1|z_2|)[z_2/|z_2|]^n \tag{5-67}$$

式中：$z_2=z+\mathrm{i}(R_D+h_2)$，$H_n^{(2)}(\cdot)$ 为 n 阶第二类汉克尔函数，$H_n^{(2)}(\cdot)$ 与时间因子的乘积 $H_n^{(2)}(\cdot)\exp(-\mathrm{i}\omega t)$ 代表以无穷远处为波源向坐标原点传播的，呈现汇聚状的散射波。其中，$A_n,B_n,C_n(n=0,\pm1,\pm2\cdots)$ 为待求的未知系数。

根据位移和应力的转换关系，即式（5-67），写出用位移表示的应力表达式为

$$\tau_{rz,T_s}^{(SL)} = \frac{k_1\mu_1}{2}\sum_{n=-\infty}^{\infty} A_n\left\{H_{n-1}^{(1)}(k_1|z|)\left[\frac{z}{|z|}\right]^{n-1}\mathrm{e}^{\mathrm{i}\theta} - H_{n+1}^{(1)}(k_1|z|)\left[\frac{z}{|z|}\right]^{n+1}\mathrm{e}^{-\mathrm{i}\theta}\right\} \tag{5-68}$$

$$\tau_{\theta z,T_s}^{(SL)} = \frac{\mathrm{i}k_1\mu_1}{2}\sum_{n=-\infty}^{\infty} A_n\left\{H_{n-1}^{(1)}(k_1|z|)\left[\frac{z}{|z|}\right]^{n-1}\mathrm{e}^{\mathrm{i}\theta} - H_{n+1}^{(1)}(k_1|z|)\left[\frac{z}{|z|}\right]^{n+1}\mathrm{e}^{-\mathrm{i}\theta}\right\} \tag{5-69}$$

$$\tau_{rz,T_D}^{(SL)} = \frac{k_1\mu_1}{2}\sum_{n=-\infty}^{\infty} B_n\left\{H_{n-1}^{(1)}(k_1|z_2|)\left[\frac{z_2}{|z_2|}\right]^{n-1}\mathrm{e}^{\mathrm{i}\theta_2} - H_{n+1}^{(1)}(k_1|z_2|)\left[\frac{z_2}{|z_2|}\right]^{n+1}\mathrm{e}^{-\mathrm{i}\theta_2}\right\} \tag{5-70}$$

$$\tau_{\theta z,T_D}^{(SL)} = \frac{\mathrm{i}k_1\mu_1}{2}\sum_{n=-\infty}^{\infty} B_n\left\{H_{n-1}^{(2)}(k_1|z_2|)\left[\frac{z_2}{|z_2|}\right]^{n-1}\mathrm{e}^{\mathrm{i}\theta_2} - H_{n-1}^{(2)}(k_1|z_2|)\left[\frac{z_2}{|z_2|}\right]^{n+1}\mathrm{e}^{-\mathrm{i}\theta_2}\right\} \tag{5-71}$$

$$\tau_{rz,T_U}^{(SL)} = \frac{k_1\mu_1}{2}\sum_{n=-\infty}^{\infty} C_n\left\{H_{n-1}^{(2)}(k_1|z_2|)\left[\frac{z_2}{|z_2|}\right]^{n-1}\mathrm{e}^{\mathrm{i}\theta_2} - H_{n+1}^{(2)}(k_1|z_2|)\left[\frac{z_2}{|z_2|}\right]^{n+1}\mathrm{e}^{-\mathrm{i}\theta_2}\right\} \tag{5-72}$$

$$\tau_{rz,T_U}^{(SL)} = \frac{\mathrm{i}k_1\mu_1}{2}\sum_{n=-\infty}^{\infty} C_n\left\{H_{n-1}^{(2)}(k_1|z_2|)\left[\frac{z_2}{|z_2|}\right]^{n-1}\mathrm{e}^{\mathrm{i}\theta_2} + H_{n-1}^{(2)}(k_1|z_2|)\left[\frac{z_2}{|z_2|}\right]^{n+1}\mathrm{e}^{-\mathrm{i}\theta_2}\right\}$$
(5-73)

5.3.5 圆柱形夹杂中驻波的求解

入射波在带形域中传播，传到圆柱夹杂处，将会在夹杂的内部形成两列波，这两列波的基本特征完全相同，即波的振幅和频率都一样，朝同一方向振动，唯一不同的是传播方向，两列波相向传播，相互叠加后形成的两列波只是发生波动，并不向前推进，即形成驻波。

对于区域而言，夹杂内的位移场，是一个能够满足脱胶表面应力自由，而非脱胶部分应力任意的驻波，在脱胶圆柱的局部坐标系 $(z_j,\overline{z_j})$ 中，应力满足的边界条件是：在脱胶的部分应力自由，在黏合的部分应力连续。脱胶夹杂上具体的应力边界条件表示如下：

$$\tau_{rz}^{(st)} = \begin{cases} 0, & z\in C_j \\ \dfrac{\mu_2 k_2 W_0}{2}\sum_{n=-\infty}^{\infty} C_m[J_{m-1}(k_2|z|) - J_{m+1}(k_2|z|)]\left[\dfrac{z}{|z|}\right]^m, & z\in \overline{C_j} \end{cases}$$
(5-74)

式中：c_m 表示待定的未知系数。

在脱胶夹杂内形成的驻波，是一种弹性波，能够用弹性波表示和求解，满足控制方程的驻波解 $w^{(st)}$，在复坐标下，写成：

$$w^{(st)} = w_0 \sum_{n=-\infty}^{\infty} D_n J_n(k_2|z|)\left[\frac{z}{|z|}\right]^n$$
(5-75)

式中：D_n 为待定系数。

对应力表达式（5-74），在区间 $[\pi,-\pi]$ 上进行傅里叶级数展开，展开后的应力表达式的具体形式为

$$\tau_{rz}^{(st)} = \frac{\mu_2 k_2 w_0}{2}\sum_{n=-\infty}^{\infty}\sum_{m=-\infty}^{\infty} C_m a_{mn}[J_{m-1}(k|z|) - J_{m+1}(k_2|z|)]\left[\frac{z}{|z|}\right]^n \quad (5\text{-}76)$$

其中

$$a_{mn} = \begin{cases} \dfrac{1}{2}\left\{2\pi + \sum_{j=1}^{t}\theta_{2j-1} - \theta_{2j}\right\}, & m=n \\ \dfrac{\sum_{j=1}^{t}\mathrm{e}^{\mathrm{i}(m-n)\theta_{2j-1}} - \mathrm{e}^{\mathrm{i}(m-n)\theta_{2j}}}{2\pi\mathrm{i}(m-n)}, & m\neq n \end{cases}$$

根据式（5-74），相应的应力可以表示出来时，$|z|=R$ 将它与式（5-75）

相比较，则有

$$D_n = \sum_{m=-\infty}^{\infty} C_m \frac{J_{m-1}(k_2R) - J_{m+1}(k_2R)}{J_{n-1}(k_2R) - J_{n+1}(k_2R)} a_{mn} \tag{5-77}$$

把式（5-76）代入式（5-74），得到夹杂内的驻波解

$$w^{(st)} = w_0 \sum_{n=-\infty}^{\infty} \sum_{m=-\infty}^{\infty} C_m \frac{J_{m-1}(k_2R) - J_{m+1}(k_2R)}{J_{n-1}(k_2R) - J_{n+1}(k_2R)} a_{mn} J_n(k_2|z|) \left[\frac{z}{|z|}\right]^n \tag{5-78}$$

根据式（5-77）给出的位移场形式，通过式（5-59），并且在局部坐标系$(z_j, \bar{z}_j)$下，求得夹杂内的应力场表达式为

$$\tau_{rz}^{(st)} = \frac{\mu_2 k_2 w_0}{2} \sum_{n=-\infty}^{\infty} \sum_{m=-\infty}^{\infty} C_m \frac{J_{m-1}(k_2R) - J_{m+1}(k_2R)}{J_{n-1}(k_2R) - J_{n+1}(k_2R)}$$
$$\cdot a_{mn}[J_{n-1}(k_2|z|) - J_{n+1}(k_2|z|)] \left[\frac{z}{|z|}\right]^n \tag{5-79}$$

$$\tau_{\theta z}^{(st)} = \frac{\mathrm{i}\mu_2 w_0}{|z|} \sum_{n=-\infty}^{\infty} \sum_{m=-\infty}^{\infty} n C_m \frac{J_{m-1}(k_2R) - J_{m+1}(k_2R)}{J_{n-1}(k_2R) - J_{n+1}(k_2R)} a_{mn} J_n(k_2|z|) \left[\frac{z}{|z|}\right]^n \tag{5-80}$$

5.3.6 动应力集中系数

动应力集中能够反映弹性介质的动力学特性，是强度分析的重要因素，本节研究的圆柱形夹杂以及带形域对 SH 散射影响的大小，都要通过介质或夹杂周边的动应力分布情况来反映。本书通过脱胶圆柱形夹杂周围的动应力集中系数，随介质参数的变化，确定影响波传播的因素。动应力集中系数是两个动应力的比值形式，分子的动应力是弹性介质内任意一点产生的，分母的动应力是入射波在弹性介质内同一点上产生的。稳态 SH 型导波以 0° 入射角入射，在区域 I 中，应力 $\tau_{\theta z}^{(St)}$ 是以角变量 θ 为参数的复变函数，即为 $(A+B\mathrm{i})$ 的形式，当它与时间因子 $\mathrm{e}^{-\mathrm{i}\omega t}$ 的乘积为复数 $(A+B\mathrm{i})\mathrm{e}^{-\mathrm{i}\omega t}$，通常应力的解答选取 $(A+B\mathrm{i})\mathrm{e}^{-\mathrm{i}\omega t}$ 的实部，或者选取 $A\cos(\omega t) + B\sin(\omega t)$ 的形式。因此，在一个周期 $T = 2\pi/\omega$ 内，实部 A 代表在 $t = T$ 时刻的应力值；而虚部 B 则代表在 $t = T/4$ 时刻的应力值。复函数 $(A+B\mathrm{i})$ 的绝对值 $|\sigma_{\theta z}|$，应力的最值为 $(A^2+B^2)^{1/2}$。因此，由动应力集中系数的定义，将其表示成：

$$\tau_{\theta z}^* = |\tau_{\theta z}^{(\cdot)}/\tau_0| \tag{5-81}$$

式中：$\tau_{\theta z}^{(\cdot)}$ 为夹杂周边上的应力；τ_0 表示入射波产生应力，$\tau_0 = \mu_1 k_1 w$ 代表这一应力的幅值的最大值。综上所述，本节研究问题的动应力集中系数，是脱胶夹

杂周边的动应力集中系数，按照定义，具体形式为

$$\tau_{\theta z}^* = \frac{1}{\mu_1 k_1 w_0} \left\{ \begin{array}{l} -\mathrm{i}\tau_0 \sin\theta \exp\left\{\frac{\mathrm{i}k_1}{2}(z_1+\bar{z}_1)\right\} + \frac{\mathrm{i}k_1 \mu_1}{2} \\ \sum_{n=-\infty}^{\infty} A_n \left\{ H_{n-1}^{(1)}(k_1|z|) \left[\frac{z}{|z|}\right]^{n-1} \mathrm{e}^{\mathrm{i}\theta} + H_{n+1}^{(1)}(k_1|z|) \left[\frac{z}{|z|}\right]^{n+1} \mathrm{e}^{-\mathrm{i}\theta} \right\} \\ + \frac{\mathrm{i}k_1 \mu}{2} \sum_{n=-\infty}^{\infty} B_n \left\{ H_{n-1}^{(2)}(k_1|z_2|) \left[\frac{z_2}{|z_2|}\right]^{n-1} \mathrm{e}^{\mathrm{i}\theta_2} + H_{n-1}^{(2)}(k_1|z_2|) \left[\frac{z_2}{|z_2|}\right]^{n+1} \mathrm{e}^{-\mathrm{i}\theta_2} \right\} + \\ \frac{\mathrm{i}k_1 \mu}{2} \sum_{n=\infty}^{\infty} C_n \left\{ H_{n-1}^{(2)}(k_1|z_2|) \left[\frac{z_2}{|z_2|}\right]^{n-1} \mathrm{e}^{\mathrm{i}\theta_2} + H_{n-1}^{(2)}(k_1|z_2|) \left[\frac{z_2}{|z_2|}\right]^{n+1} \mathrm{e}^{-\mathrm{i}\theta_2} \right\} \end{array} \right\}$$

(5-82)

5.3.7 带形域内半圆形脱胶圆柱形夹杂的动应力集中问题算例

5.3.7.1 问题描述

带形域内含有一个圆柱形夹杂，夹杂的上半圆弧为脱胶部分，下半圆弧为非脱胶部分，如图 5-19 所示，设带形域的上自由直边界 T_U，带形域的厚度为 h，下自由直边界 T_D。带形区域是弹性介质，介质参数包括剪切弹性模量和介质密度，假设这两个参数为已知的，剪切弹性模量取为 μ_1、密度为 ρ_1；脱胶圆柱形夹杂为 T_S，圆柱形夹杂的半径用 a_s 表示，夹杂的中心坐标记为 c_s，即

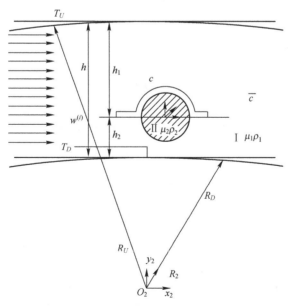

图 5-19 带形域内半圆形脱胶夹杂对波的散射

在总体坐标下的坐标,夹杂上脱胶表面为边界 C_j,非脱胶表面为边界 $\overline{C_J}$,夹杂的密度为 ρ_2,剪切弹性模量为 μ_2。圆柱夹杂中心到上边界距离为 h_1,到下半边界距离为 h_2。圆柱夹杂的半径用 r 表示,设大圆弧中心记为 O_2,到带形域的上、下边界的半径记分别设为 R_U 和 R_D,夹杂的密度为 ρ_1,剪切弹性模量为 μ_1,局部坐标系 $(x_jO_jy_j)$ 的原点与脱胶圆柱形夹杂的圆心相重合。满足该问题的边界条件为:满足带形域的上、下两边界 T_U 和 T_D 上应力自由,以及在夹杂周边上非脱胶部分应力连续和位移连续,脱胶部分应力自由。从而按照前面分区的思想求解 SH 型导波的控制方程。

将所求问题进行分区,得到以下两个问题,如图 5-20 和图 5-21 所示。

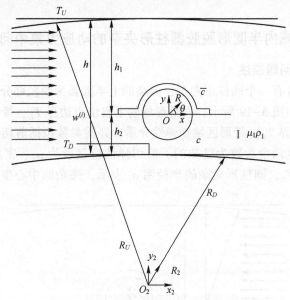

图 5-20 带形域内圆孔对 SH 型导波的散射

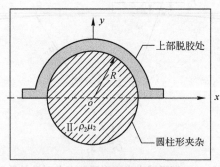

图 5-21 夹杂上部脱胶计算模型

5.3.7.2 驻波求解

带形域内的入射波、半圆形脱胶圆柱夹杂散射波、夹杂驻波的形式在前文中已经给出，只需再给出半圆形脱胶圆柱夹杂驻波 $w_{T_S}^{(SⅡ)}$ 的形式，该问题的边界条件为，在脱胶部分夹杂的上半圆弧应力自由，在黏合部分夹杂的下半圆弧应力、位移连续。脱胶夹杂上具体应力边界条件表示为

$$\tau_{r_2z,T_S}^{(SⅡ)} = \begin{cases} 0, & z \in C_j \\ \dfrac{\mu_2 k_2 w_0}{2} \sum\limits_{m=-\infty}^{\infty} D_m [J_{m-1}(k_2|z|) - J_{m+1}(k_2|z|)] \left[\dfrac{z}{|z|}\right]^m, & z \in \overline{C_j} \end{cases} \tag{5-83}$$

式中：D_m 表示待定的未知系数。

能够满足控制方程的驻波解的形式为

$$w_{r_2z,T_S}^{(SⅡ)} = w_0 \sum_{n=-\infty}^{\infty} D_n J_n(k_2|z|) \left[\dfrac{z}{|z|}\right]^n \tag{5-84}$$

式中：D_n 为待求系数。将式 (5-73) 在 $[\pi,-\pi]$ 内进行级数展开，得

$$\tau_{r_2z,T_S}^{(SⅠ)} = \dfrac{\mu_2 k_2 w_0}{2} \sum_{n=-\infty}^{\infty}\sum_{m=-\infty}^{\infty} D_m a_{mn} [J_{m-1}(k_2|z|) - J_{m+1}(k_2|z|)] \left[\dfrac{z}{|z|}\right]^n \tag{5-85}$$

其中

$$a_{mn} = \dfrac{1}{2\pi}\int_{-\pi}^{0} e^{i(m-n)\theta}d\theta = \begin{cases} \dfrac{1}{2}, & m=n \\ \dfrac{1-e^{-i(m-n)\pi}}{2\pi i(m-n)}, & m \neq n \end{cases} \tag{5-86}$$

根据式 (5-74)，得到相应的应力表达式，当 $|z_j|=R_j$ 时，与式 (5-73) 相比较，则有

$$D_n = \sum_{m=-\infty}^{\infty} D_m \dfrac{J_{m-1}(k_2 R) - J_{m+1}(k_2 R)}{J_{n-1}(k_2 R) - J_{n+1}(k_2 R)} a_{mn} \tag{5-87}$$

把式 (5-76) 代入式 (5-74)，驻波解为

$$w_{r_2z,T_S}^{(SⅠ)} = w_0 \sum_{n=-\infty}^{\infty}\sum_{m=-\infty}^{\infty} D_m \dfrac{J_{m-1}(k_2 R) - J_{m+1}(k_2 R)}{J_{n-1}(k_2 R) - J_{n+1}(k_2 R)} a_{mn} J_n(k_2|z|) \left[\dfrac{z}{|z|}\right]^n \tag{5-88}$$

式 (5-88) 给出了夹杂的位移场函数，利用式 (5-59)，能够得到夹杂内的应力场表达式为

$$\tau_{r_2z,T_S}^{(SII)} = \frac{\mu_2 k_2 w_0}{2} \sum_{n=-\infty}^{\infty} \sum_{m=-\infty}^{\infty} D_m \frac{J_{m-1}(k_2 R) - J_{m+1}(k_2 R)}{J_{n-1}(k_2 R) - J_{n+1}(k_2 R)}$$
(5-89)
$$a_{mn}[J_{n-1}(k_2|z|) - J_{n+1}(k_2|z|)] \left[\frac{z}{|z|}\right]^n$$

$$\tau_{\theta z,T_S}^{(SI)} = \frac{i\mu_2 w_0}{|z|} \sum_{n=-\infty}^{\infty} \sum_{m=-\infty}^{\infty} n D_m \frac{J_{m-1}(k_2 R) - J_{m+1}(k_2 R)}{J_{n-1}(k_2 R) - J_{n+1}(k_2 R)} a_{mn} J_n(k_2|z|) \left[\frac{z}{|z|}\right]^n$$
(5-90)

5.3.7.3 定解方程的求解

该问题满足的边界条件是：在脱胶的部分，图 5-19 上夹杂的圆弧 θ_1 和 θ_2 之间部分，应力自由，在黏合的部分，夹杂的剩下圆弧部分，应力、位移连续。带形域的上、下自由边界 T_U 和 T_D 上应力自由，用应力、位移的弹性波形式，将边界条件具体化，得到 4 个方程，即

$$\begin{cases} (a) T_D(|z'|=R_D): \tau_{rz}^{(i)} + \tau_{rz,T_S}^{(SI)} + \tau_{rz,T_D}^{(SI)} + \tau_{rz,T_U}^{(SI)} = 0 \\ (b) T_U(|z'|=R_U): \tau_{rz}^{(i)} + \tau_{rz,T_S}^{(SI)} + \tau_{rz,T_U}^{(SI)} + \tau_{rz,T_D}^{(SI)} = 0 \\ (c) T_S(|z_1|=a_1): \tau_{rz}^{(i)} + \tau_{rz,T_S}^{(SI)} + \tau_{rz,T_D}^{(SI)} + \tau_{rz,T_U}^{(SI)} = \tau_{r_2z,T_S}^{(SII)} \\ (d) T_S(|z_1|=a_1): w_{rz}^{(i)} + w_{rz,T_S}^{(SI)} + w_{rz,T_D}^{(SI)} + w_{rz,T_U}^{(SI)} = w_{r_2z,T_S}^{(SII)} \end{cases}$$
(5-91)

将位移、应力表达式代入方程组（5-78），有

$$\begin{cases} (a) \sum_{n=-\infty}^{+\infty} [\zeta_{1n}^{(1)} A_n + \zeta_{2n}^{(1)} B_n + \zeta_{3n}^{(1)} C_n] = \eta_1 \\ (b) \sum_{n=-\infty}^{+\infty} [\zeta_{1n}^{(2)} A_n + \zeta_{2n}^{(2)} B_n + \zeta_{3n}^{(2)} C_n] = \eta_2 \\ (c) \sum_{n=-\infty}^{+\infty} [\zeta_{1n}^{(3)} A_n + \zeta_{2n}^{(3)} B_n + \zeta_{3n}^{(3)} C_n - \zeta_{4n}^{(3)} D_n] = \eta_3 \\ (d) \sum_{n=-\infty}^{+\infty} [\zeta_{1n}^{(4)} A_n + \zeta_{2n}^{(4)} B_n + \zeta_{3n}^{(4)} C_n - \zeta_{4n}^{(4)} D_n] = \eta_4 \end{cases}$$
(5-92)

其中

$$\begin{cases} \zeta_{1n}^{(1)} = \frac{k_1 \mu_1}{2} \left\{ H_{n-1}^{(1)}(k_1|z_1|) \left[\frac{z_1}{|z_1|}\right]^{n-1} e^{i\theta_1} - H_{n+1}^{(1)}(k_1|z_1|) \left[\frac{z_1}{|z_1|}\right]^{n+1} e^{-i\theta_1} \right\} \\ \zeta_{2n}^{(1)} = \frac{k_1 \mu_1}{2} \left\{ H_{n-1}^{(2)}(k_1|z'|) \left[\frac{z'}{|z'|}\right]^{n-1} e^{i\theta_2} - H_{n+1}^{(2)}(k_1|z'|) \left[\frac{z'}{|z'|}\right]^{n+1} e^{-i\theta_2} \right\}, z'=z_1+i(R_D+h_2) \\ \zeta_{3n}^{(1)} = \frac{k_1 \mu_1}{2} \left\{ H_{n-1}^{(1)}(k_1|z'|) \left[\frac{z'}{|z'|}\right]^{n-1} e^{i\theta_2} - H_{n+1}^{(1)}(k_1|z'|) \left[\frac{z'}{|z'|}\right]^{n+1} e^{-i\theta_2} \right\}, z'=z_1+i(R_D+h_2) \end{cases}$$

第5章 带形域中夹杂和凹陷对导波的散射

$$\begin{cases} \zeta_{1n}^{(2)} = \frac{k_1\mu_1}{2}\left\{H_{1n}^{(1)}(k_1|z_1|)\left[\frac{z_1}{|z_1|}\right]^{n-1}e^{i\theta_1} - H_{n+1}^{(1)}(k_1|z_1|)\left[\frac{z_1}{|z_1|}\right]^{n+1}e^{-i\theta_1}\right\} \\ \zeta_{2n}^{(2)} = \frac{k_1\mu_1}{2}\left\{H_{2n}^{(2)}(k_1|z'|)\left[\frac{z'}{|z'|}\right]^{n-1}e^{i\theta_2} - H_{n+1}^{(2)}(k_1|z'|)\left[\frac{z'}{|z'|}\right]^{n+1}e^{-i\theta_2}\right\}, \; z'=z_1+\mathrm{i}(R_U+h_1) \\ \zeta_{3n}^{(2)} = \frac{k_1\mu_1}{2}\left\{H_{n-1}^{(1)}(k_1|z'|)\left[\frac{z'}{|z'|}\right]^{n-1}e^{i\theta_2} - H_{n+1}^{(1)}(k_1|z'|)\left[\frac{z'}{|z'|}\right]^{n+1}e^{-i\theta_2}\right\}, \; z'=z_1+\mathrm{i}(R_U+h_1) \end{cases}$$

$$\begin{cases} \eta_1 = -\mathrm{i}\tau_0\cos(\theta-\alpha)\exp\left\{\frac{\mathrm{i}k_1}{2}(ze^{-\mathrm{i}\alpha}+\bar{z}e^{\mathrm{i}\alpha})\right\}, \; z=z'-\mathrm{i}R_D \\ \eta_2 = -\mathrm{i}\tau_0\cos(\theta-\alpha)\exp\left\{\frac{\mathrm{i}k_1}{2}(ze^{-\mathrm{i}\alpha}+\bar{z}e^{\mathrm{i}\alpha})\right\}, \; z=z'-\mathrm{i}(R_U-h_1-h_2) \\ \eta_3 = -\mathrm{i}\tau_0\cos(\theta-\alpha)\exp\left\{\frac{\mathrm{i}k_1}{2}(ze^{-\mathrm{i}\alpha}+\bar{z}e^{\mathrm{i}\alpha})\right\}, \; z=z_1+\mathrm{i}h_2 \\ \eta_4 = w_0\exp\left\{\frac{\mathrm{i}k_1}{2}(ze^{-\mathrm{i}\alpha_0}+\bar{z}e^{\mathrm{i}\alpha_0})\right\}, \; z=z_1+\mathrm{i}h_2 \end{cases}$$

$$\begin{cases} \zeta_{1n}^{(3)} = \frac{k_1\mu_1}{2}\left\{H_{n-1}^{(1)}(k_1|z_1|)\left[\frac{z_1}{|z_1|}\right]^{n-1}e^{i\theta_1} - H_{n+1}^{(1)}(k_1|z_1|)\left[\frac{z_1}{|z_1|}\right]^{n+1}e^{-i\theta_1}\right\} \\ \zeta_{2n}^{(3)} = \frac{k_1\mu_1}{2}\left\{H_{n-1}^{(2)}(k_1|z'|)\left[\frac{z_1}{|z_1|}\right]^{n-1}e^{i\theta_2} - H_{n+1}^{(2)}(k_1|z'|)\left[\frac{z_1}{|z_1|}\right]^{n+1}e^{-i\theta_2}\right\}, \; z'=z_1+\mathrm{i}(R_U+h_1) \\ \zeta_{3n}^{(3)} = \frac{k_1\mu_1}{2}\left\{H_{n-1}^{(1)}(k_1|z'|)\left[\frac{z_1}{|z_1|}\right]^{n-1}e^{i\theta_2} - H_{n+1}^{(1)}(k_1|z'|)\left[\frac{z_1}{|z_1|}\right]^{n+1}e^{-i\theta_2}\right\}, \; z'=z_1+\mathrm{i}(R_D+h_2) \\ \zeta_{4n}^{(3)} = \frac{\mu_2 k_2}{2}\sum_{n=-\infty}^{\infty} D_m \frac{J_{m-1}(k_2R)-J_{m+1}(k_2R)}{J_{n-1}(k_2R)-J_{n+1}(k_2R)}a_{mn}[J_{n-1}(k_2|z_1|)-J_{n+1}(k_2|z_1|)]\left[\frac{z_1}{|z_1|}\right]^n \end{cases}$$

$$\begin{cases} \zeta_{1n}^{(4)} = H_n^{(1)}(k_1|z_1|)[z_1/|z_1|]^n \\ \zeta_{2n}^{(4)} = H_n^{(2)}(k_1|z'|)[z_1/|z_1|]^n, \; z'=z_1+\mathrm{i}(R_D+h_2) \\ \zeta_{3n}^{(4)} = H_n^{(1)}(k_1|z'|)[z_1/|z_1|]^n, \; z'=z_1+\mathrm{i}(R_U-h_1) \\ \zeta_{4n}^{(4)} = \sum_{n=-\infty}^{\infty} n\frac{J_{m-1}(k_2R)-J_{m+1}(k_2R)}{J_{n-1}(k_2R)-J_{n+1}(k_2R)}a_{mn}J_n(k_2|z_1|)\left[\frac{z_1}{|z_1|}\right]^n \end{cases}$$

对以上方程式的求解未知系数，需要将得到的以上方程通过傅里叶-汉克尔级数展开转化为一组无穷线性代数方程组，当无穷线性方程组的项数取得足够多时，截断这些项，能够保证问题的精度，对截断方程进行求解未知系数。对傅里叶-汉克尔级数展后的方程（5-91），其中，方程（a）左右两边同乘 $\exp(-\mathrm{i}m\theta')$、方程（b）左右两边同乘 $\exp(-\mathrm{i}m\theta')$，方程（c）左右两边同乘 $\exp(-\mathrm{i}m\theta)$，方程（d）左右两边同乘 $\exp(-\mathrm{i}m\theta)$，并在积分区间上对每个方程进行积分，解方程，求待定系数 A_n, B_n, C_n, D_n：

$$\begin{cases} (a) \sum_{n=-\infty}^{+\infty} [\zeta_{1n}^{(1)} A_n + \zeta_{2n}^{(2)} B_n + \zeta_{3n}^{(3)} C_n] = \eta_1 \\ (b) \sum_{n=-\infty}^{+\infty} [\zeta_{1n}^{(2)} A_n + \zeta_{2n}^{(2)} B_n + \zeta_{3n}^{(2)} C_n] = \eta_2 \\ (c) \sum_{n=-\infty}^{+\infty} [\zeta_{1n}^{(3)} A_n + \zeta_{2n}^{(3)} B_n + \zeta_{3n}^{(3)} C_n - \zeta_{4n}^{(3)} D_n] = \eta_3 \\ (d) \sum_{n=-\infty}^{+\infty} [\zeta_{1n}^{(4)} A_n + \zeta_{2n}^{(4)} B_n + \zeta_{3n}^{(4)} C_n - \zeta_{4n}^{(4)} D_n] = \eta_4 \end{cases} \quad (5-93)$$

$$\begin{cases} \sum_{n=-\infty}^{+\infty} [\Phi_{1n}^{(1)} A_n + \Phi_{2n}^{(2)} B_n + \Phi_{3n}^{(3)} C_n] = \Psi_1 \\ \sum_{n=-\infty}^{+\infty} [\Phi_{1n}^{(2)} A_n + \Phi_{2n}^{(2)} B_n + \Phi_{3n}^{(2)} C_n] = \Psi_2 \\ \sum_{n=-\infty}^{+\infty} [\Phi_{1n}^{(3)} A_n + \Phi_{2n}^{(3)} B_n + \Phi_{3n}^{(3)} C_n - \Phi_{4n}^{(3)} D_n] = \Psi_3 \\ \sum_{n=-\infty}^{+\infty} [\Phi_{1n}^{(4)} A_n + \Phi_{2n}^{(4)} B_n + \Phi_{3n}^{(4)} C_n - \Phi_{4n}^{(4)} D_n] = \Psi_4 \end{cases} \quad (5-94)$$

其中

$$\begin{cases} \Phi_{1n}^{(1)} = \frac{1}{2\pi} \int_{-\pi}^{\pi} \zeta_{1n}^{(1)} \exp(-\mathrm{i}m\theta') \mathrm{d}\theta' \\ \Phi_{2n}^{(1)} = \frac{1}{2\pi} \int_{-\pi}^{\pi} \zeta_{2n}^{(1)} \exp(-\mathrm{i}m\theta') \mathrm{d}\theta' \\ \Phi_{3n}^{(1)} = \frac{1}{2\pi} \int_{-\pi}^{\pi} \zeta_{3n}^{(1)} \exp(-\mathrm{i}m\theta') \mathrm{d}\theta' \\ \Psi_1 = \frac{1}{2\pi} \int_{-\pi}^{\pi} \eta_1 \exp(-\mathrm{i}m\theta') \mathrm{d}\theta' \\ \Phi_{1n}^{(2)} = \frac{1}{2\pi} \int_{-\pi}^{\pi} \zeta_{1n}^{(2)} \exp(-\mathrm{i}m\theta') \mathrm{d}\theta' \\ \Phi_{2n}^{(2)} = \frac{1}{2\pi} \int_{-\pi}^{\pi} \zeta_{2n}^{(2)} \exp(-\mathrm{i}m\theta') \mathrm{d}\theta' \\ \Phi_{3n}^{(2)} = \frac{1}{2\pi} \int_{-\pi}^{\pi} \zeta_{3n}^{(2)} \exp(-\mathrm{i}m\theta') \mathrm{d}\theta' \\ \Psi_2 = \frac{1}{2\pi} \int_{-\pi}^{\pi} \eta_2 \exp(-\mathrm{i}m\theta') \mathrm{d}\theta' \end{cases}$$

$$\begin{cases} \Phi_{1n}^{(3)} = \frac{1}{2\pi}\int_{-\pi}^{\pi} \zeta_{1n}^{(3)} \exp(-\mathrm{i}m\theta)\mathrm{d}\theta \\ \Phi_{2n}^{(3)} = \frac{1}{2\pi}\int_{-\pi}^{\pi} \zeta_{2n}^{(3)} \exp(-\mathrm{i}m\theta)\mathrm{d}\theta \\ \Phi_{3n}^{(3)} = \frac{1}{2\pi}\int_{-\pi}^{\pi} \zeta_{3n}^{(3)} \exp(-\mathrm{i}m\theta)\mathrm{d}\theta \\ \Phi_{4n}^{(3)} = \frac{1}{2\pi}\int_{-\pi}^{\pi} \zeta_{4n}^{(3)} \exp(-\mathrm{i}m\theta)\mathrm{d}\theta \\ \Psi_3 = \frac{1}{2\pi}\int_{-\pi}^{\pi} \eta_3 \exp(-\mathrm{i}m\theta)\mathrm{d}\theta \end{cases}$$

$$\begin{cases} \Phi_{1n}^{(4)} = \frac{1}{2\pi}\int_{-\pi}^{\pi} \zeta_{1n}^{(4)} \exp(-\mathrm{i}m\theta)\mathrm{d}\theta \\ \Phi_{2n}^{(4)} = \frac{1}{2\pi}\int_{-\pi}^{\pi} \zeta_{2n}^{(4)} \exp(-\mathrm{i}m\theta)\mathrm{d}\theta \\ \Phi_{3n}^{(4)} = \frac{1}{2\pi}\int_{-\pi}^{\pi} \zeta_{3n}^{(4)} \exp(-\mathrm{i}m\theta)\mathrm{d}\theta \\ \Phi_{4n}^{(4)} = \frac{1}{2\pi}\int_{-\pi}^{\pi} \zeta_{4n}^{(4)} \exp(-\mathrm{i}m\theta)\mathrm{d}\theta \\ \Psi_4 = \frac{1}{2\pi}\int_{-\pi}^{\pi} \eta_4 \exp(-\mathrm{i}m\theta)\mathrm{d}\theta \end{cases}$$

5.3.7.4 夹杂周围的动应力集中系数

动应力集中能够反映弹性介质的动力学特性，是强度分析的重要因素。本算例研究的圆柱形夹杂对SH型导波散射影响的大小，都要通过夹杂周边的动应力分布情况来反映。本算例通过脱胶圆柱形夹杂周围的动应力集中系数随介质参数的变化，确定影响SH型导波传播的因素。动应力集中系数是两个动应力的比值形式，分子的动应力是夹杂周边点产生的，分母的动应力是入射波在弹性介质内同一点上产生的。在区域Ⅰ中，应力 $\tau_{\theta z1}^{(SI)}$，是以角变量 θ 为参数的复变函数，即为 $(A+\mathrm{i}B)$ 的形式，当它与时间因子 $\exp(-\mathrm{i}\omega t)$ 的乘积为复数 $(A+\mathrm{i}B)\exp(-\mathrm{i}\omega t)$ 时，通常应力的解答选取 $(A+\mathrm{i}B)\exp(-\mathrm{i}\omega t)$ 的实部，或者选取 $A\cos(\omega t)+B\sin(\omega t)$ 的形式。因此，在一个周期 $T=2\pi/\omega$ 内，实部 A 代表在 $t=T$ 时刻的应力值；而虚部 B 则代表在 $t=T/4$ 时刻的应力值。复函数 $(A+\mathrm{i}B)$ 的绝对值 $|\sigma_{\theta z}|$，应力的最值为 $(A^2+B^2)^{1/2}$，因此，由动应力集中系数的定义，可将其表示成

$$\tau_{\theta z}^* = |\tau_{\theta z}^{(\cdot)}/\tau_0| \tag{5-95}$$

式中：$\tau_{\theta z}^{(\cdot)}$ 为夹杂周边上的应力；τ_0 表示入射波产生的应力，$\tau_0=\mu_1 k_1 w_0$ 代表

这一应力的幅值的最大值。

根据以上给出的动应力集中系数的定义，结合本节的具体问题，给出脱胶夹杂周边的动应力集中系数：

$$\tau_{\theta z}^* = \frac{1}{\mu_1 k_1 w_0} \left\{ \begin{array}{l} -i\tau_0 \sin\theta \exp\left\{\frac{ik_1}{2}(z_1+\overline{z_1})\right\} + \frac{ik_1\mu_1}{2} \\ \sum_{n=-\infty}^{\infty} A_n \left\{ H_{n-1}^{(1)}(k_1|z|)\left[\frac{z_1}{|z_1|}\right]^{n-1} e^{i\theta} + H_{n+1}^{(1)}(k_1|z|)\left[\frac{z_1}{|z_1|}\right]^{n+1} e^{-i\theta} \right\} \\ + \frac{ik_1\mu_1}{2} \sum_{n=\infty}^{\infty} B_n \left\{ H_{n-1}^{(2)}(k_1|z'|)\left[\frac{z_1}{|z_1|}\right]^{n-1} e^{i\theta_2} + H_{n+1}^{(2)}(k_1|z'|)\left[\frac{z_1}{|z_1|}\right]^{n+1} e^{-i\theta_2} \right\} + \\ \frac{ik_1\mu_1}{2} \sum_{n=\infty}^{\infty} C_n \left\{ H_{n-1}^{(1)}(k_1|z'|)\left[\frac{z_1}{|z_1|}\right]^{n-1} e^{i\theta_2} + H_{n+1}^{(1)}(k_1|z'|)\left[\frac{z_1}{|z_1|}\right]^{n+1} e^{-i\theta_2} \right\} \end{array} \right\}$$

(5-96)

5.3.7.5 数值结果与分析

脱胶圆柱夹杂半径 r，为了简化计算，对参数进行无量纲化处理，对脱胶圆柱夹杂在带形域中位置对 SH 型导波散射影响进行分析，带形域上边界到圆心的距离为 h_1，上边界与圆柱夹杂的半径的比值为 h_1/r；带形域下边界到圆心的距离为 h_2，下边界与圆柱夹杂的半径的比值为 h_2/r，若弹性介质中散射波的波数设为 $k_1 r$，脱胶夹杂内驻波的波数设为 $k_2 r$，设 $\mu_1^* = \mu_2/\mu_1$ 和 $K_1^* = k_2/k_1$，将二者的比值记为 K_1^*，有定义知 $K_1^* = k_2/k_1 = (\omega/c_2)/(\omega/c_1) = c_1/c_2$，$K_1^*$ 可以化为弹性波的波速之比，该介质参数能够直接反映出波在介质中传播的快慢。因此，是影响应力集中系数 $\tau_{\theta z}^*$ 的关键因素之一。大圆弧假定法的原理是弹性波散射的衰减特性。为了确保求解的精度，大圆弧半径要取得足够大，才能用圆弧逼近直边界。因此，本节中取大弧半径远远大于圆柱夹杂的半径，取二者的比值为 100 以上。

本节通过 Fortran 编程对截断方程求解，用 Orogin 绘制 $\tau_{\theta z}^*$ 的分布图。讨论 $\tau_{\theta z}^*$ 的几个主要影响因素，如波数、夹杂的位置、介质参数 μ_1^* 对夹杂周边 $\tau_{\theta z}^*$ 的影响。

图 5-22（a）~图 5-22（c）表示在当 SH 型导波水平入射时，不同波数（$k_1 r = 0.1, 1.0, 2.0$），介质参数取为 $K_1^* = 0.3, \mu_1^* = 1/0.4$，给出 $h_1 = 2.5, h_2 = 2.5$；$h_1 = 2.5, h_2 = 10$ 以及 $h_1 = 100, h_2 = 100$ 时，脱胶夹杂周边的 $\tau_{\theta z}^*$（DSCF）的分布。由图 5-22（a）可以看出，当 $k_1 r = 1$ 时，$\tau_{\theta z}^*$ 的最大值为 $\theta = 125°$ 的点，其值为 2.2。当脱胶夹杂在带形域中位置确定，入射波波数变化时，动应力也会相应改变，对比图 5-22（a）~图 5-22（c）可以看出，$\tau_{\theta z}^*$ 受两自由直

第 5 章 带形域中夹杂和凹陷对导波的散射

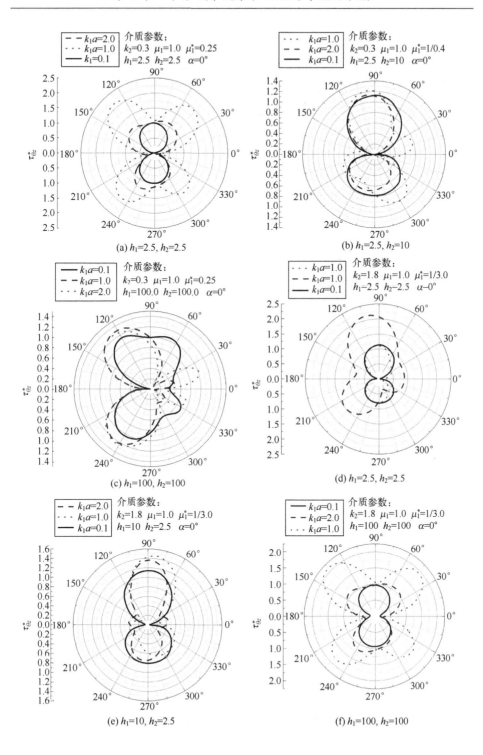

(a) $h_1=2.5$, $h_2=2.5$
(b) $h_1=2.5$, $h_2=10$
(c) $h_1=100$, $h_2=100$
(d) $h_1=2.5$, $h_2=2.5$
(e) $h_1=10$, $h_2=2.5$
(f) $h_1=100$, $h_2=100$

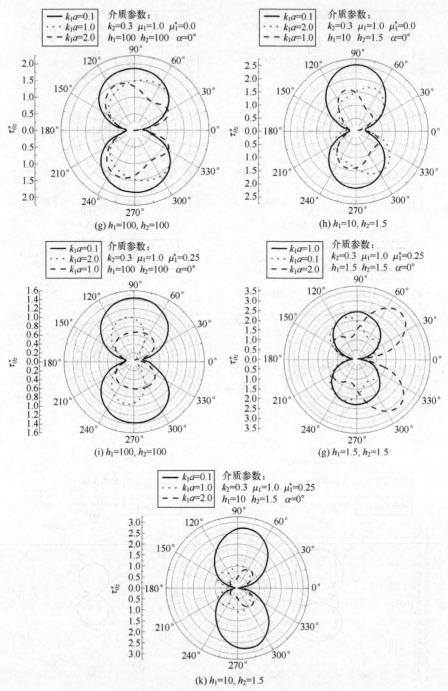

图 5-22 边界到圆心的距离对动应力集中系数（DSCF）的影响

边的影响，改变了随波数 k_1r 变化的规律性。如图 5-22（c）所示，当带形域很厚时，带形域的问题可看作全空间问题，带形域的上、下自由边界对脱胶夹杂周边 $\tau_{\theta z}^*$ 的影响微乎其微。相反，图 5-22（a）、（b）中，自由边界的影响显著，不可忽略带形域自由边界对动应力集中系数的影响。距自由边界越近，$\tau_{\theta z}^*$ 变化越显著，$\tau_{\theta z}^*$ 的最大值 $\theta=90°$，该点是距离自由边最近的点。由此可见，带形域自由边界对动应力集中系数具有放大作用，并且受带形域的厚度影响。

图 5-22（d）~（f）表示，在 $K_1^*=1.8$，$\mu_1^*=1/3.0$，给出 $h_1=2.5$，$h_2=2.5$；$h_1=10$，$h_2=2.5$ 以及 $h_1=100$，$h_2=100$ 时，不同波数（$k_1r=0.1,1.0,2.0$）对脱胶夹杂周边的动应力集中系数 $\tau_{\theta z}^*$（DSCF）的影响。由 $\tau_{\theta z}^*$ 的分布图可以看出，$\tau_{\theta z max}^*$ 分别出现在 $\theta=105°,85°,135°$，和图 5-22（a）、（b）比较，$\tau_{\theta z}^*$ 值增大 10%~40%，说明介质参数变化会引起 $\tau_{\theta z}^*$ 的变化，K_1^* 值变大，$\tau_{\theta z}^*$ 也变大。

图 5-22（g）、（h）表示，SH 型导波水平入射时，当 $K_1^*=1.0$，脱胶部分取为 360°，$h_1=100$，$h_2=100$；$h_1=10$，$h_2=1.5$，不同波数（$k_1r=0.1,1.0,2.0$）对脱胶夹杂周边的动应力集中系数 $\tau_{\theta z}^*$（DSCF）的影响，由图 5-22（g）的 $\tau_{\theta z}^*$ 的分布图可以看出，$\tau_{\theta z max}^*=2.0$ 出现在 $\theta=90°$，所得结果，与全空间单孔问题的结果基本一致。当带形域的厚度足够大时，可以近似为全空间单孔问题。图 5-22（h）此时近似带形域内单个圆孔问题，距离自由边近的点，$\tau_{\theta z}^*$ 的变化相对剧烈。

图 5-22（i）~（k）所示，SH 型导波水平入射时，当 $K_1^*=1.0$，脱胶部分取为 0°，$h_1/R=100$，$h_2/R=100$；$h_1/R=1.5$，$h_2/R=1.5$；$h_1/R=10$，$h_2/R=1.5$ 时，不同波数（$k_1r=0.1,1.0,2.0$）对脱胶夹杂的周边的动应力集中系数 $\tau_{\theta z}^*$（DSCF）的影响，由图 5-22（i）的 $\tau_{\theta z}^*$ 的分布图可以看出，$\tau_{\theta z max}^*=1.6$ 出现在 $\theta=90°$ 所得结果与全空间单个夹杂问题的结果相近似。当带形域的厚度足够大时，可以近似为全空间单个夹杂问题。图 5-22（i）~（k）此时近似带形域内单个夹杂问题。

5.4 带形域中含多个半圆柱形凹陷对 SH 型导波的散射

板类材料作为承重构件广泛应用在土木和水利等工程领域。在实际使用过程中，板材表面常会因为外界环境腐蚀而受到破坏并产生凹陷，有时人们也会为了满足线路或排水要求而在板材表面预留出圆柱形的凹陷通道。当波在这种结构内传播时，在凹陷处发生散射，并且引起动应力集中和位移幅值的增大，对材料产生破坏，进而威胁着人们的生命安全，因此对该问题的研究尤为重要。

本节将表面存在半圆柱形凹陷的弹性板的反平面问题按照带形域中凹陷对 SH 型导波的稳态散射问题来近似研究。首先运用波函数展开法和累次镜像法推导了带形域含多个半圆柱形凹陷对 SH 型导波散射问题的解析解；其次对累次镜像法的精度进行了讨论；最后通过数值算例，分析了凹陷边沿的动应力集中和带形域边界位移幅值的变化。

5.4.1 问题描述

如图 5-23 所示，无限长带形域的厚度为 h，上边界为 B_u，下边界为 B_L，其中上边存在 g 个半圆柱形凹陷，凹陷的圆心分别为 $O_1, O_2, \cdots, O_j, \cdots, O_g$，半径分别为 $r_1, r_2, \cdots, r_j, \cdots, r_g$；介质的剪切模量和密度分别为 μ 和 ρ。分别以各个圆心 $O_1, O_2, \cdots, O_j, \cdots, O_g$ 为原点建立右手平面直角坐标系 $(O_1, r_1, \theta_1), (O_2, r_2, \theta_2), \cdots, (O_j, r_j, \theta_j), \cdots, (O_g, r_g, \theta_g)$，其中 x 轴平行带形域的长度方向，y 轴平行厚度方向；同时以圆心为极点，建立面极坐标系 $(O_1, r_1, \theta_1), (O_2, r_2, \theta_2), \cdots, (O_j, r_j, \theta_j), \cdots, (O_g, r_g, \theta_g)$；引入复变量 $z_j = x_j + \mathrm{i} y_j = r e^{\mathrm{i}\theta_j}, \overline{z_j} = x_j - \mathrm{i} y_j = r e^{-\mathrm{i}\theta_j}$，其中 $\mathrm{i} = \sqrt{-1}$，建立复平面 $(z_j, \overline{z_j})$，$j = 1, 2, \cdots, g$。当 SH 型导波在传播时，出平面方向为质点的震动方向，振幅 w 只是坐标 (x, y, t) 或 (r, θ, t) 的函数。

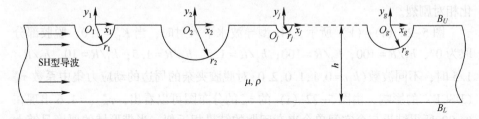

图 5-23　弹性带形域中的半圆柱形凹陷

5.4.2 理论分析

5.4.2.1 控制方程

弹性动力学反平面问题的控制方程为标量波动方程，即

$$\mu \Delta w = \rho \frac{\partial^2 w}{\partial t^2} \tag{5-97}$$

式中：Δ 是二维拉普拉斯算子。本节中对稳态 SH 型导波进行分析，按分离变量法，分离空间变量与时间变量后，略去时间谐和因子 $\exp(-\mathrm{i}\omega t)$，$\omega$ 为圆频率，得到亥姆霍兹方程，即位移的控制方程：

第5章 带形域中夹杂和凹陷对导波的散射

$$\Delta w + k^2 w = 0 \tag{5-98}$$

式中：$k = \omega/c_s$ 为反平面剪切波的波数，$c_s = \sqrt{\mu/\rho}$ 为相速度。

在复平面内，亥姆霍兹方程以及应力应变的关系可以表示为

$$4\frac{\partial w}{\partial z \partial \bar{z}} + k^2 w = 0 \tag{5-99}$$

$$\begin{cases} \tau_x = \mu \left[\dfrac{\partial w(z,\bar{z})}{\partial z} + \dfrac{\partial w(z,\bar{z})}{\partial \bar{z}} \right] \\ \tau_{yz} = \mu \mathrm{i} \left[\dfrac{\partial w(z,\bar{z})}{\partial z} - \dfrac{\partial w(z,\bar{z})}{\partial \bar{z}} \right] \end{cases} \tag{5-100}$$

$$\begin{cases} \tau_{rz} = \mu \left[\dfrac{\partial w(z,\bar{z})}{\partial z} \mathrm{e}^{\mathrm{i}\theta} + \dfrac{\partial w(z,\bar{z})}{\partial \bar{z}} \mathrm{e}^{-\mathrm{i}\theta} \right] \\ \tau_{\theta z} = \mu \mathrm{i} \left[\dfrac{\partial w(z,\bar{z})}{\partial z} \mathrm{e}^{\mathrm{i}\theta} - \dfrac{\partial w(z,\bar{z})}{\partial \bar{z}} \mathrm{e}^{-\mathrm{i}\theta} \right] \end{cases} \tag{5-101}$$

5.4.2.2 入射波

如图 5-24 所示，在带形域上边界 B_U 的任意一点建立全局坐标系。根据参考文献 [4]，满足带形域上、下边界应力自由条件式 (5-102) 的 SH 型导波表达式为式 (5-103)。

$$\mu \frac{\partial w}{\partial y}\bigg|_{y=-h,0} = 0 \tag{5-102}$$

$$w_m = f_m(y) \mathrm{e}^{\mathrm{i}(k_m x - \omega t)} \tag{5-103}$$

式中：$f_m(y)$ 是 y 方向的干涉项，满足式 (5-104)；$\exp(\mathrm{i}k_m x - \mathrm{i}\omega t)$ 为 x 方向上的传播项；m 为导波阶数，物理意义为 y 轴方向上干涉项的节点数，如图 5-24 所示；$w_m^{(1)}$ 和 $w_m^{(2)}$ 为对应传播型导波的幅值，m 为偶数时 $w_m^{(1)} = 0$，m 为奇数时 $w_m^{(2)} = 0$；q_m 满足式 (5-105)；k_m 为 x 轴方向上的视波数，与 y 方向上的视波数 q_m 满足方程 (5-106)，只有当 k_m 为实数时，$\exp(\mathrm{i}k_m x - \mathrm{i}\omega t)$ 才能代表 x 轴方向上传播的行波，由于对非传播型波的研究没有任何意义，所以当入射 m 阶 SH 型导波时，要求波数应 $k > m\pi/h$。

$$f_m(y) = w_m^{(1)} \sin\left[q_m\left(y + \frac{h}{2}\right)\right] + w_m^{(2)} \cos\left[q_m\left(y + \frac{h}{2}\right)\right] \tag{5-104}$$

$$q_m = \frac{m\pi}{h} \tag{5-105}$$

$$q_m^2 = k^2 - k_m^2 \tag{5-106}$$

运用叠加法，将各阶导波进行叠加，就可以得到带形介质中满足上、下边界应力自由的全部位移波：

$$w^{(i)} = \sum_{m=0}^{+\infty} w_m = \sum_{m=0}^{+\infty} f_m(y) \mathrm{e}^{\mathrm{i}(k_m x - \omega t)} \tag{5-107}$$

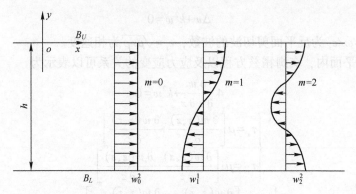

图 5-24 SH 型导波的振型

本书中讨论的为稳态 SH 型导波，略去时间谐和因子 $\exp(-\mathrm{i}\omega t)$，当入射的导波为 m 阶时，位移和应力的表达式如下：

$$w^{(i)} = \{w_m^{(1)} \cdot \sin[q_m(y+h/2)] + w_m^{(2)} \cdot \cos[q_m(y+h/2)]\} \cdot \mathrm{e}^{(\mathrm{i}k_m x)} \quad (5-108)$$

$$\begin{cases} \tau_{xz}^{(i)} = \mathrm{i}\mu k_m \cdot \left\{w_m^{(1)} \cdot \sin\left[q_m\left(y+\dfrac{h}{2}\right)\right] + w_m^{(2)} \cdot \cos\left[q_m\left(y+\dfrac{h}{2}\right)\right]\right\} \cdot \mathrm{e}^{\mathrm{i}k_m x} \\ \tau_{yz}^{(i)} = q_m \left\{w_m^{(1)} \cdot \cos\left[q_m\left(y+\dfrac{h}{2}\right)\right] - w_m^{(2)} \cdot \sin\left[q_m\left(y+\dfrac{h}{2}\right)\right]\right\} \cdot \mathrm{e}^{\mathrm{i}k_m x} \end{cases} \quad (5-109)$$

$$\begin{cases} \tau_{rz}^{(i)} = \tau_{xz}^{(i)}\cos\theta + \tau_{yz}^{(i)}\sin\theta \\ \tau_{\theta z}^{(i)} = -\tau_{xz}^{(i)}\sin\theta + \tau_{yz}^{(i)}\cos\theta \end{cases} \quad (5-110)$$

式中：上标 (i) 代表入射波。

5.4.2.3 散射波

在入射 SH 型导波的作用下，凹陷会产生散射波。运用累次镜像法，以第 j 个半圆柱形凹陷为例，对其产生的散射波进行推导说明，其余 $g-1$ 个凹陷产生的散射波可以通过同样的方法行求解。

将半圆柱形凹陷 B_j 向介质外延拓为一个整圆，记为圆孔 $\overline{B}_j$，如图 5-25 所示。按照波函数展开法和复变函数法可得，由第 j 个圆孔边界 $\overline{B}_j$ 产生的全空间散射波的位移 $w_j^{(s,0)}$ 和应力 $\tau_{j,rz}^{(s,0)}$、$\tau_{j,\theta z}^{(s,0)}$ 满足[3]：

$$w_j^{(s,0)}(z_j) = w_0 \sum_{n=-\infty}^{+\infty} A_{j,n} H_n^{(1)}(k|z_j|) \left(\frac{z_j}{|z_j|}\right)^n \quad (5-111)$$

$$\tau_{j,rz}^{(s,0)}(z_j) = \frac{k\mu}{2} \sum_{n=-\infty}^{+\infty} A_{j,n} \left[H_{n-1}^{(1)}(k|z_j|) \cdot \left(\frac{z_j}{|z_j|}\right)^{n-1} \mathrm{e}^{\mathrm{i}\theta_j} - H_{n+1}^{(1)}(k|z_j|) \cdot \left(\frac{z_j}{|z_j|}\right)^{n+1} \mathrm{e}^{-\mathrm{i}\theta_j} \right] \quad (5-112)$$

$$\tau_{j,\theta z}^{(s,0)}(z_j) = \frac{\mathrm{i}k\mu}{2}\sum_{n=-\infty}^{+\infty}A_{j,n}\left[H_{n-1}^{(1)}(k|z_j|)\cdot\left(\frac{z_j}{|z_j|}\right)^{n-1}\mathrm{e}^{\mathrm{i}\theta_j}+H_{n+1}^{(1)}(k|z_j|)\cdot\left(\frac{z_j}{|z_j|}\right)^{n+1}\mathrm{e}^{-\mathrm{i}\theta_j}\right]$$
(5-113)

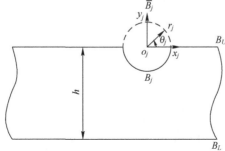

图 5-25 延拓后的第 j 个凹陷

第 j 个圆孔边界 $\overline{B_j}$ 产生的散射波 $w_j^{(s,p)}$ 在带形域的边界 B_U 和 B_L 上分别发生第一次反射，该反射波可以用散射波 $w_j^{(s,0)}$ 对边界 B_U 和 B_L 的镜像 $w_{j,1}^{(s,1)}$、$w_{j,2}^{(s,1)}$ 来表示，称为一次镜像散射波，如图 5-26 所示；第一次反射波又会在带形域的边界 B_U 和 B_L 上分别发生第二次反射，该反射波可以用第一次镜像散射波 $w_{j,1}^{(s,1)}$、$w_{j,2}^{(s,1)}$ 对边界 B_U 和 B_L 的镜像 $w_{j,1}^{(s,1)}$、$w_{j,2}^{(s,1)}$ 来表示，称为二次镜像散射波，如图 5-27 所示；如此反复，得到第 j 个圆孔界 B_j 的第 P 次镜像散射波的位移为 $w_{j,1}^{(s,p)}$、$w_{j,2}^{(s,p)}$，相对应的应力 $\tau_{j,rz,1}^{(s,p)}$、$\tau_{j,\theta z,1}^{(s,p)}$、$\tau_{j,rz,2}^{(s,p)}$、$\tau_{j,\theta z,2}^{(s,p)}$，满足式（5-115）~式（5-119）。其中第一个上标 (s) 表示散射波，最后一个上标 (p) 为镜像次数，第一个下标 j 表示为该散射场由第 j 个凹陷产生，最后一个下标 1 或 2 代表镜像面为 B_U 和 B_L。

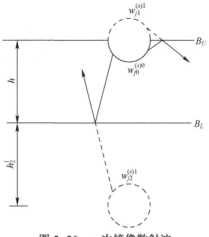

图 5-26 一次镜像散射波

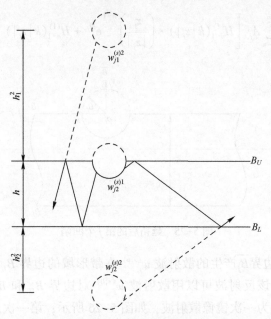

图 5-27 二次镜像散射波

$$w_{j,1}^{(s,P)}(z_j) = w_0 \sum_{n=-\infty}^{+\infty} A_{j,n} H_n^{(1)}(k|z_{j,1}^{(P)}|) \left(\frac{z_{j,1}^{(P)}}{|z_{j,1}^{(P)}|}\right)^{(-1)^P n} \tag{5-114}$$

$$\tau_{j,r=1}^{(s,P)}(z_j) = \frac{k\mu}{2} \sum_{m=-\infty}^{+\infty} A_{j,n} \left[H_{n-1}^{(1)}(k|z_{j,1}^{(P)}|) \left(\frac{z_{j,1}^{(P)}}{|z_{j,1}^{(P)}|}\right)^{(-1)^P(n-1)} e^{(-1)^P i\theta_j} \right. \\ \left. - H_{n+1}^{(1)}(k|z_{j,1}^{(P)}|) \cdot \left(\frac{z_{j,1}^{(P)}}{|z_{j,1}^{(P)}|}\right)^{(-1)^P(n+1)} e^{(-1)^{(P+1)} i\theta_j} \right] \tag{5-115}$$

$$\tau_{j,\theta,1}^{(s,P)}(z_j) = (-1)^p \frac{ik\mu}{2} \sum_{m=-\infty}^{+\infty} A_{j,n} \left[H_{n-1}^{(1)}(k|z_{j,1}^{(P)}|) \left(\frac{z_{j,1}^{(P)}}{|z_{j,1}^{(P)}|}\right)^{(-1)^P(n-1)} e^{(-1)^P i\theta_j} \right. \\ \left. + H_{n+1}^{(1)}(k|z_{j,1}^{(P)}|) \cdot \left(\frac{z_{j,1}^{(P)}}{|z_{j,1}^{(P)}|}\right)^{(-1)^P(n+1)} e^{(-1)^{(P+1)} i\theta_j} \right] \tag{5-116}$$

$$w_{j,2}^{(s,P)}(z_j) = w_0 \sum_{n=-\infty}^{+\infty} A_{j,n} H_n^{(1)}(k|z_{j,2}^{(P)}|) \left(\frac{z_{j,2}^{(P)}}{|z_{j,2}^{(P)}|}\right)^{(-1)^P n} \tag{5-117}$$

$$\tau_{j,r=2}^{(s,P)}(z_j) = \frac{k\mu}{2} \sum_{m=-\infty}^{+\infty} A_{j,n} \left[H_{n-1}^{(1)}(k|z_{j,2}^{(P)}|) \left(\frac{z_{j,2}^{(P)}}{|z_{j,2}^{(P)}|}\right)^{(-1)^P(n-1)} e^{(-1)^P i\theta_j} \right. \\ \left. - H_{n+1}^{(1)}(k|z_{j,2}^{(P)}|) \cdot \left(\frac{z_{j,2}^{(P)}}{|z_{j,2}^{(P)}|}\right)^{(-1)^P(n+1)} e^{(-1)^{(P+1)} i\theta_j} \right] \tag{5-118}$$

第5章 带形域中夹杂和凹陷对导波的散射

$$\tau_{j,\theta,2}^{(s,P)}(z_j) = (-1)^p \frac{ik\mu}{2} \sum_{m=-\infty}^{+\infty} A_{j,n} \left[H_{n-1}^{(1)}(k|z_{j,2}^{(P)}|) \left(\frac{z_{j,2}^{(P)}}{|z_{j,2}^{(P)}|} \right)^{(-1)^P(n-1)} e^{(-1)^P i\theta_j} \right.$$

$$\left. + H_{n+1}^{(1)}(k|z_{j,2}^{(P)}|) \cdot \left(\frac{z_{j,2}^{(P)}}{|z_{j,2}^{(P)}|} \right)^{(-1)^P(n+1)} e^{(-1)^{(P+1)} i\theta_j} \right] \quad (5\text{-}119)$$

其中

$$z_{j,1}^{(P)} = z_j - s_{j,1}^{(P)}, \quad z_{j,2}^{(P)} = z_j - s_{j,2}^{(P)} \quad (5\text{-}120)$$

$$s_{j,1}^{(P)} = ih_{j,1}^{(P)}, \quad s_{j,2}^{(P)} = -i(h + h_{j,2}^{(P)}) \quad (5\text{-}121)$$

$$h_{j,1}^{(P)} = \frac{(-1)^P h + h}{2} + (P-1)h \quad (5\text{-}122)$$

$$h_{j,2}^{(P)} = \frac{(-1)^{P+1} h + h}{2} + (P-1)h \quad (5\text{-}123)$$

式中：$H_{n-1}^1(\cdot)$、$H_n^1(\cdot)$ 和 $H_{n+1}^1(\cdot)$ 分别为 $n-1$、n 和 $n+1$ 阶的第一类汉克尔函数，由其表示的波函数为向外传播的散射波。

运用叠加法，将每次镜像得到的散射波累加在一起，即可得到第 j 个圆孔 $\overline{B}_j$ 产生的可满足带形域上、下边界应力自由的散射波的位移场为式（5-124），应力场为式（5-125）和式（5-126）。

$$w_j^{(s)}(z_j) = w_j^{(s,0)}(z_j) + \sum_{p=1}^{+\infty} \left[w_{j,1}^{(s,P)}(z_j) + w_{j,2}^{(s,P)}(z_j) \right] \quad (5\text{-}124)$$

$$\tau_{j,rz}^{(s)}(z_j) = \tau_{j,rz}^{(s,0)}(z_j) + \sum_{p=1}^{+\infty} \left[\tau_{j,rz,1}^{(s,p)}(z_j) + \tau_{j,rz,2}^{(s,p)}(z_j) \right] \quad (5\text{-}125)$$

$$\tau_{j,\theta_z}^{(s)}(z_j) = \tau_{j,\theta_z}^{(s,0)}(z_j) + \sum_{p=1}^{+\infty} \left[\tau_{j,\theta z,1}^{(s,P)}(z_j) + \tau_{j,\theta z,2}^{(s,P)}(z_j) \right] \quad (5\text{-}126)$$

5.4.2.4 定解条件

按照上述方法构造的入射波和散射波已经满足了 B_U 和 B_L 边界的剪应力为零的条件，这样凹陷边界 $B_1, B_2, \cdots, B_j, \cdots, B_g$ 上应力自由的条件就成为整个问题的定解条件，由此得到关于散射波的波函数级数的系数 $A_{1,n}, \cdots, A_{j,n}, \cdots, A_{g,n}$ 的方程组（5-127）。对方程组中第 j 个式子，利用坐标平移技术将其他坐标系下求解出的应力表达式平移到复平面 $(z_j, \overline{z_j})$ 中，再采用傅里叶展开法，对方程式两端同时乘 $e^{-im\theta_j}$，并在区间 $(-\pi, \pi)$ 上积分，这样就得到关于系数 $A_{1,n}, \cdots, A_{j,n}, \cdots, A_{g,n}$ 的无穷代数方程组，最后对其截断有限项进行求解。

$$\tau_{rz}^{(i)}(z_j) + \sum_{t=1}^{g} \tau_{t,zz}^{(s)}(z_t) = 0, \quad z_j \in B_j \quad (5\text{-}127)$$

式中：$j = 1, 2, 3, \cdots, g$。

5.4.2.5 动应力集中系数

在稳态 SH 型导波作用下,动应力集中系数表征动应力集中的程度,是一个重要的指标。第 j 个凹陷边沿的动应力集中系数:

$$\tau^* = \frac{|\tau_{j,\theta z}|}{|\tau_0|} \tag{5-128}$$

式中:$\tau_{j,\theta z}$ 为第 j 个凹陷边沿的角向应力;$\tau_0 = \mu k w_0$ 为入射导波的最大剪应力幅值;w_0 为入射导波的最大位移幅值。

对于地震工程、抗爆工程和检测工程,关心的是观测点的位移值。因此,本节中给出弹性带形域上下表面的无量纲位移:

$$w^* = \frac{|w^{(i)} + w_1^{(s)} + w_2^{(s)} + \cdots + w_j^{(s)} + \cdots + w_g^{(s)}|}{|w_0|} \tag{5-129}$$

式中:$w^{(i)}$ 为入射波产生的位移;$w_j^{(s)}$ 为第 j 个凹陷产生的散射波位移。

5.4.2.6 方法验证

首先,对带形域上表面有一个凹陷的模型进行研究,令 $h^* = h/r_1 = 10^6$ (退化成半空间),入射 0 阶 SH 型导波。图 5-28 给出了带形域上边界位移幅值 w 随 $\eta = n\pi r$ 的变化规律,与参考文献 [4] 中给出的半空间中半圆柱形峡谷对平面 SH 型导波散射时表面位移幅值相比,本节中得到的结果为参考文献 [4] 中 (图 5-29) 的一半。平面 SH 型导波在半空间中传播时,遇到水平面发生反射,会造成位移幅值的翻倍,因此可以验证本节方法的正确性。

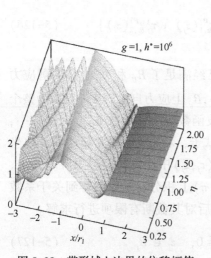

图 5-28 带形域上边界的位移幅值

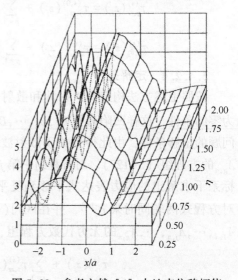

图 5-29 参考文献 [4] 中地表位移幅值

5.4.3 计算结果与讨论

本节对 SH 型导波入射时，带形域上边界最多存在两个凹陷的模型进行分析，用 g 表示凹陷的个数，当 $g=2$ 时，如图 5-30 所示。引入以下无量纲参数：

(1) 入射波的无量纲波数 $k^* = kr_1$。
(2) 入射波波长 λ 与凹陷直径 $2r_1$ 的比值 $\lambda^* = \lambda/(2r_1)$。
(3) 2 号凹陷的无量纲半径 $r^* = r_2/r_1$。
(4) 两凹陷之间的无量纲距离 $a^* = a/r_1$。
(5) 带形域的无量纲厚度 $h^* = h/r_1$。

根据 $\lambda = 2\pi/k$ 可得：当 $k^* = 0.1$ 时，$\lambda^* = 10\pi$，此时入射波的波长远大于凹陷的直径；当 $k^* = 1$ 和 $k^* = 2$ 时，$\lambda^* = \pi$ 和 $\pi/2 > 1$，入射波的波长大于凹陷的直径；当 $k^* = 4$ 时，$\lambda^* = \pi/4 < 1$，入射波的波长小于凹陷的直径。

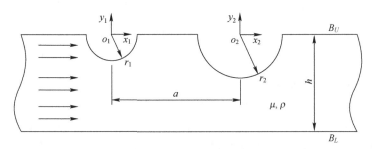

图 5-30 弹性带形域上边界存在两半圆柱形凹陷

5.4.3.1 精度分析

凹陷边沿为自由边界，满足应力分量 $\tau_{rz} = 0$，其数值计算的精度与柱函数级数的截断项数 n 有关。带形域的上边界 B_U、下边界 B_L 也是自由边界，满足应力分量 $\tau_{yz} = 0$，用无量纲应力分量 τ_{yz}^* 来评估数值计算的精度：

$$\tau_{yz}^* = \left| \frac{\tau_{yz}}{\tau_0} \right| \tag{5-130}$$

式中：τ_{yz} 为 y 方向的应力分量；$\tau_0 = \mu k w_0$ 为入射应力的最大幅值。

根据前文的理论分析可知：造成 τ_{yz} 不为零的主要原因是对累次镜像次数 P 的截断。图 5-31 给出了带形域的上边界存在一个凹陷，0 阶导波入射，$h^* = 10$，$k^* = 2$，P 为 10、50、100、500 时，无量纲应力 t_{yz}^* 在带域下边界的分布情况。可以看出，当 P 一定时，t_{yz}^* 的值在下边界 ($-5r_1 \sim 5r_1$) 为一条斜率接近 0 的直线。这说明，当镜像次数一定时，下边界每一点的精度几乎相同。图 5-32 给出相同条件下，下边界 $x_1=0$，$y_1=-h$ 点的 t_{yz}^* 随 P 的变化规律。从图 5-32 中可以看出，随着 P 的增加，τ_{yz}^* 的值逐渐减小，曲线的斜率也越来越小。这说明：P 越大，精度越高，但过度增大 P 会降低提升精度的效率。同时，P 越大，求解时间也会越长。因此，应该适当选取累次镜像次数 P。

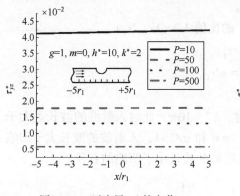
图 5-31　下边界 τ_{yz}^* 的变化

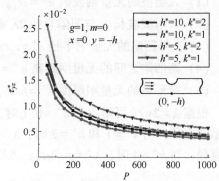
图 5-32　下边界一点处的 t_{yz}^* 随 P 的变化规律

图 5-33 给出带形域的上边界存在一个凹陷，0 阶导波入射，$h^*=10$，$k^*=2$，凹陷边沿 $\theta=-45°$、$-90°$、$-135°$ 处的 DSCF 随镜像次数 P 的变化曲线。图 5-34 为给出相同条件下，下边界点的无量纲位移幅值 w^* 随 P 的变化规律。可以看出，两组曲线都是振荡衰减的。当 $P=800$ 时，w^* 已经收敛为定值，DSCF 曲线的振幅也明显减小。同时，根据图 5-32 可知：当 $P=800$ 时，精度 τ_{yz}^* 小于 10^{-2}。因此，下文求解过程中取 $P=800$。

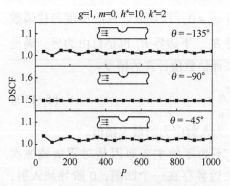
图 5-33　凹陷边沿动应力集中系数的变化规律

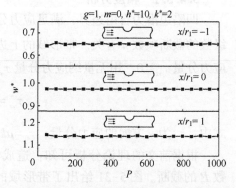
图 5-34　下边界 w^* 随镜像次数 P 的变化规律

5.4.3.2 动应力集中

1. 带形域厚度的影响

图 5-35 给出了带形域的上边界存在一个凹陷, 0 阶 SH 型导波作用下, 无量纲波 $k^* = 0.1$、1.0、2.0 和 4.0 时, 在凹陷边沿 $\theta = -45°$、$-90°$ 和 $-135°$ 处的 DSCF 随带形域的无量纲厚度 h^* 的变化规律。当 $k^* = 0.1$ 时, DSCF 随 h^* 的增大先迅速减小, 后保持不变。当 $k^* = 1.0$、2.0 和 4.0 时, DSCF 随 h^* 的增大呈振荡性和收敛性, 这种趋势在 $\theta = 90°$ 处最明显。并且, DSCF 曲线的波峰按厚度方向重复出现的最小距离与入射波的频率有关, 频率越大, 震荡周期越小。

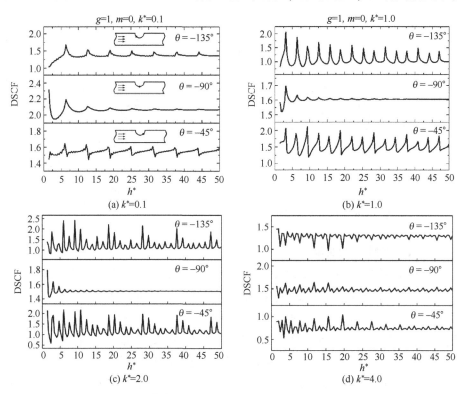

图 5-35 动应力集中系数随带形域无量纲厚度的变化 ($g=1, m=0$)

图 5-36 给出了带形域的上边界存在一个凹陷, 0 阶 SH 型导波入射, $k^* = 0.1$、1.0、2.0、4.0, $h^* = 1.5$、3.0、5.0、10.0 时, 凹陷边沿的动应力布。当 $k^* = 0.1$ 时, 凹陷边沿 DSCF 曲线形状均为规则的圆形或椭圆形, 在 $h^* = 1.5$ 时, 下边界对分布图有明显吸引作用, 而在 $h^* > 1.5$ 时, 带形域厚度对凹陷边沿的 DSCF 分布影响较小。相比之下, 当 $k^* = 1.0$、2.0、4.0 时, 随着 h^* 的改变, DCSF 曲线形状变化十分明显。所以, 当入射中高频 SH 型导波时, 带形域的

厚度对凹陷边沿的 DSCF 分布影响更大。

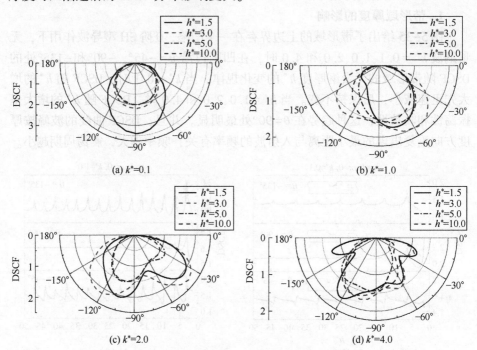

图 5-36 不同 k^* 时动应力集中系数随角度 θ 变化($g=1, m=0$)

2. 入射波频率的影响

图 5-37 给出了带形域的上边界存在一个凹陷，0 阶 SH 型导波入射 $h^* = 5.0$ 和 20.0，$k^* = 1.5$、3.0、5.0、10 时，凹陷边沿的动应力分布情况。从两个图中可以看出，当 $k^* = 0.1$ 时，入射波的波长远大于凹陷的直径，凹陷边沿的动应力分布为圆形，与静力作用的相同，此时为低频准静态。当 $k^* = 1.0$ 时，DSCF 随着角 θ 的增加先增大再减小，呈现出比较规则的椭圆形。当 $k^* = 2.0$ 时，DSCF 分布图变成蝴蝶形。当 $k^* = 4.0$ 时，入射波的波长小于凹陷的直径，此时 DCSF 曲线随 θ 的变化呈现出十分不规则的图形。因此，在带形域中入射波的频率越高，凹陷边沿 DSCF 曲线变化越强烈。

图 5-38 给出了带形域的上边界存在一个凹陷，0 阶 SH 型导波入射，h^* 取不同值时，凹陷边沿的最大动应力集中系数（Maximum Dynamic Stress Concentration Factor，MAXDSCF）随 k^* 的变化规律。当 h^* 较小时，曲线在 $k^* > 0.5$ 后会发生波动并出现多个较高的波峰。当 $h^* = 5.0$ 和 7.0 时，MAXDSCF 的最大值都出现在 $k^* = 3.13$ 处，值为 4.18 和 4.32；当 $h^* = 10.0$ 时，在 $k^* = $

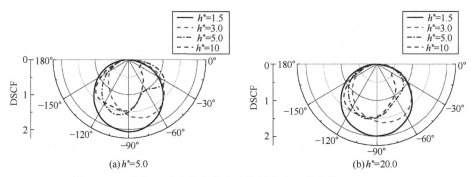

图 5-37 不同 h^* 时动应力集中系数随角度 θ 的变化 ($g=1, m=0$)

3.45 处，MAXDSCF 取最大值 3.17。当 $h^*>10.0$ 时，曲线虽然也会发生波动，但只出现多个较低的波峰，并且随着 h^* 的增大，曲线振荡幅值越来越小，直到 $h^*=10^6$ 时，曲线变得平滑，最大值发生在低频 $k^*=0.39$ 处，值为 2.10。因此，当带形域的厚度较小时，MAXDSCF 随 k^* 的变化较剧烈，并且最大值出现在 k^* 的高频区。增大可以降低 MAXDSCF 对 k^* 的敏感程度。

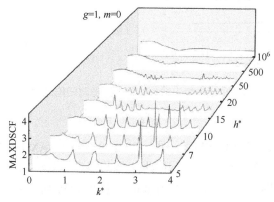

图 5-38 凹陷边沿最大动应力集中随 k^* 的变化

3. 两凹陷之间距离的影响

图 5-39 给出了 0 阶 SH 型导波入射，带形域的无量纲厚度 $h^*=10.0$、10^6 和无量纲波数 $k^*=0.1$、1.0、2.0、4.0 时，凹陷边沿 MAXDSCF 随两个凹陷之间无量纲距离 a^* 的变化规律。图 5-39（a）中的黑色线代表带形域的上边界存在两个凹陷时，1 号凹陷边沿的 MAXDSCF 值的变化情况；红色线代表带形域的上边界只有 1 号凹陷时凹陷边沿的 MAXDSC 值的变化情况。可以看出，黑色线的大部分都在红色线的上方，因此大多情况下，2 号凹陷的存在对 1 号凹陷边沿动应力集中有放大作用。

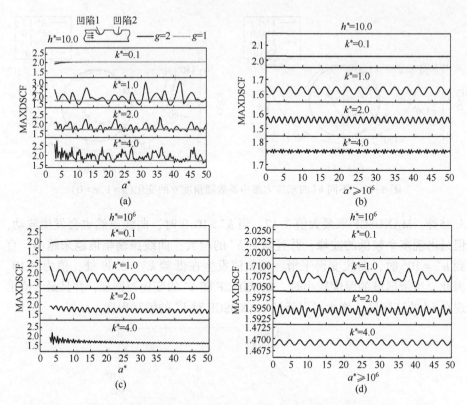

图 5-39 2 号凹陷边沿动应力集中系数的最大值随两凹陷之间量纲距离 a^* 的变化
($m=0, r^*=1$)

当 $h^*=10.0$，$a^*=3\sim50$ 时，图 5-39 (a) 所示 MAXDSCF 曲线随 a^* 的增大只呈现振荡性，无收敛性，这是因为 2 号凹陷产生的散射波会在上、下边界进行多次反射，即使 a^* 较大，散射波的能量也会传到 1 号凹陷处。当 $h^*=10.0$，$a^*\geqslant10^6$（可认为两凹陷相距无穷远）时，与图 5-39 (a) 相比，曲线已经有收敛趋势但不明显，并且振幅仍然大于 10^{-2}，这是因为本节中没有考虑介质黏性对于弹性波衰减的影响。这说明：在弹性带形介质内，无论两个凹陷之间的距离有多大，都应考虑它们之间的影响。尽管实际材料大多为黏弹性体，但也应该对工程实践中板内两个或多个凹陷之间的相互作用给予足够的重视。

当 $h^*=10^6$ 时，如图 5-39 (c)、(d) 所示，带形域退化成半空间，此时 MAXDSCF 曲线随 a^* 的增大呈现出振荡性和收敛性。当 $a^*\geqslant10^6$ 时，曲线上下振荡范围小于 10^{-2}，这时 2 号凹陷对 1 号凹陷边沿动应力集中系数的影响可以忽略不计，与参考文献 [2] 中得到结果相同，即两峡谷相距较远时可以看作为孤立地形。

5.4.3.3 位移幅值

图 5-40 给出了带形域的上边界有一个凹陷，0 阶导波作用 $h^* = 10.0$ 时，凹陷附近的上、下表面位移幅值 w^* 随入射波无量纲波数 k^* 变化的等高线图。图 5-41 给出了 $k^* = 2.0$，凹陷附近的上、下表面位移幅值 w^* 随带形域无量纲厚度 h^* 变化的等高线图。

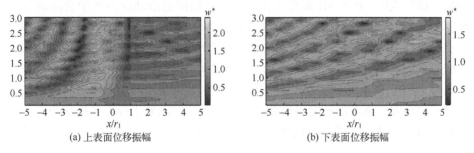

图 5-40 表面位移幅值随 k^* 的变化 ($g=1, m=0, h^*=10.0$)

对于上边界：从图 5-40（a）中可以看出，无论 k^* 为多少，上表面位移幅值的最大值均发生在 $x/r_1 = -1$ 点，该点 w^* 值随着 k^* 的增大而振荡增大，并在 $k^* = 2.2$ 处达到的最大值 2.44。随着入射频率 k^* 的增大，振荡逐渐加强，出现更多的波峰波谷交替，这种现象在 $x/r_1 < -1$ 时较明显。相比于凹陷右侧（$x/r_1 > -1$），凹陷左侧（$x/r_1 < -1$）的位移振荡频率和幅值更大。由图 5-40（a）可得，上表面位移幅值的最大值出现在点 $x/r_1 = -1$ 附近的凹陷迎波面上，图中 w^* 在 $k^* = 12.55$，$x/r_1 = -1$ 处取最大值 3.31。

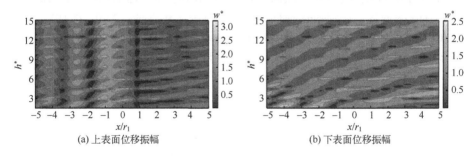

图 5-41 表面位移幅值随 h^* 的变化 ($g=1, m=0, k^*=2.0$)

对于下边界：从图 5-40（b）和图 5-41（b）中可以看出，振荡幅值和频率在经过凹陷后都有所减小，这种现象随着 k^* 的增大和 h^* 的减小越来越明显。

5.4.3.4 结论

本章利用复变函数法、波函数展开法、累次镜像法和多极坐标平移技术对带形域中多个半圆柱形凹陷在入射 SH 型导波作用下的散射问题进行了研究,给出了满足上、下水平边界应力自由的 SH 型导波及带形介质内散射波的表达式。通过凹陷的边界条件建立了方程组,求解出了未知系数,得到了问题的解析解,并通过数值算例对带形域的边界存在一个凹陷和两个凹陷的情况进行了分析。研究表明:0 阶 SH 型导波作用下,凹陷的边沿动应力集中会随着带形域厚度的增大而振荡减小;在小厚度的带形域中射中高频 SH 型导波时容易引起更高的动应力集中;上边界位移幅值的最大值会出现在凹陷的迎波面附近。当带形域的上边有两个凹陷时,第二个凹陷大多数情况下会引起第一个凹陷边沿动应力集中的增加,即使两个凹陷距离较远,也应对两个凹陷之间的影响给予足够的重视。本章的研究可以指导工程实践,如混凝土板表面排水凹陷、线路和管道的设计;也可以为边界元法和有限元法等数值方法提供理论支撑与参考。

参 考 文 献

[1] SONG T S, HASSAN A. Dynamic anti-plane analysis for symmetrically radial cracks near a non-circular cavity in piezoelectric bi-materials [J]. Acta Mechanica, 2015, 226: 2089-2101.

[2] QI H, CAI L M, PAN X N. Dynamic analyses of SH guided waves by circular cylindrical cavity in an elastic strip [J]. Engineering Mechanics, 2015: 32 (3): 9-14, 21.

[3] SONG T S, LI D, NIU S Q. Dynamic stress intensity factor for radial ctacks at the edge of a ciecular cavity in a piezoelectric medium [J]. Engineering Mechanics, 2010, 27 (9): 7-11.

[4] TRIFUNAC M D. Scattering of plane sh waves by a semi-cylindrical canyon [J]. Earthquake Engineering and Structural Dynamics, 1972, 1 (3): 267-281.

第6章　带形域中复杂组合缺陷对导波的散射

6.1　带形域中半圆形凹陷和圆形夹杂对 SH 型导波的散射

在工程实践中，常用的板类结构大多会在材料内部含有介质参数不同的夹杂，有些夹杂是为了改变板材的某些性能而人为掺加进去，有些则是在生产过程中由于某种原因而产生的缺陷。SH 型导波在传播过程中遇到夹杂同样会发生散射现象，因此，本章对含有圆柱形夹杂和半圆柱形凹陷的带形介质进行研究。

6.1.1　理论分析

6.1.1.1　模型

含有圆柱形夹杂和半圆柱形凹陷的无限大带形域如图 6-1 所示，稳态 SH 型导波从左面入射到带形域中。带形域基体的剪切模量为 μ_0，质量密度为 ρ_0，厚度为 h，上、下表面分别存在半径为 r_2、r_3 的半圆柱形凹陷，凹陷的圆心为 O_2、O_3。在带形域中存在一个圆柱形夹杂，夹杂的剪切模量为 μ_1、质量密度为 ρ_1，半径为 r_1，圆心 O_1 到带形域上、下表面的距离为 h_1、h_2。分别在夹杂、上表面凹陷和下表面凹陷的圆心 O_1、O_2 和 O_3 处建立直角坐标系 (x_1,y_1)、(x_2,y_2) 和 (x_3,y_3)，同时建立极坐标系 (r_1,θ_1)、(r_2,θ_2) 和 (r_3,θ_3)。引入复变函数 $z_s =$

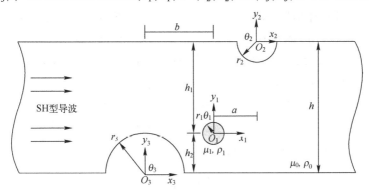

图 6-1　含有圆柱形夹杂和半圆柱形凹陷的带形域

x_s+iy_s,其中$s=1,2,3$,建立复平面$(z_1,\bar{z}_1)$、$(z_2,\bar{z}_2)$和$(z_3,\bar{z}_3)$,对应于直角坐标系(x_1,y_1)、(x_2,y_2)和(x_3,y_3)。这样各圆心之间的向量为:$\boldsymbol{O_1O_2}=-\boldsymbol{O_2O_1}=a+ih_1$,$\boldsymbol{O_1O_3}=-\boldsymbol{O_3O_1}=b-ih_2$,$\boldsymbol{O_2O_3}=-\boldsymbol{O_3O_2}=b-a-ih$。

6.1.1.2 控制方程

在带形域的基体和夹杂中,满足波动方程:

$$\mu\nabla^2 w=\rho\frac{\partial^2 w}{\partial t^2} \tag{6-1}$$

式中:w为位移场;μ和ρ为介质参数;t为时间。

本章研究的是夹杂和凹陷对稳态SH型导波的散射问题,因此略去时间谐和因子$\exp(-i\omega t)$,得到亥姆霍兹方程,在复平面内表示为

$$4\frac{\partial w}{\partial z\partial \bar{z}}+k^2 w=0 \tag{6-2}$$

式中:w为位移函数;$k=\omega/c_s$为反平面剪切波的波数,ω为圆频率,$c_s=\sqrt{\mu/\rho}$为相速度。与位移函数对应的应力分量为

$$\begin{cases}\tau_{xz}=\mu\left(\dfrac{\partial w(z,\bar{z})}{\partial z}+\dfrac{\partial w(z,\bar{z})}{\partial \bar{z}}\right)\\ \tau_{yz}=\mu i\left(\dfrac{\partial w(z,\bar{z})}{\partial z}-\dfrac{\partial w(z,\bar{z})}{\partial \bar{z}}\right)\end{cases} \tag{6-3}$$

$$\begin{cases}\tau_{rz}=\mu\left[\dfrac{\partial w(z,\bar{z})}{\partial z}e^{i\theta}+\dfrac{\partial w(z,\bar{z})}{\partial \bar{z}}e^{-i\theta}\right]\\ \tau_{\theta z}=\mu i\left[\dfrac{\partial w(z,\bar{z})}{\partial z}e^{i\theta}-\dfrac{\partial w(z,\bar{z})}{\partial \bar{z}}e^{-i\theta}\right]\end{cases} \tag{6-4}$$

6.1.1.3 入射波的位移场和应力场

由参考文献[1]可知,满足带形域上、下表面应力自由条件$\tau_{yz}=0(y=h_1,-h_2)$的m阶SH型导波在坐标系(x_1,y_1)中表示为式(6-5),其中$f_m(y_1)$是y方向的干涉相,q_m满足式(6-7),m为SH型导波的阶数($m=0,1,2,\cdots,+\infty$),当$m=0,1,2$时对应的振型如图6-2所示,w_m^1和w_m^2是对应传播型SH型导波的振幅,当m为偶数时$w_m^1=0$,当m为奇数时$w_m^2=0$。$\exp[i(k_m x_1-\omega t)]$表示为$x$方向上的右行波,$k_m$为$x$方向上的视波数与波数$k$满足方程(6-8)。

$$w_m(x_1,y_1,t)=f_m(y_1)\exp[i(k_m x_1-\omega t)] \tag{6-5}$$

$$f_m(y_1)=w_m^1\sin\{q_m[y_1+(h_2-h_1)/2]\}+w_m^2\cos\{q_m[y_1+(h_2-h_1)/2]\} \tag{6-6}$$

$$q_m=\frac{m\pi}{h} \tag{6-7}$$

$$k_m^2=k^2-q_m^2 \tag{6-8}$$

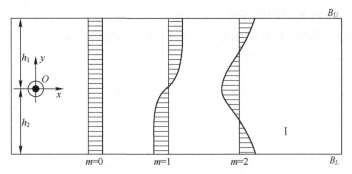

图 6-2 0、1、2 阶 SH 型导波的振型

本节只研究带形域内的传播型波，因此应保证 $k_m>0$。给定入射波 k 时，由方程 (6-8) 可知带形域中的传播型导波的阶数 m 应满足：

$$m<\frac{kh}{\pi} \tag{6-9}$$

在含有圆柱形夹杂和半圆柱形凹陷的带形域中入射 m 阶导波时，入射波 $w^{(i)}$ 产生的位移和相应的应力可以表示为

$$w^{(i)}=\left\{w_m^1\cdot\sin\left[q_m\left(Y+\frac{h_2-h_1}{2}\right)\right]+w_m^2\cdot\cos\left[q_m\left(Y+\frac{h_2-h_1}{2}\right)\right]\right\}\cdot\exp(ik_mX) \tag{6-10}$$

$$\tau_{rz}^{(i)}=\tau_{xz}^{(i)}\cos\theta+\tau_{yz}^{(i)}\sin\theta \tag{6-11}$$

$$\tau_{\theta z}^{(i)}=-\tau_{xz}^{(i)}\sin\theta+\tau_{yz}^{(i)}\cos\theta \tag{6-12}$$

式中：

$$\tau_{xz}^{(i)}=i\mu k_m\cdot\left\{w_m^1\cdot\sin\left[q_m\left(Y+\frac{h_2-h_1}{2}\right)\right]+w_m^2\cdot\cos\left[q_m\left(Y+\frac{h_2-h_1}{2}\right)\right]\right\}\cdot\exp(ik_mX) \tag{6-13}$$

$$\tau_{yz}^{(i)}=q_m\left\{w_m^1\cdot\cos\left[q_m\left(Y+\frac{h_2-h_1}{2}\right)\right]-w_m^2\cdot\sin\left[q_m\left(Y+\frac{h_2-h_1}{2}\right)\right]\right\}\cdot\exp(ik_mX) \tag{6-14}$$

在复平面 $(z_1,\bar{z}_1)$ 内，入射波场为 $w^{(i)}(z_1,\bar{z}_1)$，应力场为 $\tau_{rz}^{(i)}(z_1,\bar{z}_1)$、$\tau_{\theta z}^{(i)}(z_1,\bar{z}_1)$，此时 $X=\mathrm{Re}(z_1)$，$Y=\mathrm{Im}(z_1)$，$\theta=\arg(z_1)$；在复平面 $(z_2,\bar{z}_2)$ 内，入射波场为 $w^{(i)}(z_2,\bar{z}_2)$，应力场为 $\tau_{rz}^{(i)}(z_2,\bar{z}_2)$、$\tau_{\theta z}^{(i)}(z_2,\bar{z}_2)$，此时 $X=\mathrm{Re}(z_2+\boldsymbol{O}_1\boldsymbol{O}_2)$，$Y=\mathrm{Im}(z_2+\boldsymbol{O}_1\boldsymbol{O}_2)$，$\theta=\arg(z_2+\boldsymbol{O}_1\boldsymbol{O}_2)$；在复平面 $(z_3,\bar{z}_3)$ 内，入射波场为 $w^{(i)}(z_3,\bar{z}_3)$，应力场为 $\tau_{rz}^{(i)}(z_3,\bar{z}_3)$、$\tau_{\theta z}^{(i)}(z_3,\bar{z}_3)$，此时 $X=\mathrm{Re}(z_3+\boldsymbol{O}_1\boldsymbol{O}_3)$，$Y=\mathrm{Im}(z_3+\boldsymbol{O}_1\boldsymbol{O}_3)$，$\theta=\arg(z_3+\boldsymbol{O}_1\boldsymbol{O}_3)$。

6.1.1.4 散射波的位移场和应力场

根据累次镜像法和复变函数法可以得到带形域内夹杂或凹陷产生的散射波，其位移场 $w_j^{(s)}$ 和应力场 $\tau_{j\ rz}^{(s)}$、$\tau_{j\ \theta z}^{(s)}$ 为

$$w_j^{(s)} = w_j^{(s)\,0}_{\ \ \ 0} + \sum_{P=1}^{+\infty} (w_j^{(s)\,P}_{\ \ \ 1} + w_j^{(s)\,P}_{\ \ \ 2}) \qquad (6-15)$$

$$\tau_{j\ rz}^{(s)} = \tau_{j\ rz0}^{(s)\,0} + \sum_{P=1}^{+\infty} (\tau_{j\ rz1}^{(s)\,P} + \tau_{j\ rz2}^{(s)\,P}) \qquad (6-16)$$

$$\tau_{j\ \theta z}^{(s)} = \tau_{j\ \theta z0}^{(s)\,0} + \sum_{P=1}^{+\infty} (\tau_{j\ \theta z1}^{(s)\,P} + \tau_{j\ \theta z2}^{(s)\,P}) \qquad (6-17)$$

式中：$w_j^{(s)\,0}_{\ \ \ 0}$ 为夹杂或凹陷在全空间中的散射波，满足式（6-18）；$w_j^{(s)\,P}_{\ \ \ 1}$ 满足式（6-19），为夹杂或凹陷对上表面的第 P 次镜像；$w_j^{(s)\,P}_{\ \ \ 2}$ 满足式（6-20），是夹杂或凹陷对下表面的第 P 次镜像；与位移场相对应的应力场为式（6-21）和式（6-22）。其中，最后一个上标 P 表示镜像次数，最后一个下标代表镜像面，当下标为 1 时，镜像面为带形域的上表面；当下标为 2 时，镜像面为带形域的下表面。

$$w_j^{(s)\,0}_{\ \ \ 0}(z_j) = \sum_{n=-\infty}^{+\infty} A_{j,n} H_n^{(1)}(k_0 |z_j - C|) \left(\frac{z_j - C}{|z_j - C|} \right)^n \qquad (6-18)$$

$$w_j^{(s)\,P}_{\ \ \ 1}(z_j) = \sum_{n=-\infty}^{+\infty} A_{j,n} H_n^{(1)}(k_0 |z_{j1}^P - C|) \left(\frac{z_{j1}^P - C}{|z_{j1}^P - C|} \right)^{(-1)^{Pn}} \qquad (6-19)$$

$$w_j^{(s)\,P}_{\ \ \ 2}(z_j) = \sum_{n=-\infty}^{+\infty} A_{j,n} H_n^{(1)}(k_0 |z_{j2}^P - C|) \left(\frac{z_{j2}^P - C}{|z_{j2}^P - C|} \right)^{(-1)^{Pn}} \qquad (6-20)$$

$$\tau_{j\ rz0}^{(s)\,0}(z_j) = \frac{k\mu}{2} \sum_{n=-\infty}^{+\infty} A_{j,n} \left[H_{n-1}^{(1)}(k_0 |z_j - C|) \left(\frac{z_j - C}{|z_j - C|} \right)^{(n-1)} e^{i\theta_j} \right. \\ \left. - H_{n+1}^{(1)}(k_0 |z_j - C|) \left(\frac{z_j - C}{|z_j - C|} \right)^{(n+1)} e^{-i\theta_j} \right] \qquad (6-21)$$

$$\tau_{j\ rz1}^{(s)\,P}(z_j) = \frac{k\mu}{2} \sum_{n=-\infty}^{+\infty} A_{j,n} \left[H_{n-1}^{(1)}(k_0 |z_{j1}^P - C|) \left(\frac{z_{j1}^P - C}{|z_{j1}^P - C|} \right)^{(-1)^P(n-1)} e^{(-1)^{P}i\theta_j} \right. \\ \left. - H_{n+1}^{(1)}(k_0 |z_{j1}^P - C|) \left(\frac{z_{j1}^P - C}{|z_{j1}^P - C|} \right)^{(-1)^P(n+1)} e^{(-1)^{(p+1)}i\theta_j} \right] \qquad (6-22)$$

$$\tau_{j\ rz2}^{(s)\,P}(z_j) = \frac{k\mu}{2} \sum_{n=-\infty}^{+\infty} A_{j,n} \left[H_{n-1}^{(1)}(k_0 |z_{j2}^P - C|) \left(\frac{z_{j2}^P - C}{|z_{j2}^P - C|} \right)^{(-1)^P(n-1)} e^{(-1)^{P}i\theta_j} \right. \\ \left. - H_{n+1}^{(1)}(k_0 |z_{j2}^P - C|) \left(\frac{z_{j2}^P - C}{|z_{j2}^P - C|} \right)^{(-1)^P(n+1)} e^{(-1)^{(p+1)}i\theta_j} \right] \qquad (6-23)$$

第6章 带形域中复杂组合缺陷对导波的散射

$$\tau_j^{(s)}{}_{\theta z 0}^0(z_j) = \frac{\mathrm{i}k\mu}{2} \sum_{n=-\infty}^{+\infty} A_{j,n} \left[H_{n-1}^{(1)}(k_0|z_j-C|) \left(\frac{z_j-C}{|z_j-C|}\right)^{(n-1)} \mathrm{e}^{\mathrm{i}\theta_j} \right.$$
$$\left. + H_{n+1}^{(1)}(k_0|z_j-C|) \left(\frac{z_j-C}{|z_j-C|}\right)^{(n+1)} \mathrm{e}^{-\mathrm{i}\theta_j} \right] \tag{6-24}$$

$$\tau_j^{(s)}{}_{\theta z 1}^p(z_j) = (-1)^p \frac{\mathrm{i}k\mu}{2} \sum_{n=-\infty}^{+\infty} A_{j,n} \left[H_{n-1}^{(1)}(k_0|z_{j1}^p-C|) \left(\frac{z_{j1}^p-C}{|z_{j1}^p-C|}\right)^{(-1)^p(n-1)} \mathrm{e}^{(-1)^p \mathrm{i}\theta_j} \right.$$
$$\left. + H_{n+1}^{(1)}(k_0|z_{j1}^p-C|) \left(\frac{z_{j1}^p-C}{|z_{j1}^p-C|}\right)^{(-1)^p(n+1)} \mathrm{e}^{(-1)^{(p+1)} \mathrm{i}\theta_j} \right] \tag{6-25}$$

$$\tau_j^{(s)}{}_{\theta z 2}^p(z_j) = (-1)^p \frac{\mathrm{i}k\mu}{2} \sum_{n=-\infty}^{+\infty} A_{j,n} \left[H_{n-1}^{(1)}(k_0|z_{j2}^p-C|) \left(\frac{z_{j2}^p-C}{|z_{j2}^p-C|}\right)^{(-1)^p(n-1)} \mathrm{e}^{(-1)^p \mathrm{i}\theta_j} \right.$$
$$\left. + H_{n+1}^{(1)}(k_0|z_{j2}^p-C|) \left(\frac{z_{j2}^p-C}{|z_{j2}^p-C|}\right)^{(-1)^p(n+1)} \mathrm{e}^{(-1)^{(p+1)} \mathrm{i}\theta_j} \right] \tag{6-26}$$

式中：$k_0 = \omega/c_0$ 是带形域基体内 SH 型导波的波数；$c_0 = \sqrt{\mu_0/\rho_0}$ 是基体内 SH 型导波的传播速度；$H_n^{(1)}(\cdot)$ 是 n 阶第一类汉克尔函数。

在式 (6-15)~式 (6-17) 中，$j=1$ 时，表示夹杂产生的散射波，其位移场和应力场为 $w_1^{(s)}$ 和 $\tau_1^{(s)}{}_{rz}$、$\tau_1^{(s)}{}_{\theta z}$ 满足：

$$\begin{cases} z_{11}^p = Z - \mathrm{i}(h_1 + h_{11}^p) \\ z_{12}^p = Z + (h_2 + h_{12}^p) \\ h_{11}^p = [(-1)^{p+1}h_1 + (-1)^p h_2 + h]/2 + (p-1)h \\ h_{12}^p = [(-1)^p h_1 + (-1)^{p+1} h_2 + h]/2 + (p-1)h \end{cases} \tag{6-27}$$

$w_1^{(s)}$ 和 $\tau_1^{(s)}{}_{rz}$、$\tau_1^{(s)}{}_{\theta z}$ 在复平面 $(z_1, \bar{z}_1)$ 内表示为 $w_1^{(s)}(z_1, \bar{z}_1)$ 和 $\tau_1^{(s)}{}_{rz}(z_1, \bar{z}_1)$、$\tau_1^{(s)}{}_{\theta z}(z_1, \bar{z}_1)$，式中 $Z = z_1$，$C = 0$；在复平面 $(z_2, \bar{z}_2)$ 内表示为 $w_1^{(s)}(z_2, \bar{z}_2)$ 和 $\tau_1^{(s)}{}_{rz}(z_2, \bar{z}_2)$、$\tau_1^{(s)}{}_{\theta z}(z_2, \bar{z}_2)$，式中 $Z = z_2$，$C = O_2 O_1$；在复平面 $(z_3, \bar{z}_3)$ 内表示为 $w_1^{(s)}(z_3, \bar{z}_3)$ 和 $\tau_1^{(s)}{}_{rz}(z_3, \bar{z}_3)$、$\tau_1^{(s)}{}_{\theta z}(z_3, \bar{z}_3)$，式中 $Z = z_3$，$C = O_3 O_1$。

在式 (6-15)~式 (6-17) 中，$j=2$ 时，表示上表面凹陷产生的散射波，其位移场和应力场为 $w_2^{(s)}$ 和 $\tau_2^{(s)}{}_{rz}$、$\tau_2^{(s)}{}_{\theta z}$，满足：

$$\begin{cases} z_{21}^p = Z - \mathrm{i}h_{21}^p \\ z_{22}^p = Z + (h + h_{22}^p) \\ h_{11}^p = [(-1)^p h + h]/2 + (p-1)h \\ h_{12}^p = [(-1)^{p+1} h + h]/2 + (p-1)h \end{cases} \tag{6-28}$$

$w_2^{(s)}$ 和 $\tau_{2\,rz}^{(s)}$、$\tau_{2\,\theta z}^{(s)}$ 在复平面 $(z_1, \bar{z}_1)$ 内表示为 $w_2^{(s)}(z_1, \bar{z}_1)$ 和 $\tau_{2\,rz}^{(s)}(z_1, \bar{z}_1)$、$\tau_{2\,\theta z}^{(s)}(z_1, \bar{z}_1)$，式中 $Z = z_1$，$C = O_1O_2$；在复平面 $(z_2, \bar{z}_2)$ 内表示为 $w_2^{(s)}(z_2, \bar{z}_2)$ 和 $\tau_{2\,rz}^{(s)}(z_2, \bar{z}_2)$、$\tau_{2\,\theta z}^{(s)}(z_2, \bar{z}_2)$，式中 $Z = z_2$，$C = 0$；在复平面 $(z_3, \bar{z}_3)$ 内表示为 $w_2^{(s)}(z_3, \bar{z}_3)$ 和 $\tau_{2\,rz}^{(s)}(z_3, \bar{z}_3)$、$\tau_{2\,\theta z}^{(s)}(z_3, \bar{z}_3)$，式中 $Z = z_3$，$C = O_3O_2$。

在式 (6-15)~式 (6-17) 中，$j=3$ 时，表示下表面凹陷产生的散射波，其位移场和应力场为 $w_3^{(s)}$ 和 $\tau_{3\,rz}^{(s)}$、$\tau_{3\,\theta z}^{(s)}$，满足：

$$\begin{cases} z_{11}^p = Z - i(h + h_{11}^p) \\ z_{12}^p = Z + h_{12}^p \\ h_{11}^p = [(-1)^{p+1}h + h]/2 + (p-1)h \\ h_{12}^p = [(-1)^p h + h]/2 + (p-1)h \end{cases} \quad (6-29)$$

$w_3^{(s)}$ 和 $\tau_{3\,rz}^{(s)}$、$\tau_{3\,\theta z}^{(s)}$ 在复平面 $(z_1, \bar{z}_1)$ 内表示为 $w_3^{(s)}(z_1, \bar{z}_1)$ 和 $\tau_{3\,rz}^{(s)}(z_1, \bar{z}_1)$、$\tau_{3\,\theta z}^{(s)}(z_1, \bar{z}_1)$，式中 $Z = z_1$，$C = O_1O_3$；在复平面 $(z_2, \bar{z}_2)$ 内表示为 $w_3^{(s)}(z_2, \bar{z}_2)$ 和 $\tau_{3\,rz}^{(s)}(z_2, \bar{z}_2)$、$\tau_{3\,\theta z}^{(s)}(z_2, \bar{z}_2)$，式中 $Z = z_2$，$C = O_2O_3$；在复平面 $(z_3, \bar{z}_3)$ 内表示为 $w_3^{(s)}(z_3, \bar{z}_3)$ 和 $\tau_{3\,rz}^{(s)}(z_3, \bar{z}_3)$、$\tau_{3\,\theta z}^{(s)}(z_3, \bar{z}_3)$，式中 $Z = z_3$，$C = 0$。

6.1.1.5 驻波的位移场和应力场

在复平面 $(z_1, \bar{z}_1)$ 内，夹杂内驻波的位移场和应力场可由贝塞尔波函数展开式得到，表示为

$$w^{(z)}(z_1, \bar{z}_1) = \sum_{n=-\infty}^{+\infty} B_n J_n(k_1 |z_1|) \left(\frac{z_1}{|z_1|}\right)^n \quad (6-30)$$

$$\tau_{rz}^{(z)}(z_1, \bar{z}_1) = \frac{k\mu}{2} \sum_{n=-\infty}^{+\infty} B_n [J_{n-1}(k_1|z_1|) - J_{n+1}(k_1|z_1|)] \left(\frac{z_1}{|z_1|}\right)^n \quad (6-31)$$

$$\tau_{\theta z}^{(z)}(z_1, \bar{z}_1) = \frac{ik\mu}{2} \sum_{n=-\infty}^{+\infty} B_n [J_{n-1}(k_1|z_1|) + J_{n+1}(k_1|z_1|)] \left(\frac{z_1}{|z_1|}\right)^n \quad (6-32)$$

式中：$k_1 = \omega/c_1$ 是带形域中夹杂内 SH 型导波的波数，$c_1 = \sqrt{\mu_1/\rho_1}$ 是夹杂内 SH 型导波的传播速度；$J_n(\cdot)$ 是 n 阶贝塞尔函数。

6.1.1.6 定解条件

根据夹杂边沿的位移和应力连续可以得到方程 (6-33) 和方程 (6-34)，根据上、下表面凹陷边沿应力自由条件可以得到方程 (6-35) 和方程 (6-36)。在方程 (6-33) 和方程 (6-34) 等号两边同时乘以 $\exp(-im\theta_1)$ 并在 $(-\pi, \pi)$ 上积分，在方程 (6-35) 等号两边同时乘以 $\exp(-im\theta_2)$ 并在 $(-\pi, 0)$ 上积分，在方程 (6-36) 等号两边同时乘以 $\exp(-im\theta_3)$ 并在 $(0, \pi)$ 上积分，截断有限项 m 和 n，即可求得位置系数 $A_{1,n}$、$A_{2,n}$、$A_{3,n}$ 和 B_n。

$$w^{(i)}(z_1,\bar{z}_1)+w_1^{(s)}(z_1,\bar{z}_1)+w_2^{(s)}(z_1,\bar{z}_1)+w_3^{(s)}(z_1,\bar{z}_1)=w^{(z)}(z_1,\bar{z}_1), \quad |z_1|=r_1 \tag{6-33}$$

$$\tau_{rz}^{(i)}(z_1,\bar{z}_1)+\tau_1^{(s)}{}_{rz}(z_1,\bar{z}_1)+\tau_2^{(s)}{}_{rz}(z_1,\bar{z}_1)+\tau_3^{(s)}{}_{rz}(z_1,\bar{z}_1)=\tau_{rz}^{(z)}(z_1,\bar{z}_1), \quad |z_1|=r_1 \tag{6-34}$$

$$\tau_{rz}^{(i)}(z_2,\bar{z}_2)+\tau_1^{(s)}{}_{rz}(z_2,\bar{z}_2)+\tau_2^{(s)}{}_{rz}(z_2,\bar{z}_2)+\tau_3^{(s)}{}_{rz}(z_2,\bar{z}_2)=0, \quad |z_2|=r_2 \tag{6-35}$$

$$\tau_{rz}^{(i)}(z_3,\bar{z}_3)+\tau_1^{(s)}{}_{rz}(z_3,\bar{z}_3)+\tau_2^{(s)}{}_{rz}(z_3,\bar{z}_3)+\tau_3^{(s)}{}_{rz}(z_3,\bar{z}_3)=0, \quad |z_3|=r_3 \tag{6-36}$$

6.1.1.7 动应力集中系数和无量纲位移幅值

定义带型域内任意一点动应力与入射波在该点产生动应力的比值为动应力集中系数，根据式（6-12）和式（6-17），DSCF 可以按照式（6-37）进行计算。

$$\tau^* = \frac{|\tau_{\theta z}^{(i)}+\tau_1^{(s)}{}_{\theta z}+\tau_2^{(s)}{}_{\theta z}+\tau_3^{(s)}{}_{\theta z}|}{|\tau_0|} \tag{6-37}$$

式中：$\tau_0 = \mu k w_0$ 为入射波产生应力的最大幅值。

根据式（6-10）和式（6-15）定义无量纲位移幅值为

$$w^* = \frac{|w^{(i)}+w_1^{(s)}+w_2^{(s)}+w_3^{(s)}|}{|w_0|} \tag{6-38}$$

式中：w_0 为入射波的位移幅值。

6.1.2 数值结果与分析

本节对内部含有夹杂和上表面含有凹陷的带形域，如图 6-3 所示，在 SH 型导波作用下的问题进行数值计算。首先将本节结果与前人工作进行对比，证明本章方法及公式推导的正确性；其次分析了导波阶数、入射波频率、夹杂的材料参数和夹杂与凹陷的相对位置对夹杂边沿的动应力集中的影响；最后分析了入射 SH 型导波的阶数和波频率对带形域内位移幅值的影响。

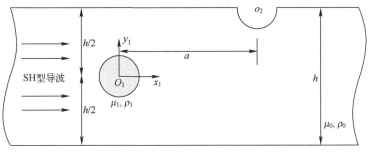

图 6-3 含有夹杂和凹陷的带型域

为了方便下文的研究，定义如下无量纲参数：带形域的厚度 $h^* = h/r_1$，入射波的频率 $k_0^* = k_0 r_1$，夹杂与上表面的距离 $h_1^* = h_1/r_1$，夹杂与下表面的距离

$h_2^* = h_2/r_1$,夹杂与上表面凹陷的水平距离为 $a^* = a/r_1$,上表面凹陷的半径为 $r_2^* = r_2/r_1$。同时定义带形域基体与夹杂的剪切模量之比 $\mu^* = \mu_1/\mu_0$,波数之比 $k^* = k_1/k_0$。当夹杂的剪切模量大于基体的剪切模量时,将该夹杂定义为"硬"夹杂,反之为"软"夹杂。参照参考文献[2]中相关参数设定:取 k^* 为无穷大,μ^* 为无穷小,此时夹杂退化成孔洞;取 $k^* = 1.5$,$\mu^* = 0.38$,相当于花岗岩中含有混凝土,可以看作"硬"基体中含有"软"夹杂;取 $k^* = 1$,$\mu^* = 1$,相当于花岗岩中含有花岗岩,即基体中不含夹杂;取 $k^* = 0.7$,$\mu^* = 3.23$,相当于花岗岩中含有钢,可以看作"软"基体中含有"硬"夹杂。

6.1.2.1 方法验证

当上表面凹陷的半径趋近于无穷小,夹杂的剪切模量趋近于无穷小时,本节模型(图 6-3)退化为含有孔洞的带型介质,与参考文献[3]中模型相同。图 6-4(a)和图 6-4(b)分别给出了 0 阶 SH 型导波入射,$h_1^* = h_2^* =$

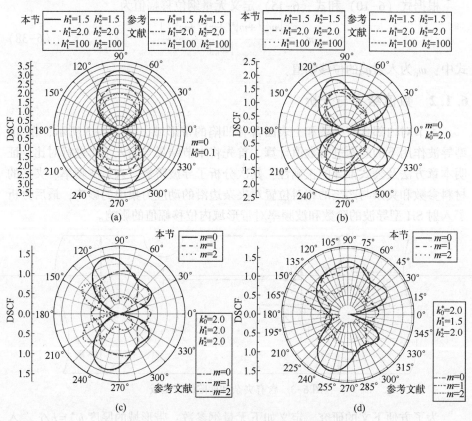

图 6-4 本节结果与参考文献结果进行对比

1.5、2.0、100，入射波的无量纲频率 $k_0^* = 0.1$ 和 2.0 时，夹杂边沿动应力集中系数的变化。图6-4（c）给出了 $h_1^* = h_2^* = 2.0$，$k_0^* = 2.0$，入射 0、1 和 2 阶 SH 型导波时，夹杂边沿的动应力集中系数。图 6-4 （d）给出了 0、1 和 2 阶 SH 型导波作用下，$h_1^* = 1.5$，$h_2^* = 2.0$ 时，夹杂边沿的动应力集中。从图中可以看出，本节夹杂边沿动应力集中的分布与参考文献 [4] 中孔洞边沿动应力集中的分布完全一致，因此验证了本节方法及公式推导的正确性。

6.1.2.2 导波阶数对动应力集中的影响

当 SH 型导波从带型域左端无穷远处入射时，能传播到近端夹杂处的波应为传播型导波，其阶数 m 应满足式（6-9），将相关参数带入，得到入射波波数为 $k_0^* = 0.1$、1.0 和 2.0 时的相应传播型导波阶数 m，如表 6-1 所列。

表 6-1 不同波数的传播型导波阶数

k_0^*	0.1	1.0	2.0
m	0	0、1、2、3	0、1、2、3、4、5、6

取无量纲参数 $h^* = 10$，$h_1^* = h_2^* = 5$，$a^* = 0$，$r_1^* = 1$。图 6-5～图 6-8 给出了带形域的基体为花岗岩，夹杂为孔洞、混凝土、花岗岩和钢时，不同频率、不同阶数的传播型导波作用下，夹杂边沿的动应力集中系数随角度的变化。

定义 MAXm 为第 m（m 为自然数）阶 SH 型导波作用下夹杂边沿的最大动应力集中系数，如 MAX0 为 0 阶 SH 型导波引起夹杂边沿动应力集中系数的最大值。定义 MAXA 为所有传播型波作用下夹杂边沿的最大动应力集系数之和。

若夹杂退化为孔洞，见图 6-5，当 $k_0^* = 0.1$ 时，仅 0 阶导波为传播型，所以 MAX0 与 MAXA 相等；当 $k_0^* = 1.0$ 时，0、1、2 和 3 阶为传播型，其中 MAX0 为各阶导波中的最大值 1.97，占 MAXA 的 37.12%，MAX1 为各阶导波中的最小值 1.04，占 MAXA 的 19.62%；$k_0^* = 2.0$ 时，有 7 个传播型导波，分别为 0、1、2、3、4、5 和 6 阶 SH 型导波，其中 MAX0 为各阶导波中的最大值 1.59，占 MAXA 的 18.82%，MAX1 为各阶导波中的最小值 0.64，占 MAXA 的 7.54%。

若夹杂为混凝土，见图 6-6，当 $k_0^* = 0.1$ 时，MAX0 占 MAXA 的 100%；当 $k_0^* = 1.0$ 时，MAX0 为各阶导波中的最大值 1.63，占 MAXA 的 35.60%，MAX1 为各阶导波中的最小值 0.87，占 MAXA 的 19.00%；当 $k_0^* = 2.0$ 时，MAX0 的值为 1.41，占 MAXA 的 17.33%，MAX1 为各阶导波中的最小值 0.65，占 MAXA 的 7.99%。

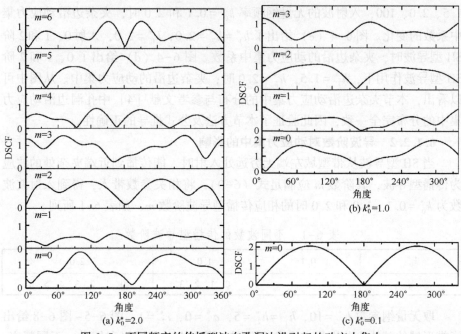

图 6-5 不同频率的传播型波在孔洞边沿引起的动应力集中

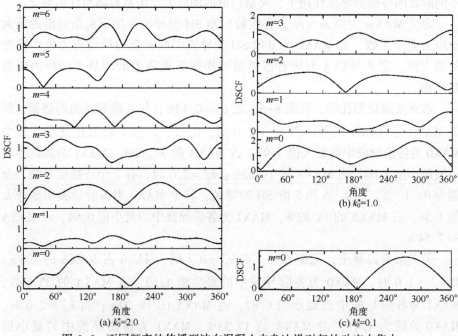

图 6-6 不同频率的传播型波在混凝土夹杂边沿引起的动应力集中

若夹杂为花岗岩，见图 6-7，夹杂与基体的材料相同，不会产生散射波，因此由散射波引起的动应力集中分量为 0。当 $k_0^* = 0.1$ 时，MAX0 占 MAXA 的 100%；当 $k_0^* = 1.0$ 时，MAX0 为各阶导波中的最大值 1.06，占 MAXA 的 32.10%，MAX1 为各阶导波中的最小值 0.59，占 MAXA 的 18.00%；当 $k_0^* = 2.0$ 时，MAX0 为各阶导波中的最大值 1.02，占 MAXA 的 20.13%，MAX1 为各阶导波中的最小值 0.40，占 MAXA 的 7.90%。

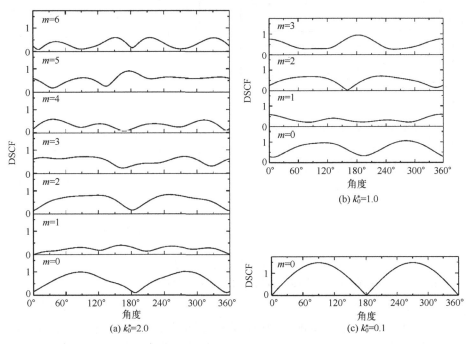

图 6-7　不同频率的传播型波在花岗岩夹杂边沿引起的动应力集中

若夹杂为钢，见图 6-8，当 $k_0^* = 0.1$ 时，MAX0 与 MAXA 相等；当 $k_0^* = 1.0$ 时，MAX0 为各阶导波中的最大值 0.48，占 MAXA 的 32.65%，MAX1 为各阶导波中的最小值 0.21，占 MAXA 的 14.29%；当 $k_0^* = 2.0$ 时，MAX0 为各阶导波中的最大值 0.49，占 MAXA 的 19.29%，MAX1 为各阶导波中的最小值 0.17，占 MAXA 的 6.71%。

以上结果说明：SH 型导波从带型域左端无穷远处入射时，在各阶传播型导波中，0 阶 SH 型导波引起的动应力集中较大，1 阶 SH 型导波引起的动应力集中最小。并且根据式（6-9）可知，0 阶 SH 型导波作为最低阶的导波，无论 k 为何值时，都是传播型波。同时，与其他阶数的导波相比，0 阶 SH 型导波在板带中传播时不发生频散和模式的转换，因此在无损检测中有着重要的应

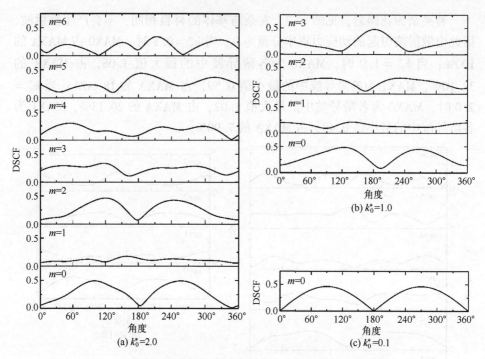

图 6-8 不同频率的传播型波在钢夹杂边沿引起的动应力集中

用价值[4]。所以下文着重对 0 阶 SH 型导波进行分析。

6.1.2.3 夹杂的介质参数对动应力集中的影响

取无量纲参数 $h^*=10$，$h_1^*=h_2^*=5$，$a^*=0$，$r_2^*=1$。图 6-9 给出了不同频率的 0 阶 SH 型导波作用下，动应力集中系数在夹杂边沿的分布。从图中可以看出：

在低频准静态下，即 $k_0^*=0.1$ 时，分布图为上下两个圆形，并且上半部分略大于下半部分。当夹杂为孔洞时最大动应力集中系数出现在 90°，值为 2.22；当夹杂为混凝土时最大动应力集中系数出现在 91°，值为 1.58；当夹杂为花岗岩时最大动应力集中系数出现在 91°，值为 1.07；当夹杂为钢时最大动应力集中系数出现在 91°，值为 0.50。

当入射中频 SH 型导波时，即 $k_0^*=1.0$，分布图为上下两个不规则的椭圆形。当夹杂为孔洞时最大动应力集中系数出现在 296°，值为 1.97；当夹杂为混凝土时最大动应力集中系数出现在 290°，值为 1.63；当夹杂为花岗岩时最大动应力集中系数出现在 282°，值为 1.06；当夹杂为钢时最大动应力集中系数出现在 124°，值为 0.48。

当入射高频 SH 型导波时，即 $k_0^*=2.0$，分布图在"软"夹杂情况下较为复杂，但在"硬"夹杂周围是规则的椭圆形。当夹杂为孔洞时最大动应力集

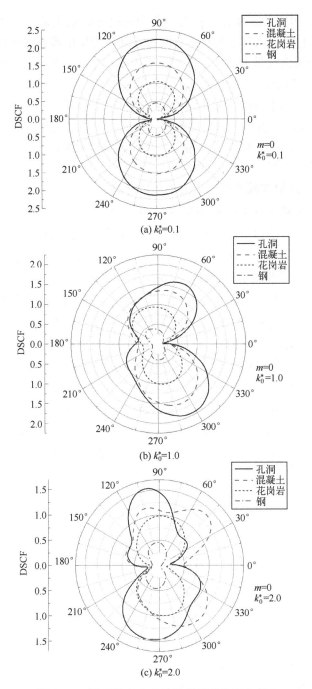

图 6-9　0 阶导波在夹杂边沿引起的动应力集中

中系数出现在 101°，值为 1.59；当夹杂为混凝土时最大动应力集中系数出现在 49°，值为 1.41；当夹杂为花岗岩时最大动应力集中系数出现在 282°，值为 1.02；当夹杂为钢时最大动应力集中系数出现在 258°，值为 0.49。

孔洞作为"最软"的夹杂，会引起最高的动应力集中；钢作为"最硬"的夹杂，会引起最小的动应力集中，当基体中不含夹杂时，DSCF 的最大值在 1 左右波动。无论入射波的频率为多大，钢夹杂边沿的动应力集中分布图都是规则的椭圆形。因此，可以通过增加夹杂的剪切模量来减少夹杂边沿的动应力集中和优化动应力集中分布的形状。

6.1.2.4 入射波频率对动应力集中的影响

取无量纲参数 $h^* = 10$，$h_1^* = h_2^* = 5$，$a^* = 0$，$r_2^* = 1$。图 6-10 给出 0 阶 SH 型导波入射时，夹杂边沿最大动应力集中系数随入射波的无量纲波数 k_0^* 的变化规律。当夹杂退化为孔洞，随着波数的增加，MAXDSCF 曲线在 $k_0^* < 0.5$ 时缓慢变化，$k_0^* > 0.5$ 后缓慢上升，在 $k_0^* = 0.62$ 处取得第一个极值 2.17；然后缓慢下降再上升，在 $k_0^* = 1.26$ 处，也是曲线的最高点，取得第二个极值 2.53；随后经历快速下降段和平缓变化段达到曲线最低点，在 $k_0^* = 1.62$ 处，最小值为 1.40；最后曲线快速上升再快速下降，在高频 $k_0^* = 1.90$ 处取得第三个极值 2.35。当夹杂为混凝土时，变化趋势与孔洞情况相同，不同的是前两次波动没有孔洞的剧烈，分别在 $k_0^* = 0.64$ 和 1.26 处取极值 1.57 和 1.48，最后一次波动在 $k_0^* = 1.84$ 处取得极值和最大值 2.58，在 $k_0^* = 1.72$ 处达到最小值 1.26。当夹杂为钢时，曲线接近于一条直线，波动现象极为平缓，在 $k_0^* = 0.66$ 时取最小值 0.43，在 $k_0^* = 1.88$ 时取最大值 0.56。当基体中不含夹杂时，最大动应力集中系数恒为 1。

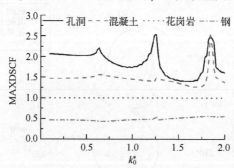

图 6-10 0 阶导波作用下 MAXDSCF 随入射波频率的变化

通过对比和分析 4 条曲线可以发现：随着入射波频率变化，夹杂越"软"，最大动应力集中系数变化越剧烈，"硬"夹杂可以有效地减少 MAXDSCF 随 k_0^* 的变化；夹杂退化为孔洞时，在 $k_0^* = 0.62$、1.26 和 1.90 左右取得 MAXDSCF

的极值，表现出明显的波动现象，说明这三个频率更接近该模型的固有频率；夹杂越"软"曲线越靠上方，MAXDSCF 值越大，这与前文得到的结论相同，即"软"夹杂对 DSCF 有增加作用，"硬"夹杂会引起动应力集中系数的减小。

6.1.2.5 夹杂与上表面凹陷之间的水平距离对动应力集中的影响

取无量纲参数 $h^*=10$，$h_1^*=h_2^*=5$，$a^*=0$，$r_2^*=1$。图 6-11 和图 6-12 分别给出了不同频率的 0 阶 SH 型导波作用下，花岗岩中的混凝土夹杂和钢夹杂边沿最大动应力集中系数随凹陷与夹杂之间水平距离 a^* 的变化规律。从图中可以看出，夹杂边沿的 MAXDSCF 随 a^* 呈现出毫无规律的振荡变化，这说明凹陷与夹杂之间距离对其边沿 MAXDSCF 的影响是十分复杂的，并且这种影响不会随着 $|a^*|$ 的增加而减弱，但是入射波的频率越高，MAXDSCF 曲线的振荡频率越高，表现为相邻两波峰之间的距离越短。无论凹陷与夹杂之间的水平距离为多少，花岗岩中混凝土夹杂边沿的 MAXDSCF 均大于 1，花岗岩中钢夹杂边沿 MAXDSCF 都小于 1。当 $k_0^*=0.1$ 时，夹杂边沿的 MAXDSCF 的最大值出现在 $a^*=0$ 处，即凹陷在夹杂的正上方。当 $k_0^*=1.0$ 和 2.0 时夹杂边沿的 MAXDSCF 的最大值在 $a^*>0$ 的范围内，即夹杂在凹陷左面。

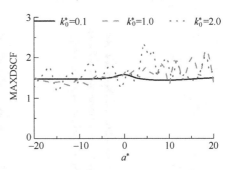

图 6-11 混凝土夹杂边沿最大动应力集中系数随凹陷与夹杂之间距离的变化

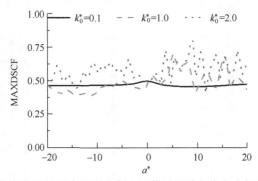

图 6-12 钢夹杂边沿最大动应力集中系数随凹陷与夹杂之间距离的变化

6.1.2.6 位移幅值

取无量纲参数 $h^*=10$，$h_1^*=h_2^*=5$，$a^*=0$，$r_2^*=0$。图 6-13~图 6-15 给出了基体为花岗岩，夹杂为孔洞、混凝土和钢时，在不同频率、不同阶数的传播型导波作用下带型域内位移幅值的云图。

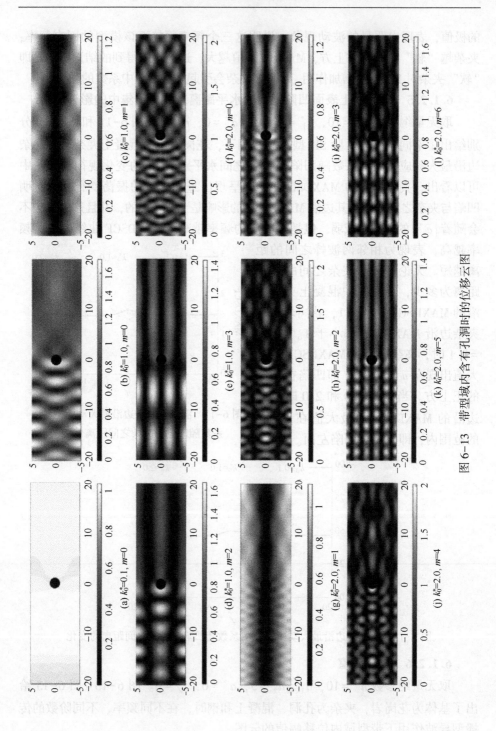

图 6-13 带型域内含有孔洞时的位移云图

第6章 带形域中复杂组合缺陷对导波的散射

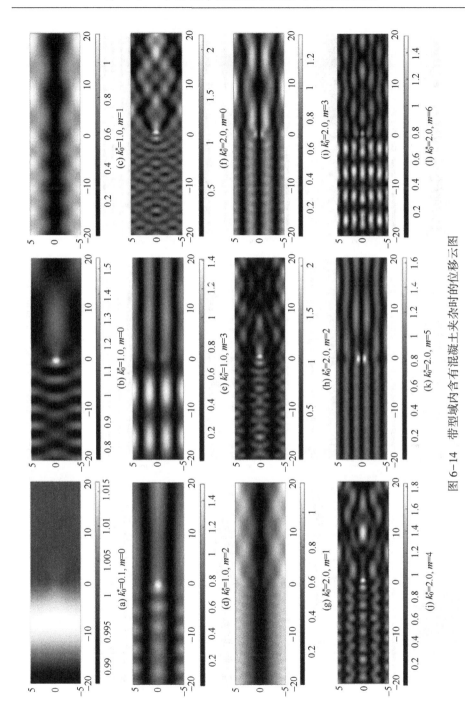

图 6-14 带型域内含有混凝土夹杂时的位移云图

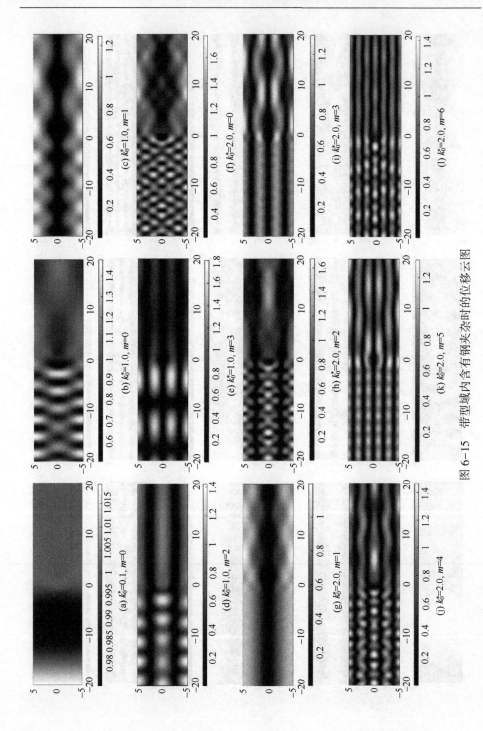

图 6-15 带型壁域内含有钢夹杂时的位移云图

第6章　带形域中复杂组合缺陷对导波的散射

稳态 SH 型导波从带型域左端入射，夹杂与带形域上、下表面之间距离相等时，在夹杂处会发生散射现象，表现为有向左传播的柱面波出现。入射波的频率越高，位移的振荡周期越小。奇数阶导波入射时，振型的波节数不变，波节的位置（位移幅值为 0）上下移动幅度较小，其中最中间的波节直线穿透夹杂，不发生任何位置上的波动，见图 6-13，图 6-14，图 6-15（c）、(e)、(g)、(i)、(k) 等。偶数阶导波入射时，导波的传播振型变化较为复杂，波节会出现明显的靠近或远离，甚至会发生数目的改变，见图 6-13（h）、(j)，图 6-14（h）、(j) 以及图 6-15（h）、(j) 等。在偶数阶导波的作用下，当夹杂退化为空洞时，孔洞迎波面会出现位移幅值的最大值；当夹杂为混凝土时，在夹杂内部的位移幅值较大；当夹杂为钢时，夹杂内部的位移幅值较小。

以夹杂为分界线，对比夹杂左右两侧的位移云图，发现夹杂右侧的位移云图比左侧更暗，同时右侧的明暗交替也少于左侧，说明位移幅值的大小和振荡频率在经过夹杂后会有所减小，其中振荡频率的减小在中频（$k_0^* = 1.0$）0 阶和 2 阶导波入射时最为明显，见图 6-13（b）、(d)，图 6-14（b）、(d) 以及图 6-15（b）、(d)。由此启发，可以在板的一端入射 0 阶或 2 阶 SH 型导波，通过板表面的位移幅值振荡频率的变化，对板内夹杂的位置进行检测。

6.2　带形域中半圆形脱胶夹杂和圆孔对 SH 型导波的散射

6.2.1　问题描述

带形域内含有一个圆柱形夹杂和一个圆孔，夹杂的上半圆弧为脱胶部分，下半圆弧为非脱胶部分，如图 6-16 所示，设带形域的上自由直边界 T_U，带形域的厚度为 h，下自由直边界 T_D。带形区域是弹性介质，介质参数包括剪切弹性模量和介质密度，假设这两个参数为已知的，剪切弹性模量取为 μ_1、密度为 ρ_1；脱胶圆柱形夹杂为 T_S，圆柱形夹杂的半径用 a_1 表示，圆孔的半径用 a_2 表示，夹杂的中心坐标记为 c_1，圆孔的中心坐标记为 c_2，即在总体坐标下的坐标，夹杂上脱胶表面为边界 C_j，非脱胶表面为边界 $\overline{C}_J$，夹杂的密度为 ρ_2，剪切弹性模量为 μ_2。圆柱夹杂中心到上边界距离为 h_1，夹杂和圆孔纵向放置，中心在一条线上，中心距为 d，圆孔到下半边界的距离为 h_2。圆柱夹杂的半径用 r_1 表示，圆孔的半径用 r_2 表示，设大圆弧中心记为 o'，到带形域的上、下边界的半径分别设为 R_U 和 R_D，局部坐标系 $x_1 O_1 y_1$ 的原点与脱胶圆柱形夹杂的圆心相重合，局部坐标系 $x_2O_2y_2$ 的原点与孔的圆心相重合。满足该问题的边界条件为：满足带形域的上、下两边界 T_U、T_D 上应力自由，以及在夹杂周边上非脱胶部分应力连续和位移连续，脱胶部分应力自由，圆孔应力自由，从而按照分区的思想求解 SH 型导波的控制方程。

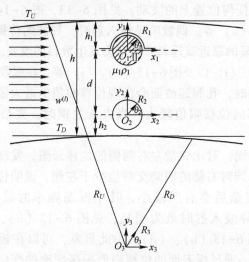

图 6-16　SH 型导波对不同深度的夹杂和圆孔入射计算模型

将所求问题进行分区，得到以下两个问题，如图 6-17 和图 6-18 所示。

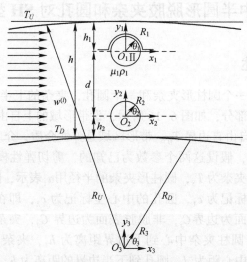

图 6-17　SH 型导波对两个不同深度的圆孔入射计算模型

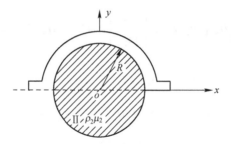

图 6-18 半圆形脱胶夹杂

6.2.2 问题求解

6.2.2.1 形域中孔洞的散射波

在带形域内,入射波可以表示为

$$w^{(i)} = w_0 \exp\left\{\frac{\mathrm{i}k_1}{2}[z \cdot \mathrm{e}^{-\mathrm{i}\alpha_0} + \bar{z} \cdot \mathrm{e}^{\mathrm{i}\alpha_0}]\right\} \tag{6-39}$$

对应的应力:

$$\tau_{rz}^{(i)} = \mathrm{i}\tau_0 \cos(\theta - \alpha_0) \exp\left\{\frac{\mathrm{i}k_1}{2}(z\mathrm{e}^{-\mathrm{i}\alpha_0} + \bar{z}\mathrm{e}^{\mathrm{i}\alpha_0})\right\} \tag{6-40}$$

$$\tau_{\theta z}^{(i)} = -\mathrm{i}\tau_0 \sin(\theta - \alpha_0) \exp\left\{\frac{\mathrm{i}k_1}{2}(z\mathrm{e}^{-\mathrm{i}\alpha_0} + \bar{z}\mathrm{e}^{\mathrm{i}\alpha_0})\right\} \tag{6-41}$$

带形域的上边界散射波和应力:

$$w_{T_U}^{(SI)}(z_2, \bar{z}_2) = \sum_{n=-\infty}^{\infty} B_n H_n^{(2)}(k_1 |z_2|) [z_2/|z_2|]^n \tag{6-42}$$

$$\tau_{rz,T_U}^{(SI)} = \frac{k_1 \mu_1}{2} \sum_{n=-\infty}^{\infty} C_n \left\{ H_{n-1}^{(2)}(k_1 |z_2|) \left[\frac{z_2}{|z_2|}\right]^{n-1} \mathrm{e}^{\mathrm{i}\theta_2} - H_{n+1}^{(2)}(k_1 |z_2|) \left[\frac{z_2}{|z_2|}\right]^{n+1} \mathrm{e}^{-\mathrm{i}\theta_2} \right\} \tag{6-43}$$

$$\tau_{\theta z,T_U}^{(SI)} = \frac{\mathrm{i}k_1 \mu_1}{2} \sum_{n=-\infty}^{\infty} C_n \left\{ H_{n-1}^{(2)}(k_1 |z_2|) \left[\frac{z_2}{|z_2|}\right]^{n-1} \mathrm{e}^{\mathrm{i}\theta_2} + H_{n-1}^{(2)}(k_1 |z_2|) \left[\frac{z_2}{|z_2|}\right]^{n+1} \mathrm{e}^{-\mathrm{i}\theta_2} \right\} \tag{6-44}$$

带形域的下边界散射波和应力:

$$w_{T_D}^{(SL)}(z_2, \bar{z}_2) = \sum_{n=-\infty}^{\infty} C_n H_n^{(2)}(k_1 |z_2|) [z_2/|z_2|]^n \tag{6-45}$$

$$\tau_{rz,T_D}^{(SI)} = \frac{k_1 \mu_1}{2} \sum_{n=-\infty}^{\infty} B_n \left\{ H_{n-1}^{(2)}(k_1 |z_2|) \left[\frac{z_2}{|z_2|}\right]^{n-1} \mathrm{e}^{\mathrm{i}\theta_2} - H_{n+1}^{(2)}(k_1 |z_2|) \left[\frac{z_2}{|z_2|}\right]^{n+1} \mathrm{e}^{-\mathrm{i}\theta_2} \right\} \tag{6-46}$$

$$\tau_{\theta z, T_D}^{(\mathrm{SI})} = \frac{\mathrm{i}k_1\mu_1}{2}\sum_{n=-\infty}^{\infty}B_n\left\{H_{n-1}^{(2)}(k_1|z_2|)\left[\frac{z_2}{|z_2|}\right]^{n-1}\mathrm{e}^{\mathrm{i}\theta_2} + H_{n+1}^{(2)}(k_1|z_2|)\left[\frac{z_2}{|z_2|}\right]^{n+1}\mathrm{e}^{-\mathrm{i}\theta_2}\right\}$$

(6-47)

半圆形脱胶圆柱夹杂散射波及应力:

$$w_{T_S}^{(\mathrm{SL})}(z,\bar{z}) = \sum_{n=-\infty}^{\infty}A_n H_n^{(1)}(k_1|z|)\,[z/|z|]^n$$

(6-48)

$$\tau_{rz,T_S}^{(\mathrm{SI})} = \frac{k_1\mu_1}{2}\sum_{n=-\infty}^{\infty}A_n\left\{H_{n-1}^{(1)}(k_1|z|)\left[\frac{z}{|z|}\right]^{n-1}\mathrm{e}^{\mathrm{i}\theta} - H_{n+1}^{(1)}(k_1|z|)\left[\frac{z}{|z|}\right]^{n+1}\mathrm{e}^{-\mathrm{i}\theta}\right\}$$

(6-49)

$$\tau_{\theta z,T_S}^{(\mathrm{SI})} = \frac{\mathrm{i}k_1\mu_1}{2}\sum_{n=-\infty}^{\infty}A_n\left\{H_{n-1}^{(1)}(k_1|z|)\left[\frac{z}{|z|}\right]^{n-1}\mathrm{e}^{\mathrm{i}\theta} + H_{n+1}^{(1)}(k_1|z|)\left[\frac{z}{|z|}\right]^{n+1}\mathrm{e}^{-\mathrm{i}\theta}\right\}$$

(6-50)

夹杂驻波及应力:

$$w_{r_2z,T_S}^{(\mathrm{SII})} = w_0\sum_{n=-\infty}^{\infty}\sum_{m=-\infty}^{\infty}D_m\frac{J_{m-1}(k_2R) - J_{m+1}(k_2R)}{J_{n-1}(k_2R) - J_{n+1}(k_2R)}a_{mn}J_n(k_2|z|)\left[\frac{z}{|z|}\right]^n$$

(6-51)

$$\tau_{r_2z,T_S}^{(\mathrm{SII})} = \frac{\mu_2 k_2 w_0}{2}\sum_{n=-\infty}^{\infty}\sum_{m=-\infty}^{\infty}D_m\frac{J_{m-1}(k_2R)-J_{m+1}(k_2R)}{J_{n-1}(k_2R)-J_{n+1}(k_2R)}a_{mn}[J_{n-1}(k_2|z|)-J_{n+1}(k_2|z|)]\left[\frac{z}{|z|}\right]^n$$

(6-52)

$$\tau_{\theta z,T_S}^{(\mathrm{SII})} = \frac{\mathrm{i}\mu_2 w_0}{|z|}\sum_{n=-\infty}^{\infty}\sum_{m=-\infty}^{\infty}nD_m\frac{J_{m-1}(k_2R) - J_{m+1}(k_2R)}{J_{n-1}(k_2R) - J_{n+1}(k_2R)}a_{mn}J_n(k_2|z|)\left[\frac{z}{|z|}\right]^n$$

(6-53)

只需在给出圆孔对波的散射形式 $w_{T_{S2}}^{(\mathrm{SI})}$,引入复平面上 $(z_2,\bar{z}_2)$,将散射波 $w_{T_S}^{(\mathrm{SI})}$ 表示成复坐标下的波函数形式为

$$w_{T_{s2}}^{(\mathrm{SL})}(z_2,\bar{z}_2) = \sum_{n=-\infty}^{\infty}E_n H_n^{(1)}(k_1|z_2|)\,[z_2/|z_2|]^n$$

(6-54)

式中:待定系数 C_n 需要利用边界条件来求。其中,$H_n^{(1)}(\cdot)$ 为 n 阶第一类汉克尔函数,$H_n^{(1)}(\cdot)$ 与时间因子的乘积 $H_n^{(1)}(\cdot)\exp(-\mathrm{i}\omega t)$,表示起点是坐标原点向无穷远处传播的,呈现发散状的散射波。

根据位移和应力的转换关系,写出用位移表示的应力表达式:

$$\tau_{rz,T_{S2}}^{(\mathrm{SI})} = \frac{k_1\mu_1}{2}\sum_{n=-\infty}^{\infty}E_n\left\{H_{n-1}^{(1)}(k_1|z_2|)\left[\frac{z_2}{|z_2|}\right]^{n-1}\mathrm{e}^{\mathrm{i}\theta} - H_{n+1}^{(1)}(k_1|z_2|)\left[\frac{z_2}{|z_2|}\right]^{n+1}\mathrm{e}^{-\mathrm{i}\theta}\right\}$$

(6-55)

$$\tau_{\theta z,T_{S2}}^{(\text{SI})} = \frac{\mathrm{i}k_1\mu_1}{2} \sum_{n=-\infty}^{\infty} E_n \left\{ H_{n-1}^{(1)}(k_1|z_2|) \left[\frac{z_2}{|z_2|}\right]^{n-1} \mathrm{e}^{\mathrm{i}\theta} + H_{n+1}^{(1)}(k_1|z_2|) \left[\frac{z_2}{|z_2|}\right]^{n+1} \mathrm{e}^{-\mathrm{i}\theta} \right\}$$

(6-56)

该问题满足的边界条件是：在脱胶的部分，夹杂的上半圆弧部分，应力自由，在黏合的部分，夹杂的下半圆弧部分，应力、位移连续。带形域的上、下自由边界 T_U 和 T_D。上应力自由，圆孔周边应力自由，用应力、位移的弹性波形式，将边界条件具体化，得到 5 个方程，即

$$\begin{cases} (\mathrm{a})\,T_D(|z'|=R_D): \tau_{rz}^{(i)} + \tau_{rz,T_S}^{(\text{SI})} + \tau_{rz,T_{S2}}^{(\text{SI})} + \tau_{rz,T_D}^{(\text{SI})} + \tau_{rz,T_U}^{(\text{SI})} = 0 \\ (\mathrm{b})\,T_U(|z'|=R_U): \tau_{rz}^{(i)} + \tau_{rz,T_S}^{(\text{SI})} + \tau_{rz,T_{S2}}^{(\text{SI})} + \tau_{rz,T_D}^{(\text{SI})} + \tau_{rz,T_U}^{(\text{SI})} = 0 \\ (\mathrm{c})\,T_{S2}(|z_2|=a_2): \tau_{rz}^{(i)} + \tau_{rz,T_S}^{(\text{SI})} + \tau_{rz,T_{S2}}^{(\text{SI})} + \tau_{rz,T_D}^{(\text{SI})} + \tau_{rz,T_U}^{(\text{SI})} = 0 \\ (\mathrm{d})\,T_{S1}(|z_1|=a_1): \tau_{rz}^{(i)} + \tau_{rz,T_S}^{(\text{SI})} + \tau_{rz,T_{S2}}^{(\text{SI})} + \tau_{rz,T_D}^{(\text{SI})} + \tau_{rz,T_U}^{(\text{SI})} = \tau_{r_2z,T_S}^{(\text{SII})} \\ (\mathrm{e})\,T_{S2}(|z_1|=a_1): w_{rz}^{(i)} + w_{rz,T_S}^{(\text{SI})} + w_{rz,T_{S2}}^{(\text{SI})} + w_{rz,T_D}^{(\text{SI})} + w_{rz,T_U}^{(\text{SI})} = w_{r_2z,T_S}^{(\text{SII})} \end{cases}$$

(6-57)

将位移、应力表达式代入方程组（6-57），有

$$\begin{cases} (\mathrm{a}) \sum_{n=-\infty}^{+\infty} \left[\zeta_{1n}^{(1)} A_n + \zeta_{2n}^{(1)} B_n + \zeta_{3n}^{(1)} C_n + \zeta_{5n}^{(1)} E_n \right] = \eta_1 \\ (\mathrm{b}) \sum_{n=-\infty}^{+\infty} \left[\zeta_{1n}^{(2)} A_n + \zeta_{2n}^{(2)} B_n + \zeta_{3n}^{(2)} C_n + \zeta_{5n}^{(2)} E_n \right] = \eta_2 \\ (\mathrm{c}) \sum_{n=-\infty}^{+\infty} \left[\zeta_{1n}^{(3)} A_n + \zeta_{2n}^{(3)} B_n + \zeta_{3n}^{(3)} C_n + \zeta_{5n}^{(3)} E_n \right] = \eta_3 \\ (\mathrm{d}) \sum_{n=-\infty}^{+\infty} \left[\zeta_{1n}^{(4)} A_n + \zeta_{2n}^{(4)} B_n + \zeta_{3n}^{(4)} C_n - \zeta_{4n}^{(4)} D_n + \zeta_{5n}^{(4)} E_n \right] = \eta_4 \\ (\mathrm{e}) \sum_{n=-\infty}^{+\infty} \left[\zeta_{1n}^{(5)} A_n + \zeta_{2n}^{(5)} B_n + \zeta_{3n}^{(5)} C_n - \zeta_{4n}^{(5)} D_n + \zeta_{5n}^{(5)} E_n \right] = \eta_5 \end{cases}$$

(6-58)

式中：

$$\begin{cases} \zeta_{1n}^{(1)} = \frac{k_1\mu_1}{2} \left\{ H_{n-1}^{(1)}(k_1|z_1|) \left[\frac{z_1}{|z_1|}\right]^{n-1} \mathrm{e}^{\mathrm{i}\theta_1} - H_{n+1}^{(1)}(k_1|z_1|) \left[\frac{z_1}{|z_1|}\right]^{n+1} \mathrm{e}^{-\mathrm{i}\theta_1} \right\} \\ \zeta_{2n}^{(1)} = \frac{k_1\mu_1}{2} \left\{ H_{n-1}^{(2)}(k_1|z'|) \left[\frac{z'}{|z'|}\right]^{n-1} \mathrm{e}^{\mathrm{i}\theta_2} - H_{n+1}^{(2)}(k_1|z'|) \left[\frac{z'}{|z'|}\right]^{n+1} \mathrm{e}^{-\mathrm{i}\theta_2} \right\}, \text{其中}, z'=z_1+\mathrm{i}(R_D+h_2) \\ \zeta_{3n}^{(1)} = \frac{k_1\mu_1}{2} \left\{ H_{n-1}^{(1)}(k_1|z'|) \left[\frac{z'}{|z'|}\right]^{n-1} \mathrm{e}^{\mathrm{i}\theta_2} - H_{n+1}^{(1)}(k_1|z'|) \left[\frac{z'}{|z'|}\right]^{n+1} \mathrm{e}^{-\mathrm{i}\theta_2} \right\}, \text{其中}, z'-z_1+\mathrm{i}(R_D+h_2) \\ \zeta_{5n}^{(1)} = \frac{k_1\mu_1}{2} \left\{ H_{n-1}^{(1)}(k_1|z_2|) \left[\frac{z'}{|z'|}\right]^{n-1} \mathrm{e}^{\mathrm{i}\theta_1} - H_{n+1}^{(1)}(k_1|z_2|) \left[\frac{z'}{|z'|}\right]^{n+1} \mathrm{e}^{-\mathrm{i}\theta_2} \right\}, \text{其中}, z'=z_2+l+\mathrm{i}(R_D+h_2) \end{cases}$$

(6-59)

$$\begin{cases}\zeta_{1n}^{(2)}=\dfrac{k_1\mu_1}{2}\left\{H_{n-1}^{(1)}(k_1|z_1|)\left[\dfrac{z_1}{|z_1|}\right]^{n-1}\mathrm{e}^{\mathrm{i}\theta_1}-H_{n+1}^{(1)}(k_1|z_1|)\left[\dfrac{z_1}{|z_1|}\right]^{n+1}\mathrm{e}^{-\mathrm{i}\theta_1}\right\}\\[6pt]\zeta_{2n}^{(2)}=\dfrac{k_1\mu_1}{2}\left\{H_{n-1}^{(2)}(k_1|z'|)\left[\dfrac{z'}{|z'|}\right]^{n-1}\mathrm{e}^{\mathrm{i}\theta_2}-H_{n+1}^{(2)}(k_1|z'|)\left[\dfrac{z'}{|z'|}\right]^{n+1}\mathrm{e}^{-\mathrm{i}\theta_2}\right\},\text{其中},\ z'=z_1+\mathrm{i}(R_U-h_1)\\[6pt]\zeta_{3n}^{(2)}=\dfrac{k_1\mu_1}{2}\left\{H_{n-1}^{(1)}(k_1|z'|)\left[\dfrac{z'}{|z'|}\right]^{n-1}\mathrm{e}^{\mathrm{i}\theta_2}-H_{n+1}^{(1)}(k_1|z'|)\left[\dfrac{z'}{|z'|}\right]^{n+1}\mathrm{e}^{-\mathrm{i}\theta_2}\right\},\text{其中},\ z'=z_1+\mathrm{i}(R_U-h_1)\\[6pt]\zeta_{5n}^{(2)}=\dfrac{k_1\mu_1}{2}\left\{H_{n-1}^{(1)}(k_1|z_2|)\left[\dfrac{z'}{|z'|}\right]^{n-1}\mathrm{e}^{\mathrm{i}\theta_1}-H_{n+1}^{(1)}(k_1|z_2|)\left[\dfrac{z'}{|z'|}\right]^{n+1}\mathrm{e}^{-\mathrm{i}\theta_2}\right\},\text{其中},\ z'=z_2+l+\mathrm{i}(R_U-h_1)\end{cases}$$

$$(6-60)$$

$$\begin{cases}\zeta_{1n}^{(3)}=\dfrac{k_1\mu_1}{2}\left\{H_{n-1}^{(1)}(k_1|z_1|)\left[\dfrac{z_2}{|z_2|}\right]^{n-1}\mathrm{e}^{\mathrm{i}\theta_1}-H_{n+1}^{(1)}(k_1|z_1|)\left[\dfrac{z_2}{|z_2|}\right]^{n+1}\mathrm{e}^{-\mathrm{i}\theta_1}\right\},\text{其中},\ z_1=z_2+l\\[6pt]\zeta_{2n}^{(3)}=\dfrac{k_1\mu_1}{2}\left\{H_{n-1}^{(2)}(k_1|z'|)\left[\dfrac{z'}{|z'|}\right]^{n-1}\mathrm{e}^{\mathrm{i}\theta_2}-H_{n+1}^{(2)}(k_1|z'|)\left[\dfrac{z'}{|z'|}\right]^{n+1}\mathrm{e}^{-\mathrm{i}\theta_2}\right\},\text{其中},\ z'=z_1+\mathrm{i}(R_D+h_2)\\[6pt]\zeta_{3n}^{(3)}=\dfrac{k_1\mu_1}{2}\left\{H_{n-1}^{(1)}(k_1|z'|)\left[\dfrac{z'}{|z'|}\right]^{n-1}\mathrm{e}^{\mathrm{i}\theta_2}-H_{n+1}^{(1)}(k_1|z'|)\left[\dfrac{z'}{|z'|}\right]^{n+1}\mathrm{e}^{-\mathrm{i}\theta_2}\right\},\text{其中},\ z'=z_1+\mathrm{i}(R_D+h_2)\\[6pt]\zeta_{5n}^{(2)}=\dfrac{k_1\mu_1}{2}\left\{H_{n-1}^{(1)}(k_1|z_2|)\left[\dfrac{z_2}{|z_2|}\right]^{n-1}\mathrm{e}^{\mathrm{i}\theta_1}-H_{n+1}^{(1)}(k_1|z_2|)\left[\dfrac{z_2}{|z_2|}\right]^{n+1}\mathrm{e}^{-\mathrm{i}\theta_1}\right\},\text{其中},\ z_2=z_1-l\end{cases}$$

$$(6-61)$$

$$\begin{cases}\eta_1=-\mathrm{i}\tau_0\cos(\theta-\alpha_0)\exp\left\{\dfrac{\mathrm{i}k_1}{2}(z\mathrm{e}^{-\mathrm{i}\alpha_0}+\bar{z}\mathrm{e}^{\mathrm{i}\alpha_0})\right\},\text{其中},\ z=z'-\mathrm{i}R_D\\[6pt]\eta_2=-\mathrm{i}\tau_0\cos(\theta-\alpha_0)\exp\left\{\dfrac{\mathrm{i}k_1}{2}(z\mathrm{e}^{-\mathrm{i}\alpha_0}+\bar{z}\mathrm{e}^{\mathrm{i}\alpha_0})\right\},\text{其中},\ z=z'-\mathrm{i}(R_U-h_1-h_2)\\[6pt]\eta_3=-\mathrm{i}\tau_0\cos(\theta-\alpha_0)\exp\left\{\dfrac{\mathrm{i}k_1}{2}(z\mathrm{e}^{-\mathrm{i}\alpha_0}+\bar{z}\mathrm{e}^{\mathrm{i}\alpha_0})\right\},\text{其中},\ z=z_2+l+\mathrm{i}h_2\\[6pt]\eta_4=-\mathrm{i}\tau_0\cos(\theta-\alpha_0)\exp\left\{\dfrac{\mathrm{i}k_1}{2}(z\mathrm{e}^{-\mathrm{i}\alpha_0}+\bar{z}\mathrm{e}^{\mathrm{i}\alpha_0})\right\},\text{其中},\ z=z_1+\mathrm{i}h_2\\[6pt]\eta_5=-W_0\exp\left\{\dfrac{\mathrm{i}k_1}{2}(z\mathrm{e}^{-\mathrm{i}\alpha_0}+\bar{z}\mathrm{e}^{\mathrm{i}\alpha_0})\right\},\text{其中},\ z=z_1+\mathrm{i}h_2\end{cases}$$

$$(6-62)$$

第6章　带形域中复杂组合缺陷对导波的散射

$$\begin{cases} \zeta_{1n}^{(4)} = \dfrac{k_1\mu_1}{2}\left\{H_{n-1}^{(1)}(k_1|z_1|)\left[\dfrac{z_1}{|z_1|}\right]^{n-1}\mathrm{e}^{\mathrm{i}\theta_1} - H_{n+1}^{(1)}(k_1|z_1|)\left[\dfrac{z_1}{|z_1|}\right]^{n+1}\mathrm{e}^{-\mathrm{i}\theta_1}\right\} \\[2mm] \zeta_{2n}^{(4)} = \dfrac{k_1\mu_1}{2}\left\{H_{n-1}^{(2)}(k_1|z'|)\left[\dfrac{z_1}{|z_1|}\right]^{n-1}\mathrm{e}^{\mathrm{i}\theta_2} - H_{n+1}^{(2)}(k_1|z'|)\left[\dfrac{z_1}{|z_1|}\right]^{n+1}\mathrm{e}^{-\mathrm{i}\theta_2}\right\},\text{其中}, z'=z_1+\mathrm{i}(R_U+h_1) \\[2mm] \zeta_{3n}^{(4)} = \dfrac{k_1\mu_1}{2}\left\{H_{n-1}^{(1)}(k_1|z'|)\left[\dfrac{z_1}{|z_1|}\right]^{n-1}\mathrm{e}^{\mathrm{i}\theta_2} - H_{n+1}^{(1)}(k_1|z'|)\left[\dfrac{z_1}{|z_1|}\right]^{n+1}\mathrm{e}^{-\mathrm{i}\theta_2}\right\},\text{其中}, z'=z_1+\mathrm{i}(R_D+h_2) \\[2mm] \zeta_{4n}^{(4)} = \dfrac{\mu_2 k_2}{2}\sum_{n=-\infty}^{\infty} D_m \dfrac{J_{m-1}(k_2 R)-J_{m+1}(k_2 R)}{J_{n-1}(k_2 R)-J_{n+1}(k_2 R)} \cdot a_{mn}[J_{n-1}(k_2|z_1|)-J_{n+1}(k_2|z_1|)]\left[\dfrac{z_1}{|z_1|}\right]^{n} \\[2mm] \zeta_{5n}^{(2)} = \dfrac{k_1\mu_1}{2}\left\{H_{n-1}^{(1)}(k_1|z_2|)\left[\dfrac{z_1}{|z_1|}\right]^{n-1}\mathrm{e}^{\mathrm{i}\theta_1} - H_{n+1}^{(1)}(k_1|z_2|)\left[\dfrac{z_1}{|z_1|}\right]^{n+1}\mathrm{e}^{-\mathrm{i}\theta_1}\right\},\text{其中}, z_2=z_1+l \end{cases}$$

(6-63)

$$\begin{cases} \zeta_{1n}^{(5)} = H_n^{(1)}(k_1|z_1|)\left[\dfrac{z_1}{|z_1|}\right]^{n} \\[2mm] \zeta_{2n}^{(5)} = H_n^{(2)}(k_1|z'|)\left[\dfrac{z_1}{|z_1|}\right]^{n},\text{其中}, z'=z_1+\mathrm{i}(R_D+h_2) \\[2mm] \zeta_{3n}^{(5)} = H_n^{(1)}(k_1|z'|)\left[\dfrac{z_1}{|z_1|}\right]^{n},\text{其中}, z'=z_1+\mathrm{i}(R_U-h_1) \\[2mm] \zeta_{4n}^{(5)} = \sum_{n=-\infty}^{\infty} n\dfrac{J_{m-1}(k_2 R)-J_{m+1}(k_2 R)}{J_{n-1}(k_2 R)-J_{n+1}(k_2 R)} a_{mn} J_n(k_2|z_1|)\left[\dfrac{z_1}{|z_1|}\right]^{n} \\[2mm] \zeta_{5n}^{(2)} = H_n^{(1)}(k_1|z_2|)\left[\dfrac{z_1}{|z_1|}\right]^{n},\text{其中}, z_1=z_2+l \end{cases}$$

(6-64)

对以上方程式的求解未知系数，需要将得到的以上方程，通过傅里叶-汉克尔级数展开转化为一组无穷线性代数方程组，当无穷线性方程组的项数取得足够多时，截断这些项，能够保证问题的精度，对截断方程，进行求解未知系数。对傅里叶-汉克尔级数展后的方程，方程组（6-58）中（a）式左右两边同乘 $\exp(-\mathrm{i}m\theta')$、（b）式左右两边同乘 $\exp(-\mathrm{i}m\theta')$，（c）式两边同乘 $\exp(-\mathrm{i}m\theta)$，（d）式左右两边同乘 $\exp(-\mathrm{i}m\theta)$，（e）式左右两边同乘 $\exp(-\mathrm{i}m\theta_2)$，并在积分区间上对每个方程进行积分，解方程，求待定系数 A_n, B_n, C_n, D_n, E_n：

$$\begin{cases}
\text{(a)} \sum_{n=-\infty}^{+\infty} [\zeta_{1n}^{(1)} A_n + \zeta_{2n}^{(1)} B_n + \zeta_{3n}^{(1)} C_n + \zeta_{5n}^{(1)} E_n] = \eta_1 \\
\text{(b)} \sum_{n=-\infty}^{+\infty} [\zeta_{1n}^{(2)} A_n + \zeta_{2n}^{(2)} B_n + \zeta_{3n}^{(2)} C_n + \zeta_{5n}^{(2)} E_n] = \eta_2 \\
\text{(c)} \sum_{n=-\infty}^{+\infty} [\zeta_{1n}^{(3)} A_n + \zeta_{2n}^{(3)} B_n + \zeta_{3n}^{(3)} C_n + \zeta_{5n}^{(3)} E_n] = \eta_3 \\
\text{(d)} \sum_{n=-\infty}^{+\infty} [\zeta_{1n}^{(4)} A_n + \zeta_{2n}^{(4)} B_n + \zeta_{3n}^{(4)} C_n - \zeta_{4n}^{(4)} D_n + \zeta_{5n}^{(4)} E_n] = \eta_4 \\
\text{(e)} \sum_{n=-\infty}^{+\infty} [\zeta_{1n}^{(5)} A_n + \zeta_{2n}^{(5)} B_n + \zeta_{3n}^{(5)} C_n - \zeta_{4n}^{(5)} D_n + \zeta_{5n}^{(5)} E_n] = \eta_5
\end{cases} \quad (6\text{-}65)$$

$$\begin{cases}
\sum_{n=-\infty}^{+\infty} [\Phi_{1n}^{(1)} A_n + \Phi_{2n}^{(1)} B_n + \Phi_{3n}^{(1)} C_n + \Phi_{5n}^{(1)} E_n] = \Psi_1 \\
\sum_{n=-\infty}^{+\infty} [\Phi_{1n}^{(2)} A_n + \Phi_{2n}^{(2)} B_n + \Phi_{3n}^{(2)} C_n + \Phi_{5n}^{(2)} E_n] = \Psi_2 \\
\sum_{n=-\infty}^{+\infty} [\Phi_{1n}^{(3)} A_n + \Phi_{2n}^{(3)} B_n + \Phi_{3n}^{(3)} C_n + \Phi_{5n}^{(3)} E_n] = \Psi_3 \\
\sum_{n=-\infty}^{+\infty} [\Phi_{1n}^{(4)} A_n + \Phi_{2n}^{(4)} B_n + \Phi_{3n}^{(4)} C_n - \Phi_{4n}^{(4)} D_n + \Phi_{5n}^{(4)} E_n] = \Psi_4 \\
\sum_{n=-\infty}^{+\infty} [\Phi_{1n}^{(5)} A_n + \Phi_{2n}^{(5)} B_n + \Phi_{3n}^{(5)} C_n - \Phi_{4n}^{(5)} D_n + \Phi_{5n}^{(5)} E_n] = \Psi_5
\end{cases} \quad (6\text{-}66)$$

式中：

$$\begin{cases}
\Phi_{1n}^{(1)} = \dfrac{1}{2\pi} \int_{-\pi}^{\pi} \zeta_{1n}^{(1)} \exp(-\mathrm{i}m\theta') \mathrm{d}\theta' \\
\Phi_{2n}^{(1)} = \dfrac{1}{2\pi} \int_{-\pi}^{\pi} \zeta_{2n}^{(1)} \exp(-\mathrm{i}m\theta') \mathrm{d}\theta' \\
\Phi_{3n}^{(1)} = \dfrac{1}{2\pi} \int_{-\pi}^{\pi} \zeta_{3n}^{(1)} \exp(-\mathrm{i}m\theta') \mathrm{d}\theta' \\
\Phi_{5n}^{(1)} = \dfrac{1}{2\pi} \int_{-\pi}^{\pi} \zeta_{5n}^{(1)} \exp(-\mathrm{i}m\theta') \mathrm{d}\theta' \\
\Psi_1 = \dfrac{1}{2\pi} \int_{-\pi}^{\pi} \eta_1 \exp(-\mathrm{i}m\theta') \mathrm{d}\theta'
\end{cases} \quad (6\text{-}67)$$

$$\begin{cases}
\Phi_{1n}^{(2)} = \dfrac{1}{2\pi}\int_{-\pi}^{\pi} \zeta_{1n}^{(2)} \exp(-\mathrm{i}m\theta')\,\mathrm{d}\theta' \\[4pt]
\Phi_{2n}^{(2)} = \dfrac{1}{2\pi}\int_{-\pi}^{\pi} \zeta_{2n}^{(2)} \exp(-\mathrm{i}m\theta')\,\mathrm{d}\theta' \\[4pt]
\Phi_{3n}^{(2)} = \dfrac{1}{2\pi}\int_{-\pi}^{\pi} \zeta_{3n}^{(2)} \exp(-\mathrm{i}m\theta')\,\mathrm{d}\theta' \\[4pt]
\Phi_{5n}^{(2)} = \dfrac{1}{2\pi}\int_{-\pi}^{\pi} \zeta_{5n}^{(2)} \exp(-\mathrm{i}m\theta')\,\mathrm{d}\theta' \\[4pt]
\Psi_{2} = \dfrac{1}{2\pi}\int_{-\pi}^{\pi} \eta_{2} \exp(-\mathrm{i}m\theta')\,\mathrm{d}\theta'
\end{cases} \quad (6\text{-}68)$$

$$\begin{cases}
\Phi_{1n}^{(3)} = \dfrac{1}{2\pi}\int_{-\pi}^{\pi} \zeta_{1n}^{(3)} \exp(-\mathrm{i}m\theta)\,\mathrm{d}\theta \\[4pt]
\Phi_{2n}^{(3)} = \dfrac{1}{2\pi}\int_{-\pi}^{\pi} \zeta_{2n}^{(3)} \exp(-\mathrm{i}m\theta)\,\mathrm{d}\theta \\[4pt]
\Phi_{3n}^{(3)} = \dfrac{1}{2\pi}\int_{-\pi}^{\pi} \zeta_{3n}^{(3)} \exp(-\mathrm{i}m\theta)\,\mathrm{d}\theta \\[4pt]
\Phi_{4n}^{(3)} = \dfrac{1}{2\pi}\int_{-\pi}^{\pi} \zeta_{4n}^{(3)} \exp(-\mathrm{i}m\theta)\,\mathrm{d}\theta \\[4pt]
\Phi_{5n}^{(3)} = \dfrac{1}{2\pi}\int_{-\pi}^{\pi} \zeta_{5n}^{(3)} \exp(-\mathrm{i}m\theta)\,\mathrm{d}\theta \\[4pt]
\Psi_{3} = \dfrac{1}{2\pi}\int_{-\pi}^{\pi} \eta_{3} \exp(-\mathrm{i}m\theta)\,\mathrm{d}\theta
\end{cases} \quad (6\text{-}69)$$

$$\begin{cases}
\Phi_{1n}^{(4)} = \dfrac{1}{2\pi}\int_{-\pi}^{\pi} \zeta_{1n}^{(4)} \exp(-\mathrm{i}m\theta)\,\mathrm{d}\theta \\[4pt]
\Phi_{2n}^{(4)} = \dfrac{1}{2\pi}\int_{-\pi}^{\pi} \zeta_{2n}^{(4)} \exp(-\mathrm{i}m\theta)\,\mathrm{d}\theta \\[4pt]
\Phi_{3n}^{(4)} = \dfrac{1}{2\pi}\int_{-\pi}^{\pi} \zeta_{3n}^{(4)} \exp(-\mathrm{i}m\theta)\,\mathrm{d}\theta \\[4pt]
\Phi_{4n}^{(4)} = \dfrac{1}{2\pi}\int_{-\pi}^{\pi} \zeta_{4n}^{(4)} \exp(-\mathrm{i}m\theta)\,\mathrm{d}\theta \\[4pt]
\Phi_{5n}^{(4)} = \dfrac{1}{2\pi}\int_{-\pi}^{\pi} \zeta_{5n}^{(4)} \exp(-\mathrm{i}m\theta)\,\mathrm{d}\theta \\[4pt]
\Psi_{4} = \dfrac{1}{2\pi}\int_{-\pi}^{\pi} \eta_{4} \exp(-\mathrm{i}m\theta)\,\mathrm{d}\theta
\end{cases} \quad (6\text{-}70)$$

$$\begin{cases} \Phi_{1n}^{(5)} = \dfrac{1}{2\pi}\int_{-\pi}^{\pi} \zeta_{1n}^{(4)} \exp(-\mathrm{i}m\theta_2)\,\mathrm{d}\theta_2 \\[6pt] \Phi_{2n}^{(5)} = \dfrac{1}{2\pi}\int_{-\pi}^{\pi} \zeta_{2n}^{(4)} \exp(-\mathrm{i}m\theta_2)\,\mathrm{d}\theta_2 \\[6pt] \Phi_{3n}^{(5)} = \dfrac{1}{2\pi}\int_{-\pi}^{\pi} \zeta_{3n}^{(4)} \exp(-\mathrm{i}m\theta_2)\,\mathrm{d}\theta_2 \\[6pt] \Phi_{4n}^{(5)} = \dfrac{1}{2\pi}\int_{-\pi}^{\pi} \zeta_{4n}^{(4)} \exp(-\mathrm{i}m\theta_2)\,\mathrm{d}\theta_2 \\[6pt] \Phi_{5n}^{(5)} = \dfrac{1}{2\pi}\int_{-\pi}^{\pi} \zeta_{5n}^{(4)} \exp(-\mathrm{i}m\theta_2)\,\mathrm{d}\theta_2 \\[6pt] \Psi_5 = \dfrac{1}{2\pi}\int_{-\pi}^{\pi} \eta_5 \exp(-\mathrm{i}m\theta_2)\,\mathrm{d}\theta_2 \end{cases} \quad (6\text{-}71)$$

6.2.2.2 圆孔周围的动应力集中系数

动应力集中能够反映弹性介质的动力学特性，是强度分析的重要因素，本算例研究的圆柱形夹杂对 SH 型导波散射影响的大小，都要通过夹杂周边的动应力分布情况来反映。本算例通过脱胶圆柱形夹杂周围的动应力集中系数随介质参数的变化，确定影响 SH 型导波传播的因素。动应力集中系数是两个动应力的比值形式，分子的动应力是夹杂周边点产生的，分母的动应力是入射波在弹性介质内同一点上产生的。在区域 I 中，应力 $\tau_{\theta z}^{(SI)}$ 是以角变量 θ 为参数的复变函数，即为 $(A+\mathrm{i}B)$ 的形式，当它与时间因子 $\mathrm{e}^{-\mathrm{i}\omega t}$ 的乘积为复数 $(A+\mathrm{i}B)\mathrm{e}^{-\mathrm{i}\omega t}$，通常应力的解答选取 $(A+\mathrm{i}B)\mathrm{e}^{-\mathrm{i}\omega t}$ 的实部，或者选取 $A\cos(\omega t) + B\sin(\omega t)$ 的形式。因此，在一个周期 $T=2\pi/\omega$ 内，实部 A 代表在 $t=T$ 时刻的应力值；而虚部 B 则代表在 $t=T/4$ 时刻的应力值。复函数 $(A+\mathrm{i}B)$ 的绝对值 $|\sigma_{\theta z}|$，应力的最值为 $(A^2+B^2)^{\frac{1}{2}}$，因此，由动应力集中系数的定义，将其表示成：

$$\tau_{\theta z}^{*} = \left| \tau_{\theta z}^{(\cdot)}/\tau_0 \right| \quad (6\text{-}72)$$

式中：$\tau_{\theta z}^{(\cdot)}$ 为夹杂周边上的应力；τ_0 表示入射波产生的应力，$\tau_0 = \mu_1 k_1 w_0$ 代表这一应力的幅值的最大值。

根据以上给出的动应力集中系数的定义，结合本节的具体问题，给出脱胶夹杂周边的动应力集中系数：

第6章 带形域中复杂组合缺陷对导波的散射

$$\tau_{\theta z}^* = \frac{1}{\mu_1 k_1 w_0} \left\{ \begin{array}{l} -\mathrm{i}\tau_0 \sin\theta \exp\left\{\frac{\mathrm{i}k_1}{2}(z_1+\bar{z}_1)\right\} + \frac{\mathrm{i}k_1\mu_1}{2} \\ \sum_{n=-\infty}^{\infty} A_n \left\{ H_{n-1}^{(1)}(k_1|z|) \left[\frac{z_1}{|z_1|}\right]^{n-1} \mathrm{e}^{\mathrm{i}\theta} + H_{n+1}^{(1)}(k_1|z|) \left[\frac{z_1}{|z_1|}\right]^{n+1} \mathrm{e}^{-\mathrm{i}\theta} \right\} \\ + \frac{\mathrm{i}k_1\mu_1}{2} \sum_{n=-\infty}^{\infty} B_n \left\{ H_{n-1}^{(2)}(k_1|z'|) \left[\frac{z_1}{|z_1|}\right]^{n-1} \mathrm{e}^{\mathrm{i}\theta_2} + H_{n-1}^{(2)}(k_1|z'|) \left[\frac{z_1}{|z_1|}\right]^{n+1} \mathrm{e}^{-\mathrm{i}\theta_2} \right\} + \\ \frac{\mathrm{i}k_1\mu_1}{2} \sum_{n=-\infty}^{\infty} C_n \left\{ H_{n-1}^{(2)}(k_1|z'|) \left[\frac{z_1}{|z_1|}\right]^{n-1} \mathrm{e}^{\mathrm{i}\theta_2} + H_{n-1}^{(2)}(k_1|z'|) \left[\frac{z_1}{|z_1|}\right]^{n+1} \mathrm{e}^{-\mathrm{i}\theta_2} \right\} \\ \sum_{n=-\infty}^{\infty} E_n \left\{ H_{n-1}^{(2)}(k_1|z_2|) \left[\frac{z_1}{|z_1|}\right]^{n-1} \mathrm{e}^{\mathrm{i}\theta} + H_{n+1}^{(1)}(k_1|z_2|) \left[\frac{z_1}{|z_1|}\right]^{n+1} \mathrm{e}^{-\mathrm{i}\theta} \right\} \end{array} \right\}$$

(6-73)

6.2.3 数值结果与分析

脱胶圆柱夹杂半径 r_1，圆孔和夹杂具有相同半径 r_2，将参数化成无量纲的形式，简化计算，对脱胶圆柱夹杂和圆孔在带形域中位置对SH型导波散射影响进行分析，带形域上边界到夹杂的圆心的距离为 h_1，上边界与圆柱夹杂的半径的比值为 h_1/r；带形域下边界到圆孔的圆心的距离为 h_2，下边界与圆柱夹杂的半径的比值为 h_2/r；脱胶夹杂与圆孔的距离为 d，与夹杂的半径的比值为 d/r。若弹性介质中散射波的波数设为 $k_1 r$，脱胶夹杂内驻波的波数设为 $k_2 r$，设 $\mu_1^* = \mu_2/\mu_1$ 和 $K_1^* = k_2/k_1$，将二者的比值记为 K_1^*，有定义知 $K_1^* = k_2/k_1 = (\omega/c_2)/(\omega/c_1) = c_1/c_2$，$K_1^*$ 可以化为波的波速之比，该介质参数能够直接反映出波在介质中传播的快慢。因此，是影响应力集中系数 $\tau_{\theta z}^*$ 的关键因素之一。大圆弧假定法的原理是弹性波散射的衰减特性。为了确保求解的精度，大弧半径要取得足够大，才能用圆弧逼近直边界。因此，本节中取大弧半径远远大于圆柱夹杂的半径，取二者的比值为100以上。

本节通过 Fortran 编程对截断方程求解，用 Origin 绘制 $\tau_{\theta z}^*$ 的分布图。讨论 $\tau_{\theta z}^*$ 的几个主要影响因素，如波数、夹杂和圆孔的位置、介质参数 μ_1^* 对夹杂周边的 $\tau_{\theta z}^*$ 的影响。

图6-19（a）~图6-19（c）表示在SH型导波水平入射时，不同波数（$k_1 r = 0.1, 1.0, 2.0$）的情况下，介质参数取为 $K_1^* = 0.3$，$\mu_1^* = 1/0.4$ 在 $h_1 = 2.5$，$h_2 = 2.5$；$h_1 = 2.5$，$h_2 = 2.5$ 以及 $h_1 = 100$，$h_2 = 100$ 时，脱胶夹杂周边的 $\tau_{\theta z}^*$（DSCF）的分布情况。三种情况的 $\tau_{\theta z}^*$ 最大值分别为 $k_1 r = 1.0$ 时135°处为3.0，125°处为

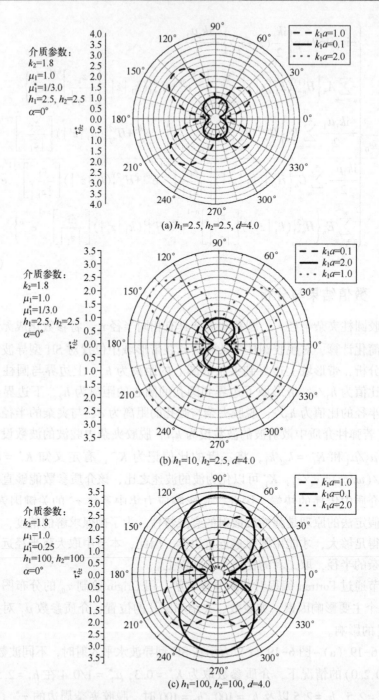

图 6-19 应力集中系数 $\tau_{\theta z}^*$ 随波数的变化趋势

3.1，$k_1r=0.1$ 时 90°处为 3.3，比较发现，$\tau_{\theta z}^*$ 的值增大 40%~60%。说明圆孔对夹杂周围的 $\tau_{\theta z}^*$ 产生影响，具有增强作用。当脱胶夹杂和圆孔在带形域中位置确定，入射波波数变化时，动应力也会相应改变，由图 6-19（a）~图 6-19（c）可以看出，脱胶圆柱夹杂周边的 $\tau_{\theta z}^*$ 由于带形域的影响，改变了随波数变化的规律。如图 6-19（c）所示，当带形域很厚，且夹杂和圆孔距带形域上、下边界的距离 h_1 以及 h_2 足够大时，可看作全空间内脱胶夹杂和圆孔对 SH 型导波的散射，带形域自由边界对动应力集中系数的影响可以忽略不计。相反，如图 6-19（a）和图 6-19（b）所示，自由边界的影响显著，不可忽略带形域自由边界对动应力集中系数的影响。

图 6-20（a）~图 6-20（c）表示，当 $h_1=2.5$，$h_2=2.5$；$h_1=100$，$h_2=100$ 时，不同波数（$k_1r=0.1,1.0,2.0$）对脱胶夹杂周边的 $\tau_{\theta z}^*$ 的分布，如图 6.5（a）所示，$\tau_{\theta z}^*$ 的最大值为 2.3，和图 6-19（a）相比较，$\tau_{\theta z}^*$ 的最大值减小近 30%，说明随着 d 的增大，圆孔散射作用对夹杂的影响减弱。此外，介质参数的选取影响 $\tau_{\theta z}^*$ 的变化和分布。

由图 6-20（c）可以看出，应力集中系数 $\tau_{\theta z}^*$ 的变化趋势是随着夹杂和孔间的距离增大而减小，当脱胶夹杂与圆孔距离 d/a 小于 15 时，圆孔对夹杂的动应力影响很大。当脱胶夹杂与圆孔距离 d/a 大于 15 时，圆孔的影响逐渐减弱，当 d/a 足够大时，圆孔的作用可以忽略，所求问题等同于 SH 型导波入射含单个脱胶夹杂的带形域问题。从而进一步说明 SH 型导波散射是以一定的衰减因子衰减的。

图 6-21（a）、（b）给出了当 SH 型导波水平入射时，当以不同的介质参数组合时：$h_1r=3$，$h_2/r=3$，以不同的 k_1r，即分别取 $k_1a=0.5,1.0,2.0$，脱胶圆柱夹杂上 $\theta=90°$ 一点处的 $\tau_{\theta z}^*$ 随夹杂 k_2R 的变化情况。由图可见：随 k_2R 的增加，动应力集中系数 $\tau_{\theta z}^*$ 的变化呈现"周期"性。由图 6-21（a）可知：低频 $k_1a=0.5$ 入射时，$\tau_{\theta z}^*$ 取得最大值 $\tau_{\theta z}^*=4.5$；由图 6-21（b）可以看出：带形域内圆柱夹杂和圆孔的距离变小时，动应力集中系数 $\tau_{\theta z}^*$ 变化剧烈，最大值有所增加，且 $\tau_{\theta z}^*$ 随 k_2R 的增加变化幅度较大。从两幅图对比可以看出：带形域内圆柱和夹杂的相对位置对动应力集中系数 $\tau_{\theta z}^*$ 的影响很大，实际问题要注意这一点。

图 6-22（a）、（b）表示，$h_1=1.5$，$h_2=1.5$；$h_1=10$，$h_2=1.5$，夹杂和孔距离取得很大，并且将脱胶部分取为 0°时，$h_1/R=1.5$，$h_2/R=1.5$；$h_1/R=10$，$h_2/R=2.5$ 时，不同波数（$k_1a=0.1,1.0,2.0$）对脱胶夹杂周边的动应力集中系数 $\tau_{\theta z}^*$（DSCF）的影响，由图 6-22（a）的 $\tau_{\theta z}^*$ 的分布图可以看出，$\tau_{\theta z \max}^*=1.7$ 出现在 $\theta=90°$，夹杂周边动应力集中系数 $\tau_{\theta z}^*$ 的分布，和前文所求结果近似，与全空间单个夹杂的结果基本一致。

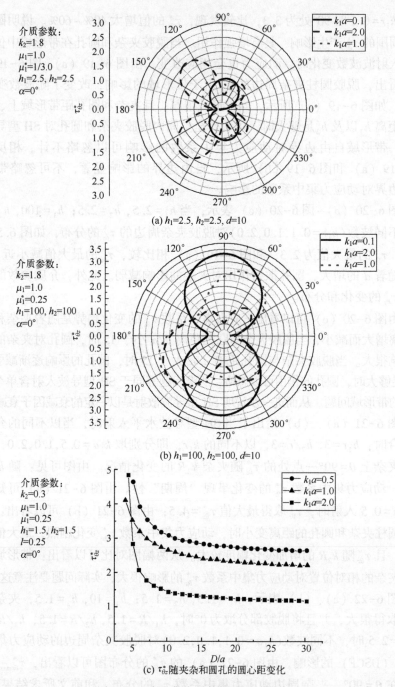

图 6-20 应力集中系数 $\tau_{\theta z}^*$ 的变化趋势

第6章 带形域中复杂组合缺陷对导波的散射

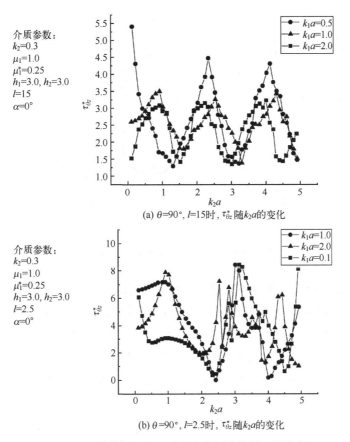

(a) $\theta=90°$，$l=15$时，$\tau_{\theta z}^*$ 随 $k_2 a$ 的变化

(b) $\theta=90°$，$l=2.5$时，$\tau_{\theta z}^*$ 随 $k_2 a$ 的变化

图 6-21　不同情况下 $\tau_{\theta z}^*$ 随夹杂和圆孔的圆心距变化

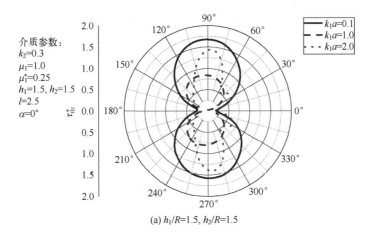

(a) $h_1/R=1.5$，$h_2/R=1.5$

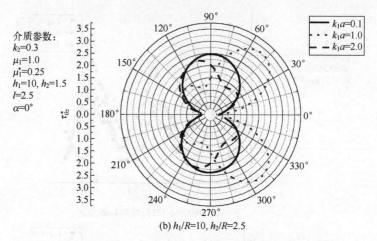

(b) $h_1/R=10, h_2/R=2.5$

图 6-22 脱胶部分 0°时应力集中系数 $\tau_{\theta z}^*$ 随波数的变化趋势

图 6-23（a）、(b) 为 SH 型导波水平入射时，$h_1=10$，$h_2=1.5$；$h_1=100$，$h_2=100$，当 $K_1^*=1.0$，脱胶部分取为 360°，不同波数（$k_1a=0.1, 1.0, 2.0$）对脱胶夹杂周边的动应力集中系数 $\tau_{\theta z}^*$（DSCF）的影响。如图 6-23（a）所示，夹杂周边动应力集中系数 $\tau_{\theta z}^*$ 的分布和前文所求结果近似。当夹杂和圆孔的距离足够大时，如 $d=25$，如图 6-23（b）所示，$\tau_{\theta z}^*$ 的变化趋势与全空间单个圆孔问题相一致。

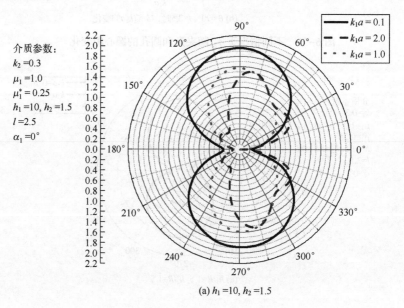

(a) $h_1=10, h_2=1.5$

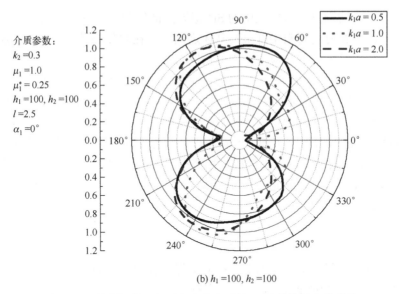

(b) $h_1=100, h_2=100$

图 6-23　脱胶部分 360°时应力集中系数 $\tau_{\theta z}^*$ 随波数的变化趋势

本节建立了带形域脱胶夹杂和圆孔对 SH 型导波散射问题的基本模型，由于带形域上、下边界的存在，会使 SH 型导波在其内部产生无数次反复折射，无法直接给出散射波的形式，用大圆弧假定法、坐标移动技术和复变函数法。首先根据亥姆霍兹定理，将位移和应力用弹性波的形式表示，预先设出的弹性波是含有未知参数的；其次，将位移和应力展开成傅里叶-汉克尔级数形式，带入该问题的边界条件，得到一个无穷线性代数方程组；最后，解方程，求系数。方程的求解是通过编程对无穷代数方程组截断数值求解。将求解的系数回带到位移、应力、动应力集中系数的表达式中，各个量就求出来了。用 Fortran 编程进行数值模拟。研究了带形域内脱胶夹杂和圆孔对 SH 型导波的散射问题。利用大弧假定法，解出脱胶圆柱夹杂的动应力集中系数的近似解析解。

6.3　带形域中复杂形态夹杂对 SH 型导波的散射

随着材料科学、海洋工程和抗震防爆技术的应用与发展，出现了大量复杂的界面动力学问题，为弹性波理论的研究和应用提出了许多新的研究课题。在众多研究方向中，本节主要进行两个课题的探讨与研究，它们分别是纤维增强复合材料板中 SH 型导波散射问题与焊缝界面附近夹杂的 SH 型导波散射问题。对于纤维增强复合材料板中的 SH 型导波散射问题方面，还没有专门的研究存在。因为在复合材料中纤维与基体之间会存在明显的动力学现象，所以对复合材料板中纤维处的动应力集中的研究可用于评估纤维增强复合材料板的力学性能，弹性波在这类介质中的传播和散射问题值得关注与研究。早先，Wang 和 Ying 用匹配技术研究了圆形夹杂对 SH 型导波散射问题[2]。王艳用大圆弧法分析了带形介质中脱胶圆形夹杂和圆孔对 SH 型导波的散射问题[3]。Monfared 和 Golub 等研究了弹性波在正交各向异性和周期层介质中的散射与传播[5-6]。由于其快速、高效、低成本的特点，无损检测广泛应用于许多大型长距离结构，如管道[7]、轨道[8]等的缺陷检测。管道及轨道不可避免地会遇到焊接的问题，而在焊接过程中非常容易产生各种不必要的夹杂。对于焊缝的无损检测已经有了很多研究[9-12]，但大多为实验方案且是对焊缝本身的研究，对于焊缝附近存在夹杂的现象及其中的 SH 型导波散射理论没有深入研究和探讨。本节对于工程中最常见的 I 型和 V 型焊缝及焊缝附近夹杂对 SH 型导波的散射问题进行了详细探讨，这一问题的研究可以丰富导波探测的理论。

由于对于带形弹性介质中单个夹杂有详细理论推导，先利用累次镜面法构造了圆形夹杂对 SH 型导波在带形介质中的散射，得到了该问题的解析解。而带形介质含有多个夹杂物的模型更接近真实的单层复合纤维板模型，本节运用有限元软件去求解此类问题。将有限元法与解析法得到的结果进行比较，验证两者的正确性后，将有限元法用于分析和解决解析法难以求解的带形弹性介质内多个规则分布圆形夹杂的散射问题。为了与前几节研究内容形成差异化，进一步改变带形弹性介质的属性，设置不同属性的区域模拟焊缝，分为 I 型焊缝与 V 型焊缝问题来进行分析求解。

6.3.1 问题描述

如图 6-24 所示，带形弹性介质中有无穷多个圆形夹杂，介质的弹性模量和质量密度分别为 μ_1 和 ρ_1；圆形夹杂的半径为 $r=a$，其弹性模量和质量密度分别为 μ_2 和 ρ_2，夹杂之间的距离为 q，夹杂圆心距离上边界 B_U 与下边界 B_L 分别为 h_1 和 h_2。模型中夹杂规律排布，$h_1=h_2$，并且夹杂之间距离 q 相同。在解析方法的研究中没有类似模型，本节运用有限元方法得到。图中的模型是为工程中 SH 型导波作用下单层复合纤维板的简化模型。对其进行研究，对工程实践具有重要的指导意义。

如图 6-25 所示，相比图 6-24 模型多了介质Ⅲ的参数。介质Ⅲ代表工程中的 I 型焊缝，其剪切弹性模量和质量密度分别为 μ_3 和 ρ_3，其宽度为 d_1，夹杂与焊缝中心横向距离为 d。图 6-25 代表了工程中 SH 型导波作用下含有 I 型

第 6 章　带形域中复杂组合缺陷对导波的散射

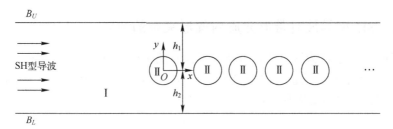

图 6-24　含有无穷多圆形夹杂的带形弹性介质模型

焊缝的带形弹性介质中夹杂的散射模型的简化模型，对它们的研究对工程实践中材料的安全检测具有重要的指导意义。

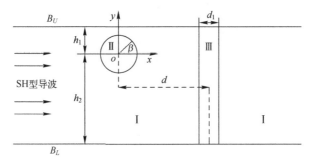

图 6-25　I 型焊缝中圆形夹杂对带形介质中 SH 型导波的散射

如图 6-26 所示，相比图 6-25 模型，介质 III 由 I 型焊缝变为 V 型焊缝，其剪切弹性模量和质量密度分别为 μ_3 和 ρ_3，V 型焊缝的底边为 d_1，夹杂与焊缝中心横向距离为 d。图 6-26 代表了工程中 SH 型导波作用下含有 V 型焊缝的带形弹性介质中夹杂的散射模型的简化模型。图 6-25 与图 6-26 中的模型为最常见的两种焊缝模型，对它们的反平面问题的研究对工程实践中安全性提升及材料检测理论的丰富具有积极有益的意义。

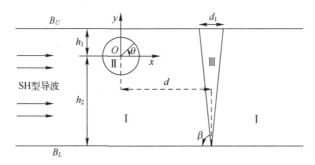

图 6-26　V 型焊缝中圆形夹杂对带形介质中 SH 型导波的散射

6.3.2 SH 型导波对带形介质内圆形夹杂的散射

以圆孔圆心 O 为原点和极点建立平面直角坐标系 (O,x,y) 与平面极坐标系 (O,r,θ),并且以 z 轴正方向为出平面方向。已知弹性动力学中反平面问题的控制方程为标量波动方程,形式如下:

$$\mu\Delta w = \rho\frac{\partial^2 w}{\partial t^2} \quad (6-74)$$

略去时间谐和项 $\exp(-i\omega t)$,运用分离变量法得到亥姆霍兹方程,在平面直角坐标系 (O,x,y) 与平面极坐标系 (O,r,θ) 中形式如下:

$$\begin{cases} \dfrac{\partial^2 w}{\partial x^2}+\dfrac{\partial^2 w}{\partial y^2}+k^2 w=0 \\ \dfrac{\partial^2 w}{\partial r^2}+\dfrac{1}{r}\dfrac{\partial w}{\partial r}+\dfrac{1}{r^2}\dfrac{\partial^2 w}{\partial \theta^2}+k^2 w=0 \end{cases} \quad (6-75)$$

式中:$k=\omega/c_s$ 表示波数;$c_s=\sqrt{\omega/\rho}$ 表示相速度。

应力与位移的关系为

$$\begin{cases} \tau_{rz}=\mu\dfrac{\partial w}{\partial r} \\ \theta_{rz}=\dfrac{\mu}{r}\dfrac{\partial w}{\partial \theta} \end{cases} \quad (6-76)$$

按照分离变量法,满足控制方程的全空间中位移场解形式表达如下:

$$w^s = \sum_{n=0}^{\infty} H_n^{(1)}(c_s r)(A_n\cos(n\theta)+B_n\sin(n\theta)) \quad (6-77)$$

式中:c_s 代表介质的剪切波速;A_n 和 B_n 为待定系数。

若不考虑夹杂的影响,只需要满足带形介质上、下边界上的应力自由条件,控制方程可以转化为如下形式:

$$w_m(x,y,t)=f_m(y)\exp[i(k_m x-\omega t)] \quad (6-78)$$

其中

$$f_m(y)=w_m^1\sin\left[q_m\left(y+\frac{h_2-h_1}{2}\right)\right]+w_m^2\cos\left[q_m\left(y+\frac{h_2-h_1}{2}\right)\right] \quad (6-79)$$

式中:$f_m(y)$ 代表 y 轴方向上干涉相的驻波;k_m 为 x 轴方向上的波数,其中 $q_m^2=k^2-k_m^2$。将 $f_m(y)$ 代入边界条件中,则得

$$w_m^1\cos\left(q_m\frac{h_1+h_2}{2}\right)\pm w_m^2\sin\left(q_m\frac{h_1+h_2}{2}\right)=0 \quad (6-80)$$

其中

$$q_m = \frac{m\pi}{h_1+h_2} \tag{6-81}$$

w_m^1 和 w_m^2 是对应传播型导波的幅值,当 m 为偶数时,$w_m^1=0$;当 m 为奇数时,$w_m^2=0$。

图 6-27 所示为 SH 型导波在带形介质内的振型,并且带形介质内满足上、下边界处应力自由的入射 SH 型导波的表达式可表示如下:

$$w(x,y,t) = \sum_{m=0}^{+\infty} w_m(w,y,t) \tag{6-82}$$

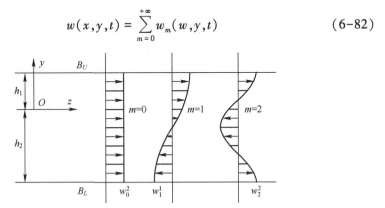

图 6-27 SH 型导波的振型

图 6-28 展示了圆形夹杂的散射波函数分别在上边界 B_U 和下边界 B_L 上的镜像。w_s 在上、下边界处发生反射,对 w_s 在边界上多次镜像,使散射导波函数在边界处满足应力自由条件。P 为镜像次数,累次镜像后,最终将其满足带形介质上、下边界条件的散射波的级数形式如下:

$$\begin{cases} w_{s1}^P = \sum_{m=0}^{\infty} \sum_{P=1}^{\infty} A_m H_m^{(1)}(k_1 r_{P1})(A_m \cos(m\theta_{P1}) + B_m \sin(m\theta_{P1})) \\ w_{s2}^P = \sum_{m=0}^{\infty} \sum_{P=1}^{\infty} A_m H_m^{(1)}(k_1 r_{P2})(A_m \cos(m\theta_{P2}) + B_m \sin(m\theta_{P2})) \end{cases} \tag{6-83}$$

将方程(6-83)进行坐标变换,在极坐标系 (r,θ) 中,满足边界条件的散射波解的级数形式为

$$w^{sr} = \sum_{n=0}^{\infty} \sum_{m=0}^{\infty} \sum_{P=1}^{\infty} J_n(k_1 r) [A_m(A_{nmP}^U + A_{nmP}^D)\cos(n\theta) + B_m(B_{nmP}^U + B_{nmP}^D)\sin(n\theta)] \tag{6-84}$$

当 P 为奇数时,令 $s_p = 2h(P-1)+2h_1$,$n=0$,$\varepsilon_n=1$;$n \geq 1$,$\varepsilon_n=2$

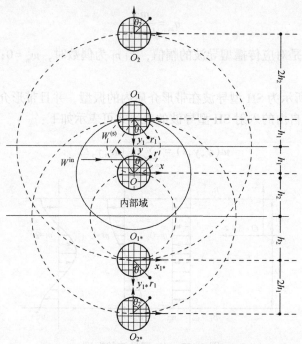

图 6-28 累次镜像下的圆形夹杂的散射波

$$\begin{cases} A_{nmP}^{U} = \dfrac{\varepsilon_n}{2}[H_{n+m}^{(1)}(k_1 s_P) + (-1)^m H_{n-m}^{(1)}(k_1 s_P)] \\ A_{nmP}^{D} = \dfrac{\varepsilon_n}{2}(-1)^{n+m}[H_{n+m}^{(1)}(k_1 s_P) + (-1)^m H_{n-m}^{(1)}(k_1 s_P)] \\ B_{nmP}^{U} = \dfrac{\varepsilon_n}{2}[H_{n+m}^{(1)}(k_1 s_P) - (-1)^m H_{n-m}^{(1)}(k_1 s_P)] \\ B_{nmP}^{D} = \dfrac{\varepsilon_n}{2}(-1)^{n+m}[H_{n+m}^{(1)}(k_1 s_P) - (-1)^m H_{n-m}^{(1)}(k_1 s_P)] \end{cases}$$

当 P 为偶数时, 令 $s_p = 2hP$, $n=0$, $\varepsilon_n = 1$; $n \geqslant 1$, $\varepsilon_n = 2$

$$\begin{cases} A_{nmP}^{U} = \dfrac{\varepsilon_n}{2}(-1)^m[H_{n+m}^{(1)}(k_1 s_P) + (-1)^m H_{n-m}^{(1)}(k_1 s_P)] \\ A_{nmP}^{D} = \dfrac{\varepsilon_n}{2}(-1)^n[H_{n+m}^{(1)}(k_1 s_P) + (-1)^m H_{n-m}^{(1)}(k_1 s_P)] \\ B_{nmP}^{U} = \dfrac{\varepsilon_n}{2}(-1)^{m+1}[H_{n+m}^{(1)}(k_1 s_P) - (-1)^m H_{n-m}^{(1)}(k_1 s_P)] \\ B_{nmP}^{D} = \dfrac{\varepsilon_n}{2}(-1)^{n+1}[H_{n+m}^{(1)}(k_1 s_P) - (-1)^m H_{n-m}^{(1)}(k_1 s_P)] \end{cases}$$

夹杂边界在夹杂介质内激发产生的驻波 w^{st} 可表达为

$$w^{st} = \sum_{n=0}^{\infty} J_n(k_2 r)(C_n \cos(n\theta) + D_n \sin(n\theta)) \tag{6-85}$$

式中：C_n，D_n 为待定系数；J_n 表示 n 阶贝塞尔函数。

当 $m=0$ 时，对于 0 阶 SH 型导波，入射波函数可写为

$$w^i = w_0 \exp(\mathrm{i}k_1 x - \mathrm{i}\omega t) \tag{6-86}$$

方程（6-86）在极坐标 (r, θ) 中可转化为

$$w^i = w_0 \exp\left[\mathrm{i}k_1 r\cos\left(\theta - \frac{\pi}{2}\right) - \mathrm{i}\omega t\right] \tag{6-87}$$

然后入射波函数略去时间因子 $\exp(-\mathrm{i}\omega t)$ 展开为级数形式，形式如下：

$$w^i = w_0 \sum_{n=0}^{\infty} \mathrm{i}^n \varepsilon_n J_n(k_1 r)\left[\cos(n\theta)\cos\frac{n\pi}{2} + \sin(n\theta)\sin\left(\frac{n\pi}{2}\right)\right] \tag{6-88}$$

带形介质中总波场方程形式为

$$w = w^i + w^s + w^{sr} = \sum_{n=0}^{\infty}(L_1 \cos(n\theta) + L_2 \sin(n\theta)) \tag{6-89}$$

式中：

$$\begin{cases} L_1 = \left[A_n H_n^{(1)}(k_1 r) + \sum_{m=0}^{\infty}\sum_{P=1}^{\infty} A_m J_n(k_1 r)(A_{nmP}^U + A_{nmP}^D) + w_0 \mathrm{i}^n \varepsilon_n J_n(k_1 r)\cos\left(\frac{n\pi}{2}\right)\right] \\ L_2 = \left[B_n H_n^{(1)}(k_1 r) + \sum_{m=0}^{\infty}\sum_{P=1}^{\infty} B_m J_n(k_1 r)(B_{nmP}^U + B_{nmP}^D) + w_0 \mathrm{i}^n \varepsilon_n J_n(k_1 r)\sin\left(\frac{n\pi}{2}\right)\right] \end{cases} \tag{6-90}$$

此时，圆形夹杂边界处的应力和位移连续条件为

$$\begin{cases} w = w^{st}\big|_{r=a} \\ \tau_{rz} = \tau_{rz}^{st}\big|_{r=a} \end{cases} \tag{6-91}$$

最后得到关于待定系数 A_m，B_m，C_m，D_m 的线性代数方程组（6-91），截断方程组定解求得散射导波的系数，得到带形弹性介质中的全部波函数。

$$\begin{cases} \sum_{m=0}^{\infty}\left[A_m\left(\sum_{P=1}^{\infty} a_{nmP} + a_n \delta_{mn}\right) - C_m c_n \delta_{mn}\right] = -\mathrm{i}^n \varepsilon_n \cos\left(\frac{n\pi}{2}w_0\right) \\ \sum_{m=0}^{\infty}\left[A_m\left(\sum_{P=1}^{\infty} a'_{nmP} + a'_n \delta_{mn}\right) - C_m c'_n \delta_{mn}\right] = -\mathrm{i}^n \varepsilon_n \cos\left(\frac{n\pi}{2}w_0\right) \\ \sum_{m=0}^{\infty}\left[B_m\left(\sum_{P=1}^{\infty} b_{nmP} + b_n \delta_{mn}\right) - D_m d_n \delta_{mn}\right] = -\mathrm{i}^n \varepsilon_n \sin\left(\frac{n\pi}{2}w_0\right) \\ \sum_{m=0}^{\infty}\left[B_m\left(\sum_{P=1}^{\infty} b'_{nmP} + b'_n \delta_{mn}\right) - D_m d'_n \delta_{mn}\right] = -\mathrm{i}^n \varepsilon_n \sin\left(\frac{n\pi}{2}w_0\right) \end{cases} \tag{6-92}$$

式中：

$$\delta_{mn} = \begin{cases} 1, & m=n \\ 0, & m \neq n \end{cases}, \quad a_n = b_n = \frac{H_n^{(1)}(k_1 a)}{J_n(k_1 a)}, \quad a_n' = b_n' = \frac{n H_n^{(1)}(k_1 a) - k_1 a H_{n+1}^{(1)}(k_1 a)}{n J_n(k_1 a) - k_1 a J_n(k_1 a)}$$

$$c_n = d_n = \frac{J_n(k_2 a)}{J_n(k_1 a)}, \quad c_n' = d_n' = \frac{n J_n(k_2 a) - k_2 a J_n(k_2 a)}{n J_n(k_1 a) - k_1 a J_{n+1}(k_1 a)}$$

$$a_{nmd} = a_{nmP}' = (A_{nmP}^U + A_{nmP}^D) b_{nmP} = b_{nmP}' = (B_{nmP}^U + B_{nmP}^D)$$

由于圆形夹杂对带形弹性介质内的 SH 型导波产生散射，其散射导波造成周边动应力集中现象。在稳态 SH 型导波入射作用下，动应力集中系数反映了动应力集中的程度，令 $\tau_0 = \mu_1 k_1 w_0$，它代表剪切应力的最大幅值，则带形介质内圆形夹杂周边的动应力集中系数表达式如下：

$$\tau_{\theta z}^* = \frac{|\tau_{\theta z}|}{|\tau_0|} \tag{6-93}$$

6.3.3　处理夹杂对 SH 型导波散射问题的有限元方法

利用有限元方法，可以求解带形弹性介质中无限多个圆形夹杂对 SH 型导波的散射问题，或者含有 I/V 型焊缝的带形弹性介质中夹杂对 SH 型导波的散射问题。利用 COMSOL 软件中的偏微分方程模块实现 SH 型导波散射的有限元模拟。有限元模型的控制方程为亥姆霍兹控制方程，在模型的左右两侧设置边界条件，模拟无限条带中的 SH 型导波。COMSOL 软件的偏微分方程模块中的偏微分方程形式如下：

$$e_a \frac{\partial^2 w}{\partial t^2} + d_a \frac{\partial w}{\partial t} - \nabla \cdot (c \nabla w + aw - \gamma) + \beta \cdot \nabla w + aw = f \tag{6-94}$$

设定 $c=1$，$a=k^2$，其余选项设定为零，则偏微分方程就变成亥姆霍兹控制方程。根据介质的不同性质设置控制方程的不同参数，从而实现夹杂或焊缝的模拟。再设定带形介质上、下边界条件及孔洞边界条件为诺伊曼边界条件，夹杂和焊缝边界设置为诺伊曼边界条件与狄利克雷边界条件，并利用 COMSOL 软件内的经验公式在带形介质左右侧设置激发区和接收区来模拟无限长带形介质。

$$w = w_1 e^{ikx} + w_2 e^{-ikx} \tag{6-95}$$

式中：方程中第一项代表出射波；第二项代表入射波。设 **n** 为边界指向外的法矢量，则有

$$\frac{\partial w}{\partial n} = -\frac{\partial w}{\partial x} = -ikw_1 e^{ikx} + ikw_2 e^{-ikx} = -ik(w - 2w_2 e^{-ikx}) \tag{6-96}$$

则 $\frac{\partial w}{\partial n}+\mathrm{i}kw=2\mathrm{i}kw_2$，当 $w_2=1$，就得到了吸收边界条件。然后设置边界条件如下：

$$\begin{cases} \boldsymbol{n}\cdot\nabla w+\mathrm{i}kw=2\mathrm{i}k \\ \boldsymbol{n}\cdot\nabla w+\mathrm{i}kw=0 \end{cases} \tag{6-97}$$

其中，第一个边界条件是流入边界条件，第二个边界条件是流出边界条件，把运用解析方法解决的问题模型复原至有限元软件中。然后给模型进行网格划分，网格长度限定在波长的 1/20～1‰，有限元模型和网格划分如图 6-29 所示。

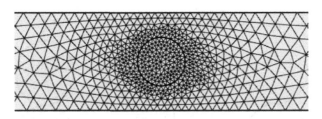

图 6-29 有限元模型和网格划分

网格划分后，取最小衰减因子为 1×10^{-5}，迭代次数选取 30 左右。容差因子选取 1，残差因子选取 500～1000。由于有限元方程的控制方程与边界条件设定和解析法相同，再取相同的参数，则结果可以比较和验证，在验证了有限元方法的正确性后，可以在有限元软件中改变模型形态或者改变模型中介质参数来分析求解各种复杂问题。

6.3.4 数值结果与分析

算例中取无量纲参数计算：$q^*=q/r$，$\mu^*=\mu_2/\mu_1$，$h_1^*=h_1/r$，$d^*=d/r$，$d_1^*=d_1/r$，$\mu_2^*=\mu_1/\mu$。

利用成熟解析方法计算带形弹性介质内单个圆形夹杂对 SH 型导波的散射问题，然后设置同样参数运用有限元方法计算同样问题，虽然方法不同，但是如图 6-30 所示，结果对比吻合，有限元结果与解析结果吻合。图 6-30（a）、(b)、(c) 分析了在 $\mu^*=0.5$、$\mu^*=1$ 和 $\mu^*=2$ 情况下圆形夹杂散射引起的动应力集中分布图。从图 6-30 (d) 中可以看出，在准静态条件（$kr=0.1$）下，孔洞顶部和底部应力集中严重，并随着 μ^* 的增大，孔洞周围的动应力集中系数逐渐减小。

由于本章研究的核心出发点为工程实际应用，中低频段的零阶导波不频

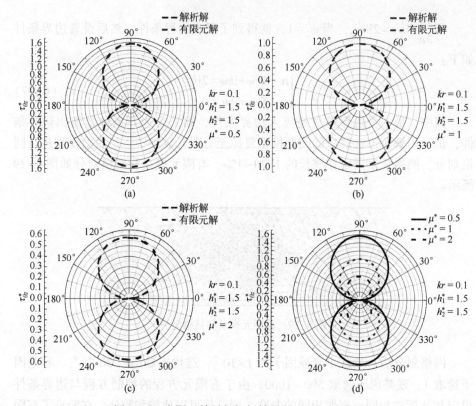

图 6-30 有限元结果与解析结果的对比（见彩插）

散、探测力强、探测范围广，工程实际中运用的也是此类导波进行无损探测，所以本章算例也基于此进行研究探讨。图 6-31 显示了带形介质边界处 τ_{yz} 的分布。结果的精度可以用上、下边界处的 τ_{yz} 来表示，τ_{yz} 越小结果精度越高。从图中可以看出，边界处 $|\tau_{yz}|$ 的最大值出现在圆形夹杂（$x=0$）正上或正下方的边界处，但即便是它的最大值也不超过 8×10^{-17}。在证明了有限元方法的正确性和准确性之后，有限元方法将用于分析带形弹性介质中更复杂的 SH 型导波散射问题。

6.3.4.1 含有无限夹杂的带形介质

在研究多个夹杂算例前，我们先研究一下带形弹性介质中有一个圆形夹杂时的 SH 型导波散射问题，然后进一步分析含有多个夹杂的带形介质模型中的 SH 型导波散射问题。

由图 6-32 可知，在 SH 型导波入射作用下，带形弹性介质中圆形夹杂周围的动应力集中系数（DSCF）随 h 的变化而变化。当 $kr=1$ 时，圆形夹杂正

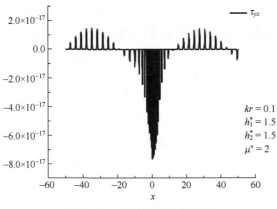

图 6-31　有限元算法的精度

上方和正下方应力集中现象明显,并且由于与上、下方边界的距离相同,所以有相同且对称的动应力集中系数 $\tau_{\theta z}^*$。如图 6-32(a)所示,当 $\mu^*=0.5$ 时,夹杂内的弹性模量小于带形介质的弹性模量。当 $h_1^*=h_2^*=1.5$ 时,带形介质内圆形夹杂周边最大的动应力集中系数 $\tau_{\theta z}^*$ 为 1.563;当 $h_1^*=h_2^*=2$ 时,$\tau_{\theta z}^*$ 最大值为 1.441;当 $h_1^*=h_2^*=3$ 时,$\tau_{\theta z}^*$ 最大值为 1.376。可知当介质内存在较"软"的圆形夹杂时,动应力集中系数 $\tau_{\theta z}^*$ 随 h 的增大而减小。而如图 6-32(b)所示,当 $\mu^*=2$ 时,夹杂内的弹性模量大于带形介质的弹性模量。当 $h_1^*=h_2^*=1.5$ 时,带形介质内圆形夹杂周边最大的动应力集中系数 $\tau_{\theta z}^*$ 为 0.580;当 $h_1^*=h_2^*=2$ 时,$\tau_{\theta z}^*$ 最大值为 0.622;当 $h_1^*=h_2^*=3$ 时,$\tau_{\theta z}^*$ 最大值为 0.647。可知当介质内存在较"硬"的圆形夹杂时,动应力集中系数 z 随 h 的增大而增大。并且可知 μ^* 越大,即夹杂越"硬",圆形夹杂周围的动应力集中系数越小。

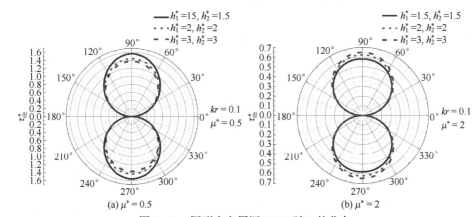

图 6-32　圆形夹杂周围 DSCF 随 h 的分布

由图 6-33 可知，在 SH 型导波入射作用下，带形弹性介质中圆形夹杂周围的动应力集中系数（DSCF）随 kr 的变化而变化。如图 6-33（a）所示，当 $\mu^* = 0.5$ 时，夹杂内的弹性模量小于带形介质的弹性模量。当 $kr = 0.1$ 时，带形介质内圆形夹杂周边最大的动应力集中系数 $\tau_{\theta z}^*$ 为 1.563；当 $kr = 0.5$ 时，$\tau_{\theta z}^*$ 最大值为 1.403；当 $kr = 1$ 时，$\tau_{\theta z}^*$ 最大值为 1.211。可知当介质内存在较"软"的圆形夹杂时，动应力集中系数 $\tau_{\theta z}^*$ 随 kr 的增大而减小。而如图 6-33（b）所示，当 $\mu^* = 2$ 时，夹杂内的弹性模量大于带形介质的弹性模量。当 $kr = 0.1$ 时，带形介质内圆形夹杂周边最大的动应力集中系数 $\tau_{\theta z}^*$ 为 0.579；当 $kr = 0.5$ 时，$\tau_{\theta z}^*$ 最大值为 0.747；当 $kr = 1$ 时，$\tau_{\theta z}^*$ 最大值为 1.255。可知当介质内存在较"硬"的圆形夹杂时，动应力集中系数 $\tau_{\theta z}^*$ 随 h 的增大而增大。并且可知 μ^* 越大，即夹杂越"硬"，圆形夹杂周围的动应力集中系数越小。通过数据了解这种现象，在工程中可以据此来实现避免或降低夹杂处动应力集中现象的目的，从而降低发生安全事故的概率。

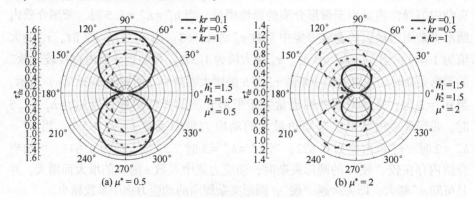

图 6-33 圆形夹杂周围 DSCF 随 kr 的分布

到目前为止，还没有关于 SH 型导波在带形弹性介质中多个夹杂的散射的相关研究。在有限元软件中镜像带形弹性介质中的圆形夹杂来建立图 6-34 所示模型，带形介质内有无穷多个圆形夹杂，夹杂之间的距离是相同的，研究目的是发现散射规律。而这种模型就是工程实践中常见的纤维增强复合材料板模型，对它的分析对工程中的安全性提升具有重要的指导意义。

由图 6-34 可知，在 SH 型导波入射作用下，带形弹性介质中心位置处圆形夹杂周围的动应力集中系数（DSCF）随介质内夹杂数量的变化。

在无量纲参数，$h_1^* = 1.5$，$h_2^* = 1.5$，$\mu^* = 0.5$，$q^* = 3$，$kr = 0.5$ 情况下，圆形夹杂周围的动应力集中系数 $\tau_{\theta z}^*$ 随带形弹性介质内夹杂数量的增多呈现出振荡形变化。如图 6-34（a）所示，夹杂周围的动应力集中系数振荡变化且数

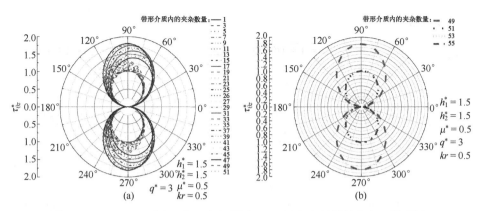

图 6-34 $\mu^* = 0.5$ 时中心位置夹杂周围 DSCF 随夹杂数量的分布（见彩插）

值在某一范围内。如图 6-34（b）所示，当夹杂数量超过 50 后，动应力集中系数的分布曲线开始出现与以往曲线重合的现象。并且再增加夹杂数量，就会发现带形弹性介质中圆形夹杂周围的动应力集中系数随介质内夹杂的数量呈现出周期性变化。

图 6-35 中的分布曲线为带形弹性介质中心位置处圆形夹杂周围的动应力集中系数随介质内夹杂的数量变化的一个周期。可以看出，周期内总体曲线闭合，可以知晓图示情况下，夹杂周边的最大动应力集中系数的极大值与极小值。图 6-36（a）所示为中心位置处夹杂周围 DSCF（90°）的周期变化曲线；图 6-36（b）所示为中心位置处夹杂周围 DSCF（Max）的周期变化曲线。可知，中心位置处圆形夹杂周围的最大动应力集中系数的极大值为 1.810，极小

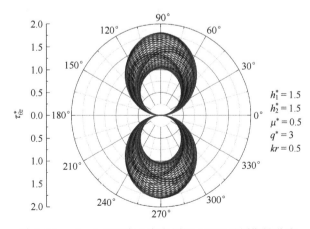

图 6-35 $\mu^* = 0.5$ 时中心夹杂周围 DSCF 的周期性分布

值为 1.026。

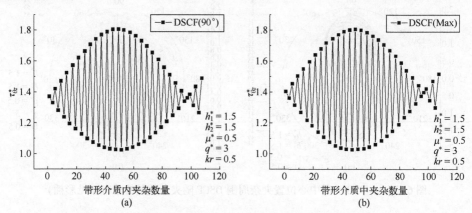

图 6-36 $\mu^* = 0.5$ 时中心夹杂处 DSCF（90°）和 DSCF（Max）的分布

综上所述，可知在图示条件下，当带形弹性介质中存在多个圆形夹杂，夹杂周围的动应力集中系数呈现周期性变化，并且周期为 $N \cdot q^*$，其中 $N=49$。并且中心位置处圆形夹杂周围的最大动应力集中系数有固定范围，此范围在工程中可作为安全阈值的范围。

图 6-37 中的分布曲线为当带形弹性介质中存在 99 个圆形夹杂和 1 个圆形夹杂时，中心位置处圆形夹杂周围的动应力集中系数的分布。由图可知，图中分布曲线重合。然后，进一步验证这种规律的正确性，并讨论不同 μ^* 对结果的影响。

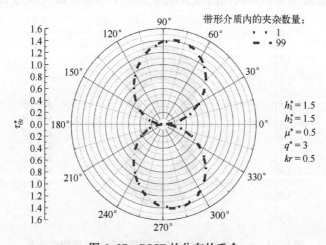

图 6-37 DSCF 的分布的重合

图 6-38 中的分布曲线为当 $\mu^*=2$ 时，带形弹性介质中心位置处圆形夹杂周围的动应力集中系数随介质内夹杂的数量变化的半个周期。分布曲线直到出现重合曲线时停止计算，曲线开始在范围内闭环，即半个周期。除夹杂弹性常数不同之外，其他条件都与上次试验相同，这次结果我们发现算例的周期明显变长。如图 6-39 所示，直到带形介质内有 160 多个夹杂，中心位置夹杂周围的最大动应力集中系数的变化斜率才开始改变正负。停止增加夹杂数量，通过计算可得，当 $\mu^*=2$ 时，带形弹性介质内圆形夹杂周围动应力集中系数随夹杂数量的变化周期为 $N^* \cdot q$，其中 $N^*=334/2$。

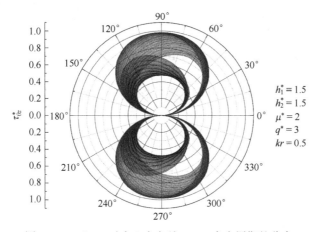

图 6-38　$\mu^*=2$ 时中心夹杂处 DSCF 半个周期的分布

可以看出，周期内总体曲线闭合，可以知晓图示情况下，夹杂周边的最大动应力集中系数的极大值与极小值。图 6-39 为中心位置处夹杂周围 DSCF（90°）和 DSCF（Max）的周期变化曲线。可知，中心位置处圆形夹杂周围的最大动应力集中系数的极大值为 0.980，极小值为 0.476。综上所述，可知在图示条件下，当带形弹性介质中存在多个圆形夹杂，夹杂周围的动应力集中系数呈现周期性变化，并且周期为 $N^* \cdot q$，其中 $N^*=334/2$。

可以推断，当带形弹性介质中存在 335 个圆形夹杂时，中心位置处的夹杂周围的动应力集中系数分布与单个夹杂时的动应力集中系数分布相同。图 6-40 显示了当 $\mu^*=2$ 时，带形介质中存在 1 个或 335 个圆形夹杂时，中心位置处圆形夹杂周围的动应力集中系数分布。可以看出，结果与推导的结论一样，两者的分布曲线非常吻合，说明发现的规律稳定可靠。并且知晓带形弹性介质中存在多个"硬"夹杂时，夹杂周围的动应力集中系数比"软"夹杂情况要低；在带形弹性介质内存在多个"硬"夹杂时，夹杂周围的动应力集中系数的变

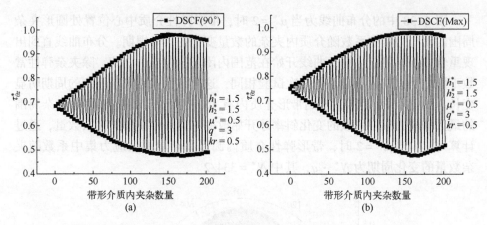

图6-39 $\mu^* = 2$ 时中心夹杂处 DSCF（90°）和 DSCF（Max）的分布

化周期会更长。在工程实际中要注意夹杂的弹性模量，避免强烈的应力集中现象。

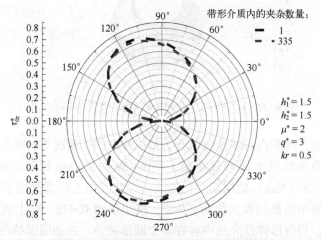

图6-40 $\mu^* = 2$ 时推导的 DSCF 分布重合

如图 6-41 所示，当带形介质内存在 51 个夹杂，在无量纲参数 $h_1^* = 1.5$、$h_2^* = 1.5$、$\mu^* = 0.5$、$kr = 0.5$ 的情况下，q^* 范围设置为 3~4，中心位置处圆形夹杂周围的动应力集中系数 $\tau_{\theta z}^*$ 随夹杂之间距离的增大呈现出振荡递增变化。而在图中情况下，在 q^* 约取适当数值时，最大动应力集中系数出现极小值。则可知在工程中若选取此类介质作为施工构件，在夹杂数量确定的前提下，选取合适的夹杂之间距离可以降低夹杂周边的动应力集中系数。

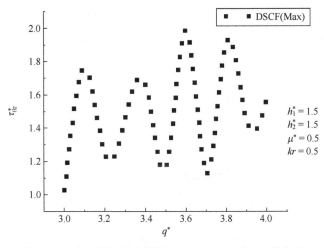

图 6-41 中心位置夹杂周围 DSCF (Max) 随 q^* 的分布

6.3.4.2 含有Ⅰ型或V型焊缝的带形介质

带形介质中最常遇到的是焊缝结构,而焊缝结构又通常分为Ⅰ型焊缝及V型焊缝,对带有焊缝结构的带形弹性介质中动力学问题的研究能够为工程安全问题的解决提供有利参考。下面分别对含有Ⅰ型焊缝或V型焊缝的带形介质算例进行分析,焊缝接头的弹性模量一般大于母材介质的弹性模量,所以算例中 μ_3^* 取值大于 1。且图例说明中未特别指出时,圆形夹杂默认在焊缝左侧。

如图 6-42 所示,在 SH 型导波入射作用下,含有Ⅰ型焊缝的带形弹性介质中的圆形夹杂周围的动应力集中系数 (DSCF) 随夹杂与边界距离的分布。在无量纲参数 $d_1^*=1$、$d^*=5$、$\mu^*=2$ 的情况下,改变 h^* 来分析夹杂周围的动应力集中系数变化。随着圆形夹与带形介质边界距离 h^* 的增大,夹杂周围的动应力集中系数逐渐减小。如图所示,可以看出在带形介质中存在Ⅰ型焊缝时,圆形夹杂周围的动应力集中系数大于没有焊缝时的含有圆形夹杂的带形介质的情况。在图示情况下,圆形夹杂周边的动应力集中系数的最大值为 0.732,是无焊缝情况时最大值 0.580 的 1.26 倍。因此,在实际设计中应充分考虑带形介质的宽度与带形介质中是否含有焊缝的影响,以减少夹杂缺陷在介质中的应力集中现象。

在分析完含有焊缝与不含焊缝模型中圆形夹杂周围动应力集中系数,我们改变焊缝弹性模量,来分析夹杂与边界距离及焊缝属性不同对圆形夹杂的影响。如图 6-43 所示,在无量纲参数 $kr=0.1$、$d_1^*=1$、$d^*=5$、$\mu_3^*=2$ 情况下,改变 h^* 与 μ_3^* 来分析夹杂周围的动应力集中系数变化。

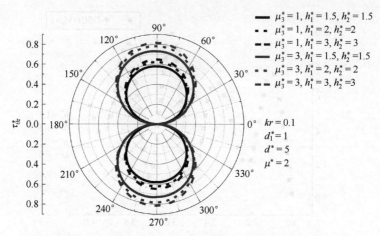

图 6-42 圆形夹杂周围 DSCF 随 h 的分布（Ⅰ型焊缝）

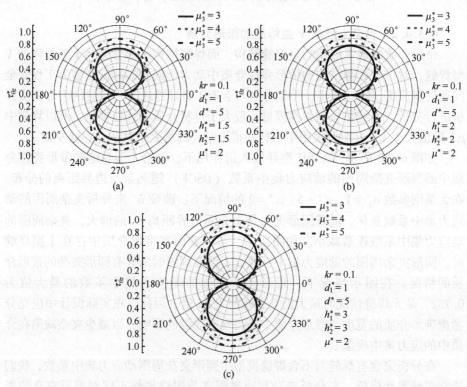

图 6-43 圆形夹杂周围 DSCF 随 h^* 与 μ_2^* 的分布（Ⅰ型焊缝）

从图 6-43 中可以看出，随着圆形夹杂与带形介质边界距离的增大，夹杂周围的动应力集中系数逐渐减小；随着 I 型焊缝剪切模量的增加，夹杂周围的动应力集中系数逐渐减小。综上所述，在图示情况下，圆形夹杂周围的动应力集中系数最大值也不超过 1。根据这些结论，可以推导实际工程中若遇到 I 型焊缝时改变介质宽度，介质中圆形夹杂缺陷的动应力集中系数的安全阈值。

图 6-44 展示了在 SH 型导波入射作用下，含有 I 型焊缝带形介质中圆形夹杂周围的动应力集中系数（DSCF）随 kr 的分布。在无量纲参数 $kr=0.1$、$d_1^*=1$、$d^*=5$、$\mu^*=2$ 的情况下，在带形弹性介质内无焊缝时，当 kr 从 0.1 增加到 0.5 或从 0.5 增加到 1 时，动应力集中系数的最大值分别增加 29% 和 68%。随着 kr 的增加，有 I 型焊缝的带形弹性介质中圆形夹杂周围的动应力集中系数增长强度小于无焊缝时的情况，即带形介质中含有 $\mu_3^*=3$ 条件下的 I 型焊缝，随着 SH 型导波频率的增加，$\mu^*=2$ 条件下的圆形夹杂周边的动应力集中系数变化小，更加稳定。

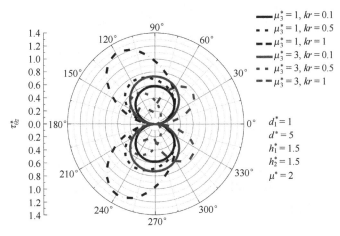

图 6-44　圆形夹杂周围 DSCF 随 kr 的分布（I 型焊缝）

图 6-45 表示了在 SH 型导波入射作用下，带有 I 型焊缝的带形介质中圆形夹杂周围的动应力集中系数（DSCF）随 kr 与 μ_3^* 的变化。在低频时，随着 μ_3^* 的增大，夹杂物周围的动应力集中系数逐渐增大。而当 $k=1$ 时，圆形夹杂周围的动应力集中系数呈蝶形分布，以圆形夹杂的垂直及水平中心轴为界。其中，动应力集中系数随着圆形夹杂左侧 μ_3^* 的增大而增大，随着圆形夹杂右侧 μ_3^* 的增大而减小。且在圆形夹杂背对入射方向的一侧，动应力集中系数有最大值。

图 6-46 显示了在 SH 型导波入射作用下，含有 I 型焊缝的带形介质中圆形夹杂周围的动态应力集中系数（DSCF）随 d^* 的分布。在图示参数情况下，

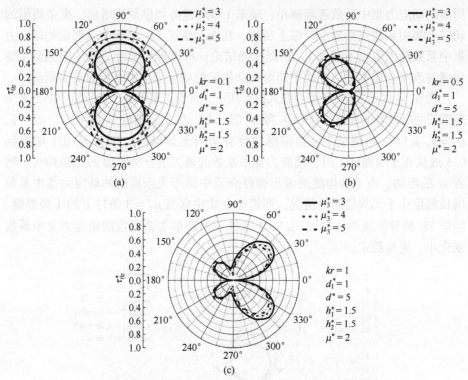

图 6-45 圆形夹杂周围 DSCF 随 kr 与 μ_3^* 的分布（I 型焊缝）

若带型介质中有 I 型焊缝，则焊缝左侧圆形夹杂周边的动态应力集中系数会随着夹杂物与焊缝之间距离的减小而减小。而在焊缝右侧，夹杂物周围的 DSCF 值不随 d^* 的变化而变化。

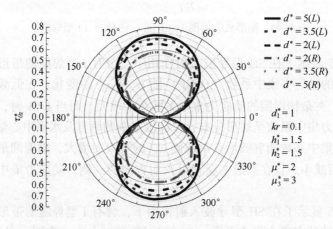

图 6-46 圆形夹杂周围 DSCF 随 d^* 的分布（I 型焊缝）

第6章 带形域中复杂组合缺陷对导波的散射

分析夹杂在焊缝右侧这一点是来对比说明之后分析的 V 型焊缝模型中此类情况的结果。因为 I 型焊缝由于是直线形竖直边界,所以夹杂在右侧周围的动应力集中系数不会随距离而变化;而 V 型焊缝由于是斜边,夹杂在焊缝右侧时,夹杂周围的动应力集中系数的分布随距离而变化。

图 6-47 显示了在 SH 型导波入射作用下,含有 I 型焊缝的带形介质中圆形夹杂周围的动应力集中系数(DSCF)随 d^* 与 μ_3^* 的变化。从图中可以看出,在图示参数情况下,随着 μ_3^* 的增大圆形夹杂周围的动应力集中系数逐渐增大,并且增长率随着 d^* 的减小而减小。

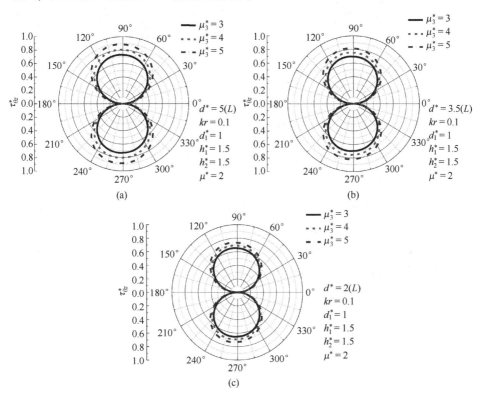

图 6-47 圆形夹杂周围 DSCF 随 d^* 与 μ_3^* 的分布(I 型焊缝)

图 6-48 显示了在 SH 型导波入射作用下,含有 V 型焊缝的带形介质中圆形夹杂周围的动应力集中系数(DSCF)随 d^* 的变化。在图示参数情况下,圆形夹杂在焊缝左侧的话,动应力集中系数会随着夹杂物与焊缝之间距离而减小,而右侧则相反。其中,圆形夹杂在焊缝左侧:$d^*=5(L)$ 时,$\tau_{\theta z}^*$ 的最大值为 1.007;$d^*=4(L)$ 时,$\tau_{\theta z}^*$ 的最大值为 0.959;$d^*=3(L)$ 时,$\tau_{\theta z}^*$ 的最大值为

0.913。而圆形夹杂在焊缝右侧：$d^* = 5(R)$时，$\tau_{\theta z}^*$的最大值为 0.629；$d^* = 4(R)$时，$\tau_{\theta z}^*$的最大值为 0.638；$d^* = 3(R)$时，$\tau_{\theta z}^*$的最大值为 0.656。与 I 型焊缝模型还有一点不同，在右侧的动应力集中系数的分布不是对称分布。在焊缝左侧或右侧，夹杂物周围的 DSCF 随 d^* 的变化不同。

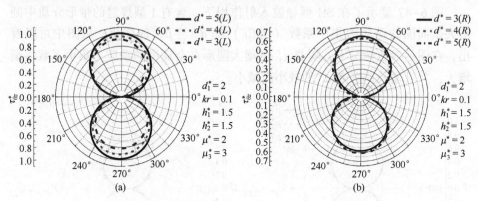

图 6-48　圆形夹杂周围 DSCF 随 d^* 的分布（V 型焊缝）

图 6-49 显示了在 SH 型导波入射作用下，含有 V 型焊缝的带形介质中圆形夹杂周围的动应力集中系数（DSCF）随 d_1^* 的变化。如图所示，d_1^* 越大，β 越小。由图还可以看出，随着 d_1^* 的增加，夹杂物周围的动应力集中系数先减小后增大。其中，$d_1^* = 1$、$\beta = 82.9°$时，圆形夹杂周围的动应力集中系数 $\tau_{\theta z}^*$ 最大值为 0.837；$d_1^* = 1.5$、$\beta = 74.9°$时，$\tau_{\theta z}^*$ 最大值为 0.591；$d_1^* = 2$、$\beta = 76°$时，$\tau_{\theta z}^*$ 最大值为 0.444。$d_1^* = 4$、$\beta = 63.4°$时，$\tau_{\theta z}^*$ 最大值为 0.451；$d_1^* = 4.5$、$\beta = 60.6°$时，$\tau_{\theta z}^*$ 最大值为 0.478；$d_1^* = 5$、$\beta = 58°$时，$\tau_{\theta z}^*$ 最大值为 0.497。然后增加样本容量，得到图 6-50 中所示的规律。

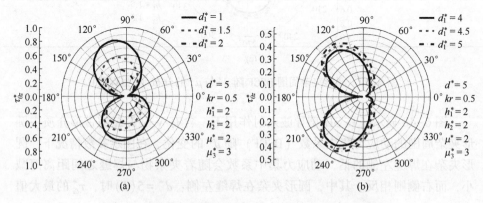

图 6-49　圆形夹杂周围 DSCF 随 d_1^* 的分布（V 型焊缝）

第6章 带形域中复杂组合缺陷对导波的散射

图 6-50 显示了在 SH 型导波入射作用下,带有 V 型焊缝的带形弹性介质中圆形夹杂周边动应力集中系数最大值随 d_1^* 和 μ_3^* 的分布。在图示条件下,可知当 $d_1^*<3.5$ 时,圆形夹杂周围动应力集中系数随 d_1^* 的增大而减小;当 $d_1^*>3.5$ 时,圆形夹杂周围最大动应力集中系数随 d_1^* 的增大而增大。当 $d_1^*=3.5$、$d_3^*=5$ 时,圆形夹杂周围最大动应力集中系数有极小值 0.36。当 $2.5<d_1^*<4.5$ 时,圆形夹杂周围最大动应力集中系数随着 μ_3^* 的增大而逐渐减小,其他范围的最大动应力集中系数随着 μ_3^* 的增大而增大。综上所述,含有 V 型焊缝的带形弹性介质中圆形夹杂对 SH 型导波的散射问题与其他问题不同,复杂且多变,对其中的动应力集中现象的研究对工程实际产生有益影响。

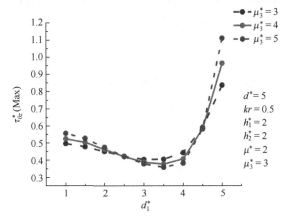

图 6-50 夹杂周围 DSCF (Max) 随 d_1^* 和 μ_3^* 的分布 (V 型焊缝)

本节利用导波理论及在线弹性范围内的累次镜像法,研究了带形弹性介质中单个圆形夹杂的反平面问题。构造了带形弹性介质中 SH 型导波的表达式,给出了导波展开形式,然后利用累次镜像法给出了圆形夹杂处散射导波的级数展开表达式。单个圆形夹杂算例的结果表明,随着带形介质内圆形夹杂剪切模量的增加,夹杂周围的动应力集中系数逐渐减小。并且运用有限元方法复原了模型,对比了解析结果和有限元结果,互相验证了两种方法的正确性。且在单夹杂算例中,当 $\mu^*<1$ 时,夹杂弹性模量小于介质的弹性模量,随着 h^* 和 kr 的增大,圆形夹杂周边的动应力集中系数逐渐减小。当 $\mu^*<1$ 时,随着 h^* 和 kr 的增大,夹杂周围的动应力集中系数逐渐增大。在此基础上,进一步利用有限元方法研究了带形弹性介质内复杂形态夹杂的反平面问题。在带形弹性介质中镜像圆形夹杂构造了含有无限个圆形夹杂的带形介质,此模型为单层纤维增强复合材料板的简易模型。由算例结果可知,随着模型中圆形夹杂数量的增

加，圆形夹杂周围的应力集中呈周期性变化。并且带形弹性介质中存在多个"硬"夹杂时，夹杂周围的动应力集中系数比"软"夹杂情况要低。此外，"硬"夹杂情况下的周期要更长。并且在夹杂数量确定的情况下，圆形夹杂周围的动应力集中系数 $\tau_{\theta z}^*$ 随夹杂之间距离的增大呈现出振荡递增变化。并且 q^* 取适当数值时，最大动应力集中系数出现极小值。由此可知，在工程中若选取此类介质作为施工构件时，在夹杂数量确定的前提下，选取合适的夹杂之间距离可以减低夹杂周边的动应力集中系数。综上所述，这些研究结果可为工程实践中降低单层复合纤维板的应力集中现象提供理论指导，这些结论对抗震材料的选择和超声无损检测具有重要的参考价值。接着，改变介质参数，建立了含有 I 型焊缝或 V 型焊缝的带形介质模型，分析了圆形夹杂在模型中的反平面问题。随着板宽、波数、夹杂物与焊缝距离、焊缝剪切模量、焊缝类型和焊缝尺寸的变化，圆形夹杂周围的动应力集中系数发生了复杂的变化。并且 I 型焊缝模型与 V 型焊缝模型中结果需要区别对待，其中 V 型焊缝模型中最应注意的结论是随着 d_1^* 的增加，圆形夹杂周围的动应力集中系数先减小后增大。且在图 6-50 所示条件下，当 $2.5<d_1^*<4.5$ 时，圆形夹杂周围最大动应力集中系数随着 μ_3^* 的增大而逐渐减小，其他范围的最大动应力集中系数随着 μ_3^* 的增大而增大。

综上所述，根据本节算例结果，在工程实践中通过调整参数可以降低板材的断裂可能性。这些结论也可以用作提高材料的抗震性能，为板材的无损检测提供理论参考。

参 考 文 献

[1] ACHENBACH J D. Wave propagation in elastic solids [M]. Amsterdam：North-Holland, 1973：200-216.

[2] WANG X M, YING C H. Scattering of guided SH-wave by a partly debonded circular cylinder in a traction free plate [J]. Science in China Series A：Mathematics, 2001, 44 (3)：378-388.

[3] 王艳. 带形域内脱胶夹杂和圆孔对 SH 型导波的散射 [D]. 哈尔滨工程大学, 2012.

[4] PETCHER P A, DIXON S. Weld defect detection using PPM EMAT generated shear horizontal ultrasound [J]. Ndt and E International, 2015, 74：58-65.

[5] MONFARED M M, AYATOLLAHI M, BAGHERI R. Anti-plane elastodynamic analysis of a cracked orthotropic strip [J]. International Journal of Mechanical Sciences, 2011, 53 (11)：1008-1014.

[6] GOLUB M V, ZHANG C, WANG Y S. SH-wave propagation and resonance phenomena in a

periodically layered composite structure with a crack [J]. Journal of Sound and Vibration, 2011, 330 (13): 3141-3154.

[7] ALLEYNE D N, PAVLAKOVIC B, LOWE M J S, et al. Rapid, Long Range Inspection of Chemical Plant Pipework Using Guided Waves [J]. Key Engineering Materials, 2001, 270-273 (1): 434-441.

[8] WILCOX P, PAVLAKOVIC B, EVANS M, et al. Long Range Inspection of Rail Using Guided Waves [J]. Acta physico-chimica sinica, 2003, 657 (1): 2613-2618.

[9] 孙舒然,陈以方,原可义.等,厚壁焊缝阵列超声SH型导波检测的成像方法 [J]. 无损检测, 2013, 35 (4): 10-14.

[10] 乔江伟. 不锈钢管环焊缝的相控阵超声爬波检测 [J]. 无损检测, 2019, 41 (11): 5-9.

[11] 郑小强. 浅谈焊缝超声波检测中的二次波检测 [J]. 江西建材, 2019, 32 (12): 40-41, 43.

[12] 李震,高京辉,任旺,等. 超声导波检测大口径铝制螺旋管焊缝技术分析 [J]. 焊接技术, 2019, 48 (S1): 113-115.

第7章 带形单相压电介质中复杂组合缺陷对导波的散射

7.1 带形压电介质中脱胶圆形夹杂和直线裂纹对 SH 型导波的散射

压电材料在国防工业与实际生活中被广泛应用,但其在使用过程中表面经常会产生裂纹。因为裂纹的性质比较特殊,所以断裂力学中经常对裂纹问题进行单独分析。对于含缺陷的压电功能复合材料,齐辉等人采用复变函数法分析在地震波作用下的直地形的动态性能[1],杜勇锋等人利用傅里叶变换和施密特(Schmidt)方法研究条形压电材料和弹性材料的界面Ⅲ型裂纹问题[2],于静等人求解了无限大压电体的远场在出平面机械载荷和面内电载荷作用下的反平面问题,该压电材料中含有唇形裂纹,他们运用了保角变换法[3]。李永东等人研究了含有孔边裂纹的全空间压电介质中的动力学问题[4]。此外,由于压电介质的组成比较复杂,以及压电材料在打磨合成的过程中会生产各种各样的缺陷形式,还有某些特性人为添加的局部缺陷,因此对直线裂纹附近含有其他缺陷(夹杂或者孔洞)的情况进行分析也非常重要。关于含缺陷的半空间或者全空间动应力响应问题,之前很多学者已经发表了大量的研究成果,由这些研究成果可知,因为裂纹缺陷的存在,可能使复合材料在发生振动或波动时局部位置处的应力值增加,在复合材料发生缺陷的位置也容易发生动应力集中,因此对带形压电介质中出现脱胶夹杂和直线裂纹的情况进行分析研究有重要的工程价值。

本节利用"镜像法"和导波理论研究含脱胶圆形夹杂与直线裂纹的无限长带形压电介质在 SH 型导波作用下的反平面特征。利用与第 3 章中相同的方法,推导出满足上、下水平界面应力自由和绝缘条件的 SH 型导波及其激发的电位势函数表达式,利用格林函数法和"裂纹切割法"构造裂纹,讨论圆形夹杂位置、裂纹和脱胶圆形夹杂边界附近的动应力集中系数的影响。

7.1.1 问题模型的描述

图 7-1 所示为含脱胶圆形夹杂和直线裂纹的带形压电介质在 SH 型导波作

用下的理论模型，介质 I 是含圆形夹杂的带形压电介质，其质量密度、弹性常数、压电系数和介电常数分别为 ρ_1、c_{44}^I、e_{15}^I 和 κ_{11}^I，其上、下边界分别为 B_U 和 B_L；介质 II 是圆形夹杂，其质量密度、弹性常数、压电系数和介电常数分别为 ρ_2、c_{44}^{II}、e_{15}^{II} 和 κ_{11}^{II}，其半径为 a，边界为 Γ_C，圆形夹杂中心位置与上边界 B_U、下边界 B_L 的距离分别为 h_1, h_2。圆形夹杂脱胶部分和圆心点 O 的夹角为 α，直线裂纹长度为 $2A$，角度为 β，裂纹尖端与圆形夹杂圆心垂直距离为 h_3，坐标系 $x_1O_1y_1$ 中 x_1 方向与直线裂纹方向平行，直线裂纹尖端与 y_1 的垂直距离为 c_0，采用坐标变换法，建立坐标系 xOy 和 $x_1O_1y_1$，各坐标系关系为

$$\begin{cases} x_1 = x\cos\beta + y\sin\beta \\ y_1 = y\cos\beta - x\sin\beta \end{cases} \tag{7-1}$$

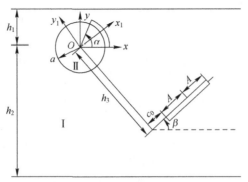

图 7-1 含脱胶圆形夹杂和直线裂纹的带形压电介质模型

7.1.2 格林函数

本节研究的介质 I 在线源荷载 $\delta(\eta-\eta_0)$ 作用下的模型如图 7-2 所示。$\eta_0 = d+yi(-h_2 \leq y \leq h_1)$。

设 z 轴为压电材料的电极化方向，则反平面动力学问题的稳态控制方程（忽略时间因子 $\exp(-i\omega t)$）表达式为

$$c_{44}\nabla^2 G_w + e_{15}\nabla^2 G_\phi + \rho\omega^2 w = 0 \tag{7-2}$$

$$e_{15}\nabla^2 G_w - \kappa_{11}\nabla^2 G_\phi = 0 \tag{7-3}$$

式中：w、ϕ 和 ω 分别为压电材料出平面位移、电位势和 SH 型导波的圆频率。方程可以简化为

$$\nabla^2 G_w + k^2 G_w = 0, \quad \phi = \frac{e_{15}}{\kappa_{11}}(G_w + G_f), \quad \nabla^2 G_f = 0 \tag{7-4}$$

式中：波数 $k^2 = \rho\omega^2/c^*$，$c^* = c_{44} + e_{15}^2/\kappa_{11}$。

利用复变函数法，令 $\eta = x+yi$，$\bar\eta = x-yi$，在复平面 $(\eta,\bar\eta)$ 中控制方程为

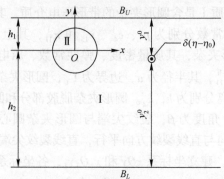

图 7-2 含圆形夹杂的带形压电介质模型

$$\frac{\partial^2 G_w}{\partial \eta \partial \bar{\eta}} + \frac{1}{4}k^2 G_w = 0, \quad G_\phi = \frac{e_{15}}{\kappa_{11}}(G_w + G_f), \quad \frac{\partial^2 G_f}{\partial \eta \partial \bar{\eta}} = 0 \quad (7-5)$$

在直角坐标系中，本构方程为

$$\tau_{zx} = c_{44}\frac{\partial G_w}{\partial x} + e_{15}\frac{\partial G_\phi}{\partial x}, \quad \tau_{zy} = c_{44}\frac{\partial G_w}{\partial y} + e_{15}\frac{\partial G_\phi}{\partial y} \quad (7-6)$$

$$D_x = e_{15}\frac{\partial G_w}{\partial x} - \kappa_{11}\frac{\partial G_\phi}{\partial x}, \quad D_y = e_{15}\frac{\partial G_w}{\partial y} - \kappa_{11}\frac{\partial G_\phi}{\partial y} \quad (7-7)$$

根据复变函数理论，引入复变量 $\eta = x+y\mathrm{i}$，$\bar{\eta} = x-y\mathrm{i}$ 在复平面 $(\eta, \bar{\eta})$ 内采用极坐标系，令 $\eta = r\mathrm{e}^{\mathrm{i}\theta}$，$\bar{\eta} = r\mathrm{e}^{-\mathrm{i}\theta}$，则本构方程为

$$\tau_{rz} = \left(c_{44} + \frac{e_{15}^2}{\kappa_{11}}\right)\left(\frac{\partial G_w}{\partial \eta}\mathrm{e}^{\mathrm{i}\theta} + \frac{\partial G_w}{\partial \bar{\eta}}\mathrm{e}^{-\mathrm{i}\theta}\right) + \frac{e_{15}^2}{\kappa_{11}}\left(\frac{\partial G_f}{\partial \eta}\mathrm{e}^{\mathrm{i}\theta} + \frac{\partial G_f}{\partial \bar{\eta}}\mathrm{e}^{-\mathrm{i}\theta}\right) \quad (7-8)$$

$$\tau_{\theta z} = \left(c_{44} + \frac{e_{15}^2}{\kappa_{11}}\right)\mathrm{i}\left(\frac{\partial G_W}{\partial \eta}\mathrm{e}^{\mathrm{i}\theta} - \frac{\partial G_W}{\partial \bar{\eta}}\mathrm{e}^{-\mathrm{i}\theta}\right) + \frac{e_{15}^2}{\kappa_{11}}\mathrm{i}\left(\frac{\partial G_f}{\partial \eta}\mathrm{e}^{\mathrm{i}\theta} - \frac{\partial G_f}{\partial \bar{\eta}}\mathrm{e}^{-\mathrm{i}\theta}\right) \quad (7-9)$$

$$D_r = -e_{15}\left(\frac{\partial G_f}{\partial \eta}\mathrm{e}^{\mathrm{i}\theta} + \frac{\partial G_f}{\partial \bar{\eta}}\mathrm{e}^{-\mathrm{i}\theta}\right), \quad D_\theta = -e_{15}\mathrm{i}\left(\frac{\partial G_f}{\partial \eta}\mathrm{e}^{\mathrm{i}\theta} - \frac{\partial G_f}{\partial \bar{\eta}}\mathrm{e}^{-\mathrm{i}\theta}\right) \quad (7-10)$$

介质 I 和介质 II 在上、下水平边界上满足应力自由和电绝缘条件，边界条件可以表示为

$$\begin{cases} B_U: \tau_{yz}^{\mathrm{I}}\big|_{y=h_1} = 0, D_y^{\mathrm{I}}\big|_{y=h_1} = 0 \\ B_L: \tau_{yz}^{\mathrm{I}}\big|_{y=-h_2} = 0, D_y^{\mathrm{I}}\big|_{y=-h_2} = 0 \\ B_V: \tau_{xz}^{\mathrm{I}}\big|_{x=d} = \sigma(\eta - \eta_0) \\ B_C: G_w^{\mathrm{I}}\big|_{r=a, -\pi \leqslant \theta \leqslant \pi} = G_w^{\mathrm{II}}\big|_{r=a, -\pi \leqslant \theta \leqslant \pi} \\ B_C: \tau_{rz}^{\mathrm{I}}\big|_{r=a, -\pi \leqslant \theta \leqslant \pi} = \tau_{rz}^{\mathrm{II}}\big|_{r=a, -\pi \leqslant \theta \leqslant \pi} \\ B_C: G_\phi^{\mathrm{I}}\big|_{r=a, -\pi \leqslant \theta \leqslant \pi} = G_\phi^{\mathrm{II}}\big|_{r=a, -\pi \leqslant \theta \leqslant \pi} \\ B_C: D_r^{\mathrm{I}}\big|_{r=a, -\pi \leqslant \theta \leqslant \pi} = D_r^{\mathrm{II}}\big|_{r=a, -\pi \leqslant \theta \leqslant \pi} \end{cases} \quad (7-11)$$

第7章 带形单相压电介质中复杂组合缺陷对导波的散射

式中：G_w^{I}、τ_{rz}^{I}、G_ϕ^{I} 和 D_r^{I} 分别为介质 I 位移格林函数、剪应力、电势格林函数与电位移；G_w^{II}、τ_{rz}^{II}、G_ϕ^{II} 和 D_r^{II} 分别为介质 II 位移格林函数、剪应力、电势格林函数与电位移。

由线源荷载 $\delta(\eta-\bar{\eta})$ 产生的扰动，可视为已知的入射波 G_{w0}^i，本节利用"镜像法"（图7-3），构造满足水平边界应力自由和电绝缘条件的入射波与散射波，略去时间因子 $\exp(-\mathrm{i}\omega t)$。其中，入射波表达式为

$$G_{w0}^i(\eta,\eta_0) = \frac{\mathrm{i}}{2c_{44}^{\mathrm{I}}(1+\lambda^{\mathrm{I}})} H_0^{(1)}(k_1|\eta-\eta_0|) \tag{7-12}$$

式中：$\lambda^{\mathrm{I}} = (e_{15}^{\mathrm{I}})/(c_{44}^{\mathrm{I}}\kappa_{11}^{\mathrm{I}})$ 为无量纲压电参数。

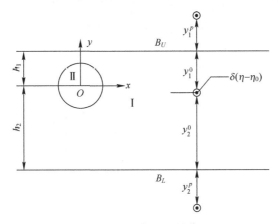

图7-3 入射波的镜像

G_{w0}^i 在上、下水平边界发生反射，根据参考文献[5]中方法，本节对 G_{w0}^i 在上、下边界上多次利用镜像法，使入射波在上、下水平边界上满足应力自由和电绝缘条件，令 x_0 表示点源的横坐标，y_1^0、y_2^0 分别表示 η_0 点与上、下水平边界的距离，用 p 表示镜像的次数，$\eta_1^p = x_0+(h_1+y_1^p)\mathrm{i}$，$\eta_2^p = x_0-(h_2+y_2^p)\mathrm{i}$ 分别表示镜像后产生的"新点源"的坐标，得

$$G_{w1}^i(\eta,\eta_1^P) = \frac{\mathrm{i}}{2c_{44}^{\mathrm{I}}(1+\lambda^{\mathrm{I}})} H_0^{(1)}(k_1|\eta-\eta_1^P|) \tag{7-13}$$

$$G_{w2}^i(\eta,\eta_2^P) = \frac{\mathrm{i}}{2c_{44}^{\mathrm{I}}(1+\lambda^{\mathrm{I}})} H_0^{(1)}(k_1|\eta-\eta_2^P|) \tag{7-14}$$

式中：

当 p 为奇数时：

$$y_1^P = y_1^0 + (p-1)(h_1+h_2), \quad y_2^P = y_2^0 + (p-1)(h_1+h_2) \tag{7-15}$$

当 p 为偶数时：

$$y_1^P = y_2^0 + (p-1)(h_1+h_2), \quad y_2^P = y_2^0 + (p-1)(h_1+h_2) \tag{7-16}$$

总入射波表达式为

$$G_w^i(\eta,\eta_0) = G_{w0}^i(\eta,\eta_0) + \sum_{P=1}^{\infty}(G_{w1}^i(\eta,\eta_1^P) + G_{w2}^i(\eta,\eta_2^P)) \tag{7-17}$$

入射波产生的电势格林函数表达式如下：

$$G_\phi^i = \frac{e_{15}^I}{\kappa_{11}^I} G_w^i \tag{7-18}$$

略去时间因子 $\exp(-\mathrm{i}\omega t)$，散射导波表达式为

$$G_{w0}^s(\eta,\eta_0) = \frac{\mathrm{i}}{2c_{44}^I(1+\lambda^I)} \sum_{n=-\infty}^{+\infty} A_n H_n^{(1)}(k_1|\eta|)\left[\frac{\eta}{|\eta|}\right]^n \tag{7-19}$$

G_{w0}^s 在上、下水平边界发生反射，根据参考文献 [5] 中方法，本章对 G_{w0}^s 在上、下边界上多次利用镜像法（图 7-4），使散射波在上、下边界上满足应力自由边界条件，用 p 表示镜像的次数，令 $L_1^p = h_1 + d_1^p$, $L_2^p = -(h_2 + d_2^p)$，得

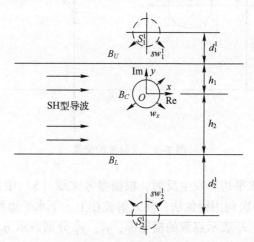

图 7-4 散射波的镜像

$$G_{wp}^{s1} = \frac{\mathrm{i}}{2c_{44}^I(1+\lambda^I)} \sum_{n=-\infty}^{+\infty} A_n H_n^{(1)}(k_1|\eta - \mathrm{i}L_1^p|)\left[\frac{\eta - \mathrm{i}L_1^p}{|\eta - \mathrm{i}L_1^p|}\right]^{-n} \tag{7-20}$$

$$G_{wp}^{s2} = \frac{\mathrm{i}}{2c_{44}^I(1+\lambda^I)} \sum_{n=-\infty}^{+\infty} A_n H_n^{(1)}(k_1|\eta - \mathrm{i}L_2^p|)\left[\frac{\eta - \mathrm{i}L_2^p}{|\eta - \mathrm{i}L_2^p|}\right]^{-n} \tag{7-21}$$

$$G_{wp}^{s1} = \frac{\mathrm{i}}{2c_{44}^I(1+\lambda^I)} \sum_{n=-\infty}^{+\infty} A_n H_n^{(1)}(k_1|\eta - \mathrm{i}L_1^p|)\left[\frac{\eta - \mathrm{i}L_1^p}{|\eta - \mathrm{i}L_1^p|}\right]^n \tag{7-22}$$

第7章 带形单相压电介质中复杂组合缺陷对导波的散射

$$G_{wp}^{s2} = \frac{\mathrm{i}}{2c_{44}^{\mathrm{I}}(1+\lambda^{\mathrm{I}})} \sum_{n=-\infty}^{+\infty} A_n H_n^{(1)}(k_1|\eta - \mathrm{i}L_2^p|) \left[\frac{\eta - \mathrm{i}L_2^p}{|\eta - \mathrm{i}L_2^p|}\right]^n \quad (7\text{-}23)$$

$$\begin{cases} d_1^p = h_1 + (p-1)(h_1 + h_2) \\ d_2^p = h_2 + (p-1)(h_1 + h_2) \end{cases} \quad (7\text{-}24)$$

$$\begin{cases} d_1^p = h_2 + (p-1)(h_1 + h_2) \\ d_2^p = h_1 + (p-1)(h_1 + h_2) \end{cases} \quad (7\text{-}25)$$

散射导波表达式为

$$G_w^s = G_{w0}^s + \sum_{p=1}^{+\infty}(G_{wp}^{s1} + G_{wp}^{s2}) \quad (7\text{-}26)$$

散射导波电势函数表达式为

$$G_\phi^s = G_{\phi 0}^s + \sum_{p=1}^{+\infty}(G_{\phi p}^{s1} + G_{\phi p}^{s2}) \quad (7\text{-}27)$$

$$\begin{cases} G_{\phi 0}^s = \dfrac{e_{15}^{\mathrm{I}}}{\kappa_{11}^{\mathrm{I}}}(G_{w0}^s + G_{f0}^s), \quad G_{\phi p}^{s1} = \dfrac{e_{15}^{\mathrm{I}}}{\kappa_{11}^{\mathrm{I}}}(G_{wp}^{s1} + G_{fp}^{s1}) \\ G_{\phi p}^{s2} = \dfrac{e_{15}^{\mathrm{I}}}{\kappa_{11}^{\mathrm{I}}}(G_{wp}^{s2} + G_{fp}^{s2}) \end{cases} \quad (7\text{-}28)$$

式中：

$$G_{f0}^s = \sum_{n=1}^{+\infty}(B_n \eta^{-n} + C_n \overline{\eta}^{-n}) \quad (7\text{-}29)$$

$$G_{fp}^{s1} = \sum_{n=1}^{+\infty}\left[B_n(\overline{\eta} + L_1^p \mathrm{i})^{-n} + C_n(\eta - L_1^p \mathrm{i})^{-n}\right] \quad (7\text{-}30)$$

$$G_{fp}^{s2} = \sum_{n=1}^{+\infty}\left[B_n(\overline{\eta} + L_2^p \mathrm{i})^{-n} + C_n(\eta - L_2^p \mathrm{i})^{-n}\right] \quad (7\text{-}31)$$

$$G_{fp}^{s1} = \sum_{n=1}^{+\infty}\left[B_n(\eta + L_1^p \mathrm{i})^{-n} + C_n(\overline{\eta} - L_1^p \mathrm{i})^{-n}\right] \quad (7\text{-}32)$$

$$G_{fp}^{s2} = \sum_{n=1}^{+\infty}\left[B_n(\eta + L_2^p \mathrm{i})^{-n} + C_n(\overline{\eta} - L_2^p \mathrm{i})^{-n}\right] \quad (7\text{-}33)$$

当 p 为奇数时，G_{wp}^{s1}、G_{wp}^{s2} 取式（7-20）、式（7-21），d_1^p、d_2^p 取式（7-24），G_{fp}^{s1}、G_{fp}^{s2} 取式（7-30）、式（7-31）。当 p 为偶数时，G_{wp}^{s1}、G_{wp}^{s2} 取式（7-22）、式（7-23），d_1^p、d_2^p 取式（7-25），G_{fp}^{s1}、G_{fp}^{s2} 取式（7-32）、式（7-33）。

介质 I 中位移格林函数 G_w^{I} 与电位势格林函数 G_ϕ^{I} 表达式分别为

$$G_w^{\mathrm{I}} = G_w^i + G_w^s, \quad G_\phi^{\mathrm{I}} = G_\phi^i + G_\phi^s \quad (7\text{-}34)$$

圆形夹杂内部形成的驻波和电位势分别为

$$G_w^{st} = \frac{\mathrm{i}}{2c_{44}^{\mathrm{II}}(1+\lambda^{\mathrm{II}})} \sum_{n=-\infty}^{+\infty} D_n J_n(k_2|\eta|)\left[\frac{\eta}{|\eta|}\right]^n \quad (7-35)$$

$$G_\phi^{st} = \frac{e_{15}^{\mathrm{I}}}{\kappa_{11}^{\mathrm{II}}}(G_w^{st}+G_f^{st}), \quad G_f^{st} = E_0 + \sum_{n=1}^{\infty}(E_n\eta^n + F_n\overline{\eta}^n) \quad (7-36)$$

对于介质 II，全部位移函数和电位势函数为

$$G_w^{\mathrm{II}} = G_w^{st}, \quad G_\phi^{\mathrm{II}} = G_\phi^{st} \quad (7-37)$$

在圆形夹杂处边界条件为

$$G_w^{\mathrm{I}} = G_w^{\mathrm{II}}, \quad \tau_{rz}^{\mathrm{I}} = \tau_{rz}^{\mathrm{II}}, G_\phi^{\mathrm{I}} = G_\phi^{\mathrm{II}}, \quad D_r^{\mathrm{I}} = D_r^{\mathrm{II}} \quad (7-38)$$

$$\sum_{n=-\infty}^{+\infty} A_n \xi_n^{(11)} + \sum_{n=-\infty}^{+\infty} D_n \xi_n^{(14)} = \xi^{(1)} \quad (7-39)$$

$$\begin{aligned}&\sum_{n=-\infty}^{+\infty} A_n \xi_n^{(21)} + \sum_{n=1}^{+\infty} B_n \xi_n^{(22)} + \sum_{n=1}^{+\infty} C_n \xi_n^{(23)} + \sum_{n=-\infty}^{+\infty} D_n \xi_n^{(24)} \\ &+ \sum_{n=0}^{+\infty} E_n \xi_n^{(25)} + \sum_{n=1}^{+\infty} F_n \xi_n^{(26)} = \xi^{(2)}\end{aligned} \quad (7-40)$$

$$\begin{aligned}&\sum_{n=-\infty}^{+\infty} A_n \xi_n^{(31)} + \sum_{n=1}^{+\infty} B_n \xi_n^{(32)} + \sum_{n=1}^{+\infty} C_n \xi_n^{(33)} + \sum_{n=-\infty}^{+\infty} D_n \xi_n^{(34)} \\ &+ \sum_{n=0}^{+\infty} E_n \xi_n^{(35)} + \sum_{n=1}^{+\infty} F_n \xi_n^{(36)} = \xi^{(3)}\end{aligned} \quad (7-41)$$

$$\sum_{n=1}^{+\infty} B_n \xi_n^{(42)} + \sum_{n=1}^{+\infty} C_n \xi_n^{(43)} + \sum_{n=-\infty}^{+\infty} D_n \xi_n^{(44)} + \sum_{n=0}^{+\infty} E_n \xi_n^{(45)} = \xi^{(4)} \quad (7-42)$$

式中：

$$\xi_n^{(11)} = \frac{\mathrm{i}}{2c_{44}^{\mathrm{I}}(1+\lambda^{\mathrm{I}})}\left[H_n^{(1)}(k_1|\eta|)\left[\frac{\eta}{|\eta|}\right]^n + \sum_{p=1}^{+\infty}v_1^p + \sum_{p=1}^{+\infty}v_2^p\right] \quad (7-43)$$

$$\xi_n^{(14)} = -\frac{\mathrm{i}}{2c_{44}^{\mathrm{II}}(1+\lambda^{\mathrm{II}})}J_n(k_2|\eta|)\left[\frac{\eta}{|\eta|}\right]^n \quad (7-44)$$

$$\begin{aligned}\xi_n^{(21)} = \frac{\mathrm{i}k_1}{4}\Big[&\chi_1\exp(\mathrm{i}\theta) + \chi_2\exp(-\mathrm{i}\theta) + \sum_{p=1}^{+\infty}\varphi_1^p\exp(\mathrm{i}\theta) \\ &+ \sum_{p=1}^{+\infty}\varphi_2^p\exp(-\mathrm{i}\theta) + \sum_{p=1}^{+\infty}\psi_1^p\exp(\mathrm{i}\theta) + \sum_{p=1}^{+\infty}\psi_2^p\exp(-\mathrm{i}\theta)\Big]\end{aligned} \quad (7-45)$$

$$\xi_n^{(22)} = \frac{(e_{15}^{\mathrm{I}})^2}{\kappa_{11}^{\mathrm{I}}}\Big[-n\eta^{-n-1}\mathrm{e}^{\mathrm{i}\theta} + \sum_{p=1}^{+\infty}\gamma_1^p\exp(\mathrm{i}\theta) + \sum_{p=1}^{+\infty}\gamma_2^p\exp(-\mathrm{i}\theta)\Big] \quad (7-46)$$

$$\xi_n^{(23)} = \frac{(e_{15}^{\mathrm{I}})^2}{\kappa_{11}^{\mathrm{I}}}\Big[-n\eta^{-n-1}\mathrm{e}^{-\mathrm{i}\theta} + \sum_{p=1}^{+\infty}v_1^p\exp(\mathrm{i}\theta) + \sum_{p=1}^{+\infty}v_2^p\exp(-\mathrm{i}\theta)\Big] \quad (7-47)$$

第7章 带形单相压电介质中复杂组合缺陷对导波的散射

$$\xi_n^{(24)} = \frac{ik_2}{4}\left[J_{n-1}(k_2|\eta|)\left[\frac{\eta}{|\eta|}\right]^{n-1}e^{i\theta} - J_{n+1}(k_2|\eta|)\left[\frac{\eta}{|\eta|}\right]^{n+1}e^{-i\theta}\right] \quad (7-48)$$

$$\xi_n^{(25)} = -\frac{(e_{15}^{\mathrm{II}})^2}{\kappa_{11}^{\mathrm{II}}}(n\eta^{n-1}e^{i\theta}), \quad \xi_n^{(26)} = -\frac{(e_{15}^{\mathrm{II}})^2}{\kappa_{11}^{\mathrm{II}}}(n\overline{\eta}^{n-1}e^{i\theta}) \quad (7-49)$$

$$\xi_n^{(31)} = \frac{e_{15}^{\mathrm{I}}i}{2c_{44}^{\mathrm{I}}\kappa_{11}^{\mathrm{I}}(1+\lambda^{\mathrm{I}})}\left[H_n^{(1)}(k_1|\eta|)\left[\frac{\eta}{|\eta|}\right]^n + \sum_{p=1}^{+\infty}v_1^p + \sum_{p=1}^{+\infty}v_2^p\right]$$
$$(7-50)$$

$$\xi_n^{(32)} = \frac{e_{15}^{\mathrm{I}}}{\kappa_{11}^{\mathrm{I}}}\left[\eta^{-n} + \sum_{p=1}^{+\infty}\delta^p\right], \quad \xi_n^{(33)} = \frac{e_{15}^{\mathrm{I}}}{\kappa_{11}^{\mathrm{I}}}\left[\overline{\eta}^{-n} + \sum_{p=1}^{+\infty}l^p\right] \quad (7-51)$$

$$\xi_n^{(34)} = -\frac{e_{15}^{\mathrm{II}}i}{2c_{44}^{\mathrm{II}}\kappa_{11}^{\mathrm{II}}(1+\lambda^{\mathrm{I}})}J_n(k_2|\eta|)\left[\frac{\eta}{|\eta|}\right]^n \quad (7-52)$$

$$\xi_n^{(35)} = -\frac{e_{15}^{\mathrm{II}}}{\kappa_{11}^{\mathrm{II}}}\eta^n, \quad \xi_n^{(36)} = -\frac{e_{15}^{\mathrm{II}}}{\kappa_{11}^{\mathrm{II}}}\overline{\eta}^n \quad (7-53)$$

$$\xi_n^{(42)} = -e_{15}^{\mathrm{I}}\left[-n\eta^{-n-1}e^{i\theta} + \sum_{p=1}^{+\infty}\gamma_1^p\exp(i\theta) + \sum_{p=1}^{+\infty}\gamma_2^p\exp(-i\theta)\right] \quad (7-54)$$

$$\xi_n^{(43)} = -e_{15}^{\mathrm{I}}\left[-n\overline{\eta}^{-n-1}e^{-i\theta} + \sum_{p=1}^{+\infty}v_1^p\exp(i\theta) + \sum_{p=1}^{+\infty}v_2^p\exp(-i\theta)\right] \quad (7-55)$$

$$\xi_n^{(44)} = -e_{15}^{\mathrm{II}}n\eta^{n-1}e^{i\theta}, \quad \xi_n^{(45)} = -e_{15}^{\mathrm{II}}n\overline{\eta}^{n-1}e^{-i\theta} \quad (7-56)$$

$$\xi^{(1)} = -G_w^i, \quad \xi^{(2)} = -(\tau_{zx}^i\cos\theta + \tau_{zy}^i\sin\theta), \quad \xi^{(3)} = -G_\phi^i, \quad \xi^{(4)} = 0 \quad (7-57)$$

式中：

$$\chi_1 = H_{n-1}^{(1)}(k_1|\eta|)[\eta/|\eta|]^{n-1}, \quad \chi_2 = -H_{n+1}^{(1)}(k_1|\eta|)[\eta/|\eta|]^{n+1}$$
$$(7-58)$$

当 p 是奇数时，有

$$\begin{cases}\varphi_1^p = -H_{n+1}^{(1)}(k_1|\eta-L_1^p i|)[(\eta-L_1^p i)/|\eta-L_1^p i|]^{-n-1}\\ \varphi_2^p = H_{n-1}^{(1)}(k_1|\eta-L_1^p i|)[(\eta-L_1^p i)/|\eta-L_1^p i|]^{-n+1}\end{cases} \quad (7-59)$$

$$\begin{cases}\psi_1^p = -H_{n+1}^{(1)}(k_1|\eta-L_2^p i|)[(\eta-L_2^p i)/|\eta-L_2^p i|]^{-n-1}\\ \psi_2^p = H_{n-1}^{(1)}(k_1|\eta-L_2^p i|)[(\eta-L_2^p i)/|\eta-L_2^p i|]^{-n+1}\end{cases} \quad (7-60)$$

$$\begin{aligned}&\gamma_1^p = 0, \quad \gamma_2^p = -n(\overline{\eta}+L_1^p i)^{-n-1} - n(\overline{\eta}+L_2^p i)^{-n-1}\\ &v_1^p = -n(\eta-L_1^p i)^{-n-1} - n(\eta-L_2^p i)^{-n-1}, \quad v_2^p = 0\end{aligned} \quad (7-61)$$

$$\begin{cases}v_1^p = H_n^{(1)}(k_1|\eta-L_1^p i|)[(\eta-L_1^p i)/|\eta-L_1^p i|]^{-n}\\ v_2^p = H_n^{(1)}(k_1|\eta-L_2^p i|)[(\eta-L_2^p i)/|\eta-L_2^p i|]^{-n}\end{cases} \quad (7-62)$$

$$\delta^p = (\overline{\eta}+L_1^p\mathrm{i})^{-n}+(\overline{\eta}+L_2^p\mathrm{i})^{-n}, \quad l^p = (\eta-L_1^p\mathrm{i})^{-n}+(\eta-L_2^p\mathrm{i})^{-n} \tag{7-63}$$

当 p 是偶数时，有

$$\begin{cases} \varphi_1^p = H_{n-1}^{(1)}(k_1|\eta-L_1^p\mathrm{i}|)[(\eta-L_1^p\mathrm{i})/|\eta-L_1^p\mathrm{i}|]^{n-1} \\ \varphi_2^p = -H_{n+1}^{(1)}(k_1|\eta-L_1^p\mathrm{i}|)[(\eta-L_1^p\mathrm{i})/|\eta-L_1^p\mathrm{i}|]^{n+1} \end{cases} \tag{7-64}$$

$$\begin{cases} \psi_1^p = H_{n-1}^{(1)}(k_1|\eta-L_2^p\mathrm{i}|)[(\eta-L_2^p\mathrm{i})/|\eta-L_2^p\mathrm{i}|]^{n-1} \\ \psi_2^p = -H_{n+1}^{(1)}(k_1|\eta-L_2^p\mathrm{i}|)[(\eta-L_2^p\mathrm{i})/|\eta-L_2^p\mathrm{i}|]^{n+1} \end{cases} \tag{7-65}$$

$$\gamma_1^p = -n(\eta+L_1^p\mathrm{i})^{-n-1} - n(\eta+L_2^p\mathrm{i})^{-n-1}, \quad \gamma_2^p = 0 \tag{7-66}$$

$$v_1^p = 0, \quad v_2^p = -n(\overline{\eta}+L_1^p\mathrm{i})^{-n-1} - n(\overline{\eta}-L_2^p\mathrm{i})^{-n-1} \tag{7-67}$$

$$\begin{cases} v_1^p = H_n^{(1)}(k_1|\eta-L_1^p\mathrm{i}|)[(\eta-L_1^p\mathrm{i})/|\eta-L_1^p\mathrm{i}|]^n \\ v_2^p = H_n^{(1)}(k_1|\eta-L_2^p\mathrm{i}|)[(\eta-L_2^p\mathrm{i})/|\eta-L_2^p\mathrm{i}|]^n \end{cases} \tag{7-68}$$

$$\delta^p = (\eta+L_1^p\mathrm{i})^{-n}+(\eta+L_2^p\mathrm{i})^{-n}, \quad l^p = (\overline{\eta}-L_1^p\mathrm{i})^{-n}+(\overline{\eta}-L_2^p\mathrm{i})^{-n} \tag{7-69}$$

将以上方程组中等式左右两边乘以 $\mathrm{e}^{-\mathrm{i}F\theta}$，并在 $(-\pi,\pi)$ 进行积分，其中 $F=1,2,3,\cdots$，从而得到关于 A_n、B_n、C_n、D_n、E_n、F_n 的一次方程组。

7.1.3 SH型导波的散射

当 SH 型导波入射时，将 SH 型导波按照导波理论展开，推导出满足上、下水平边界应力自由和绝缘条件的 SH 型导波及其激发的电位势函数表达式，和第 3 章中 SH 型导波的表达式相同，所以本章不再赘述。

在 SH 型导波作用下产生的散射波位移场 w^s 和电场 ϕ^s 表达式与线源荷载作用下产生的 G_w^s 与 G_ϕ^s 相同，只是未知系数不同，未知系数可以根据圆形夹杂的边界条件进行求解，方法与求解格林函数中未知系数所用方法相同。

7.1.4 动应力集中系数

当带形压电介质内部产生裂纹以及圆形夹杂发生脱胶时，在裂纹和脱胶处表面应力为零，利用"裂纹切割法"构造裂纹并对脱胶部分进行处理，在直线裂纹位置和脱胶部分添加与 τ_{rz} 和 $\tau_{\theta z}$ 大小相等、方向相反的平衡外力系，这组平衡外力系也能产生波场，所以区域 I 中的总波场对应的位移、电势、应力的表达式如下[4]：

$$w^{(\cdot)} = w^\mathrm{I} - \int_0^\alpha \tau_{rz}^\mathrm{I}(r_0,\theta_0) \times G_w^\mathrm{I}(\eta,\eta_0)\mathrm{d}\theta_0 - \int_{(c_0,-h_3)}^{(c_0+2C,-h_3)} \tau_{\theta z}^\mathrm{I}(r_1,\theta_1) \times G_w^\mathrm{I}(\eta,\eta_1)\mathrm{d}\eta_1$$

$$\phi^{(\cdot)} = \phi^\mathrm{I} - \frac{e_{15}^\mathrm{I}}{\kappa_{11}^\mathrm{I}}\int_0^\alpha \tau_{rz}^\mathrm{I} \times G_w^\mathrm{I}\mathrm{d}\theta_0 - \frac{e_{15}^\mathrm{I}}{\kappa_{11}^\mathrm{I}}\int_{(c_0,-h_3)}^{(c_0+2C,-h_3)} \tau_{\theta z}^\mathrm{I} \times G_w^\mathrm{I}\mathrm{d}\eta_1$$

$$\tau_{\theta z}^{(\cdot)} = \tau_{\theta z}^{(\mathrm{I})} - \mathrm{i}\left(c_{44} + \frac{e_{15}^{\mathrm{I}}2}{\kappa_{11}^{\mathrm{I}}}\right)\int_0^\alpha \tau_{rz}^I\left(\frac{\partial G_w^{\mathrm{I}}}{\partial \eta}\mathrm{e}^{\mathrm{i}\theta} - \frac{\partial G_w^{\mathrm{I}}}{\partial \overline{\eta}}\mathrm{e}^{-\mathrm{i}\theta}\right)\mathrm{d}\theta_0$$

$$- \mathrm{i}\left(c_{44} + \frac{e_{15}^{\mathrm{I}2}}{\kappa_{11}^{\mathrm{I}}}\right)\int_{(c_0,-h_3)}^{(c_0+2C,-h_3)} \tau_{\theta z}^I\left(\frac{\partial G_w^{\mathrm{I}}}{\partial \eta}\mathrm{e}^{\mathrm{i}\theta} - \frac{\partial G_w^{\mathrm{I}}}{\partial \overline{\eta}}\mathrm{e}^{-\mathrm{i}\theta}\right)\mathrm{d}\eta_1 \quad (7\text{-}70)$$

式中：$w^{(\cdot)}$为压电介质位移函数；$\tau_{\theta z}^{(\cdot)}$为圆形夹杂边界附近的剪应力；$\phi^{(\cdot)}$为压电介质的电势函数。

动应力集中系数（DSCF）的表达式为

$$\tau_{\theta z}^* = |\tau_{\theta z}^I / \tau_0| \quad (7\text{-}71)$$

式中：$\tau_0 = \mathrm{i}k_1\left(c_{44}^{\mathrm{I}} + \frac{(e_{15}^{\mathrm{I}})^2}{\kappa_{11}^{\mathrm{I}}}\right)w_0$ 为入射波应力最大幅值[5]。

7.1.5 动应力强度因子

如果动态荷载达到一定数值后，裂纹尖端将处于塑性流动状态，应力此时重新分布。

一般将动应力强度因子（Dynamic Stress Intensity Factor，DSIF）利用参数k_3'进行定义：

$$k_3' = \left|\frac{\tau_{rz}|_{\overline{r}=\overline{r}_0}}{\tau_0 Q}\right| \quad (7\text{-}72)$$

式中：$\tau_{rz}|_{\overline{r}=\overline{r}_0}$表示与裂纹尖端距离微小位置处的名义应力；$Q$表示裂纹具有长度平方根量纲的特征尺寸，其中，$\tau_0 = \mathrm{i}k_1\left(c_{44}^{\mathrm{I}} + \frac{(e_{15}^{\mathrm{I}})^2}{\kappa_{11}^{\mathrm{I}}}\right)w_0$为入射波应力的最大幅值，对于长度为$2A$的直线型裂纹，$Q=\sqrt{A}$。

7.1.6 数值结果与分析

当$\lambda^{\mathrm{I}}=0$、$c_{44}^{\mathrm{II}}=0$、$k_2=0$、$\alpha=0$、$C=0$、$\rho_2=0$时，本节模型退化为含圆形夹杂的带形弹性介质，取与参考文献[5]相同的参数，得到该模型在 SH 型导波作用下$\tau_{\theta z}^*$的分布情况，如图 7-5 所示，与参考文献[6]中结果吻合较好，证明本节方法精确可行。本节给出圆形夹杂与上、下水平边界的距离、入射导波的频率和电场强度集中系数的影响，令$h_1^* = h_1/a$、$h_2^* = h_2/a$、$A^* = c/a^*$ 为无量纲参数进行分析。本节取参数比：$k_1/k_2=2$、$e_{15}^{\mathrm{II}}/e_{15}^{\mathrm{I}}=1000$、$\lambda^{\mathrm{I}}=1$、$\alpha=\pi/6$、$\beta=\pi/4$、$A^*=1$、$h_3^*=8$ 建立模型进行分析。

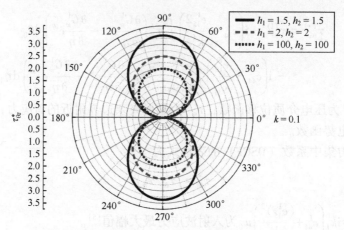

图 7-5 本节方法的验证

图 7-6 给出了 SH 型导波入射时圆形夹杂周边动应力集中系数随 h^* 的分布情况。取无量纲参数 $k_1/k_2=2$、$e_{15}^{\mathrm{II}}/e_{15}^{\mathrm{I}}=1000$、$\lambda^{\mathrm{I}}=1$、$\alpha=\pi/6$、$\beta=\pi/4$、$A^*=1$、$h_3^*=8$ 建立模型进行分析。由图 7-6 可知,$\tau_{\theta z}^*$ 的分布受 h_1^* 和 h_2^* 影响较大,且 $\tau_{\theta z}^*$ 的分布曲线几乎沿垂直轴线对称,$\tau_{\theta z}^*$ 的值随 h_1^* 和 h_2^* 的增大而减小,因为上、下水平边界的存在使散射波发生反射而变得复杂,圆形夹杂与上、下水平边界距离越大,边界效应越小,散射波逐渐衰减。当 $ka=0.1$ 时,是"准静态",当 $h_1^*=20$、$h_2^*=20$ 时,$\tau_{\theta z}^*$ 最大值为 8.15,比 $h_2^*=20$、$h_2^*=80$ 时 $\tau_{\theta z}^*$ 最大值 7.05 提高了约 15%,此时 $\tau_{\theta z}^*$ 最大值 8.15 比无裂纹和脱胶时 $\tau_{\theta z}^*$ 最大值提高约 3.5%。当 $ka=1$ 和 $ka=2$ 时,对应中频和高频的情况,由图 7-6 可知,中频时 $\tau_{\theta z}^*$ 的分布受 h_1^* 和 h_2^* 影响比低频高频时明显,当 $ka=2$、$h_1^*=20$、$h_2^*=20$ 时,$\tau_{\theta z}^*$ 最大值为 6.3,比"准静态"时 $\tau_{\theta z}^*$ 最大值减少了 29%。所以 h^* 对 $\tau_{\theta z}^*$ 的分布存在影响,而且当 SH 型导波中频入射时,h^* 对 $\tau_{\theta z}^*$ 的分布影响较大。

图 7-7 给出了 SH 型导波入射时圆形夹杂周边动应力集中系数随 ka 的分布情况。取无量纲参数 $k_1/k_2=2$、$e_{15}^{\mathrm{II}}/e_{15}^{\mathrm{I}}=1000$、$\lambda^{\mathrm{I}}=1$、$\alpha=\pi/6$、$\beta=\pi/4$、$A^*=1$、$h_3^*=8$、$h_1^*=20$、$h_2^*=20$ 建立模型进行分析。由图 7-7 可知,$\tau_{\theta z}^*$ 分布曲线变化明显,ka 越大,$\tau_{\theta z}^*$ 越大。当 $m=1$、$ka=0.1$ 时,$\tau_{\theta z}^*$ 最大值为 9.56,所以 SH 型导波的阶数越小,$\tau_{\theta z}^*$ 越大。

图 7-8 给出了 SH 型导波入射时圆形夹杂周边动应力系数随波数比 k^* 的变化情况。其中,波数比 $k^*=k_1/k_2$,取无量纲参数 $e_{15}^{\mathrm{II}}/e_{15}^{\mathrm{I}}=1000$、$\lambda^{\mathrm{I}}=1$、$\alpha=\pi/6$、$\beta=\pi/4$、$A^*=1$、$h_3^*=8$、$h_1^*=20$、$h_2^*=20$ 建立模型进行分析。当 $k^*>1$

第 7 章 带形单相压电介质中复杂组合缺陷对导波的散射

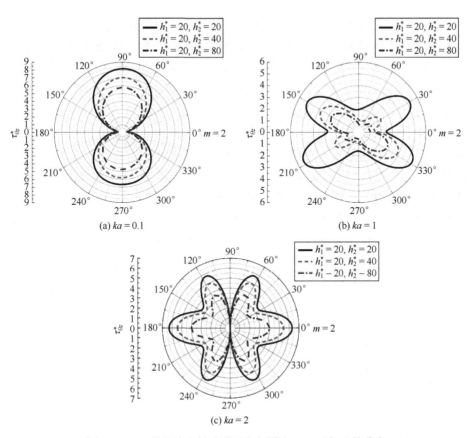

图 7-6 SH 型导波入射时圆形夹杂周边 DSCF 随 h^* 的分布

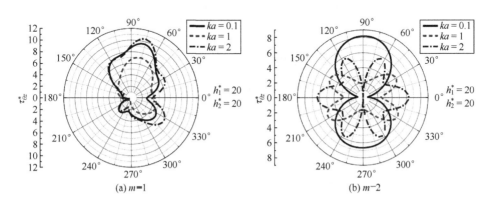

图 7-7 SH 型导波入射时圆形夹杂周边 DSCF 随 ka 的分布

时，表示入射导波从相对较软的介质入射到相对较硬的介质，当 $k^* < 1$ 时，表示入射导波从相对较硬的介质入射到相对较软的介质。由图 7-8 可知，当 $ka = 0.1$ 时，$\tau_{\theta z}^*$ 分布曲线沿竖直轴线呈现出对称性，当入射频率逐渐增大后，$\tau_{\theta z}^*$ 分布曲线也逐渐变得复杂。当 $ka = 0.1$、$k^* = 0.5$ 时，$\tau_{\theta z}^*$ 最大值为 9.25，比 $ka = 0.1$、$k^* = 2$ 时 $\tau_{\theta z}^*$ 最大值 8.15 提高了 13%；当 $ka = 2$、$k^* = 0.5$ 时，$\tau_{\theta z}^*$ 最大值为 7.25，比 $ka = 2$、$k^* = 2$ 时 $\tau_{\theta z}^*$ 最大值 6.3 提高了约 15%，$\tau_{\theta z}^*$ 的值随 k^* 的增大而减小，这说明 $\tau_{\theta z}^*$ 的分布情况和介质的软硬程度有关，当 SH 型导波由较硬介质入射较软的介质时，较软介质比较硬介质可以吸收更多的能量，导致圆形夹杂周边的 $\tau_{\theta z}^*$ 值增大，通过数据分析可知，当 $ka = 0.1$ 时 $\tau_{\theta z}^*$ 最大值为 9.25，比 $ka = 2$ 时 $\tau_{\theta z}^*$ 最大值 7.25 提高了约 27%，低频时较软介质对 $\tau_{\theta z}^*$ 的分布影响较大。可见圆形夹杂和介质 I 的波数比对的分布存在影响。

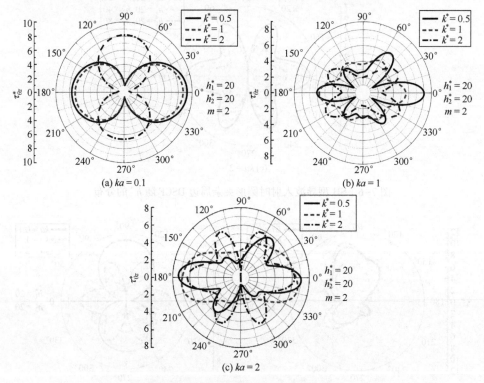

图 7-8 SH 型导波入射时圆形夹杂周边 DSCF 随 k^* 的分布

图 7-9 给出了 SH 型导波入射时，圆形夹杂周边动应力系数随无量纲压电常数 λ^I 的变化情况。取无量纲参数 $k_1/k_2 = 2$、$e_{15}^{II}/e_{15}^{I} = 1000$、$\alpha = \pi/6$、$\beta = \pi/$

4、$A^*=1$、$h_3^*=8$、$h_1^*=20$、$h_2^*=20$ 建立模型进行分析。由图 7-9 可知，$\tau_{\theta z}^*$ 分布曲线沿竖直轴线几乎对称，当 $ka=1$ 和 $ka=2$ 时，对应中高频 SH 型导波入射的情况，此时 $\tau_{\theta z}^*$ 曲线的分布比较复杂。当 $ka=1$ 和 $ka=2$ 时，$\tau_{\theta z}^*$ 最大值为 8.15，比 $ka=0.1$、$\lambda^I=0.5$ 时 $\tau_{\theta z}^*$ 最大值 6.5 提高了 25%，$\tau_{\theta z}^*$ 的值随 λ^I 的增大而增大。当 $ka=2$，λ^I 时，对应高频导波入射的情况，$\tau_{\theta z}^*$ 最大值为 6.3，比 $ka=2$、$\lambda^I=0.5$ 时 $\tau_{\theta z}^*$ 最大值 5.15 提高了 22%，比 $ka=0.1$、$\lambda^I=0.5$ 时 $\tau_{\theta z}^*$ 最大值 6.5 减少了 3%，所以低频 SH 型导波入射时 λ^I 对 $\tau_{\theta z}^*$ 的分布影响特别大。

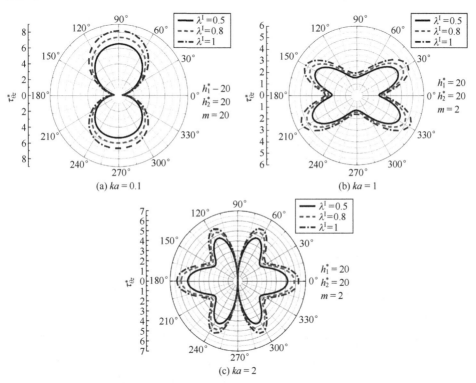

图 7-9 SH 型导波入射时圆形夹杂周边 DSCF 随 λ^I 的分布

图 7-10 给出了 SH 型导波入射时圆形夹杂周边动应力系数随 A^* 的变化情况。取无量纲参数 $k_1/k_2=2$、$e_{15}^{II}/e_{15}^{I}=1000$、$\lambda^I=1$、$\alpha=\pi/6$、$\beta=\pi/4$、$h_3^*=8$、$h_1^*=20$、$h_2^*=20$ 建立模型进行分析。由图 7-10 可知，$\tau_{\theta z}^*$ 分布曲线沿竖直轴线几乎对称，$\tau_{\theta z}^*$ 的值随 A^* 的增大而增大，当 $ka=0.1$、$A^*=2$ 时，$\tau_{\theta z}^*$ 最大值为 8.95，比 $ka=0.1$、$A^*=1$ 时 $\tau_{\theta z}^*$ 最大值 8.1 提高了约 10%。当 $ka=0.1$、$A^*=2$

时，$\tau_{\theta z}^*$最大值为6.85。所以裂纹对$\tau_{\theta z}^*$的分布影响比较大，工程中应该对低频SH型导波入射时存在裂纹的情况引起重视。

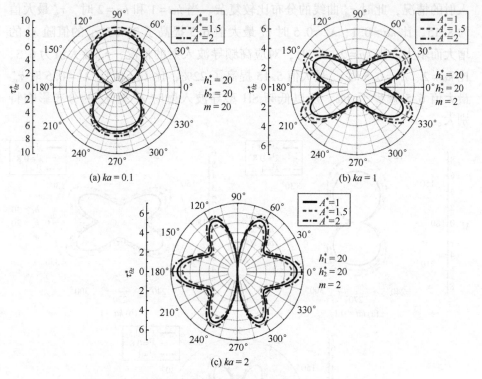

图7-10 SH型导波入射时圆形夹杂周边DSCF随A^*的分布

图7-11给出了SH型导波入射时圆形夹杂周边动应力系数随裂纹位置h_3^*的变化情况。取无量纲参数$k_1/k_2=2$、$e_{15}^{II}/e_{15}^{I}=1000$、$\lambda^I=1$、$\alpha=\pi/6$、$\beta=\pi/4$、$A^*=1$、$h_1^*=20$、$h_2^*=20$，建立模型进行分析。由图7-11可知，$\tau_{\theta z}^*$分布曲线沿竖直轴线几乎对称，中低频时$\tau_{\theta z}^*$的值随$h_3^*$的增大而减小，低频时$\tau_{\theta z}^*$分布曲线变化更加明显，所以裂纹位置对低频SH型导波入射时$\tau_{\theta z}^*$的分布影响比较大，工程中应该对低频SH型导波入射时存在裂纹的情况引起重视。

图7-12给出了SH型导波入射时裂纹尖端动应力强度因子随λ^I的变化情况。取无量纲参数$k_1/k_2=2$、$e_{15}^{II}/e_{15}^{I}=1000$、$\alpha=\pi/6$、$\beta=\pi/4$、$A^*=1$、$h_3^*=8$、$h_1^*=20$、$h_2^*=20$建立模型进行分析。由图7-12可知，$k_3'$曲线随$\lambda^I$的增加而变大，并且随着$ka$的增大$k_3'$逐渐变小。当时，在$ka=1$附近$k_3'$达到最大值，所以对中频SH型导波入射应该注意。

图7-13显示了在SH型导波作用下k_3'随A^*的分布。取无量纲参数$k_1/k_2=$

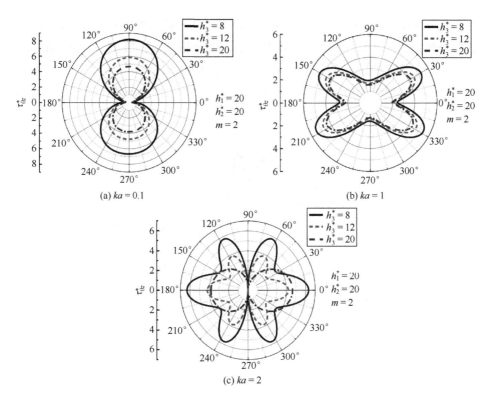

图 7-11 SH 型导波入射时圆形夹杂周边 DSCF 随 h_3^* 的分布

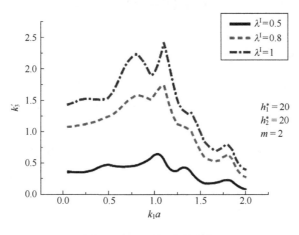

图 7-12 k_3^* 随 λ^{I} 的变化

$2e_{15}^{II}/e_{15}^{I}=1000$、$\lambda^{I}=1$、$\alpha=\pi/6$、$\beta=\pi/4$、$h_3^*=8$、$h_1^*=20$、$h_2^*=20$ 建立模型进行分析。由图 7-13 可知，k_3' 曲线随 A^* 的减小而增大，当 $A^*=1$ 时，在 $ka=1.0$ 附近达到最大值，并且随着 ka 的增大 k_3' 逐渐变小。随着入射波数的增加，相对较长的裂纹尖端的强度因子曲线下降趋势明显。所以工程中对裂纹存在的情况应该引起注意。

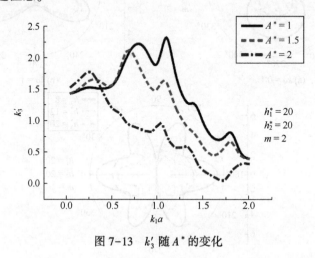

图 7-13　k_3' 随 A^* 的变化

7.2　带形压电介质中多个脱胶圆形夹杂和裂纹对 SH 型导波的散射

7.2.1　问题模型的描述

图 7-14 所示为含有多个圆形夹杂和直线裂纹的带形压电介质在 SH 型导波作用下的理论模型，介质 I 是含多个圆形夹杂的带形压电介质，其质量密度、弹性常数、压电系数和介电常数分别为 ρ_1、c_{44}^{I}、e_{15}^{I} 和 κ_{11}^{I}，其上、下边界分别为 B_U 和 B_L；介质 II 是圆形夹杂，其质量密度、弹性常数、压电系数和介电常数分别为 ρ_2、c_{44}^{II}、e_{15}^{II} 和 κ_{11}^{II}，其半径为 a，边界为 Γ_C，圆形夹杂中心位置与上边界 B_U、下边界 B_L 的距离分别为 h_1 和 h_2。

圆形夹杂脱胶部分和圆心点 O 的夹角为 α，直线裂纹长度为 $2A$，角度为 β，裂纹尖端与圆形夹杂圆心垂直距离为 h_3，坐标系 $x_1O_1y_1$ 中 x_1 方向与直线裂纹方向平行，直线裂纹尖端与 y_1 的垂直距离为 c_0，采用坐标变换法，建立坐标系 xOy 和 $x_1O_1y_1$，各坐标系关系为

$$\begin{cases} x_1 = x\cos\beta + y\sin\beta \\ y_1 = y\cos\beta - x\sin\beta \end{cases} \quad (7\text{-}73)$$

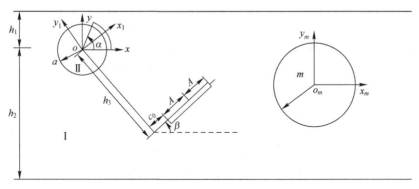

图 7-14　含多个脱胶圆形夹杂和直线裂纹的带形压电介质模型

介质 I 含有 K 个无缺陷的圆形夹杂，其质量密度、弹性常数、压电系数和介电常数分别为 ρ_m、c_{44}^{III}、e_{15}^{III} 和 $\kappa_{11}^{\mathrm{III}}$ ($m=3,4,\cdots,k$)，其半径为 a_m，边界为 B_c^{III}，圆形夹杂中心点坐标为 $c_m = d_m + \mathrm{i}h_m$，中心位置与上边界 B_U、下边界 B_L 的距离分别为 h_{m1}、h_{m2}。采用"多级坐标展开法"，在第 m 个圆形夹杂中心建立坐标系 $x_m o_m y_m$，则坐标系满足：

$$\begin{cases} x = x_m + d_m \\ y = y_m + h_m \end{cases} \quad (7\text{-}74)$$

7.2.2　格林函数

本节研究的介质 I 在线源荷载 $\delta(\eta-\eta_0)$ 作用下的模型如图 7-15 所示。$\eta_0 = d + y\mathrm{i}$ ($-h_2 \leq y \leq h_1$)。

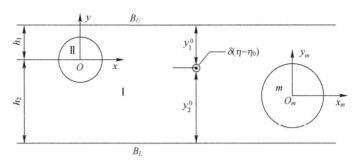

图 7-15　含圆形夹杂的带形压电介质模型

本节格林函数满足的控制方程表达式与式（7-2）、式（7-3）相同，在复平面$(\eta,\bar{\eta})$中控制方程与式（7-5）相同，本构关系与式（7-5）与式（7-6）相同，不再赘述。

介质 I 在上、下水平边界上满足应力自由和电绝缘条件，介质 II 在边界上满足连续性条件，边界条件与式（7-11）相同，不再赘述。

对于第 m 个无缺陷圆形夹杂，在边界 B_C^m 上边界条件为

$$\begin{cases} B_C^m : G_w^{\mathrm{I}} \big|_{r=a_s,-\pi\leqslant\theta\leqslant\pi} = G_w^m \big|_{r=a_s,-\pi\leqslant\theta\leqslant\pi} \\ B_C^m : \tau_{rz}^{\mathrm{I}} \big|_{r=a_s,-\pi\leqslant\theta\leqslant\pi} = \tau_{rz}^m \big|_{r=a_s,-\pi\leqslant\theta\leqslant\pi} \\ B_C^m : G_\phi^{\mathrm{I}} \big|_{r=a_s,-\pi\leqslant\theta\leqslant\pi} = G_\phi^m \big|_{r=a_s,-\pi\leqslant\theta\leqslant\pi} \\ B_C^m : D_r^{\mathrm{I}} \big|_{r=a_s,-\pi\leqslant\theta\leqslant\pi} = D_r^m \big|_{r=a_s,-\pi\leqslant\theta\leqslant\pi} \end{cases} \quad (7\text{-}75)$$

式中：G_w^{I}、τ_{rz}^{I}、G_ϕ^{I} 和 D_r^{I} 分别为介质 I 位移格林函数、剪应力、电势格林函数与电位移；G_w^{II}、τ_{rz}^{II}、G_ϕ^{II} 和 D_r^{II} 分别为介质 II 位移格林函数、剪应力、电势格林函数与电位移。

采用在第 m 个无缺陷圆形夹杂中心点建立的坐标系 $x_mO_my_m$，由线源荷载 $\delta(\eta_m-\bar{\eta}_m)$ 产生的扰动，可视为已知的入射波 G_{w0}^{mi}。本节利用"镜像法"（图 7-16），构造满足水平边界应力自由和电绝缘条件的入射波与散射波，略去时间因子 $\exp(-\mathrm{i}\omega t)$。其中入射波表达式为

$$G_{w0}^{mi}(\eta,\eta_0) = \frac{\mathrm{i}}{2c_{44}^{\mathrm{I}}(1+\lambda^{\mathrm{I}})} H_0^{(1)}(k_1|\eta_m-\eta_{m0}|) \quad (7\text{-}76)$$

式中：$\lambda^{\mathrm{I}} = (e_{15}^{\mathrm{I}})^2/(c_{44}^{\mathrm{I}}\kappa_{11}^{\mathrm{I}})$ 为无量纲压电参数。

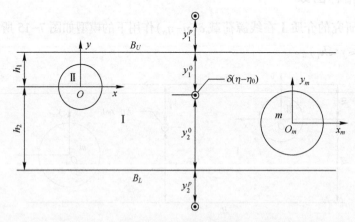

图 7-16 入射波的镜像

G_{w0}^{mi} 在上、下水平边界发生反射，根据参考文献 [5] 中的方法，本节对 G_{w0}^{mi} 在上、下水平边界上多次利用镜像法，使入射波在上、下水平边界上满足应力自由和电绝缘条件，令 x_{m0} 表示采用坐标系 $x_m O_m y_m$ 时点源的横坐标，y_1^0，y_2^0 分别表示 η_0 点与上、下水平边界的距离，用 p 表示镜像的次数，$\eta_{m1}^P = x_{m0} + (h_{m1} + y_{m1}^P)\mathrm{i}$，$\eta_{m2}^P = x_{m0} - (h_{m2} + y_{m2}^P)\mathrm{i}$ 分别表示镜像后产生"新点源"的坐标，得

$$\begin{cases} G_{w1}^{mi}(\eta_m, \eta_{m1}^P) = \dfrac{\mathrm{i}}{2c_{44}^\mathrm{I}(1+\lambda^\mathrm{I})} H_0^{(1)}(k_1|\eta_m - \eta_{m1}^P|) \\ G_{w2}^{mi}(\eta_m, \eta_{m2}^P) = \dfrac{\mathrm{i}}{2c_{44}^\mathrm{I}(1+\lambda^\mathrm{I})} H_0^{(1)}(k_1|\eta_m - \eta_{m2}^P|) \end{cases} \quad (7\text{-}77)$$

式中：

当 p 为奇数时：

$$y_{m1}^P = y_1^0 + (p-1)(h_{m1} + h_{m2}), \quad y_{m2}^P = y_2^0 + (p-1)(h_{m1} + h_{m2}) \quad (7\text{-}78)$$

当 p 为偶数时：

$$y_{m1}^P = y_2^0 + (p-1)(h_{m1} + h_{m2}), \quad y_{m2}^P = y_1^0 + (p-1)(h_{m1} + h_{m2}) \quad (7\text{-}79)$$

总入射波表达式为

$$G_w^{mi}(\eta, \eta_0) = G_{w0}^{mi}(\eta, \eta_0) + \sum_{P=1}^{\infty} (G_{w1}^{mi}(\eta, \eta_1^P) + G_{w2}^{mi}(\eta, \eta_2^P)) \quad (7\text{-}80)$$

入射波产生的电势格林函数表达式如下：

$$G_\phi^{mi} = \dfrac{e_{15}^\mathrm{I}}{\kappa_{11}^\mathrm{I}} G_w^{mi} \quad (7\text{-}81)$$

略去时间因子 $\exp(-\mathrm{i}\omega t)$，第 j 个圆形夹杂产生的散射导波表达式为

$$G_{w0}^{js}(\eta, \eta_0) = \dfrac{\mathrm{i}}{2c_{44}^\mathrm{I}(1+\lambda^\mathrm{I})} \sum_{n=-\infty}^{+\infty} A_n H_n^{(1)}(k_1|\eta|) \left[\dfrac{\eta}{|\eta|}\right]^n \quad (7\text{-}82)$$

式中：$\eta_j = \eta_m + c_m - c_j$，表示以第 m 个圆形夹杂中心建立坐标系 $x_m O_m y_m$ 时第 j 个圆形夹杂产生的散射波，G_{w0}^{js} 在上、下水平边界发生反射，根据参考文献 [5] 中的方法，本节对 G_{w0}^{js} 在上、下水平边界上多次利用镜像法（图 7-17），使散射波在上、下水平边界上满足应力自由边界条件，用 p 表示镜像的次数，令 $L_{j1}^p = h_{j1} + d_{j1}^P$，$L_{j2}^p = -(h_{j2} + d_{j2}^P)$，得

$$\begin{cases} G_{wp}^{js1} = \dfrac{\mathrm{i}}{2c_{44}^\mathrm{I}(1+\lambda^\mathrm{I})} \sum_{n=-\infty}^{+\infty} A_n H_n^{(1)}(k_1|\eta - \mathrm{i}L_1^p|) \left[\dfrac{\eta - \mathrm{i}L_1^p}{|\eta - \mathrm{i}L_1^p|}\right]^{-n} \\ G_{wp}^{js2} = \dfrac{\mathrm{i}}{2c_{44}^\mathrm{I}(1+\lambda^\mathrm{I})} \sum_{n=-\infty}^{+\infty} A_n H_n^{(1)}(k_1|\eta - \mathrm{i}L_2^p|) \left[\dfrac{\eta - \mathrm{i}L_2^p}{|\eta - \mathrm{i}L_2^p|}\right]^{-n} \end{cases} \quad (7\text{-}83)$$

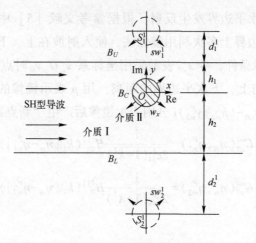

图 7-17 散射波的镜像

$$G_{wp}^{js1} = \frac{\mathrm{i}}{2c_{44}^{\mathrm{I}}(1+\lambda^{\mathrm{I}})} \sum_{n=-\infty}^{+\infty} A_n H_n^{(1)}(k_1 |\eta - \mathrm{i}L_1^p|) \left[\frac{\eta - \mathrm{i}L_1^p}{|\eta - \mathrm{i}L_1^p|} \right]^n \quad (7-84)$$

$$G_{wp}^{js2} = \frac{\mathrm{i}}{2c_{44}^{\mathrm{I}}(1+\lambda^{\mathrm{I}})} \sum_{n=-\infty}^{+\infty} A_n H_n^{(1)}(k_1 |\eta - \mathrm{i}L_2^p|) \left[\frac{\eta - \mathrm{i}L_2^p}{|\eta - \mathrm{i}L_2^p|} \right]^n$$

$$\begin{cases} d_{j1}^p = h_{j1} + (p-1)(h_{j1}+h_{j2}) \\ d_{j2}^p = h_{j2} + (p-1)(h_{j1}+h_{j2}) \end{cases} \quad (7-85)$$

$$\begin{cases} d_{j1}^p = h_{j2} + (p-1)(h_{j1}+h_{j2}) \\ d_{j2}^p = h_{j1} + (p-1)(h_{j1}+h_{j2}) \end{cases} \quad (7-86)$$

散射导波表达式为

$$G_w^{js} = G_{w0}^{js} + \sum_{p=1}^{+\infty} (G_{wp}^{js1} + G_{wp}^{js2}) \quad (7-87)$$

散射导波电势函数表达式为

$$G_\phi^{js} = G_{\phi 0}^{js} + \sum_{p=1}^{+\infty} (G_{\phi p}^{js1} + G_{\phi p}^{js2}) \quad (7-88)$$

$$\begin{cases} G_{\phi 0}^{js} = \dfrac{e_{15}^{\mathrm{I}}}{\kappa_{11}^{\mathrm{I}}}(G_{w0}^{js}+G_{f0}^{js}), \quad G_{\phi p}^{js1} = \dfrac{e_{15}^{\mathrm{I}}}{\kappa_{11}^{\mathrm{I}}}(G_{wp}^{js1}+G_{fp}^{js1}) \\ G_{\phi p}^{js2} = \dfrac{e_{15}^{\mathrm{I}}}{\kappa_{11}^{\mathrm{I}}}(G_{wp}^{js2}+G_{fp}^{js2}) \end{cases} \quad (7-89)$$

式中:

第7章 带形单相压电介质中复杂组合缺陷对导波的散射

$$G_{fp}^{js1} = \sum_{n=1}^{+\infty} \left[B_{jn}^{js} \left(\overline{\eta}_j + L_{j1}^p i \right)^{-n} + C_{jn} \left(\eta_j - L_{j1}^p i \right)^{-n} \right] \quad (7\text{-}90)$$

介质 I 中位移格林函数 G_w^{I} 与电位势格林函数 G_ϕ^{I} 表达式分别为

$$G_w^{\mathrm{I}} = G_w^{mi} + \sum_{j=1}^{k} G_w^{js}, \quad G_\phi^{\mathrm{I}} = G_\phi^{mi} + \sum_{j=1}^{k} G_\phi^{js} \quad (7\text{-}91)$$

第 m 个圆形夹杂内部形成的驻波和电位势分别为

$$G_w^{mst} \& = \frac{\mathrm{i}}{2 c_{44}^m (1 + \lambda^m)} \sum_{m=-\infty}^{+\infty} D_{mn} J_{mn}(k_2 | \eta_m |) \left[\frac{\eta_m}{| \eta_m |} \right]^n \quad (7\text{-}92)$$

$$G_\phi^{mst} \& = \frac{e_{15}^m}{\kappa_{11}^m} (G_w^{mst} + G_f^{mst}), \quad G_f^{mst} = E_{m0} + \sum_{n=1}^{+\infty} (E_{mn} \eta_m^n + F_{mn} \overline{\eta}_m^n) \quad (7\text{-}93)$$

对于第 m 个圆形夹杂，全部位移函数和电位势函数为

$$G_w^m \& = G_w^{mst}, \quad G_\phi^m = G_\phi^{mst} \quad (7\text{-}94)$$

利用式（7-75），根据第 m 个圆形夹杂周边边界上的边界条件建立方程组：

$$\begin{cases} \sum_{j=1}^{K} \sum_{n=-\infty}^{+\infty} A_{jn} \xi_{jn}^{(11)} + \sum_{n=-\infty}^{+\infty} D_{mn} \xi_{mn}^{(14)} = \xi_m^{(1)} \\ \sum_{j=1}^{K} \sum_{n=-\infty}^{+\infty} A_{jn} \xi_{jn}^{(21)} + \sum_{j=1}^{K} \sum_{n=1}^{+\infty} B_{jn} \xi_{jn}^{(22)} + \sum_{j=1}^{K} \sum_{n=1}^{+\infty} C_{jn} \xi_{jn}^{(23)} + \sum_{n=-\infty}^{+\infty} D_{mn} \xi_{mn}^{(24)} \\ + \sum_{m=0}^{+\infty} E_{mn} \xi_{mn}^{(25)} + \sum_{n=1}^{+\infty} F_{mn} \xi_{mn}^{(26)} = \xi_m^{(2)} \\ \sum_{j=1}^{K} \sum_{n=-\infty}^{+\infty} A_{jn} \xi_{jn}^{(31)} + \sum_{j=1}^{K} \sum_{n=1}^{+\infty} B_{jn} \xi_{jn}^{(32)} + \sum_{j=1}^{K} \sum_{n=1}^{+\infty} C_{jn} \xi_{jn}^{(33)} + \sum_{n=-\infty}^{+\infty} D_{mn} \xi_{mn}^{(34)} \\ + \sum_{n=0}^{+\infty} E_{mn} \xi_{mn}^{(35)} + \sum_{m=1}^{+\infty} F_{mn} \xi_{mn}^{(36)} = \xi_m^{(3)} \\ \sum_{j=1}^{K} \sum_{m=1}^{+\infty} B_{jn} \xi_{jn}^{(42)} + \sum_{j=1}^{K} \sum_{n=1}^{+\infty} C_{jn} \xi_{jn}^{(43)} + \sum_{m=0}^{+\infty} D_{mn} \xi_{mn}^{(45)} \\ \sum_{m=1}^{+\infty} E_{mn} \xi_{mn}^{(46)} = \xi_m^{(4)} \end{cases} \quad (7\text{-}95)$$

式中：

$$\xi_n^{(11)} = \frac{\mathrm{i}}{2 c_{44}^{\mathrm{I}} (1 + \lambda^{\mathrm{I}})} \left[H_n^{(1)}(k_1 | \eta |) \left[\frac{\eta}{|\eta|} \right]^n + \sum_{p=1}^{+\infty} v_1^p + \sum_{p=1}^{+\infty} v_2^p \right]$$

$$\xi_{mn}^{(14)} = -\frac{\mathrm{i}}{2 c_{44}^m (1 + \lambda^m)} J_n(k_2 | \eta_m |) \left[\frac{\eta_m}{|\eta_m|} \right]^n$$

$$\xi_{jn}^{(21)} = \frac{ik_1}{4}[\chi_1\exp(i\theta_m) + \chi_2\exp(-i\theta_m) + \sum_{p=1}^{+\infty}\varphi_1^p\exp(i\theta)$$
$$+ \sum_{p=1}^{+\infty}\varphi_2^p\exp(-i\theta_m) + \sum_{p=1}^{+\infty}\psi_1^p\exp(i\theta_m) + \sum_{p=1}^{+\infty}\psi_2^p\exp(-i\theta_m)]$$

$$\xi_{jn}^{(22)} = \frac{(e_{15}^I)^2}{\kappa_{11}^I}[-n\eta^{-n-1}e^{i\theta_m} + \sum_{p=1}^{+\infty}\gamma_1^p\exp(i\theta_m) + \sum_{p=1}^{+\infty}\gamma_2^p\exp(-i\theta_m)]$$

$$\xi_{jn}^{(23)} = \frac{(e_{15}^I)^2}{\kappa_{11}^I}[-n\overline{\eta}^{-n-1}e^{-i\theta_m} + \sum_{p=1}^{+\infty}v_1^p\exp(i\theta_m) + \sum_{p=1}^{+\infty}v_2^p\exp(-i\theta_m)]$$

$$\xi_{mn}^{(24)} = \frac{ik_2}{4}\left[J_{n-1}(k_2|\eta_m|)\left[\frac{\eta_m}{|\eta_m|}\right]^{n-1}e^{i\theta_m} - J_{n+1}(k_2|\eta_m|)\left[\frac{\eta_m}{|\eta_m|}\right]^{n+1}e^{-i\theta_m}\right]$$

$$\xi_{mn}^{(25)} = -\frac{(e_{15}^{II})^2}{\kappa_{11}^{II}}(n\eta_m^{n-1}e^{i\theta_m}),\quad \xi_{mn}^{(26)} = -\frac{(e_{15}^m)^2}{\kappa_{11}^m}(n\overline{\eta}_m^{n-1}e^{-i\theta_m})$$

$$\xi_{jn}^{(31)} = \frac{e_{15}^I i}{2c_{44}^I\kappa_{11}^I(1+\lambda^I)}\left[H_n^{(1)}(k_1|\eta_j|)\left[\frac{\eta_j}{|\eta_j|}\right]^n + \sum_{p=1}^{+\infty}v_1^p + \sum_{p=1}^{+\infty}v_2^p\right]$$

$$\xi_{jn}^{(32)} = \frac{e_{15}^I}{\kappa_{11}^I}\left[\eta_j^{-n} + \sum_{p=1}^{+\infty}\delta^p\right],\quad \xi_{jn}^{(33)} = \frac{e_{15}^I}{\kappa_{11}^I}\left[\overline{\eta}^{-n} + \sum_{p=1}^{+\infty}l^p\right]$$

$$\xi_{mn}^{(34)} = -\frac{e_{15}^m i}{2c_{44}^m\kappa_{11}^m(1+\lambda^m)}J_n(k_2|\eta_m|)\left[\frac{\eta_m}{|\eta_m|}\right]^n$$

$$\xi_{mn}^{(35)} = -\frac{e_{15}^m}{\kappa_{11}^m}\eta_m^n,\quad \xi_{mn}^{(36)} = -\frac{e_{15}^m}{\kappa_{11}^m}\overline{\eta}_m^n$$

$$\xi_n^{(42)} = -e_{15}^I[-n\eta^{-n-1}e^{i\theta_m} + \sum_{p=1}^{+\infty}\gamma_1^p\exp(i\theta_m) + \sum_{p=1}^{+\infty}\gamma_2^p\exp(-i\theta_m)]$$

$$\xi_{jn}^{(43)} = -e_{15}^I[-n\overline{\eta}^{-n-1}e^{-i\theta_m} + \sum_{p=1}^{+\infty}v_1^p\exp(i\theta_m) + \sum_{p=1}^{+\infty}v_2^p\exp(-i\theta_m)]$$

$$\xi_{mn}^{(44)} = -e_{15}^m n\eta_m^{n-1}e^{i\theta_m},\quad \xi_{mn}^{(45)} = -e_{15}^m n\overline{\eta}_m^{n-1}e^{-i\theta_m}$$

$$\xi_m^{(1)} = -G_w^{mi},\quad \xi_m^{(2)} = -(\tau_{zx}^{mi}\cos\theta_m + \tau_{zy}^{mi}\sin\theta_m),\quad \xi_m^{(3)} = -G_\phi^{mi},\quad \xi_m^{(4)} = 0$$

式中：
$$\chi_1 = H_{n-1}^{(1)}(k_1|\eta_j|)[\eta_j/|\eta_j|]^{n-1},\quad \chi_2 = -H_{n+1}^{(1)}(k_1|\eta_j|)[\eta_j/|\eta_j|]^{n+1}$$

当 p 是奇数时，有

$$\begin{cases}\varphi_1^p = -H_{n+1}^{(1)}(k_1|\eta_j - L_{j1}^p i|)[(\eta_j - L_{j1}^p i)/|\eta - L_1^p i|]^{-n-1}\\ \varphi_2^p = H_{n-1}^{(1)}(k_1|\eta_j - L_{j1}^p i|)[(\eta_j - L_{j1}^p i)/|\eta - L_{j1}^p i|]^{-n+1}\end{cases}$$

$$\begin{cases} \psi_1^p = -H_{n+1}^{(1)}(k_1|\eta_j-L_{j2}^p\mathrm{i}|)[(\eta_j-L_{j2}^p\mathrm{i})/|\eta-L_{j2}^p\mathrm{i}|]^{-n-1} \\ \psi_2^p = H_{n-1}^{(1)}(k_1|\eta_j-L_{j2}^p\mathrm{i}|)[(\eta_j-L_{j2}^p\mathrm{i})/|\eta-L_{j2}^p\mathrm{i}|]^{-n+1} \end{cases}$$

$$\gamma_1^p = 0, \quad \gamma_2^p = -n(\bar{\eta}_j+L_{j1}^p\mathrm{i})^{-n-1}-n(\bar{\eta}_j+L_{j2}^p\mathrm{i})^{-n-1}$$

$$v_1^p = -n(\eta_j-L_{j1}^p\mathrm{i})^{-n-1}-n(\eta_j-L_{j2}^p\mathrm{i})^{-n-1}, \quad v_2^p = 0$$

$$\begin{cases} v_1^p = H_n^{(1)}(k_1|\eta_j-L_{j1}^p\mathrm{i}|)[(\eta_j-L_{j1}^p\mathrm{i})/|\eta_j-L_{j1}^p\mathrm{i}|]^{-n} \\ v_2^p = H_n^{(1)}(k_1|\eta_j-L_{j2}^p\mathrm{i}|)[(\eta_j-L_{j2}^p)\mathrm{i}/|\eta_j-L_{j2}^p\mathrm{i}|]^{-n} \end{cases}$$

$$\delta^p = (\bar{\eta}_j+L_{j1}^p\mathrm{i})^{-n}+(\bar{\eta}_j+L_{j2}^p\mathrm{i})^{-n}, \quad l^p = [(\eta_{j2}-L_{j1}^p\mathrm{i})/|\eta_j-L_{j1}^p\mathrm{i}|]^{-n}$$

当 p 是偶数时，有

$$\begin{cases} \varphi_1^p = H_{n-1}^{(1)}(k_1|\eta_j-L_{j1}^p\mathrm{i}|)[(\eta_j-L_{j1}^p\mathrm{i})/|\eta_j-L_{j1}^p\mathrm{i}|]^{n-1} \\ \varphi_2^p = -H_{n+1}^{(1)}(k_1|\eta_j-L_{j1}^p\mathrm{i}|)[(\eta_j-L_{j1}^p\mathrm{i})/|\eta_j-L_{j1}^p\mathrm{i}|]^{n+1} \end{cases}$$

$$\begin{cases} \psi_1^p = H_{n-1}^{(1)}(k_1|\eta_j-L_{j2}^p\mathrm{i}|)[(\eta_j-L_{j2}^p\mathrm{i})/|\eta_j-L_{j2}^p\mathrm{i}|]^{n-1} \\ \psi_2^p = -H_{n+1}^{(1)}(k_1|\eta_j-L_{j2}^p\mathrm{i}|)[(\eta_j-L_{j2}^p\mathrm{i})/|\eta_j-L_{j2}^p\mathrm{i}|]^{n+1} \end{cases}$$

$$\gamma_1^p = -n(\bar{\eta}_j+L_{j1}^p\mathrm{i})^{-n-1}-n(\bar{\eta}_j+L_2^p\mathrm{i})^{-n-1}, \quad \gamma_2^p = 0$$

$$v_1^p = 0, \quad v_2^p = -n(\eta_j+L_{j1}^p\mathrm{i})^{-n-1}-n(\eta_j-L_{j2}^p\mathrm{i})^{-n-1}$$

$$\begin{cases} v_1^p = H_n^{(1)}(k_1|\eta_1|\eta_j-L_{j2}^p\mathrm{i}|)[(\eta_j-L_{j1}^p\mathrm{i})/|\eta_j-L_{j1}^p\mathrm{i}|]^n \\ v_2^p = H_n^{(1)}(k_1|\eta_1|\eta_j-L_{j2}^p\mathrm{i}|)[(\eta_j-L_2^p\mathrm{i})/|\eta_j-L_{j2}^p\mathrm{i}|]^n \end{cases}$$

$$\delta^p = (\bar{\eta}_j+L_{j1}^p\mathrm{i})^{-n}+(\bar{\eta}_j+L_{j2}^p\mathrm{i})^{-n}, \quad t^p = (\bar{\eta}_j-L_{j1}^p\mathrm{i})^{-n}+(\bar{\eta}_j-L_{j2}^p\mathrm{i})^{-n}$$

将以上方程组中等式左右两边乘以 $\mathrm{e}^{-\mathrm{i}F\theta}$，在 $(-\pi,\pi)$ 进行积分，其中 $F = 1,2,3,\cdots$，从而得到关于 A_n、B_n、C_n、D_n、E_n、F_n 的一次方程组。

7.2.3 SH 型导波的散射

当 SH 型导波入射时，将 SH 型导波按照导波理论展开，采用第 m 个圆形夹杂中心建立坐标系 $x_m O_m y_m$，推导出满足上、下水平边界应力自由和电绝缘条件的 SH 型导波及其激发的电位势函数表达式，入射导波表达式为

$$w' = w_0 \sum_{n=0}^{+\infty} w_n \tag{7-96}$$

入射导波激发的电位势函数表达式为

$$\phi^i = \frac{e_{15}^{\mathrm{I}}}{\kappa_{11}^{\mathrm{I}}} w^i \tag{7-97}$$

带形介质内入射导波表达式 (7-96) 中 w_n 表达式为

$$w_n = f_n(y_m)\exp[\mathrm{i}(k_n x_m - \omega t)] \tag{7-98}$$

式中：x_m，y_m 分别为采用坐标系 $x_m O_m y_m$ 的横纵坐标，n 为导波阶数，表示 y_m 方向上干涉相的节点数，$q_n = k^2 - k_n^2$，$f_n(y_m)$ 表示 y_m 方向上干涉相的驻波，表达式为

$$f_n(y_m) = w_n^1 \sin\left[q_n\left(y_m + \frac{h_2 - h_1}{2}\right)\right] + w_n^2 \cos\left[q_n\left(y_m + \frac{h_2 - h_1}{2}\right)\right] \qquad (7-99)$$

须有 $q_n = \dfrac{n\pi}{h_1 + h_2}$，当 n 为偶数时，$w_n^1 = 0$；当 n 为奇数时，$w_n^2 = 0$；所以入射导波 w^i 及其激发的电位势函数 ϕ^i 在带形压电介质上、下水平边界上满足应力自由和电绝缘条件。在 SH 型导波作用下产生的散射波位移场 w^s 和电场 ϕ^s 表达式与线源荷载作用下产生的 G_w^s 与 G_ϕ^s 相同，只是未知系数不同，未知系数可以根据圆形夹杂的边界条件进行求解，方法与求解格林函数中未知系数所用方法相同。

7.2.4 动应力集中系数

当带形压电介质内部产生裂纹以及圆形夹杂发生脱胶时，在裂纹和脱胶处表面应力为零，利用"裂纹切割法"构造裂纹并对脱胶部分进行处理[7]，在直线裂纹位置和脱胶部分添加与 τ_{rz} 和 $\tau_{\theta z}$ 大小相等、方向相反的平衡外力系，这组平衡外力系也能产生波场，所以区域 I 中的总波场对应的位移、电势、应力的表达式如下：

$$w^{(\cdot)} = w^{\mathrm{I}} - \int_0^\alpha \tau_{rz}^{\mathrm{I}}(r_0,\theta_0) \times G_w^{\mathrm{I}}(\eta,\eta_0) \mathrm{d}\theta_0 - \int_{(c_0,-\zeta_3)}^{(c_0+2C,-h_3)} \tau_{\theta z}^{\mathrm{I}}(r_1,\theta_1) \times G_w^{\mathrm{I}}(\eta,\eta_1) \mathrm{d}\eta_1$$
$$(7-100)$$

$$\phi^{(\cdot)} = \phi^{\mathrm{I}} - \frac{e_{15}^{\mathrm{I}}}{\kappa_{11}^{\mathrm{I}}} \int_0^\alpha \tau_{rz}^{\mathrm{I}} \times G_w^{\mathrm{I}} \mathrm{d}\theta_0 - \frac{e_{15}^{\mathrm{I}}}{\kappa_{11}^{\mathrm{I}}} \int_{(c_0,-\zeta_3)}^{(c_0+2C,-h_3)} \tau_{\theta_2}^{\mathrm{I}} \times G_w^{\mathrm{I}} \mathrm{d}\eta_1 \qquad (7-101)$$

$$\tau_{\theta z}^{(\cdot)} = \tau_{\theta z}^{(\mathrm{I})} - \mathrm{i}\left(c_{44} + \frac{e_{15}^{\mathrm{I2}}}{\kappa_{11}^{\mathrm{I}}}\right) \int_0^\alpha \tau_{rz}^{\mathrm{I}} \left(\frac{\partial G_w^{\mathrm{I}}}{\partial \eta} \mathrm{e}^{\mathrm{i}\theta} - \frac{\partial G_w^{\mathrm{I}}}{\partial \bar{\eta}} \mathrm{e}^{-\mathrm{i}\theta}\right) \mathrm{d}\theta_0$$
$$- \mathrm{i}\left(c_{44}^{\mathrm{I}} + \frac{e_{15}^{\mathrm{I}\,2}}{\kappa_{11}^{\mathrm{I}}}\right) \int_{(c_0,-\zeta_3)}^{(c_0+2C,-h_3)} \tau_{\theta z}^{\mathrm{I}} \left(\frac{\partial G_w^{\mathrm{I}}}{\partial \eta}\mathrm{e}^{\mathrm{i}\theta} - \frac{\partial G_w^{\mathrm{I}}}{\partial \bar{\eta}}\mathrm{e}^{-\mathrm{i}\theta}\right) \mathrm{d}\eta_1 \qquad (7-102)$$

式中：$w(\cdot)$ 为压电介质位移函数；$\tau_{\theta z}^{(\cdot)}$ 为圆形夹杂边界附近的剪应力；$\phi^{(\cdot)}$ 为压电介质的电势函数。

7.2.5 动应力强度因子

如果动态荷载达到一定数值后，裂纹尖端将处于塑性流动状态，应力此时

重新分布。一般将动应力强度因子利用参数 k_3' 进行定义：

$$k_3' = \left| \frac{\tau_{rz}|_{\bar{r}=\bar{r}_0}}{\tau_0 Q} \right| \quad (7\text{-}103)$$

式中：$\tau_{rz}|_{\bar{r}=\bar{r}_0}$ 表示与裂纹尖端距离微小位置处的名义应力；Q 表示裂纹具有长度平方根量纲的特征尺寸，其中，$\tau_0 = \mathrm{i}k_1\left(c_{44}^\mathrm{I} + \frac{(e_{15}^\mathrm{I})^2}{\kappa_{11}^\mathrm{I}}\right)w_0$ 为入射波应力的最大幅值，对于长度为 $2A$ 的直线型裂纹，$Q = \sqrt{A}$。

7.2.6 数值结果与分析

取 $m=3$ 时建立模型，即有三个圆形夹杂的情况。其中，介质 I 含有脱胶部分。当 $\lambda^\mathrm{I}=0$、$c_{44}^\mathrm{I}=0$、$k_2=0$、$\alpha=0$、$C=0$、$\rho_2=0$ 时本节模型退化为含圆形夹杂的带形弹性介质，取与参考文献［5］相同参数，得到该模型在 SH 型导波作用下 $\tau_{\theta z}^{(\cdot)}$ 的分布情况如图 7-18 所示，与参考文献［5］中结果吻合较好，证明本节方法精确可行。本节给出圆形夹杂与上、下水平边界的距离、入射导波的频率对电场强度集中系数的影响，本节令 $h_1^*=h_1/a$, $h_2^*=h_2/a$, $A^*=c/a$，作为无量纲参数进行分析，本节取参数比：$k_1/k_2=2$、$e_{15}^\mathrm{II}/e_{15}^\mathrm{I}=1000$、$\lambda^\mathrm{I}=1$、$\alpha=\pi/6$、$\beta=\pi/4$、$A^*=1$、$h_3^*=8$ 建立模型进行分析。

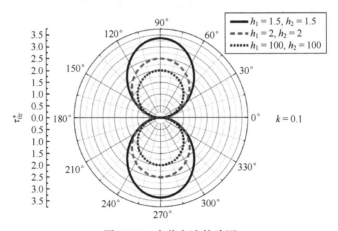

图 7-18 本节方法的验证

图 7-19 给出了 SH 型导波入射时圆形夹杂周边动应力集中系数随 h^* 的分布情况。取无量纲参数 $k_1/k_2=2$、$e_{15}^\mathrm{II}/e_{15}^\mathrm{I}=1000$、$\lambda^\mathrm{I}=1$、$\alpha=\pi/6$、$\beta=\pi/4$、$A^*=1$、$h_3^*=8$ 建立模型进行分析。由图 7-19 可知，h^* 越大，$\tau_{\theta z}^{(\cdot)}$ 越小，因为圆形夹杂与水平边界距离越大，边界效应越小。当 $ka=0.1$ 时，是"准静态"，曲线变

化明显。当 $h_1^* = 20$、$h_2^* = 20$ 时，$\tau_{\theta z}^{(\cdot)}$ 最大值为 9.56。当 $ka = 2$、$h_1^* = 20$、$h_2^* = 20$ 时，$\tau_{\theta z}^{(\cdot)}$ 最大值为 10.84，比单个夹杂脱胶时 $\tau_{\theta z}^{(\cdot)}$ 最大值大 33，所以高频 SH 型导波入射时危害较大。

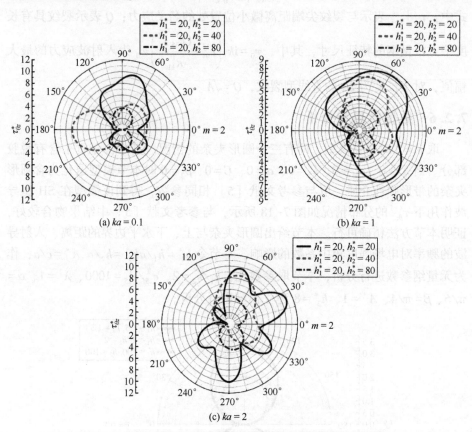

图 7-19 SH 型导波入射时圆形夹杂周边 DSCF 随 h^* 的分布

图 7-20 给出了 SH 型导波入射时圆形夹杂周边动应力集中系数随 ka 的分布情况。取无量纲参数 $k_1/k_2 = 2$、$e_{15}^{II}/e_{15}^{I} = 1000$、$\lambda^{I} = 1$、$\alpha = \pi/6$、$\beta = \pi/4$、$A^* = 1$、$h_3^* = 8$、$h_1^* = 20$、$h_2^* = 20$，建立模型进行分析。由图 7-20 可知，$\tau_{\theta z}^{(\cdot)}$ 分布曲线变化明显，ka 越大，$\tau_{\theta z}^{(\cdot)}$ 越大。当 $m = 1$、$ka = 0.1$ 时，$\tau_{\theta z}^{(\cdot)}$ 最大值为 6.98，比 $m = 2$ 时 $\tau_{\theta z}^{(\cdot)}$ 最大值减少 55%，所以 SH 型导波的阶数越大，$\tau_{\theta z}^{(\cdot)}$ 越大。

图 7-21 给出了 SH 型导波入射时圆形夹杂周边动应力集中系数随 A^* 的分布情况。取无量纲参数 $k_1/k_2 = 2$、$e_{15}^{II}/e_{15}^{I} = 1000$、$\lambda^{I} = 1$、$\alpha = \pi/6$、$\beta = \pi/4$、$A^* = 1$、$h_3^* = 8$、$h_1^* = 20$、$h_2^* = 20$，建立模型进行分析。由图 7-21 可知，当低频和中

第 7 章 带形单相压电介质中复杂组合缺陷对导波的散射

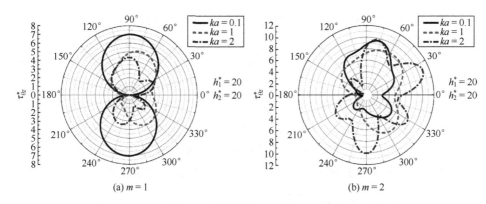

图 7-20 SH 型导波入射时圆形夹杂周边 DSCF 随 ka 的分布

频时，A^* 越大，$\tau_{\theta z}^{(\cdot)}$ 越大，裂纹对 $\tau_{\theta z}^{(\cdot)}$ 影响明显。当 $ka=2$、$A^*=1$ 时，$\tau_{\theta z}^{(\cdot)}$ 最大值为 10.8，由图 7-21 可知，存在裂纹时高频 SH 型导波入射对本节模型破坏较大。

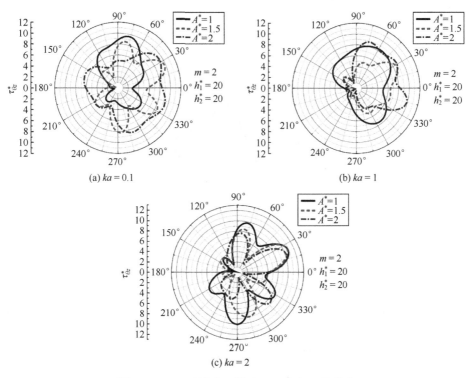

图 7-21 SH 型导波入射时 DSCF 随 A^* 的分布

图 7-22 给出了 SH 型导波入射时圆形夹杂周边动应力集中系数随 k^* 的分布情况。取无量纲参数 $k_1/k_2=2$、$e_{15}^{II}/e_{15}^{I}=1000$、$\lambda^{I}=1$、$\alpha=\pi/6$、$\beta=\pi/4$、$A^*=1$、$h_3^*=8$、$h_1^*=20$、$h_2^*=20$，建立模型进行分析。当 $k^*>1$ 时，表示入射导波从相对较软的介质入射到相对较硬的介质；当 $k^*<1$ 时，表示入射导波从相对较硬的介质入射到相对较软的介质。由图 7-22 可知，$\tau_{\theta z}^{(\cdot)}$ 的值随 k^* 的增大而减小，当 $ka=2$、$k^*=0.5$ 时，$\tau_{\theta z}^{(\cdot)}$ 最大值为 11.83，这说明 $\tau_{\theta z}^{(\cdot)}$ 的分布情况和介质的软硬程度有关，当 SH 型导波由较硬介质入射较软的介质时，较软介质比较硬介质可以吸收更多的能量，导致圆形夹杂周边的 $\tau_{\theta z}^{(\cdot)}$ 的值增大。

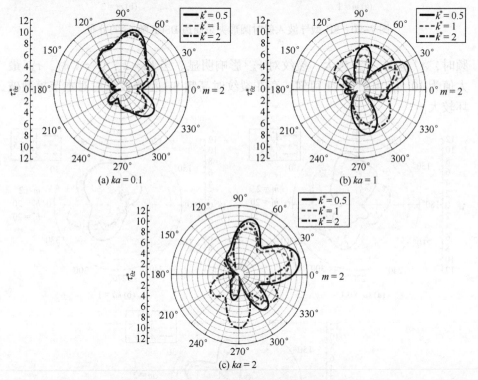

图 7-22 SH 型导波入射时 $\tau_{\theta z}^{(\cdot)}$ 随 k^* 的变化

图 7-23 给出了 SH 型导波入射时圆形夹杂周边动应力集中系数随 λ^{I} 的分布情况。取无量纲参数 $k_1/k_2=2$、$e_{15}^{II}/e_{15}^{I}=1000$、$\lambda^{I}=1$、$\alpha=\pi/6$、$\beta=\pi/4$、$A^*=1$、$h_3^*=8$、$h_1^*=20$、$h_2^*=20$，建立模型进行分析。由图 7-23 可知，当低频和中频时，λ^{I} 越大，$\tau_{\theta z}^*$ 越大。由此可知，无量纲压电参数对动应力集中系数的分布存在影响。

图 7-24 给出了 SH 型导波入射时 k_3' 随 λ^{I} 的分布。取无量纲参数 $m=2$、

第 7 章 带形单相压电介质中复杂组合缺陷对导波的散射

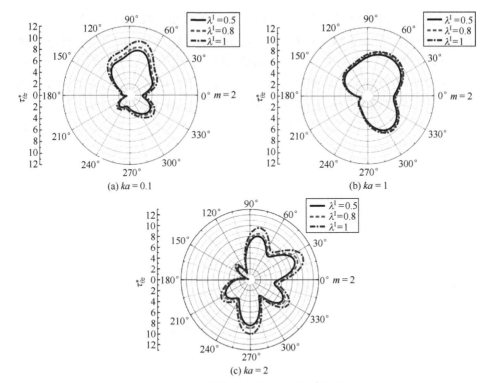

图 7-23 SH 型导波入射时 $\tau_{\theta z}^*$ 随 λ^{I} 的变化

$h_1^* = 20$、$h_2^* = 20$ 建立模型进行分析。此时带形介质中，由图 7-24 可知，k_3' 随着 k、a 的增大逐渐变小，并且 k_3' 的值随 λ^{I} 的增加而增大。当高频 SH 波入射时，对于 $\lambda^{\mathrm{I}}=1$ 的情况，在 k、$a=1$ 附近 k_3' 达到最大值。

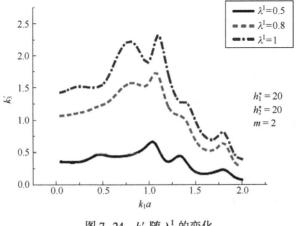

图 7-24 k_3' 随 λ^{I} 的变化

图7-25给出了SH型导波入射时k_3'随A^*的分布。取无量纲参数$k_1/k_2=2$、$e_{15}^{II}/e_{15}^{I}=1000$、$\alpha=\pi/6$、$\beta=\pi/4$、$A^*=1$、$h_3^*=8$、$h_1^*=20$、$h_2^*=20$，建立模型进行分析。由图7-25可知，裂纹尖端的动应力强度因子k_3'呈现波动变化，随裂纹A^*的增大而减小，在接近高频$ka=2$时变小。随着入射波数的增加，相对较短的裂纹尖端的强度因子曲线下降趋势明显。当频率比较小时，容易和裂纹发生共振，所以动应力强度因子比较大；当频率增加时，共振效应减弱，裂纹尖端动应力强度因子变小。

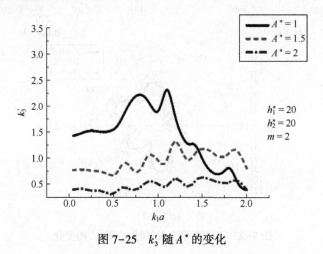

图7-25 k_3'随A^*的变化

7.3 带形压电介质中圆形空腔和半圆形凸部对SH型导波的散射

7.3.1 理论模型

本节要研究的二维模型如图7-26所示。它代表了一个弹性、各向同性、均匀的压电带，倘在SH型导波的作用下，偏振方向沿z轴。为了得到SH型导波位移场的表达式，采用连接法，将条带分为两部分，介质和介质的材料性质相同：

(1) 中间部分是一个半圆形的凸起，这个半圆形凸起的边界是B_S。

(2) 介质Ⅱ是一个带圆形腔和一个半圆形空心。圆形的空腔内充满了空气。介质的上水平边界和下水平边界分别为B_U和B_C，该模型的几何参数如下：

第7章 带形单相压电介质中复杂组合缺陷对导波的散射

半圆形凸部半径为 a，圆腔半径为 b，圆腔中心与上水平边界 B_U 距离为 h_1；圆腔中心与下水平边界 B_C 之间的距离为 h_2；距离圆形腔中心与半圆形凸起中心的距离为 d，该模型的材料参数如表 7-1 所列。其中，$\rho_1=\rho_2$、$c_{44}^I=c_{44}^{II}$、$e_{15}^I=e_{15}^{II}$、$\kappa_{11}^I=\kappa_{11}^{II}$，半圆形凸部的中心是构造全局坐标系 xOy 的位置，在圆腔的中心建立局部坐标系 $x'O'y'$，局部坐标系与全局坐标系的关系为

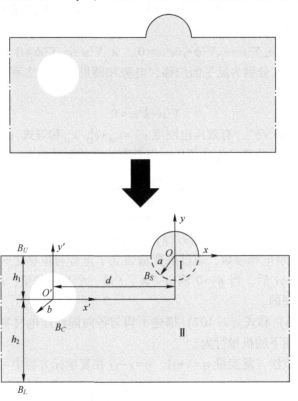

图 7-26 带有圆形腔和半圆形凸部的压电带模型

表 7-1 材料参数

介 质	参 数			
	体密度	剪切模量	压电常数	介质常数
介质 I	ρ_1	c_{44}^I	e_{15}^I	k_{11}^I
介质 II	ρ_2	c_{44}^{II}	e_{15}^{II}	k_{11}^{II}

$$\begin{cases} x'=x+d \\ y'=y+h_1 \end{cases}$$

$\eta=x+yi=re^{i\theta}$ 和 $\eta'=x'+y'i=r'e^{i\theta'}$ 分别相应地引入复变量到系统 xOy 和系统 $x'O'y'$。本节的模型简化了压电复合层压板的动态性能问题，包括在 SH 型导波下的空腔和突出部分等缺陷。

7.3.2 SH 型导波的散射

偏振方向沿 z 轴，省略时间谐波因子 $\exp(-i\omega t)$。考虑到体力和自由电荷的缺失，稳态平衡方程表示为[8]

$$c_{44}\nabla^2 w+e_{15}\nabla^2\phi+\rho\omega^2 w=0, \quad e_{15}\nabla^2 w-\kappa_{11}\nabla^2\phi=0 \tag{7-104}$$

式中：w、φ 和 ω 分别为反平面位移、电势和圆周频率。方程（7-104）可以解耦为

$$\nabla^2 w+k^2 w=0 \tag{7-105}$$

式中：波数 $k=\rho\omega^2/c^*$，有效压电刚度 $c^*=c_{44}+e_{15}^2/\kappa_{11}$ 和等式（7-104）是亥姆霍兹方程，它表示位移场为非源场，但具有特定的振动频率 ω。

$$\phi=\frac{e_{15}}{\kappa_{11}}(w+f) \tag{7-106}$$

$$\nabla^2 f=0 \tag{7-107}$$

其中，式（7-107）为拉普拉斯方程，它表示电场参数 f 为非源场，振动频率为 0。变量 f 表示电场参数，通过该变量建立了电势与位移之间的关系。在引入复变量 $\eta=x+yi$ 后，当 $\eta\to 0$ 或 $\eta\to\infty$，f 是一个有限的值，所以圆腔内外 f 的表达式是不同的。

式（7-106）和式（7-107）描述了均匀各向同性压电材料在反平面机械和平面内电载荷下的机械行为。

利用复函数法，复变量 $\eta=x+yi$、$\bar{\eta}=x-yi$ 在复坐标方程中可表示如下：

$$\frac{\partial^2 w}{\partial\eta\partial\bar{\eta}}+\frac{1}{4}k^2 w=0, \quad \phi=\frac{e_{15}}{\kappa_{11}}(w+f), \frac{\partial^2 f}{\partial\eta\partial\bar{\eta}}=0 \tag{7-108}$$

其中，式（7-108）是复坐标中的控制方程。引入复变量 $\eta=re^{i\theta}$，$\bar{\eta}=re^{-i\theta}$，反平面剪切应力分量（τ_{rz} 和 $\tau_{\theta z}$）和内平面电位移分量（D_r 和 D_θ）可以表示为

$$\tau_{rz}=\left(c_{44}+\frac{e_{15}^2}{\kappa_{11}}\right)\left(\frac{\partial w}{\partial\eta}e^{i\theta}+\frac{\partial w}{\partial\bar{\eta}}e^{-i\theta}\right)+\frac{e_{15}^2}{\kappa_{11}}\left(\frac{\partial f}{\partial\eta}e^{i\theta}+\frac{\partial f}{\partial\bar{\eta}}e^{-i\theta}\right) \tag{7-109}$$

$$\tau_{\theta z}=\left(c_{44}+\frac{e_{15}^2}{\kappa_{11}}\right)i\left(\frac{\partial w}{\partial\eta}e^{i\theta}-\frac{\partial w}{\partial\bar{\eta}}e^{-i\theta}\right)+\frac{e_{15}^2}{\kappa_{11}}i\left(\frac{\partial f}{\partial\eta}e^{i\theta}-\frac{\partial f}{\partial\bar{\eta}}e^{-i\theta}\right) \tag{7-110}$$

$$D_r=-e_{15}\left(\frac{\partial f}{\partial\eta}e^{i\theta}+\frac{\partial f}{\partial\bar{\eta}}e^{-i\theta}\right), \quad D_\theta=-e_{15}i\left(\frac{\partial f}{\partial\eta}e^{i\theta}-\frac{\partial f}{\partial\bar{\eta}}e^{-i\theta}\right) \tag{7-111}$$

基本解满足式（7-108）和三个部分：

第7章 带形单相压电介质中复杂组合缺陷对导波的散射

(1) SH 型导波的传播。
(2) 圆腔内的散射位移场。
(3) 半圆形凸起。

第一个和后两个可分别视为入射导波和散射波，它们均满足条带上、下水平边界上的无应力和电绝缘条件。根据参考文献［9］，入射导波可以用串联展开法表示如下：

$$w_m = f_m(y)\exp[\mathrm{i}(k_m x-\omega t)] \tag{7-112}$$

方程（7-112）满足条带上、下水平边界上的无应力条件：

$$\tau_{zy} = c_{44}\frac{\partial w}{\partial y}\bigg|_{y=h_1,h_2} \tag{7-113}$$

$$f_m(y) = w_m^1 \sin\left[q_m\left(y+\frac{h_2-h_1}{2}\right)\right]$$
$$w_m^2 \cos\left[q_m\left(y+\frac{h_2-h_1}{2}\right)\right] \tag{7-114}$$

式中：$f_m(y)$ 为沿 y 轴的干涉相移驻波；k_m 为沿 x 轴的波数，若为实数，则 $f_m(y)$ 为传播波形，$\exp[\mathrm{i}(k_m x-\omega t)]$ 为谐波行波；q_m 和 k_m 均满足等式（7-115），且与频率相关：

$$w_m^1 \cos\left[q_m\left(\frac{h_1+h_2}{2}\right)\right] \pm w_m^2 \sin\left[q_m\left(\frac{h_1+h_2}{2}\right)\right] = 0 \tag{7-115}$$

式中：$q_m = m\pi/(h_1+h_2)$，m 为导波的阶数，$m=0,1,2,\cdots,+\infty$，其物理意义为沿 y 轴干涉相移节点数；w_m^1 和 w_m^2 为传播波形振幅，如果 m 为奇数，$w_m^2=0$；如果 m 为偶数，$w_m^1=0$。

图 7-27 显示了 SH 型导波在传播时的波形和振动模式。图 7-28 显示了这些变化 SH 型导波的不同位移（w_i^g/a）。图 7-28 中的 xOy 坐标系与图 7-26 中的相同，z 轴表示 SH 型导波的位移。

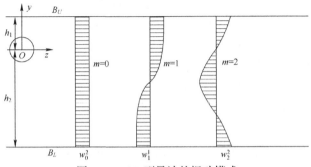

图 7-27 SH 型导波的振动模式

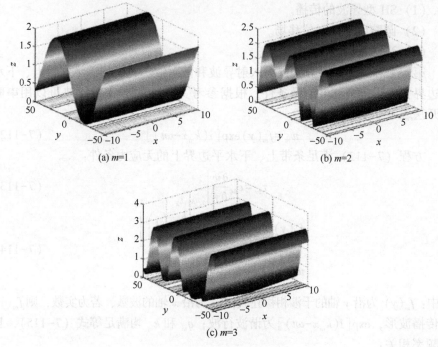

图 7-28 SH 引导波的位移

总 SH 型导波可以用不同阶导波的叠加来表示：

$$w_i^g = \sum_{m=0}^{+\infty} w_m(\eta, t) \tag{7-116}$$

圆腔产生的散射波可以用串联展开法表示如下：

$$w_s' = \sum_{n=-\infty}^{+\infty} A_n H_n^{(1)}(k_2|\eta'|) \left[\frac{\eta'}{|\eta'|}\right]^n e^{-i\omega t} \tag{7-117}$$

如图 7-29 所示，圆腔产生的散射波会分别反射在上边界 B_U 和下边界 B_L 上，散射波可以用上边界 B_U 和下边界 B_L 上的图像方法表示，这是第一张图像的散射波。第一张图像的散射波将分别反射在上边界 B_U 和下边界 B_L 上，新的散射波也可以在上边界 B_U 和下边界 B_L 上再次表示，这就是第一图像的散射波。随着这个过程的重复，将得到第 p 幅图像的散射波。省略时间的调和因子 $\exp(-i\omega t)$，第 p 幅图像的散射波分别为 $w_{s1}'^p$ 和 $w_{s2}'^p$。

若 p 是一个奇数，则 $w_{s1}'^p$ 和 $w_{s2}'^p$ 满足式 (7-118)；若 p 为偶数，则 $w_{s1}'^p$ 和 $w_{s2}'^p$ 满足式 (7-119)。$L_1^P = h_1 + d_1^P$ 和 $L_2^P = -(h_2 + d_2^P)$ 为与第 p 幅图像相关的圆腔中心复数的模块值。若 p 为奇数，则 d_1^p 和 d_2^p 满足式 (7-120)；若 p 为偶数，则 d_1^p 和 d_2^p 满足式 (7-121)。

第 7 章　带形单相压电介质中复杂组合缺陷对导波的散射

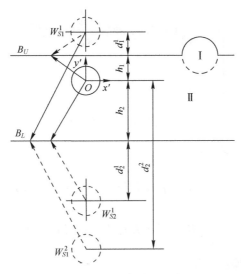

图 7-29　散射波的图像

$$\begin{cases} w_{s1}^{\prime p} = \sum_{n=-\infty}^{+\infty} A_n H_n^{(1)}(k_2 |\eta' - L_1^p \mathrm{i}|) \left[\dfrac{\eta' - L_1^p \mathrm{i}}{|\eta' - L_1^p \mathrm{i}|} \right]^{-n} \\ w_{s2}^{\prime p} = \sum_{n=-\infty}^{+\infty} A_n H_n^{(1)}(k_2 |\eta' - L_2^p \mathrm{i}|) \left[\dfrac{\eta' - L_2^p \mathrm{i}}{|\eta' - L_2^p \mathrm{i}|} \right]^{-n} \end{cases} \qquad (7\text{-}118)$$

$$\begin{cases} w_{s1}^{\prime p} = \sum_{n=-\infty}^{+\infty} A_n H_n^{(1)}(k_2 |\eta' - L_1^p \mathrm{i}|) \left[\dfrac{\eta' - L_1^p \mathrm{i}}{|\eta' - L_1^p \mathrm{i}|} \right]^{n} \\ w_{s2}^{\prime p} = \sum_{n=-\infty}^{+\infty} A_n H_n^{(1)}(k_2 |\eta' - L_2^p \mathrm{i}|) \left[\dfrac{\eta' - L_2^p \mathrm{i}}{|\eta' - L_2^p \mathrm{i}|} \right]^{n} \end{cases} \qquad (7\text{-}119)$$

$$\begin{cases} d_1^p = h_1 + (p-1)(h_1 + h_2) \\ d_2^p = h_2 + (p-1)(h_1 + h_2) \end{cases} \qquad (7\text{-}120)$$

$$\begin{cases} d_1^p = h_2 + (p-1)(h_1 + h_2) \\ d_2^p = h_1 + (p-1)(h_1 + h_2) \end{cases} \qquad (7\text{-}121)$$

总散射波函数可以表示为

$$w_s^{\prime g} = w_s' + \sum_{p=1}^{+\infty} w_{s1}^{\prime p} + w_{s2}^{\prime p} \qquad (7\text{-}122)$$

散射波的电势函数可以表示为

$$\phi_s^{\prime g} = \phi_s' + \sum_{p=1}^{+\infty} \phi_{s1}^{\prime p} + \phi_{s2}^{\prime p} \qquad (7\text{-}123)$$

$$\begin{cases} \phi'_s = \dfrac{e_{15}^{\mathbb{II}}}{\kappa_{11}^{\mathbb{II}}}(w'_s + f'_s), \phi'^p_{s1} = \dfrac{e_{15}^{\mathbb{II}}}{\kappa_{11}^{\mathbb{II}}}(w'^p_{s1} + f'^p_{s1}) \\ \phi'^p_{s2} = \dfrac{e_{15}^{\mathbb{II}}}{\kappa_{11}^{\mathbb{II}}}(w'^p_{s2} + f'^p_{s2}) \end{cases} \tag{7-124}$$

$$f'_s = \sum_{n=1}^{\infty} B_n \eta'^{-n} + C_n \overline{\eta}'^{-n} \tag{7-125}$$

如果 p 是一个奇数，有

$$\begin{cases} f'^p_{s1} = \sum_{n=1}^{\infty} B_n (\overline{\eta}' + L_1^p \mathrm{i})^{-n} + C_n (\eta' - L_1^p \mathrm{i})^{-n} \\ f'^p_{s2} = \sum_{n=1}^{\infty} B_n (\overline{\eta}' + L_2^p \mathrm{i})^{-n} + C_n (\eta' - L_2^p \mathrm{i})^{-n} \end{cases} \tag{7-126}$$

如果 p 是一个偶数，有

$$\begin{cases} f'^p_{s1} = \sum_{n=1}^{\infty} B_n (\eta' + L_1^p \mathrm{i})^{-n} + C_n (\eta' - L_1^p \mathrm{i})^{-n} \\ f'^p_{s2} = \sum_{n=1}^{\infty} B_n (\eta' + L_2^p \mathrm{i})^{-n} + C_n (\eta' - L_2^p \mathrm{i})^{-n} \end{cases} \tag{7-127}$$

由于汉克尔函数的多变量在距离坐标系原点有无限距离的无限点处趋于零，因此散射波的表达式是收敛的。半圆形凸部的散射波可以用级数展开法表示如下：

$$w_s = \sum_{n=-\infty}^{+\infty} D_n H_n^{(1)}(k_2 |\eta|) \left[\dfrac{\eta}{|\eta|}\right]^n \tag{7-128}$$

半圆凸部的散射波分别反射在上边界 B_U 和下边界 B_L 上，第 p 幅图像的散射波分别为 w^p_{s1} 和 w^p_{s2}：

若 p 为奇数，则 w^p_{s1} 和 w^p_{s2} 满足式 (7-129)；

若 p 是偶数，则 w^p_{s1} 和 w^p_{s2} 满足式 (7-130)。

$L_3^P = d_3^P$，$L_4^P = -(h_1 + h_2 + d_4^P)$ 是与第 p 幅图像相关的半圆突出部中心复数的模块值。若 p 为奇数，则 d_3^p 和 d_4^p 满足式 (7-131)；若 p 为偶数，则 d_3^p 和 d_4^p 满足式 (7-132)。

$$\begin{cases} w^p_{s1} = \sum_{n=-\infty}^{+\infty} D_n H_n^{(1)}(k_2 |\eta - L_3^p \mathrm{i}|) \left[\dfrac{\eta - L_3^p \mathrm{i}}{|\eta - L_3^p \mathrm{i}|}\right]^{-n} \\ w^p_{s2} = \sum_{n=-\infty}^{+\infty} D_n H_n^{(1)}(k_2 |\eta - L_4^p \mathrm{i}|) \left[\dfrac{\eta - L_4^p \mathrm{i}}{|\eta - L_4^p \mathrm{i}|}\right]^{-n} \end{cases} \tag{7-129}$$

$$\begin{cases} w_{s1}^p = \sum_{n=-\infty}^{+\infty} D_n H_n^{(1)}(k_2|\eta - L_3^p \mathrm{i}|) \left[\dfrac{\eta - L_3^p \mathrm{i}}{|\eta - L_3^p \mathrm{i}|}\right]^n \\ w_{s2}^p = \sum_{n=-\infty}^{+\infty} D_n H_n^{(1)}(k_2|\eta - L_4^p \mathrm{i}|) \left[\dfrac{\eta - L_4^p \mathrm{i}}{|\eta - L_4^p \mathrm{i}|}\right]^n \end{cases} \quad (7-130)$$

$$\begin{cases} d_3^p = (p-1)(h_1+h_2) \\ d_4^p = p(h_1+h_2) \end{cases} \quad (7-131)$$

$$\begin{cases} d_3^p = p(h_1+h_2) \\ d_4^p = (p-1)(h_1+h_2) \end{cases} \quad (7-132)$$

总散射波函数可以表示为

$$w_s^g = w_s + \sum_{p=1}^{+\infty} w_{s1}^p + w_{s2}^p \quad (7-133)$$

散射波的电势函数可以表示为

$$\phi_s^g = \phi_s + \sum_{p=1}^{+\infty} \phi_{s1}^p + \phi_{s2}^p \quad (7-134)$$

$$\begin{cases} \phi_s = \dfrac{e_{15}^{\mathrm{II}}}{\kappa_{11}^{\mathrm{II}}}(w_s + f_s), \quad \phi_{s1}^p = \dfrac{e_{15}^{\mathrm{II}}}{\kappa_{11}^{\mathrm{II}}}(w_{s1}^p + f_{s1}^p) \\ \phi_{s2}^p = \dfrac{e_{15}^{\mathrm{II}}}{\kappa_{11}^{\mathrm{II}}}(w_{s2}^p + f_{s2}^p) \end{cases} \quad (7-135)$$

$$f_s = \sum_{n=1}^{\infty} E_n \eta^{-n} + F_n \overline{\eta}^{-n} \quad (7-136)$$

如果 p 是奇数，有

$$\begin{cases} f_{s1}^p = \sum_{n=1}^{\infty} E_n (\overline{\eta} + L_3^p \mathrm{i})^{-n} + F_n (\eta - L_3^p \mathrm{i})^{-n} \\ f_{s2}^p = \sum_{n=1}^{\infty} E_n (\overline{\eta} + L_4^p \mathrm{i})^{-n} + F_n (\eta - L_4^p \mathrm{i})^{-n} \end{cases} \quad (7-137)$$

如果 p 是偶数，有

$$\begin{cases} f_{s1}^p = \sum_{n=1}^{\infty} E_n (\eta + L_3^p \mathrm{i})^{-n} + F_n (\overline{\eta} - L_3^p \mathrm{i})^{-n} \\ f_{s2}^p = \sum_{n=1}^{\infty} E_n (\eta + L_4^p \mathrm{i})^{-n} + F_n (\overline{\eta} - L_4^p \mathrm{i})^{-n} \end{cases} \quad (7-138)$$

介质中的总位移函数和总电势函数可以表示如下：

$$w^{\mathrm{II}} = w_i^g + w_s^g + w_s^g, \quad \phi^{\mathrm{II}} = \phi_s^g + \phi_s^g \quad (7-139)$$

驻波场 w^{st} 和 ϕ_{st} 的位移由半圆柱凸部引起，满足其上半圆柱边界 (B_S) 的无应力和电绝缘条件。与 τ_{rz}^{st} 对应的径向应力分量 w^{st} 可以表示如下：

$$\tau_{rz}^{st} = \begin{cases} 0, & 0 \leq \theta \leq \pi \\ \dfrac{k_1}{2}\left(c_{44}^{I} + \dfrac{(e_{15}^{I})^2}{\kappa_{11}^{I}}\right) \sum_{n=-\infty}^{+\infty} P_n [J_{n-1}(k_1|\eta|) - J_{n+1}(k_1|\eta|)] \left[\dfrac{\eta}{|\eta|}\right]^n \\ + \dfrac{(e_{15}^{I})^2}{|\eta|\kappa_{11}^{I}} \sum_{n=1}^{+\infty} (Q_n n \eta^n + L_n n \overline{\eta}^n), & -\pi \leq \theta \leq 0 \end{cases}$$

(7-140)

$$D_r^{st} = \begin{cases} 0, & 0 \leq \theta \leq \pi \\ -\dfrac{e_{15}^{I}}{|\eta|} \sum_{n=1}^{+\infty} (Q_n n \eta^n + L_n n \overline{\eta}^n), & -\pi \leq \theta \leq 0 \end{cases}$$

(7-141)

驻波场的位移可以表示如下：

$$w^{st} = \sum_{m=-\infty}^{+\infty} G_m J_m(k_1|\eta|) \left[\dfrac{\eta}{|\eta|}\right]^m \tag{7-142}$$

驻波的电势函数可表示如下：

$$\phi_{st} = \frac{e_{15}^{I}}{\kappa_{11}^{I}}(w_{st} + f_{st}), \quad f_{st} = I_0 + \sum_{m=1}^{+\infty} I_m \eta^m + V_m \overline{\eta}^m \tag{7-143}$$

利用区间 $(-\pi, \pi)$，根据方程中的傅里叶级数展开方法，式（7-140）和式（7-141）可表示如下：

$$\tau_{rz}^{st} = \frac{k_1}{2}\left(c_{44}^{I} + \frac{(e_{15}^{I})^2}{\kappa_{11}^{I}}\right) \sum_{m=-\infty}^{+\infty} \sum_{n=-\infty}^{+\infty} P_n a_{mn} [J_{n-1}(k_1|\eta|) - J_{n+1}(k_1|\eta|)] \left[\dfrac{\eta}{|\eta|}\right]^m$$

$$+ \frac{(e_{15}^{I})^2}{\kappa_{11}^{I}} \sum_{m=1}^{+\infty} \sum_{n=1}^{+\infty} |\eta|^{n-m-1}(Q_n a_{mn} n \eta^m + L_n b_{mn} n \eta^m)$$

(7-144)

$$D_r^{st} = -e_{15}^{I} \sum_{m=1}^{+\infty} \sum_{n=1}^{+\infty} |\eta|^{n-m-1}(Q_n a_{mn} n \eta^m + L_n b_{mn} n \eta^m) \tag{7-145}$$

式中：

$$\begin{cases} \dfrac{1}{2}, & m = n \\ \dfrac{1 - e^{-i(n-m)\pi}}{2\pi i(n-m)}, & m \neq n \end{cases} \tag{7-146}$$

$$b_{mn} = \frac{e^{i(m+n)\pi} - 1}{2\pi i(m+n)} \tag{7-147}$$

未知系数 G_m、I_m 和 V_m 可以通过比较式（7-145）和 $B_S(|\eta|=a)$ 对应的径向电位移量表达式（7-143）确定：

$$V_m = 0, \quad L_n = 0 \tag{7-148}$$

通过比较方程式（7-143）和式（7-145）的系数，进一步分析可以看出

$$G_m = \sum_{n=-\infty}^{+\infty} P_n \frac{J_{n-1}(k_1 a) - J_{n+1}(k_1 a)}{J_{m-1}(k_1 a) - J_{m+1}(k_1 a)} a_{mn} \tag{7-149}$$

$$I_m = \frac{1}{m} \sum_{n=1}^{+\infty} Q_n |a|^{n-m} a_{mn} n \tag{7-150}$$

所以半圆形的驻波表达式为

$$w^{st} = \sum_{n=-\infty}^{+\infty} \sum_{m=-\infty}^{+\infty} P_n \frac{J_{n-1}(k_1 a) - J_{n+1}(k_1 a)}{J_{m-1}(k_1 a) - J_{m+1}(k_1 a)} a_{mn} J_m(k_1 |\eta|) \left[\frac{\eta}{|\eta|}\right]^m \tag{7-151}$$

$$f_{st} = Q_0 + \sum_{m=1}^{+\infty} \frac{1}{m} \sum_{n=1}^{+\infty} Q_n |a|^{n-m} a_{mn} n \eta^m \tag{7-152}$$

在上述公式中，用 Q_0 代替 I_0：在圆腔中，只有一个电场而没有弹性场，电势 ϕ_c 满足拉普拉斯方程：

$$\nabla^2 \phi^c = 0 \tag{7-153}$$

电势 ϕ^c 的表达式如下：

$$\phi^c = S_0 + \sum_{n=1}^{+\infty} S_n \eta'^n + T_n \overline{\eta}'^n \tag{7-154}$$

根据本构方程，可以得到圆腔内空气的势位移 D_r^c 的表达式如下：

$$D_r^c = -k_0 \frac{\partial \phi^c}{\partial r} = -k_0 \left(\sum_{n=1}^{+\infty} S_n n \eta'^{n-1} e^{i\theta'} + T_n \overline{\eta}^{m-1} e^{-i\theta'} \right) \tag{7-155}$$

式中：k_0 为真空的介电常数。

7.3.3 边界条件和方程式

7.3.3.1 方程式的建立和求解

在半圆凸部的下半圆柱形边界 (B_S) 上，应力和电位移是连续的，因此半圆凸部的边界条件为

$$w^{\mathrm{I}} = w^{\mathrm{II}}, \quad \tau_{rz}^{\mathrm{I}} = \tau_{rz}^{\mathrm{II}}, \quad \phi^{\mathrm{I}} = \phi^{\mathrm{II}}, \quad D_r^{\mathrm{I}} = D_r^{\mathrm{II}} \tag{7-156}$$

同样，圆腔周围的应力和电位移也是连续的，因此圆腔的边界条件 (B_S) 为

$$\tau_{rz}^{\mathrm{II}} = 0, \quad \phi^{\mathrm{II}} = \phi^c, \quad D_r^{\mathrm{II}} = D_r^c \tag{7-157}$$

根据式（7-157），确定未知量 A_n、B_n、C_n、D_n、E_n、F_n、P_n、Q_n 的积分

方程建立如下：

$$\sum_{n=-\infty}^{+\infty} A_n \xi_n^{(11)} + \sum_{n=-\infty}^{+\infty} D_n \xi_n^{(14)} - \sum_{m=-\infty}^{+\infty}\sum_{n=-\infty}^{+\infty}$$
$$P_n \frac{J_{n-1}(k_1 a) - J_{n+1}(k_1 a)}{J_{m-1}(k_1 a) - J_{m+1}(k_1 a)} a_{mn} J_m(k_1 a) \left[\frac{\eta}{|\eta|}\right]^m = \xi^{(1)} \qquad (7-158)$$

$$\sum_{n=-\infty}^{+\infty} A_n \xi_n^{(21)} + \sum_{n=1}^{+\infty} B_n \xi_n^{(22)} + \sum_{n=1}^{+\infty} C_n \xi_n^{(23)} + \sum_{n=-\infty}^{+\infty} D_n \xi_n^{(24)}$$
$$+ \sum_{n=1}^{+\infty} E_n \xi_n^{(25)} + \sum_{n=1}^{+\infty} F_n \xi_n^{(26)} - \frac{k_1}{2}\left(c_{44}^{\mathrm{I}} + \frac{(e_{15}^{\mathrm{I}})^2}{\kappa_{11}^{\mathrm{I}}}\right)$$
$$\sum_{m=-\infty}^{+\infty}\sum_{n=-\infty}^{+\infty} P_n (J_{n-1}(k_1 a) - J_{n+1}(k_1 a)) a_{mn} \left[\frac{\eta}{|\eta|}\right]^m$$
$$- \frac{(e_{15}^{\mathrm{I}})^2}{\kappa_{11}^{\mathrm{I}}} \sum_{m=1}^{+\infty}\sum_{n=1}^{+\infty} Q_n |a|^{n-m-1} a_{mn} n \eta^m = \xi^{(2)} \qquad (7-159)$$

$$\sum_{n=-\infty}^{+\infty} A_n \xi_n^{(31)} + \sum_{n=1}^{+\infty} B_n \xi_n^{(32)} + \sum_{n=1}^{+\infty} C_n \xi_n^{(33)} + \sum_{n=-\infty}^{+\infty} D_n \xi_n^{(34)}$$
$$+ \sum_{n=0}^{+\infty} E_n \xi_n^{(35)} + \sum_{n=1}^{+\infty} F_n \xi_n^{(36)} - \frac{e_{15}^{\mathrm{I}}}{\kappa_{11}^{\mathrm{I}}}$$
$$\cdot \left(\sum_{m=-\infty}^{+\infty}\sum_{n=-\infty}^{+\infty} P_n \frac{J_{n-1}(k_1 a) - J_{n+1}(k_1 a)}{J_{m-1}(k_1 a) - J_{m+1}(k_1 a)} a_{mn} J_m(ka) \left[\frac{\eta}{|\eta|}\right]^m \right.$$
$$\left. + Q_0 + \sum_{m=1}^{+\infty} \frac{1}{m} \sum_{n=1}^{+\infty} Q_n |a|^{n-m} a_{mn} n \eta^m \right) = \xi^{(3)} \qquad (7-160)$$

$$\sum_{n=1}^{+\infty} B_n \xi_n^{(42)} + \sum_{n=1}^{+\infty} C_n \xi_n^{(43)} + \sum_{n=1}^{+\infty} E_n \xi_n^{(45)} + \sum_{n=1}^{+\infty} F_n \xi_n^{(46)}$$
$$+ e_{15}^I \sum_{m=1}^{+\infty}\sum_{n=1}^{+\infty} Q_n |a|^{n-m-1} a_{mn} n \eta^m = 0 \qquad (7-161)$$

同样地，根据式（7-160），确定未知量 A_n、B_n、C_n、D_n、E_n、F_n、R_n、S_n、T_n 的积分方程如下：

$$\sum_{n=-\infty}^{+\infty} A_n \xi_n^{(51)} + \sum_{n=1}^{+\infty} B_n \xi_n^{(52)} + \sum_{n=1}^{+\infty} C_n \xi_n^{(53)} + \sum_{n=-\infty}^{+\infty} D_n \xi_n^{(54)}$$
$$+ \sum_{n=1}^{+\infty} E_n \xi_n^{(55)} + \sum_{n=1}^{+\infty} F_n \xi_n^{(56)} = \xi^{(5)} \qquad (7-162)$$

第7章 带形单相压电介质中复杂组合缺陷对导波的散射

$$\sum_{n=-\infty}^{+\infty} A_n \xi_n^{(61)} + \sum_{n=1}^{+\infty} B_n \xi_n^{(62)} + \sum_{n=1}^{+\infty} C_n \xi_n^{(63)} + \sum_{n=-\infty}^{+\infty} D_n \xi_n^{(64)} + \sum_{n=1}^{+\infty} E_n \xi_n^{(65)}$$
$$+ \sum_{n=1}^{+\infty} F_n \xi_n^{(66)} - \sum_{n=0}^{+\infty} S_n \zeta_n^{(67)} - \sum_{n=1}^{+\infty} T_n \xi_n^{(68)} = \xi^{(6)}$$

(7-163)

$$\sum_{n=1}^{+\infty} B_n \xi_n^{(72)} + \sum_{n=1}^{+\infty} C_n \xi_n^{(73)} + \sum_{n=1}^{+\infty} E_n \xi_n^{(75)} + \sum_{n=1}^{+\infty} F_n \xi_n^{(76)} - \sum_{n=0}^{+\infty} S_n \xi_n^{(77)} - \sum_{n=1}^{+\infty} T_n \xi_n^{(78)} = 0$$

(7-164)

系数 S_n，T_n 的定义和方程式中未知量 A_n、B_n、C_n、D_n、E_n、F_n、R_n、S_n、T_n 的确定，见式（7-163）和式（7-164）。

7.3.3.2 动态应力集中的因子

DSCF 是一个无量纲系数，其物理意义是反映腔体各位置的动态应力变化特征。位置由变量 (r,θ) 决定，这个位置的 DSCF 可以通过引入复杂变量 $\eta = re^{i\theta}$，$\bar{\eta} = re^{-i\theta}$：当 DSCF 腔的特定位置相对较大，这个位置容易损坏和断裂，所以 DSCF 结构强度有一定的预警效应。

半圆形凸部下界附近的切向切应力表示如下：

$$\tau_{\theta z} = \tau_{\theta z}^i + \tau_{\theta z}^s \tag{7-165}$$

DSCF 可以表示如下：

$$\tau_{\theta z}^* = |\tau_{\theta z}/\tau_0| \tag{7-166}$$

式中：$\tau_0 = ik_1 \left(c_{44} + \dfrac{(e_{15})^2}{\kappa_{11}} \right) \omega_0$ 为入射波引起的剪应力振幅。动态应力强度因子（DSCF）的表达式分为两部分：

（1）由入射导波和散射波引起的动态应力。
（2）由机电耦合效应产生的动态应力。

凸出部下边界的径向剪应力 τ_{rz}。同样，无量纲参数表达式如下：

$$\tau_{rz}^* = |\tau_{rz}/\tau_0| \tag{7-167}$$

根据式（7-17），半圆凸部上边界的切向切应力 $\tau_{\theta z}^{st}$ 如下。因为这个边界实际上是存在而不是假设的，这个计算也是有意义的。

$$\tau_{\theta z}^{st} = \dfrac{k_1}{2} \left(c_{44}^I + \dfrac{(e_{15}^I)^2}{\kappa_{11}^I} \right) i \sum_{n=-\infty}^{+\infty} \sum_{m=-\infty}^{+\infty} P_n \dfrac{J_{n-1}(k_1 a) - J_{n+1}(k_1 a)}{J_{m-1}(k_1 a) - J_{m+1}(k_1 a)} a_{mn} (J_{m-1}(k_1|a|)$$
$$+ J_{m+1}(k_1|a|)) e^{im\theta} + \dfrac{(e_{15}^I)^2}{\kappa_{11}^I} i \sum_{m=1}^{+\infty} \sum_{n=1}^{+\infty} Q_n |a|^{n-m-1} a_{mn} n \eta^m$$

(7-168)

同样，切向剪应力 $\tau_{\theta z}^{st}$ 的无量纲参数表达式如下：

$$\tau_{\theta z}^{st*} = |\tau_{\theta z}^{st}/\tau_0| \tag{7-169}$$

7.3.3.3 电场强度集中系数

EFICF 表示空腔各位置电势的变化，为无量纲系数。EFICF 可以通过积分方程法和复函数法得到。当空腔一定位置的 EFICF 相对较大时，该边界容易泄漏，因此 EFICF 反映了压电材料的安全性。

电场强度可以表示为

$$E_\theta = -\mathrm{i}\left(\frac{\partial \phi^{\mathrm{II}}}{\partial \eta}\mathrm{e}^{\mathrm{i}\theta} - \frac{\partial \phi^{\mathrm{II}}}{\partial \overline{\eta}}\mathrm{e}^{-\mathrm{i}\theta}\right) \tag{7-170}$$

EFICF 可以表示如下：

$$E_\theta^* = |E_\theta/E_0| \tag{7-171}$$

式中：$E_0 = \dfrac{k_1 e_{15} w_0}{\kappa_{11}}$ 为电场强度的振幅。EFICF 的表达式包括两部分：

(1) 由入射导波和散射波引起的电势。
(2) 由机电耦合效应产生的电势。

7.3.4 数值结果与分析

图 7-30 给出了在 $\lambda^{\mathrm{I}}=0$、$\lambda^{\mathrm{II}}=0$、$\lambda^{\mathrm{III}}=0$、$c_{44}^{\mathrm{III}}=0$、$\rho_3=0$、$\rho_2=0$ 的极端条件下，受 SH 型导波扰动的圆腔周围 DSCF 的分布；本节的数值例子可以退化为弹性带中的圆腔，当介质的组合参数与参考文献中的组合参数相同时[9]，本节中的结果可以很好地与上述参考文献的结果相吻合。本节方法验证如图 7-31 所示。图 7-30（a）中，中间为绿色，中间点为红色，将它们的接触点合并，使两个传递之间的应力良好，构建有限模型，用六面体元网格化，以获得计算精度。当根据上述数值例子设置有限元模型中的参数时，这两种方法的结果几乎完全相同。它证明了本节所应用的方法是正确的和有效的。

本节给出了 DSCF 和 EFICF，并讨论了自由边界、SH 型导波的顺序和材料参数组合的影响。本节数值例子的无量纲参数值为 $h_1^* = h_1/a$、$h_2^* = h_2/a$、$d^* = d/a$，这里为真空的 $k_0 = 8.85\times10^{-12} F/m$ 是介电常数在这些参数中，圆腔的位置 h_1^* 和 d^* 是几何参数，入射波的频率 $k_1 a$ 是加载参数，SH 型导波的阶 m 是阶参数。本节中计算模型中的 MediumI 和 MediumII 默认由 PZT-7 组成。

压电材料在工程[1]中得到了广泛的应用，在制造和使用过程中会形成各种缺陷。本节数值例子的工程背景在实际工程中很常见，如本节的模型是带凸的压电材料板的简化，这可能是由于压电层压板的生产过程或脱位造成的。当具有凸缺陷的长压电板发生动态载荷时，可以简化为本节的模型。

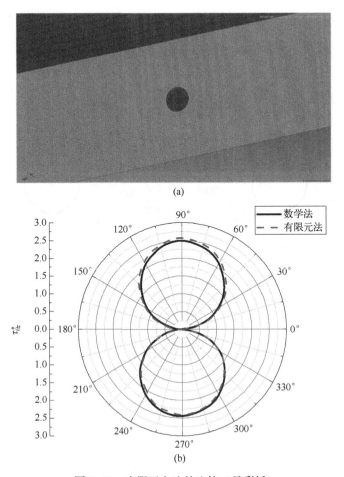

图 7-30 有限元方法的比较（见彩插）

图 7-32 给出了在 SH 型导波作用下，半圆形凸出部周围的 DSCF（$\tau_{\theta z}^*$）的分布随 $k_1 a$ 的变化而变化。当 $k_1 a = 1.5$ 和 $h_2^* = 20$ 时，DSCF 值达到最大 15.46（$\theta = 0°$），该值比 7.38（$\theta = -58°$）大约两倍，当 $k_1 a = 2$ 和 $h_2^* = 20$ 时，DSCF 值达到最大 16.70（$\theta = -180°$），而 $k_1 a = 1.5$ 和 $h_2^* = 20$，该值增加了 8% 以上，因此 h_2^* 的影响不容忽视，中频损害严重。

图 7-33 给出了在 SH 型导波作用下，半圆形凸出部周围的 DSCF（τ_{rz}^*）的分布随 $k_1 a$ 的变化而变化。从图中可以明显看出，当 $k_1 a = 1.5$ 时，DSCF 的值最大。当 $k_1 a = 1.5$ 和 $h_2^* = 30$ 时，DSCF 值达到最大值 38.45（$\theta = -18°$），与最大值 34.45（$\theta = -19°$）相比，该值增加了 11% 以上，且最大 DSCF 两种计算模型（$h_2^* = 20$ 或 30）出现在 $\theta = -18°$，因此，负载参数 $k_1 a$ 对 DSCF 有很大的

影响，而 $\theta=-18°$ 是一个危险的角度。下面进一步分析 k_1 对 DSCF 的影响。

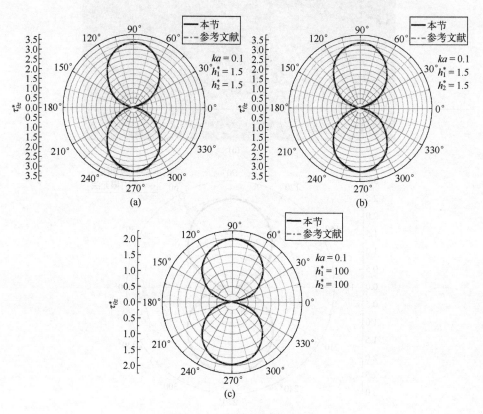

图 7-31 本节方法的验证

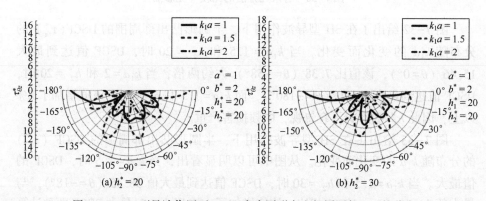

图 7-32 SH 型导波作用下 DSCF 在半圆形突出部周围与 $k_1 a$ 的分布

第7章 带形单相压电介质中复杂组合缺陷对导波的散射

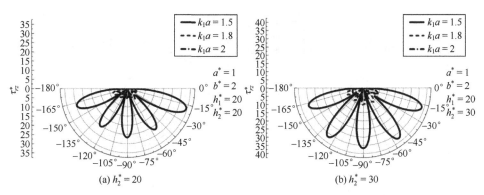

图 7-33 在 SH 型导波作用下，半圆形突出部周围的 DSCF（τ_{rz}^*）与 $k_1 a$ 的分布

图 7-34 显示了 DSCF 的变化曲线：在图 7-34（a）中，频率的范围是 1.5~20，由 $k_1 a$ 可以看出，最大的 DSCF 出现在 $k_1 a = 1.5$ 和 $k_1 a = 17$ 处，这个最大值接近 40。在这两个例子（$h_2^* = 20$ 或 30）中，最大的 DSCF 发生在同一个 $k_1 a$ 中：当 $k_1 a$ 的范围为 2~13 时，最大的 DSCF 值小于 10。

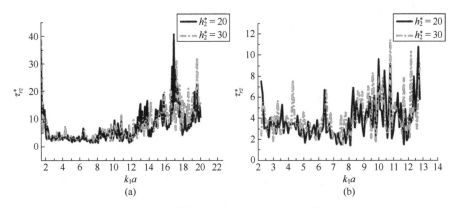

图 7-34 SH 引导波作用下 DSCF（τ_{rz}^*）的变化曲线（见彩插）

图 7-35 给出了在 SH 型导波作用下，半圆形凸出部周围的 DSCF（$\tau_{\theta z}^{st*}$）的分布随 $k_1 a$ 的变化而变化。与 τ_{rz}^* 和 $\tau_{\theta z}^*$ 相比，$\tau_{\theta z}^{st*}$ 的值相对较小，但这个半圆形凸部的上边界是实的而不是虚的，因此 DSCF（$\tau_{\theta z}^{st*}$）的计算具有一定的意义。当 $k_1 a = 1.5$ 和 $h_2^* = 20$，DSCF 值达到最大值 1.35（$\theta = 0°$）。DSCF 在两个例子中的最大值（$h_2^* = 20$ 或 30）发生在 $\theta = 0°$：进一步分析 $k_1 a$ 对 DSCF 的影响，图 7-35 给出了 DSCF 与 $k_1 a$ 的曲线，我们可以进一步研究 $k_1 a$ 对 DSCF（$\tau_{\theta z}^{st*}$）的影响。

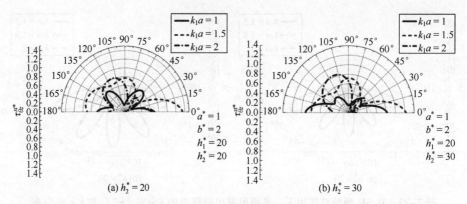

图 7-35　在 SH 型导波作用下，DSCF 在半圆形突出部（$\tau_{\theta z}^{st*}$）与 $k_1 a$ 周围的分布

图 7-36 给出了在 SH 型导波作用下 DSCF（$\tau_{\theta z}^{st*}$）与 $k_1 a$ 的变化曲线。图 7-36（a）中，频率 $k_1 a$ 在 1~20 范围内变化，图 7-36（b）为图 7-36（a）的局部放大，相应的频率 $k_1 a$ 在 1~5.5 范围内变化。从图 7-36（a）可以看出，曲线的步长很明显，在两个例子（$h_2^* = 20$ 或 30）中，最大的 DSCF 出现在相同的 $k_1 a$ 处。最大的 DSCF 发生在 $k_1 a = 5.3$（$\tau_{\theta z}^{st*} = 38$）和 $k_1 a = 12.7$（$\tau_{\theta z}^{st*} = 31$）处。DSCF 在 $k_1 a = 1 \sim 5.5$ 的范围内小于 10。

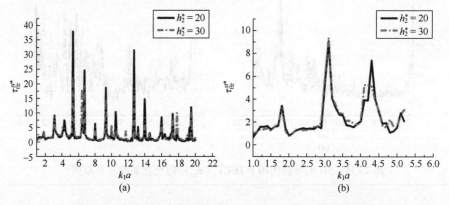

图 7-36　SH 引导波作用下 DSCF（$\tau_{\theta z}^{st*}$）与 $k_1 a$ 的变化曲线

图 7-37 给出了 SH 引导波作用下 DSCF（$\tau_{\theta z}^{st*}$）为 $k_1 a$ 的变化曲线。在图 7-37（a）中，频率 $k_1 a$ 的范围为 3.5~25，图 7-37（b）为图 7-37（a）的局部放大，相应频率 $k_1 a$ 的范围为 3.5~13.5。从图 7-37（a）可以看出，当 $k_1 a$ 相对较大时，会出现最大 DSCF，而在这两个例子中，最大 DSCF 对应的 $k_1 a$ 是不同的。当 $k_1 a = 23.1$ 时，DSCF 的值达到最大值 44。所以高频对 DSCF 有很大的影响。

第7章 带形单相压电介质中复杂组合缺陷对导波的散射

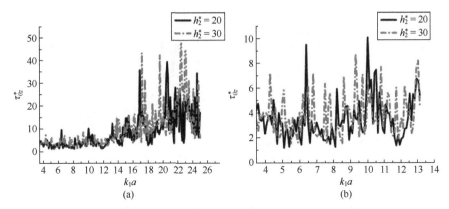

图 7-37　SH 型导波作用下 DSCF（$\tau_{\theta z}^{st*}$）与 $k_1 a$ 的变化曲线

如果介质 I 和介质 II 不是同一介质，通过计算和分析发现，如果参数组合合适，DSCF 可以显著降低。在下面的例子中，将介绍无量纲参数 $k^* = k_2/k_1$。

图 7-38 给出了 SH 型导波作用下 DSCF（τ_{rz}^*）与 k^* 的变化曲线。在图 7-38（a）中，k^* 在 1～20 的范围内变化，图 7-38（b）为图 7-38（a）的局部扩增，相应地，k 在 2.3～20 的范围内变化。显然，这条曲线显示了一个下行趋势，最大 DSCF 出现在 $k^* = 1$～2.5 范围内，当 k^* 大于 2 时，DSCF 显著降低。

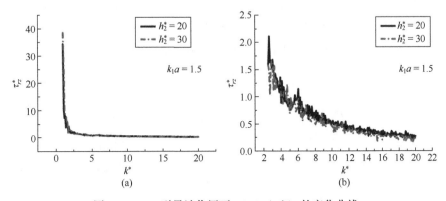

图 7-38　SH 引导波作用下 DSCF（$\tau_{\theta z}^*$）的变化曲线

图 7-39 给出了 SH 型导波作用下 DSCF（$\tau_{\theta z}^*$）与 k^* 的变化曲线。在图 7-39（a）中，k^* 在 1～20 的范围内变化，图 7-39（b）为图 7-39（a）的局部扩增，相应地，k^* 在 4～20 的范围内变化。与图 7-38 相同的是曲线的总体下降趋势。当 k^* 的变化范围为 4～20 时，DSCF 的值小于 2。

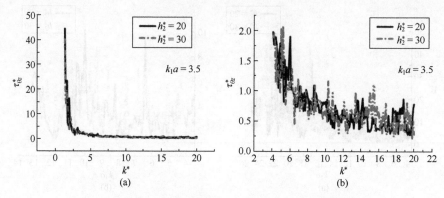

图 7-39 SH 引导波作用下 DSCF ($\tau_{\theta z}^*$) 的变化曲线

图 7-40 给出了在 SH 型导波作用下，圆形腔周围 DSCF 的分布随 $k_1 a$ 而变化。当 $k_1 a = 1.5$ 和 $h_2^* = 20$ 时，DSCF 值达到最大 49.14 ($\theta = 101°$)，相比在 $k_1 a = 1$ 和 $h_2^* = 20$ 时，DSCF 达到最大值 37.84 ($\theta = -18°$)，这个值增加了超过 29.9%，这一现象符合半圆形的动态性能。当入射波频率 $k_1 a = 2$ 和 $h_2^* = 30$ 时，DSCF 的值达到最大 24.13 ($\theta = 149°$)，与最大 30.98 ($\theta = 163°$) 的 $k_1 a = 1.5$ 和 $h_2^* = 20$，这个值下降了 22% 以上，所以 h_2^* 的影响是明显的。从图 7-40（b）中可以明显看出，当 $k_1 a = 1.5$ 或 1 时，图 7-40（b）与图 7-40（a）相比，图 7-40（b）的明显区别是当 $k_1 a = 1.5$ 时，DSCF 的最大值小于当 $k_1 a = 1$ 时的值。当 $k_1 a = 1$ 和 $h_2^* = 30$ 时，最大 DSCF 是 7.38，远小于 $k_1 a = 2$ 和 $h_2^* = 30$ 时的值。因此，当 $h_2^* = 30$ 时，$k_1 a$ 对 DSCF 的影响很明显。

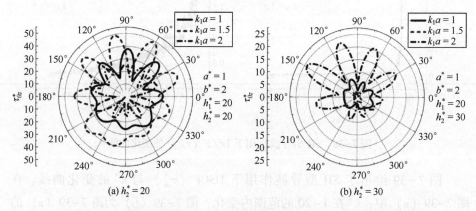

图 7-40 在 SH 引导波作用下，圆形腔周围 DSCF ($\tau_{\theta z}^*$) 与 $k_1 a$ 的分布

第7章 带形单相压电介质中复杂组合缺陷对导波的散射

图 7-41 给出了 SH 型导波入射时,半圆凸点周围 DSCF 随 h_2^* 变化的分布。当 $k_1a=2$ 和 $h_2^*=20$ 时,可以发现 h_2^* 的值越大,DSCF 的值越小,这是因为圆腔到水平边界的距离越大,边界的影响越小。当 $k_1a=3$ 和 $h_2^*=20$ 时,DSCF 值最大为 7.38($\theta=-58°$),约为当 $k_1a=3$ 和 $h_2^*=20$ 时最大值为 20.95($\theta=-179°$)的 1/3。因此,当频率值比较大时,h_2^* 的影响比较明显。

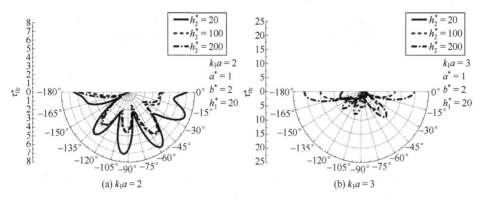

图 7-41 在 SH 型导波作用下,半圆形突出部周围 DSCF($\tau_{\theta z}^*$)与 $h^*=2$ 周围的分布

图 7-42 给出了 SH 型导波作用下,半圆形凸部周围的 DSCF 分布随 m 而变化。m 的值越大,DSCF 的值越大,这是由于无穷级数的叠加。当 $k_1a=3$ 和 $m=10$ 时,DSCF 达到最大值 37.03($\theta=-167°$)。因此,当频率值较大时,SH 引导 m 的顺序更为明显。

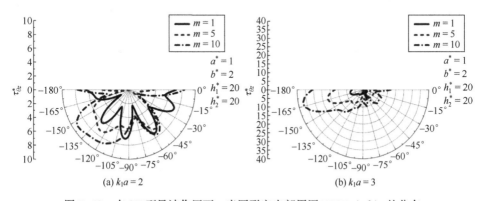

图 7-42 在 SH 型导波作用下,半圆形突出部周围 DSCF($\tau_{\theta z}^*$)的分布

图 7-43 给出了在 SH 型导波作用下,不同材料在半圆形凸部周围的 DSCF 分布随参数的变化而变化。当介质 I 和介质 II 是由 PZT-5A 组成时,DSCF 的值达到最大值 14.13($\theta=-164°$)。当介质 I 和介质 II 是由 PZT-5H 组成时,

DSCF 的值达到最大值 13.17（$\theta=-164°$）。因此，不同的压电材料有不同的相应 DSCF 值，应注意-164°可能引起最大 DSCF 的危险角。

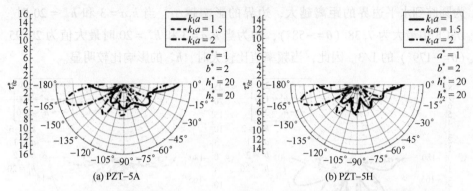

图 7-43　在 SH 型导波作用下，半圆凸部周围 DSCF（$\tau_{\theta z}^*$）与不同材料参数的分布

图 7-44 给出了在 SH 型导波作用下，半圆形凸部周围 EFICF 分布随 $k_1 a$ 而变化。与 DSCF 相比，EFICF 的值更小。当 $k_1 a = 1.5$ 和 $h_2^* = 20$ 时，EFICF 达到最大值 0.77（$\theta = -4°$）时，DSCF 也取最大值。当入射波频率 $k_1 a = 1.5$ 和 $h_2^* = 30$ 时，EFICF 达到最大值 0.76（$\theta = -5°$），角度和值变化不大。所以 h_2^* 的影响不应该是 $\theta = -5° \sim -4°$。

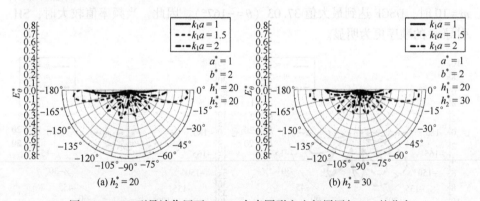

图 7-44　SH 型导波作用下 EFICF 在半圆形突出部周围与 $k_1 a$ 的分布

从图 7-45 中可以看出，当 $k_1 a = 1$ 时，EFICF 值最大。当 $k_1 a = 1.5$ 和 $h_2^* = 20$ 时，EFICF 达到最大值 0.14（$\theta = 12°$）。与 $k_1 a = 1.5$ 和 $h_2^* = 20$ 时的最大值 0.073（$\theta = 55°$）相比，该值下降了 50% 以上。因此，h_2^* 对 EFICF 的影响是明显的。

第7章 带形单相压电介质中复杂组合缺陷对导波的散射

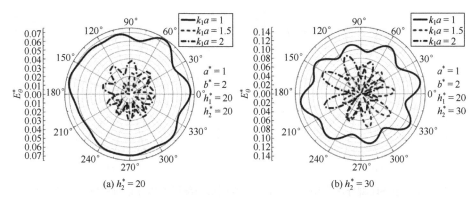

图 7-45 在 SH 型导波作用下圆腔周围 EFICF 与 k_1a 的分布

图 7-46 给出了在 SH 型导波作用下，半圆形凸部周围 EFICF 分布随 k_1a 而变化。当 $k_1a=2$ 和 $h_1^*=20$ 时，h_2^* 的值越大，EFICF 的值越小，这是由于边界的影响，这种现象与 DSCF 相似。当 $k_1a=2$ 和 $h_1^*=20$ 时，EFICF 达到最大值 0.51（$\theta=0°$）。当入射波频率为 $k_1a=3$ 和 $h_1^*=20$ 时，EFICF 达到最大值 1.81（$\theta=0°$）。因此，h_2^* 的变化很明显，特别是当 EFICF 的值相对较大时。

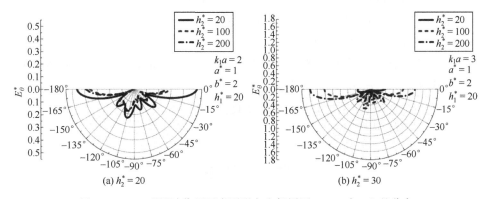

图 7-46 SH 型导波作用下半圆形突出部周围 EFICF 与 h_2^* 的分布

图 7-47 给出了在 SH 型导波作用下，不同材料在半圆形凸部周围的 EFICF 分布随参数的变化而变化。当介质Ⅰ和介质Ⅱ由 PZT-5A 组成时，EFICF 达到最大值 1.19（$\theta=-1°$）。当介质Ⅰ和介质Ⅱ由 PZT-5H 组成时，EFICF 达到最大值 0.79（$\theta=-1°$）。因此，不同的压电材料有不同的相应 EFICF 值，应注意 $\theta=-1°$ 的危险角能导致 EFICF 达到最大值。

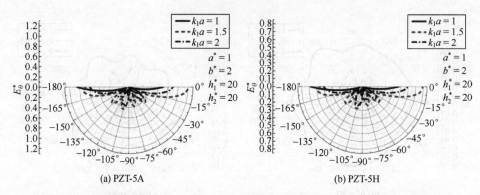

图 7-47 在 SH 型导波作用下，EFICF 在半圆形凸部周围的分布与材料参数的分布

本节应用导波理论、重复图像叠加法和串联展开法研究了导波由圆腔和半圆凸部的散射问题，得到了大量有价值的统计数据，为实际工程提供了参考。数值结果表明，半圆凸部周围的 DSCF 和 EFICF 在一定程度上受入射波频率、带高度和 SH 型导波顺序的影响。

(1) h 的变化很明显，尤其是当 DSCF 和 EFICF 的值相对较大时。

(2) 当频率值较大时，SH 引导 m 的顺序更为明显。

(3) 负载参数 $k_1 a$ 对 DSCF 有明显影响：对于 DSCF (τ_{rz}^*)，当 $k_1 a$ 范围为 2~13 时，其最大 DSCF 值小于 10；对于 DSCF ($\tau_{\theta z}^{st*}$)，当 $k_1 a$ 范围为 1~5.5 时，其最大 DSCF 值小于 10。

(4) 应注意危险角度：对于 DSCF ($\tau_{\theta z}^{st*}$)，$\theta = -18°$ 是一个危险角度；对于 DSCF ($\tau_{\theta z}^{st*}$)，$\theta = 0°$ 是一个危险角度。

(5) 当 k^* 大于 2 时，DSCF 显著降低。

(6) 与 DSCF 相比，EFICF 的值更小。

参 考 文 献

[1] 齐辉，张希萌，陈洪英，等. 含裂纹的直角域中凸起与衬砌的动态性能分析 [J]. 哈尔滨工程大学学报，2017，38 (6)：843-851.

[2] 杜勇锋，王建国，李雪峰. 条形压电材料和弹性材料Ⅲ型界面裂纹分析 [J]. 合肥工业大学学报（自然科学版），2005，43 (12)：1574-1577，1620.

[3] 于静，郭俊宏，邢永明. 压电复合材料中Ⅲ型唇形裂纹问题的解析解 [J]. 复合材料学报，2014，31 (5)：1357-1363.

[4] 李永东，张男，李康镛. 压电材料中的共线非等长多裂纹问题 [J]. 装甲兵工程学院学报，2010，24 (4)：80-84.

[5] 齐辉, 蔡立明, 潘向南, 等. 带形介质内SH型导波对圆柱孔洞的动力分析 [J]. 工程力学, 2015, 32 (3): 9-14, 21.
[6] 李冬, 宋天舒. 双相压电介质中界面附近圆孔的动态性能分析 [J]. 振动与冲击, 2011, 30 (3): 91-95.
[7] 杨在林, 许华南, 黑宝平. 半空间椭圆夹杂与裂纹对SH型导波的散射 [J]. 振动与冲击, 2013, 32 (11): 56-61, 79.
[8] HASSAN A, SONG T S. Dynamic anti-plane analysis for two symmetrically interfacial cracks near circular cavity in piezoelectric bi-materials [J]. 应用数学和力学（英文版）, 2014, 35 (10): 10.
[9] QI H, CAI L M, PAN X N. Dynamic analyses of SH guided waves by circular cylindrical cavity in an elastic strip [J]. Engineering Mechanics, 2015, 32 (3): 9-14, 21.

第8章 带形双相压电介质中缺陷对导波的散射

8.1 带形双相压电介质中界面附近圆形夹杂对 SH 型导波的散射

随着压电材料的广泛应用和工业水平的提高,单一的压电材料已经无法满足工程的需要,由多种压电材料制造的压电元件蓬勃兴起。因为双相压电介质的组成比较复杂,以及压电材料在生产、加工和使用的过程中出现制造误差,均能在界面附近形成缺陷(夹杂或者孔洞),或者为了满足某些特性人为添加的局部缺陷,在缺陷处介质的物理特性不连续,在外荷载作用下不连续的部分容易发生动应力集中,严重时可能形成机构导致结构失效,影响压电元件的性能和使用寿命,所以分析界面附近含有圆形夹杂缺陷的动态性能意义重大。齐辉等人研究两种不同介质的动态性能[1-3],孔艳平和刘金喜研究了功能梯度压电双材料板中厚度-扭曲波的传播,分析了功能梯度厚度-扭曲波的影响[4],但是关于带形双相压电介质中圆形夹杂对 SH 型导波的散射问题的研究成果目前仍然比较少,所以研究在 SH 型导波作用下带形双相压电介质中圆形夹杂的动应力分布情况对压电元件的生产制造有重要的参考价值。

本节利用导波理论、"格林函数法"和"镜像法"研究含圆形夹杂的带形双相压电介质在 SH 型导波作用下的反平面特征。对 1/2 带形压电介质进行研究。首先,利用"虚设点源法"和累次镜像叠加法构造出在上、下水平边界上满足应力自由和电绝缘条件的散射波与本章适用的格林函数表达式。通过圆形夹杂周边连续条件建立起求解未知系数的积分方程组。其次,利用"契合法"对两个 1/2 带形压电介质在界面施加一对未知出平面外力系和平面内电场,通过连续性条件建立第一类弗雷德霍姆型积分方程组,并通过直接离散的方法求解未知出平面外力系和平面内电场,得到圆形夹杂周边动应力集中系数与电场强度集中系数解析表达式。

第8章 带形双相压电介质中缺陷对导波的散射

8.1.1 问题描述

图 8-1 所示为含圆形夹杂的带形双相压电介质，其质量密度、弹性常数、压电系数和介电常数分别为 ρ_1、c_{44}^{I}、e_{15}^{I} 和 κ_{11}^{I}，其上、下水平边界分别为 B_U 和 B_L，垂直边界为 B_V；介质 II 为无缺陷的带形压电介质，其质量密度、弹性常数、压电系数和介电常数分别为 ρ_2、c_{44}^{II}、e_{15}^{II} 和 $\kappa_{11}^{\mathrm{II}}$；介质 III 为圆形夹杂，其质量密度、弹性常数、压电系数和介电常数分别为 ρ_3、c_{44}^{III}、e_{15}^{III} 和 $\kappa_{11}^{\mathrm{III}}$，中心位置距上、下边界距离分别为 h_1、h_2，其半径为 a，与垂直边界 B_V 距离为 d，其边界为 B_C。本节采用多级坐标展开法，建立坐标系 xOy、$x'O'y'$，所对应的复坐标系分别为 $\eta=x+y\mathrm{i}=r\mathrm{e}^{\mathrm{i}\theta}$、$\eta'=x'+y'\mathrm{i}=r'\mathrm{e}^{\mathrm{i}\theta'}$。两坐标系关系为

$$\begin{cases} x'=x-d \\ y'=y-h_1 \end{cases} \tag{8-1}$$

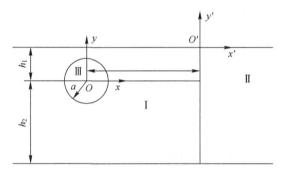

图 8-1 含圆形夹杂的带形双相压电介质模型

本节模型是对在平面波作用下由两种不同材料组成的带形压电元件中夹杂等界面缺陷处的动应力响应问题的简化。

8.1.2 格林函数

本节研究的介质 I 在线源荷载 $\delta(\eta-\eta_0)$ 作用下的模型如图 8-2 所示。$\eta_0 = d+y\mathrm{i}(-h_2\leqslant y\leqslant h_1)$，表示 η_0 点位于介质 I 的垂直边界上。

介质 I 满足水平边界上应力自由和电绝缘条件，边界条件可以表示为

$$\begin{cases} B_U: \tau_{yz}^{\mathrm{I}}\big|_{y=h_1}=0, D_y^{\mathrm{I}}\big|_{y=h_1}=0 \\ B_L: \tau_{yz}^{\mathrm{I}}\big|_{y=-h_2}=0, D_y^{\mathrm{I}}\big|_{y=-h_2}=0 \\ B_V: \tau_{xz}^{\mathrm{I}}\big|_{y=d}=\delta(\eta-\eta_0) \end{cases}$$

$$\begin{cases} B_C: G_w^{\mathrm{I}} \mid_{y=a,-\pi\leq\theta\leq\pi} = G_w^{\mathrm{III}} \mid_{r=a,-\pi\leq\theta\leq\pi} \\ B_C: \tau_{rz}^{\mathrm{I}} \mid_{y=a,-\pi\leq\theta\leq\pi} = \tau_{rz}^{\mathrm{III}} \mid_{y=a,-\pi\leq\theta\leq\pi} \\ B_C: G_\phi^{\mathrm{I}} \mid_{r=a,-\pi\leq\theta\leq\pi} = G_\phi^{\mathrm{III}} \mid_{r=a,-\pi\leq\theta\leq\pi} \\ B_C: D_r^{\mathrm{I}} \mid_{r=a,-\pi\leq\theta\leq\pi} = D_r^{\mathrm{III}} \mid_{y=a,-\pi\leq\theta\leq\pi} \end{cases} \quad (8\text{-}2)$$

式中：G_w^{I}、τ_{rz}^{I}、G_ϕ^{I} 与 D_r^{I} 分别为介质 I 中位移格林函数、径向剪切力、电势格林函数与电位移；G_w^{III}、τ_{rz}^{III}、G_ϕ^{III} 与 D_r^{III} 分别为介质 III 中位移格林函数、径向剪切力、电势格林函数与电位移。由线源荷载 $\delta(\eta-\eta_0)$ 产生的扰动，可视为已知的入射波 G_{w0}^i，本节利用"镜像法"，构造满足水平边界应力自由和电绝缘条件的入射波与散射波，略去时间因子 $\mathrm{e}^{-\mathrm{i}\omega t}$。其中，入射波表达式为

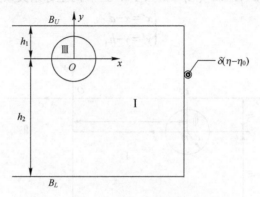

图 8-2 含圆形夹杂的带形压电介质模型

$$G_{w0}^i(\eta,\eta_0) = \frac{\mathrm{i}}{2c_{44}^{\mathrm{I}}(1+\lambda^{\mathrm{I}})} H_0^{(1)}(k_1|\eta-\eta_0|) \quad (8\text{-}3)$$

式中：$\lambda^{\mathrm{I}} = (e_{15}^{\mathrm{I}})^2/(c_{44}^{\mathrm{I}}\kappa_{11}^{\mathrm{I}})$ 为无量纲压电参数。

如图 8-3 所示，G_{w0}^i 在上、下水平边界发生反射，本节对 G_{w0}^i 在上、下边界上多次利用镜像法，使入射波在上、下水平边界上满足应力自由和电绝缘条件，y_1^0, y_2^0 分别表示点 η_0 与上、下水平边界的距离，用 p 表示镜像的次数，$\eta_1^p = d + (h_1 + y_1^p)\mathrm{i}$，$\eta_2^p = d + (h_2 + y_2^p)\mathrm{i}$ 分别表示镜像后产生的"新点源"的坐标，得

$$\begin{cases} G_{w1}^i(\eta,\eta_1^p) = \dfrac{\mathrm{i}}{2c_{44}^{\mathrm{I}}(1+\lambda^{\mathrm{I}})} H_0^{(1)}(k_1|\eta-\eta_1^p|) \\ G_{w2}^i(\eta,\eta_2^p) = \dfrac{\mathrm{i}}{2c_{44}^{\mathrm{I}}(1+\lambda^{\mathrm{I}})} H_0^{(1)}(k_1|\eta-\eta_2^p|) \end{cases} \quad (8\text{-}4)$$

式中：

第8章 带形双相压电介质中缺陷对导波的散射

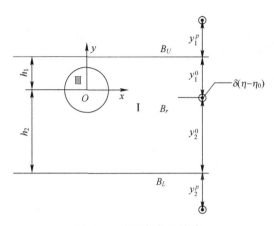

图 8-3 线源荷载的镜像

当 p 为奇数时：

$$y_1^p = y_1^0 + (p-1)(h_1 + h_2), \quad y_2^p = y_2^0 + (p-1)(h_1 + h_2) \tag{8-5}$$

当 p 为偶数时：

$$y_1^p = y_2^0 + (p-1)(h_1 + h_2), \quad y_2^p = y_1^0 + (p-1)(h_1 + h_2) \tag{8-6}$$

总入射波表达式为

$$G_w^i(\eta, \eta_0) = G_{w0}^i(\eta, \eta_0) + \sum_{P=1}^{+\infty} (G_{w1}^i(\eta, \eta_1^p) + G_{w2}^i(\eta, \eta_2^p)) \tag{8-7}$$

入射波产生的电势格林函数表达式如下：

$$G_\phi^i = \frac{e_{15}^{\mathrm{I}}}{\kappa_{11}^{\mathrm{I}}} G_w^i \tag{8-8}$$

略去时间因子 $\exp(-\mathrm{i}\omega t)$，散射导波表达式为

$$G_{w0}^s(\eta, \eta_0) = \frac{\mathrm{i}}{2 c_{44}^{\mathrm{I}} (1 + \lambda^{\mathrm{I}})} \sum_{n=-\infty}^{+\infty} A_n \left\{ H_n^{(1)}(k_1 |\eta|) \left[\frac{\eta}{|\eta|} \right]^n \right.$$

$$\left. + (-1)^n H_n^{(1)}(k_1 |\eta - 2d|) \left[\frac{\eta - 2d}{|\eta - 2d|} \right]^{-n} \right\} \tag{8-9}$$

G_{w0}^s 在上、下水平边界发生反射，本节对 G_{w0}^s 在上、下边界上多次利用镜像法（图 8-4），使散射波在上、下边界上满足应力自由边界条件，用 p 表示镜像的次数，令 $L_1^p = h_1 + d_1^p$，$L_2^p = h_2 + d_2^p$，得

$$\begin{cases} G_{wp}^{s1} = \dfrac{\mathrm{i}}{2 c_4^{\mathrm{I}} (1 + \lambda^{\mathrm{I}})} \sum_{n=-\infty}^{+\infty} A_n \left\{ H_n^{(1)}(k_1 |\eta - \mathrm{i} L_1^p|) \left[\dfrac{\eta - \mathrm{i} L_1^p}{|\eta - \mathrm{i} L_1^p|} \right]^{-n} \right. \\ \left. + (-1)^n H_n^{(1)}(k_1 |\eta - 2d - \mathrm{i} L_1^p|) \left[\dfrac{\eta - 2d - \mathrm{i} L_1^p}{|\eta - 2d - \mathrm{i} L_1^p|} \right]^n \right\} \end{cases}$$

$$\begin{cases} G_{wp}^{s2} = \dfrac{\mathrm{i}}{2c_{44}^{\mathrm{I}}(1+\lambda^{\mathrm{I}})} \sum_{n=-\infty}^{+\infty} A_n \Bigg\{ H_n^{(1)}(k_1|\eta - \mathrm{i}L_2^p|) \left[\dfrac{\eta - \mathrm{i}L_2^p}{|\eta - \mathrm{i}L_2^p|} \right]^{-n} \\ + (-1)^n H_n^{(1)}(k_1|\eta - 2d - \mathrm{i}L_2^p|) \left[\dfrac{\eta - 2d - \mathrm{i}L_2^p}{|\eta - 2d - \mathrm{i}L_2^p|} \right]^n \Bigg\} \end{cases}$$

(8-10)

$$\begin{cases} G_{wp}^{s1} = \dfrac{\mathrm{i}}{2c_{44}^{\mathrm{I}}(1+\lambda^{\mathrm{I}})} \sum_{n=-\infty}^{+\infty} A_n \Bigg\{ H_n^{(1)}(k_1|\eta - \mathrm{i}L_1^p|) \left[\dfrac{\eta - \mathrm{i}L_1^p}{|\eta - \mathrm{i}L_1^p|} \right]^n \\ + (-1)^n H_n^{(1)}(k_1|\eta - 2d - \mathrm{i}L_1^p|) \left[\dfrac{\eta - 2d - \mathrm{i}L_1^p}{\eta - 2d - \mathrm{i}L_1^p} \right]^{-n} \Bigg\} \\ G_{wp}^{s2} = \dfrac{\mathrm{i}}{2c_{44}^{\mathrm{I}}(1+\lambda^{\mathrm{I}})} \sum_{n=-\infty}^{+\infty} A_n \Bigg\{ H_n^{(1)}(k_1|\eta - \mathrm{i}L_2^p|) \left[\dfrac{\eta - \mathrm{i}L_2^p}{|\eta - \mathrm{i}L_2^p|} \right]^n \\ + (-1)^n H_n^{(1)}(k_1|\eta - 2d - \mathrm{i}L_2^p|) \left[\dfrac{\eta - 2d - \mathrm{i}L_2^p}{|\eta - 2d - \mathrm{i}L_2^p|} \right]^{-n} \Bigg\} \end{cases}$$

(8-11)

$$\begin{cases} d_1^p = h_1 + (p-1)(h_1 + h_2) \\ d_2^p = h_2 + (p-1)(h_1 + h_2) \end{cases}$$

(8-12)

$$\begin{cases} d_1^p = h_2 + (p-1)(h_1 + h_2) \\ d_2^p = h_1 + (p-1)(h_1 + h_2) \end{cases}$$

(8-13)

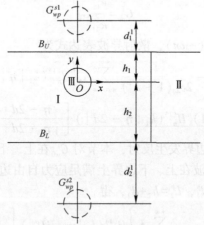

图 8-4 散射波的镜像

散射导波表达式为

第8章　带形双相压电介质中缺陷对导波的散射

$$G_w^s = G_{w0}^s + \sum_{p=1}^{+\infty}(G_{wp}^{s1} + G_{wp}^{s2}) \tag{8-14}$$

散射导波电势函数表达式为

$$G_\phi^s = G_{\phi 0}^s + \sum_{p=1}^{+\infty}(G_{\phi p}^{s1} + G_{\phi p}^{s2}) \tag{8-15}$$

$$\begin{cases} G_{\phi 0}^s = \dfrac{e_{15}^I}{\kappa_{11}^I}(G_{w0}^s + G_{f0}^s), \ G_{\phi p}^{s1} = \dfrac{e_{15}^I}{\kappa_{11}^I}(G_{wp}^{s1} + G_{fp}^{s1}) \\ G_{\phi p}^{s2} = \dfrac{e_{15}^I}{\kappa_{11}^I}(G_{wp}^{s2} + G_{fp}^{s2}) \end{cases} \tag{8-16}$$

$$G_{f0}^s = \sum_{n=1}^{+\infty} B_n[\eta^{-n} + (-1)^n(\overline{\eta} - 2d)^{-n}] \\ + \sum_{n}^{+\infty} C_n[\overline{\eta}^{-n} + (-1)^n(\eta - 2d)^{-n}] \tag{8-17}$$

$$\begin{cases} G_{fp}^{s1} = \sum_{n=1}^{+\infty} B_n[(\overline{\eta} + L_1^p i)^{-n} + (-1)^n(\eta - 2d - L_1^p i)^{-n}] \\ \quad + \sum_{n}^{+\infty} C_n[(\eta - L_1^p i)^{-n} + (-1)^n(\overline{\eta} - 2d + L_1^p i)^{-n}] \\ G_{fp}^{s2} = \sum_{n=1}^{+\infty} B_n[(\overline{\eta} + L_2^p i)^{-n} + (-1)^n(\eta - 2d - L_2^p i)^{-n}] \\ \quad + \sum_{n=1}^{+\infty} C_n[(\eta - L_2^p i)^{-n} + (-1)^n(\overline{\eta} - 2d + L_2^p i)^{-n}] \end{cases} \tag{8-18}$$

$$\begin{cases} G_{fp}^{s1} = \sum_{n=1}^{+\infty} B_n[(\eta + L_1^p i)^{-n} + (-1)^n(\overline{\eta} - 2d - L_1^p i)^{-n}] \\ \quad + \sum_{n=1}^{+\infty} C_n[(\overline{\eta} - L_1^p i)^{-n} + (-1)^n(\overline{\eta} - 2d + L_1^p i)^{-n}] \\ G_{fp}^{s2} = \sum_{n=1}^{+\infty} B_n[(\eta + L_2^p i)^{-n} + (-1)^n(\overline{\eta} - 2d - L_2^p i)^{-n}] \\ \quad + \sum_{n=1}^{+\infty} C_n[(\overline{\eta} - L_2^p i)^{-n} + (-1)^n(\eta - 2d + L_2^p i)^{-n}] \end{cases} \tag{8-19}$$

当 p 为奇数时，G_{wp}^{s1}、G_{wp}^{s2} 取式（8-10），d_1^p、d_2^p 取式（8-12），G_{fp}^{s1}、G_{fp}^{s2} 取式（8-18）。当 p 为偶数时，G_{wp}^{s1}、G_{wp}^{s2} 取式（8-11），d_1^p、d_2^p 取式（8-13），G_{fp}^{s1}、G_{fp}^{s2} 取式（8-19）。

介质 I 中位移格林函数 G_w^{I} 与电位势格林函数 G_ϕ^{I} 表达式分别为

$$G_w^{\mathrm{I}} = G_w^i + G_w^s, \quad G_\phi^{\mathrm{I}} = G_\phi^i + G_\phi^s \tag{8-20}$$

圆形夹杂内部形成的驻波和电位势分别为

$$\begin{cases} G_w^{st} = \dfrac{\mathrm{i}}{2c_{44}^{\mathrm{II}}(1+\lambda^{\mathrm{II}})} \sum_{n=-\infty}^{+\infty} D_n J_n(k_3 |\eta|) [\eta/|\eta|]^n \\ G_\phi^{st} = \dfrac{e_{15}^{\mathrm{II}}}{\kappa_{11}^{\mathrm{II}}}(G_w^{st} + G_f^{st}), G_f^{st} = E_0 + \sum_{n=1}^{\infty}(E_n \eta^n + F_n \overline{\eta}^n) \end{cases} \tag{8-21}$$

介质 III 中位移格林函数与电位势格林函数表达式分别为

$$G_w^{\mathrm{III}} = G_w^{st}, \quad G_\phi^{\mathrm{III}} = G_\phi^{st} \tag{8-22}$$

圆形夹杂周边的边界条件为

$$\begin{cases} G_w^{\mathrm{I}} = G_w^{\mathrm{III}} \\ \tau_{rz}^{\mathrm{I}} = \tau_{rz}^i + \tau_{rz}^s = \tau_{zx}^i \cos\theta + \tau_{zy}^i \sin\theta + \tau_{rz}^s = \tau_{rz}^{\mathrm{III}} \\ G_\phi^{\mathrm{I}} = G_\phi^{\mathrm{III}} \\ D_r^{\mathrm{I}} = D_r^{\mathrm{III}} \end{cases} \tag{8-23}$$

由边界条件建立方程组：

$$\begin{cases} \sum_{n=-\infty}^{+\infty} A_n \xi_n^{(11)} + \sum_{n=-\infty}^{+\infty} D_n \xi_n^{(14)} = \xi^{(1)} \\ \sum_{n=-\infty}^{+\infty} A_n \xi_n^{(21)} + \sum_{n=1}^{+\infty} B_n \xi_n^{(22)} + \sum_{n=1}^{+\infty} C_n \xi_n^{(23)} + \sum_{n=-\infty}^{+\infty} D_n \xi_n^{(24)} \\ + \sum_{n=0}^{+\infty} E_n \xi_n^{(25)} + \sum_{n=1}^{+\infty} F_n \xi_n^{(26)} = \xi^{(2)} \\ \sum_{n=-\infty}^{+\infty} A_n \xi_n^{(31)} + \sum_{n=1}^{+\infty} B_n \xi_n^{(32)} + \sum_{n=1}^{+\infty} C_n \xi_n^{(33)} + \sum_{n=-\infty}^{+\infty} D_n \xi_n^{(34)} \\ + \sum_{n=0}^{+\infty} E_n \xi_n^{(35)} + \sum_{n=1}^{+\infty} F_n \xi_n^{(36)} = \xi^{(3)} \\ \sum_{n=1}^{+\infty} B_n \xi_n^{(42)} + \sum_{n=1}^{+\infty} C_n \xi_n^{(43)} + \sum_{n=0}^{+\infty} E_n \xi_n^{(45)} + \sum_{n=1}^{+\infty} F_n \xi_n^{(46)} = \xi^{(4)} \end{cases} \tag{8-24}$$

式中：

第8章 带形双相压电介质中缺陷对导波的散射

$$\xi_n^{(11)} = \frac{\mathrm{i}}{2c_{44}^{\mathrm{I}}(1+\lambda^{\mathrm{I}})}\left\{H_n^{(1)}(k_1|\eta|)\left[\frac{\eta}{|\eta|}\right]^n\right.$$

$$\left. + (-1)^n H_n^{(1)}(k_1|\eta-2d|)\left[\frac{\eta-2d}{|\eta-2d|}\right]^{-n} \sum_{p=1}^{+\infty} v_1^p + \sum_{p=1}^{+\infty} v_2^p\right\}$$

$$\xi_n^{(14)} = -\frac{\mathrm{i}}{2c_{44}^{\mathrm{III}}(1+\lambda^{\mathrm{III}})}J_n(k_2|\eta|)\left[\frac{\eta}{|\eta|}\right]^n$$

$$\xi_n^{(21)} = \frac{\mathrm{i}k_1}{4}\left[\chi_1\exp(\mathrm{i}\theta) + \chi_2\exp(-\mathrm{i}\theta) + \sum_{p=1}^{+\infty}\varphi_1^p\exp(\mathrm{i}\theta)\right.$$

$$\left. + \sum_{p=1}^{+\infty}\varphi_2^p\exp(-\mathrm{i}\theta) + \sum_{p=1}^{+\infty}\psi_1^p\exp(\mathrm{i}\theta) + \sum_{p=1}^{+\infty}\psi_2^p\exp(-\mathrm{i}\theta)\right]$$

$$\xi_n^{(22)} = \frac{(e_{15}^{\mathrm{I}})^2}{\kappa_{11}^{\mathrm{I}}}\left\{n[\eta^{-n-1}\mathrm{e}^{\mathrm{i}\theta} + (-1)^n(\overline{\eta}-2d)^{-n-1}\mathrm{e}^{-\mathrm{i}\theta}]\right.$$

$$\left. + \sum_{p=1}^{+\infty}\gamma_1^p\exp(\mathrm{i}\theta) + \sum_{p=1}^{+\infty}\gamma_2^p\exp(-\mathrm{i}\theta)\right\}$$

$$\xi_n^{(23)} = \frac{(e_{15}^{\mathrm{I}})^2}{\kappa_{11}^{\mathrm{I}}}\{n[\overline{\eta}^{-n-1}\mathrm{e}^{-\mathrm{i}\theta} + (-1)^n(\eta-2d)^{-n-1}\mathrm{e}^{\mathrm{i}\theta}]$$

$$\left. + \sum_{p=1}^{+\infty}v_1^p\exp(\mathrm{i}\theta) + \sum_{p=1}^{+\infty}v_2^p\exp(-\mathrm{i}\theta)\right\}$$

$$\xi_n^{(24)} = -\frac{\mathrm{i}k_3}{4}[J_{n-1}(k_3|\eta|)[\eta/|\eta|]^{n-1}\mathrm{e}^{\mathrm{i}\theta} - J_{n+1}(k_3|\eta|)[\eta/|\eta|]^{n+1}\mathrm{e}^{-\mathrm{i}\theta}]$$

$$\xi_n^{(25)} = -\frac{(e_{15}^{\mathrm{III}})^2}{\kappa_{11}^{\mathrm{III}}}n\eta^{n-1}\mathrm{e}^{\mathrm{i}\theta},\ \xi_n^{(26)} = -\frac{(e_{15}^{\mathrm{III}})^2}{\kappa_{11}^{\mathrm{III}}}n\overline{\eta}^{n-1}\mathrm{e}^{-\mathrm{i}\theta}$$

$$\xi_n^{(31)} = \frac{e_{15}^{\mathrm{I}}\mathrm{i}}{2c_{44}^{\mathrm{I}}\kappa_{11}^{\mathrm{I}}(1+\lambda^{\mathrm{I}})}\left\{H_n^{(1)}(k_1|\eta|)\left[\frac{\eta}{|\eta|}\right]^n + (-1)^n H_n^{(1)}(k_1|\eta-2d|)\right.$$

$$\left. \cdot \left[\frac{\eta-2d}{|\eta-2d|}\right]^{-n} + \sum_{p=1}^{+\infty}v_1^p + \sum_{p=1}^{+\infty}v_2^p\right\}$$

$$\xi_n^{(32)} = \frac{e_{15}^{\mathrm{I}}}{\kappa_{11}^{\mathrm{I}}}\left[\eta^{-n} + (-1)^n(\overline{\eta}-2d)^{-n} + \sum_{p=1}^{+\infty}\delta^p\right]$$

$$\xi_n^{(33)} = \frac{e_{15}^{\mathrm{I}}}{\kappa_{11}^{\mathrm{I}}}\left[\overline{\eta}^{-n} + (-1)^n(\eta-2d)^{-n} + \sum_{p=1}^{+\infty}t^p\right]$$

$$\xi_n^{(34)} = -\frac{e_{11}^{\mathrm{III}}\mathrm{i}}{2c_{44}^{\mathrm{III}}\kappa_{11}^{\mathrm{III}}(1+\lambda^{\mathrm{III}})}J_n(k_2|\eta|)\left[\frac{\eta}{|\eta|}\right]^n$$

$$\xi_n^{(35)} = -\frac{e_{15}^{\mathrm{III}}}{\kappa_{11}^{\mathrm{III}}}\eta^n, \xi_n^{(36)} = -\frac{e_{15}^{\mathrm{III}}}{\kappa_{11}^{\mathrm{III}}}\bar{\eta}^n$$

$$\xi_n^{(42)} = -e_{15}^{\mathrm{I}}\Big[-n\eta^{-n-1}\mathrm{e}^{\mathrm{i}\theta} - n(-1)^n(\bar{\eta}-2d)^{-n-1}\mathrm{e}^{-\mathrm{i}\theta}$$
$$+\sum_{p=1}^{+\infty}\gamma_1^p\exp(\mathrm{i}\theta) + \sum_{p=1}^{+\infty}\gamma_2^p\exp(-\mathrm{i}\theta)\Big]$$

$$\xi_n^{(43)} = -e_{15}^{\mathrm{I}}\Big[-n(-1)^n(\eta-2d)^{-n-1}\mathrm{e}^{\mathrm{i}\theta} - n\bar{\eta}^{-n-1}\mathrm{e}^{-\mathrm{i}\theta}$$
$$+\sum_{p=1}^{+\infty}v_1^p\exp(\mathrm{i}\theta) + \sum_{p=1}^{+\infty}v_2^p\exp(-\mathrm{i}\theta)\Big]$$

$$\xi_n^{(44)} = -e_{15}^{\mathrm{III}}n\eta^{n-1}\mathrm{e}^{\mathrm{i}\theta}, \xi_n^{(45)} = -e_{15}^{\mathrm{II}}n\bar{\eta}^{n-1}\mathrm{e}^{-\mathrm{i}\theta}$$

$$\xi^{(1)} = -G_w^i, \xi^{(2)} = -(\tau_{zx}^i\cos\theta + \tau_{zy}^i\sin\theta) = -\tau_{rz}^i, \xi^{(3)} = -G_\phi^i, \xi^{(4)} = 0$$

式中:

$$\chi_1 = H_{n-1}^{(1)}(k_1|\eta|)[\eta/|\eta|]^{n-1} - (-1)^n H_{n+1}^{(1)}(k_1|\eta-2d|)$$
$$[(\eta-2d)/|\eta-2d|]^{-n-1}$$

$$\chi_2 = -H_{n+1}^{(1)}(k_1|\eta|)[\eta/|\eta|]^{n+1} + (-1)^n H_{n-1}^{(1)}(k_1|\eta-2d|)$$
$$[(\eta-2d)/|\eta-2d|]^{-n+1}$$

当 p 是奇数时,有

$$\begin{cases}\varphi_1^p = -H_{n+1}^{(1)}(k_1|\eta-L_1^p\mathrm{i}|)[(\eta-L_1^p\mathrm{i})/|\eta-L_1^p\mathrm{i}|]^{-n-1}\\\quad +(-1)^n H_{n-1}^{(1)}(k_1|\eta-2d-L_1^p\mathrm{i}|)[(\eta-2d-L_1^p\mathrm{i})/|\eta-2d-L_1^p\mathrm{i}|]^{-n-1}\\\varphi_2^p = H_{n-1}^{(1)}(k_1|\eta-L_1^p\mathrm{i}|)[(\eta-L_1^p\mathrm{i})/|\eta-L_1^p\mathrm{i}|]^{-n+1}\\\quad -(-1)^n H_{n+1}^{(1)}(k_1|\eta-2d-L_1^p\mathrm{i}|)[(\eta-2d-L_1^p\mathrm{i})/|\eta-2d-L_1^p\mathrm{i}|]^{n+1}\end{cases}$$

$$\begin{cases}\psi_1^p = -H_{n+1}^{(1)}(k_1|\eta-L_2^p\mathrm{i}|)[(\eta-L_2^p\mathrm{i})/|\eta-L_2^p\mathrm{i}|]^{-n-1}\\\quad +(-1)^n H_{n-1}^{(1)}(k_1|\eta-2d-L_2^p\mathrm{i}|)[(\eta-2d-L_2^p\mathrm{i})/|\eta-2d-L_2^p\mathrm{i}|]^{-n-1}\\\psi_2^p = H_{n-1}^{(1)}(k_1|\eta-L_2^p\mathrm{i}|)[(\eta-L_2^p\mathrm{i})/|\eta-L_2^p\mathrm{i}|]^{-n+1}\\\quad -(-1)^n H_{n+1}^{(1)}(k_1|\eta-2d-L_2^p\mathrm{i}|)[(\eta-2d-L_2^p\mathrm{i})/|\eta-2d-L_2^p\mathrm{i}|]^{n+1}\end{cases}$$

$$\gamma_1^p = -n[(-1)^n(\eta-2d-L_1^p\mathrm{i})^{-n-1} + (-1)^n(\eta-2d-L_2^p\mathrm{i})^{-n-1}]$$
$$\gamma_2^p = -n(\bar{\eta}+L_1^p\mathrm{i})^{-n-1} - n(\bar{\eta}+L_2^p\mathrm{i})^{-n-1}$$
$$v_1^p = -n(\eta-L_1^p\mathrm{i})^{-n-1} - n(\eta-L_2^p\mathrm{i})^{-n-1}$$
$$v_2^p = -n[(-1)^n(\bar{\eta}-2d+L_1^p\mathrm{i})^{-n-1} + (-1)^n(\bar{\eta}-2d+L_2^p\mathrm{i})^{-n-1}]$$

$$\begin{cases} v_1^p = H_n^{(1)}(k_1|\eta-L_1^p\mathrm{i}|)[(\eta-L_1^p\mathrm{i})/|\eta-L_1^p\mathrm{i}|]^{-n} \\ \qquad +(-1)^n H_n^{(1)}(k_1|\eta-2d-L_1^p\mathrm{i}|)[(\eta-2d-L_1^p\mathrm{i})/|\eta-2d-L_1^p\mathrm{i}|]^n \\ v_2^p = H_n^{(1)}(k_1|\eta-L_2^p\mathrm{i}|)[(\eta-L_2^p\mathrm{i})/|\eta-L_2^p\mathrm{i}|]^{-n} \\ \qquad +(-1)^n H_n^{(1)}(k_1|\eta-2d-L_2^p\mathrm{i}|)[(\eta-2d-L_2^p\mathrm{i})/|\eta-2d-L_2^p\mathrm{i}|]^n \end{cases}$$

$$\delta^p = (\bar{\eta}+L_1^p\mathrm{i})^{-n}+(\bar{\eta}+L_2^p\mathrm{i})^{-n}+(-1)^n(\eta-2d-L_1^p\mathrm{i})^{-n}+(-1)^n(\eta-2d-L_2^p\mathrm{i})^{-n}$$

$$t^p = (\eta-L_1^p\mathrm{i})^{-n}+(\eta-L_2^p\mathrm{i})^{-n}+(-1)^n(\bar{\eta}-2d+L_1^p\mathrm{i})^{-n}+(-1)^n(\bar{\eta}-2d+L_2^p\mathrm{i})^{-n}$$

当 p 是偶数时,有

$$\begin{cases} \varphi_1^p = H_{n-1}^{(1)}(k_1|\eta-L_1^p\mathrm{i}|)[(\eta-L_1^p\mathrm{i})/|\eta-L_1^p\mathrm{i}|]^{n-1} \\ \qquad -(-1)^n H_{n+1}^{(1)}(k_1|\eta-2d-L_1^p\mathrm{i}|)[(\eta-2d-L_1^p\mathrm{i})/|\eta-2d-L_1^p\mathrm{i}|]^{-n-1} \\ \varphi_2^p = -H_{n+1}^{(1)}(k_1|\eta-L_1^p\mathrm{i}|)[(\eta-L_1^p\mathrm{i})/|\eta-L_1^p\mathrm{i}|]^{n+1} \\ \qquad +(-1)^n H_{n-1}^{(1)}(k_1|\eta-2d-L_1^p\mathrm{i}|)[(\eta-2d-L_1^p\mathrm{i})/|\eta-2d-L_1^p\mathrm{i}|]^{-n+1} \end{cases}$$

$$\begin{cases} \psi_1^p = H_{n-1}^{(1)}(k_1|\eta-L_2^p\mathrm{i}|)[\eta-L_2^p\mathrm{i}/|\eta-L_2^p\mathrm{i}|]^{n-1} \\ \qquad -(-1)^n H_{n+1}^{(1)}(k_1|\eta-2d-L_2^p\mathrm{i}|)[(\eta-2d-L_2^p\mathrm{i})/|\eta-2d-L_2^p\mathrm{i}|]^{-n-1} \\ \psi_2^p = -H_{n+1}^{(1)}(k_1|\eta-L_2^p\mathrm{i}|)[\eta-L_2^p\mathrm{i}/|\eta-L_2^p\mathrm{i}|]^{n+1} \\ \qquad +(-1)^n H_{n-1}^{(1)}(k_1|\eta-2d-L_2^p\mathrm{i}|)[(\eta-2d-L_2^p\mathrm{i})/|\eta-2d-L_2^p\mathrm{i}|]^{-n+1} \end{cases}$$

$$\gamma_1^p = -n(\eta+L_1^p\mathrm{i})^{-n-1}-n(\eta+L_2^p\mathrm{i})^{-n-1}$$

$$\gamma_2^p = -n[(-1)^n(\bar{\eta}-2d-L_1^p\mathrm{i})^{-n-1}+(-1)^n(\bar{\eta}-2d-L_2^p\mathrm{i})^{-n-1}]$$

$$v_1^p = -n[(-1)^n(\eta-2d+L_1^p\mathrm{i})^{-n-1}+(-1)^n(\eta-2d+L_2^p\mathrm{i})^{-n-1}]$$

$$v_2^p = -n(\bar{\eta}-L_1^p\mathrm{i})^{-n-1}-n(\bar{\eta}-L_2^p\mathrm{i})^{-n-1}$$

$$\begin{cases} v_1^p = H_n^{(1)}(k_1|\eta-L_1^p\mathrm{i}|)[(\eta-L_1^p\mathrm{i})/|\eta-L_1^p\mathrm{i}|]^n \\ \qquad +(-1)^n H_n^{(1)}(k_1|\eta-2d-L_1^p\mathrm{i}|)[(\eta-L_1^p\mathrm{i})/|\eta-L_1^p\mathrm{i}|]^{-n} \\ v_2^p = H_n^{(1)}(k_1|\eta-L_2^p\mathrm{i}|)[(\eta-L_2^p\mathrm{i})/|\eta-L_2^p\mathrm{i}|]^n \\ \qquad +(-1)^n H_n^{(1)}(k_1|\eta-2d-L_2^p\mathrm{i}|)[(\eta-L_2^p\mathrm{i})/|\eta-L_2^p\mathrm{i}|]^{-n} \end{cases}$$

$$\delta^p = (\eta+L_1^p\mathrm{i})^{-n}+(-1)^n(\bar{\eta}-2d-L_1^p\mathrm{i})^{-n}+(\eta+L_2^p\mathrm{i})^{-n}+(-1)^n(\bar{\eta}-2d-L_2^p\mathrm{i})^{-n}$$

$$t^p = (\bar{\eta}-L_1^p\mathrm{i})^{-n}+(-1)^n(\eta-2d+L_1^p\mathrm{i})^{-n}+(\bar{\eta}-L_2^p\mathrm{i})^{-n}+(-1)^n(\eta-2d+L_2^p\mathrm{i})^{-n}$$

将以上方程组中等式左右两边乘以 $\exp(-\mathrm{i}\omega t)$,在 $(-\pi,\pi)$ 进行积分,其中 $F=1,2,3,\cdots$,从而得到关于 A_n、B_n、C_n、D_n、E_n 的一次方程组。

对于介质Ⅱ,其位移格林函数和电势格林函数表达式分别为

$$G_w^{\mathrm{II}} = G_{w0}^{i'}(\eta, \eta_0) + \sum_{P=1}^{+\infty}(G_{w1}^{i'}(\eta, \eta_1^P) + G_{w2}^{i'}(\eta, \eta_2^P)) \tag{8-25}$$

$$G_\phi^{\mathrm{II}} = \frac{e_{15}^{\mathrm{II}}}{\kappa_{11}^{\mathrm{I}}} G_w^{\mathrm{I}} \tag{8-26}$$

式中:

$$\eta_1^P = d + (h_1 + y_1^P)\mathrm{i}, \quad \eta_2^P = d - (h_2 + y_2^P)\mathrm{i}$$

$$G_{w0}^{i'}(\eta, \eta_0) = \frac{\mathrm{i}}{2c_{44}^{\mathrm{II}}(1+\lambda^{\mathrm{II}})} H_0^{(1)}(k_2|\eta - \eta_0|)$$

$$G_{w1}^{i'}(\eta, \eta_1^P) = \frac{\mathrm{i}}{2c_{44}^{\mathrm{II}}(1+\lambda^{\mathrm{II}})} H_0^{(1)}(k_2|\eta - \eta_1^P|)$$

$$G_{w2}^{i'}(\eta, \eta_2^P) = \frac{\mathrm{i}}{2c_{44}^{\mathrm{II}}(1+\lambda^{\mathrm{II}})} H_0^{(1)}(k_2|\eta - \eta_2^P|)$$

当 p 为奇数时:

$$y_1^P = y_1^0 + (p-1)(h_1 + h_2), \quad y_2^P = y_2^0 + (p-1)(h_1 + h_2)$$

当 p 为偶数时:

$$y_1^P = y_2^0 + (p-1)(h_1 + h_2), \quad y_2^P = y_1^0 + (p-1)(h_1 + h_2)$$

8.1.3 SH 型导波的散射

入射波 w^i、反射波 w^r、折射波 w^f 和散射波 w^s 以及激发的电位势函数 ϕ^i、ϕ^r、ϕ^f 和 ϕ^s 在带形介质上、下水平边界上均满足应力自由与电绝缘条件,在垂直边界 B_V 上均满足连续性条件。图 8-5 给出了不同阶数下 SH 型导波的振型,图 8-6 给出了由界面反射和折射产生的 w^i、w^r、w^f。利用导波理论,入射导波 w^i 及其激发的电位势函数 ϕ^i 表达式为

$$w^i = w_0 \sum_{m=0}^{+\infty} w_m^i, \phi^i = \phi_0 \sum_{m=0}^{+\infty} \phi_m^i \tag{8-27}$$

带形介质内入射导波 w^i 中 w_m^i 的表达式为

$$w_m^i = f_{m0}(y) \exp[\mathrm{i}k_{m0}(x-d) - \mathrm{i}\omega t] \tag{8-28}$$

由 w_m^i 激发的电位势函数 ϕ_m^i 可以表示为

$$\phi_m^i = f'_{m0}(y) \exp[\mathrm{i}k_{m0}(x-d) - \mathrm{i}\omega t] \tag{8-29}$$

忽略时间因子 $\exp(-\mathrm{i}\omega t)$,上式中: m 为导波阶数,表示 y 方向上干涉相的节点数。$k_{m0}^2 = k_1^2 - q_m^2$,$f_{m0}(y)$ 和 $f'_{m0}(y)$ 表示 y 方向上干涉相的驻波,二者表达式如下:

第8章 带形双相压电介质中缺陷对导波的散射

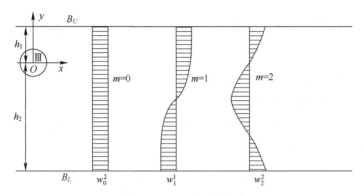

图 8-5 SH 型导波振型

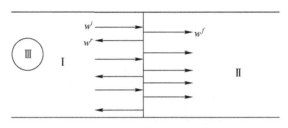

图 8-6 界面产生的反射波和折射波

$$\begin{cases} f_{m0}(y) = w_{m0}^1 \sin\left[q_m\left(y+\dfrac{h_2-h_1}{2}\right)\right] + w_{m0}^2 \cos\left[q_m\left(y+\dfrac{h_2-h_1}{2}\right)\right] \\ f'_{m0}(y) = \phi_{m0}^1 \sin\left[q_m\left(y+\dfrac{h_2-h_1}{2}\right)\right] + \phi_{m0}^2 \cos\left[q_m\left(y+\dfrac{h_2-h_1}{2}\right)\right] \end{cases} \qquad (8-30)$$

入射导波 w^i 及其激发的电位势 ϕ^i，在带形介质上、下水平边界上满足应力自由和电绝缘边界条件为

$$\begin{cases} \tau_{zy} = c_{44}\dfrac{\partial w^i}{\partial y} + e_{15}\dfrac{\partial \phi^i}{\partial y}\bigg|_{y=h_1,-h_2} = 0 \\ D_y = e_{15}\dfrac{\partial w^i}{\partial y} - \kappa_{11}\dfrac{\partial \phi^i}{\partial y}\bigg|_{y=h_1,-h_2} = 0 \end{cases} \qquad (8-31)$$

将 w^i 和 ϕ^i 表达式代入式（8-31），得

$$\begin{cases} w_{m0}^1 \cos\left[q_m\left(\dfrac{h_1+h_2}{2}\right)\right] \pm w_{m0}^2 \sin\left[q_m\left(\dfrac{h_1+h_2}{2}\right)\right] = 0 \\ \phi_{m0}^1 \cos\left[q_m\left(\dfrac{h_1+h_2}{2}\right)\right] \pm \phi_{m0}^2 \sin\left[q_m\left(\dfrac{h_1+h_2}{2}\right)\right] = 0 \end{cases} \qquad (8-32)$$

须有 $q_m = \dfrac{m\pi}{h_1+h_2}$，当 m 为偶数时，$w_{m0}^1 = 0$，$\phi_{m0}^1 = 0$；当 m 为奇数时，$w_{m0}^2 = 0$，$\phi_{m0}^2 = 0$。

所以入射导波 w^i 及其激发的电势函数 ϕ^i 在带形介质上、下水平边界上满足应力自由和电绝缘边界条件。

类似地，可以得到忽略时间因子 $\exp(-i\omega t)$ 后的反射导波 w^r 及其激发的电位势函数 ϕ^r 的表达式为

$$w^r = w_0 \sum_{m=0}^{+\infty} w_m^r, \quad \phi^r = \phi_0 \sum_{m=0}^{+\infty} \phi_m^r \tag{8-33}$$

$$\begin{cases} w_m^r = f_{m1}(y)\exp[-ik_{m0}(x-d)], \quad \phi_m^r = f'_{m1}(y)\exp[-ik_{m0}(x-d)] \\ f_{m1}(y) = w_{m1}^1 \sin\left[q_m\left(y+\dfrac{h_2-h_1}{2}\right)\right] + w_{m1}^2 \cos\left[q_m\left(y+\dfrac{h_2-h_1}{2}\right)\right] \\ f'_{m1}(y) = \phi_{m1}^1 \sin\left[q_m\left(y+\dfrac{h_2-h_1}{2}\right)\right] + \phi_{m1}^2 \cos\left[q_m\left(y+\dfrac{h_2-h_1}{2}\right)\right] \end{cases} \tag{8-34}$$

当 m 为偶数时，$w_{m1}^1 = 0$，$\phi_{m1}^1 = 0$；当 m 为奇数时，$w_{m1}^2 = 0$，$\phi_{m1}^2 = 0$。折射波 w^f 及其激发的电位势函数 ϕ^f 表达式为

$$w^f = w_0 \sum_{m=0}^{+\infty} w_m^f, \quad \phi^f = \phi_0 \sum_{m=0}^{+\infty} \phi_m^f \tag{8-35}$$

式中：

$$\begin{cases} w_m^f = f_{m2}(y)\exp[ik_{m2}(x-d)], \quad \phi_m^f = f'_{m2}(y)\exp[ik_{m2}(x-d)] \\ f_{m2}(y) = w_{m2}^1 \sin\left[q_m\left(y+\dfrac{h_2-h_1}{2}\right)\right] + w_{m2}^2 \cos\left[q_m\left(y+\dfrac{h_2-h_1}{2}\right)\right] \\ f'_{m2}(y) = \phi_{m2}^1 \sin\left[q_m\left(y+\dfrac{h_2-h_1}{2}\right)\right] + \phi_{m2}^2 \cos\left[q_m\left(y+\dfrac{h_2-h_1}{2}\right)\right] \end{cases} \tag{8-36}$$

式中：$k_{m2}^2 = k_2^2 - q_m^2$。

当 m 为偶数时，$w_{m2}^1 = 0$，$\phi_{m2}^1 = 0$；当 m 为奇数时，$w_{m2}^2 = 0$，$\phi_{m2}^2 = 0$。

令式（8-27）、式（8-33）、式（8-35）中各系数满足：

$$\begin{cases} w_{m0}^j + w_{m1}^j = w_{m2}^j \\ \phi_{m0}^j + \phi_{m1}^j = \phi_{m2}^j \end{cases} \tag{8-37}$$

式中：$j = 1, 2$。

对于 w^i、w^r、w^f 和 ϕ^i、ϕ^r、ϕ^f 级数表达式中单项 w^i、w^r、w^f，在垂直边界 B_V 上均满足连续性条件：

$$w_m^i + w_m^r = w_m^f, \quad \phi_m^i + \phi_m^r = \phi_m^f, \quad x = d \tag{8-38}$$

当项数相同时，w^i、w^r、w^f 和 ϕ^i、ϕ^r、ϕ^f 在垂直边界 B_V 上也满足连续性条件：
$$w^i+w^r=w^f, \quad \phi^i+\phi^r=\phi^f, \quad x=d \tag{8-39}$$

在 SH 型导波作用下产生的散射波位移场和电场表达式与线源荷载作用下产生的 G_w^s 与 G_ϕ^s 相同，只是未知系数不同，未知系数可以根据圆形夹杂的边界条件进行求解，方法与求解格林函数中未知系数所用方法相同。

8.1.4 契合法的应用

如图 8-7 所示，界面"剖分"的过程破坏了界面上原有的应力和位移连续性条件。利用"契合法"将介质 I 和介质 II 在垂直边界上"契合"起来，形成无限长带形模型，将坐标系平移到垂直边界直角点处，采用坐标系 $x'O'y'$。为满足垂直边界上的连续性，在垂直边界上施加一对出平面外力系 $f_1(r_0',\theta_0')$、$f_2(r_0',\theta_0')$ 以及一对平面内电场 $f_3(r_0',\theta_0')$、$f_4(r_0',\theta_0')$。

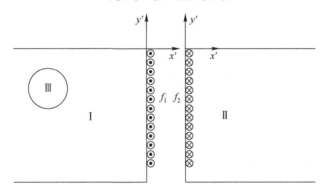

图 8-7　含圆形夹杂的带形双相压电介质的契合

介质 I 中：
$$\begin{cases} w^{\rm I}=w^i+w^r+w^s, & \tau_{\theta z}^{\rm I}=\tau_{\theta z}^i+\tau_{\theta z}^r+\tau_{\theta z}^s \\ \phi^{\rm I}=\phi^i+\phi^r+\phi^s, & D_\theta^{\rm I}=D_\theta^i+D_\theta^r+D_\theta^s \end{cases} \tag{8-40}$$

介质 II 中：
$$w^{\rm II}=w^f, \quad \tau_{\theta z}^{\rm II}=\tau_{\theta z}^f, \quad \phi^{\rm II}=\phi^f, \quad D_\theta^{\rm II}=D_\theta^f \tag{8-41}$$

在垂直边界 $\theta_0'=\beta=-\dfrac{\pi}{2}$ 上，由连续性条件可知：
$$\begin{cases} \tau_{\theta z}^{\rm I}\sin\theta_0'+f_1(r_0',\theta_0')=\tau_{\theta z}^{\rm II}\sin\theta_0'+f_2(r_0',\theta_0') \\ w^{\rm I}+w^{f1}=w^{\rm II}+w^{f2} \\ D_\theta^{\rm I}\sin\theta_0'+f_3(r_0',\theta_0')=D_\theta^{\rm II}\sin\theta_0'+f_4(r_0',\theta_0') \\ \phi^{\rm I}+\phi^{f3}=\phi^{\rm II}+\phi^{f4} \end{cases} \tag{8-42}$$

式中：w^{f1}、w^{f2} 分别为出平面外力系 $f_1(r_0', \theta_0')$、$f_2(r_0', \theta_0')$ 引起的位移，ϕ^{f1}、ϕ^{f2} 分别为平面内电场 $f_3(r_0', \theta_0')$、$f_4(r_0', \theta_0')$ 引起的电势。

具体表达式如下：

$$\begin{cases} w^{f1} = \int_0^{h_1+h_2} f_1(r_0,\beta) G_w^{\mathrm{I}}(r',\theta',r_0',\beta) \mathrm{d}r_0' \\ w^{f2} = -\int_0^{h_1+h_2} f_2(r_0,\beta) G_w^{\mathrm{II}}(r',\theta',r_0',\beta) \mathrm{d}r_0' \\ \phi^{f3} = \int_0^{h_1+h_2} f_3(r_0,\beta) G_\phi^{\mathrm{I}}(r',\theta',r_0',\beta) \mathrm{d}r_0' \\ \phi^{f4} = -\int_0^{h_1+h_2} f_4(r_0,\beta) G_w^{\mathrm{II}}(r',\theta',r_0',\beta) \mathrm{d}r_0' \end{cases} \quad (8-43)$$

由 SH 型导波应力位移连续性条件对式 (8-42) 进行简化，得到关于出平面外力系和平面内电场的积分方程：

$$\begin{cases} f_1(r_0',\theta_0') = f_2(r_0',\theta_0), \theta_0 = \beta \\ \int_0^{h_1+h_2} f_1(r_0',\theta_0) [G_w^{\mathrm{I}}(r_0',\beta,r,\theta) + G_w^{\mathrm{II}}(r_0',\beta;r,\theta)] \mathrm{d}r_0' = -w^s \end{cases} \quad (8-44)$$

$$\begin{cases} f_3(r_0',\theta_0') = f_4(r_0',\theta_0'), \theta_0' = \beta \\ \int_0^{h_1+h_2} f_3(r_0',\theta_0') [G_\phi^{\mathrm{I}}(r_0',\beta,r,\theta) + G_\phi^{\mathrm{II}}(r_0',\beta;r,\theta)] \mathrm{d}r_0' = -\phi^s \end{cases} \quad (8-45)$$

方程 (8-44) 和方程 (8-45) 为弱奇异性第一类弗雷德霍姆积分方程组。由于散射波具有逐渐衰减的特性，利用"离散点法"对积分方程组进行处理并求解，从而求解出离散点上出平面外力系 $f_1(r_0',\theta_0')$、$f_2(r_0',\theta_0')$ 以及平面内电场 $f_3(r_0',\theta_0')$、$f_4(r_0',\theta_0')$ 的值。

8.1.5 动应力集中系数

在 SH 型导波作用下夹杂周边的环向剪切应力可以表示为

$$\tau_{\theta z} = \tau_{\theta z}^I + c_{44}^I \mathrm{i} \int_0^{h_1+h_2} f_1(\eta_0') \left(\frac{\partial G_w^I}{\partial \eta} \mathrm{e}^{\mathrm{i}\theta} - \frac{\partial G_w^I}{\partial \overline{\eta}} \mathrm{e}^{-\mathrm{i}\theta} \right) \mathrm{d}|\eta_0'| \\ + e_{15}^I \mathrm{i} \int_0^{l_1+l_2} f_3(\eta_0') \left(\frac{\partial G_\phi^I}{\partial \eta} \mathrm{e}^{\mathrm{i}\theta} - \frac{\partial G_\phi^I}{\partial \overline{\eta}} \mathrm{e}^{-\mathrm{i}\theta} \right) \mathrm{d}|\eta_0'| \quad (8-46)$$

动应力系数可表示为 $\tau_{\theta z}^* = |\tau_{\theta z}/\tau_0|$，$\tau_0 = -\mathrm{i}k_1(c_{44}^I w_0 + e_{15}^I \phi_0)$ 为入射波剪切应力幅值。

8.1.6 电场强度集中系数

在 SH 型导波作用下夹杂周边的环向电场强度可以表示为

第8章 带形双相压电介质中缺陷对导波的散射

$$E_\theta = E_\theta^I - \mathrm{i} \int_0^{h_1+h_2} f_3(\eta_0') \left(\frac{\partial G_\phi^I}{\partial \eta} \mathrm{e}^{\mathrm{i}\theta} - \frac{\partial G_\phi^I}{\partial \overline{\eta}} \mathrm{e}^{-\mathrm{i}\theta} \right) \mathrm{d} |\eta_0'| \quad (8\text{-}47)$$

动应力系数可表示为 $E_\theta^* = |E_\theta/E_0|$，$E_0 = \mathrm{i} k_1 \phi_0$ 为入射波电场强度幅值。

$$E_\theta^I = -\mathrm{i} \left(\frac{\partial \phi^I}{\partial \eta} \mathrm{e}^{\mathrm{i}\theta} - \frac{\partial \phi^I}{\partial \overline{\eta}} \mathrm{e}^{-\mathrm{i}\theta} \right) \quad (8\text{-}48)$$

8.1.7 数值结果与分析

当 $\lambda^I = \lambda^{II} = 0$、$c_{44}^I = c_{44}^{II}$、$\rho_1 = \rho_2$、$\rho_3 = 0$、$k_3 = 0$ 时，本节模型退化为含圆孔的带形弹性介质，得到该模型在 SH 型导波作用下的分布情况如图 8-8 所示，与结果吻合较好，证明本方法精确可行。本节给出圆形夹杂与上、下水平边界的距离、与垂直边界的距离、入射导波的频率对 $\tau_{\theta z}^*$ 和电场强度集中系数的影响，本节令 $h_1^* = h_1/a$、$h_2^* = h_2/a$ 作为无量纲参数进行分析，本节取参数比：$k_2/k_1 = 2$、$e_{15}^{II}/e_{15}^I = 1000$、$c_{44}^{II}/c_{44}^I = 1$、$\kappa_{11}^{II}/\kappa_{11}^I = 0.5$；$k_1/k_3 = 2$、$e_{15}^{III}/e_{15}^I = 1$、$c_{44}^{III}/c_{44}^I = 0.5$、$\kappa_{11}^{III}/\kappa_{11}^I = 1$ 建立模型进行分析。

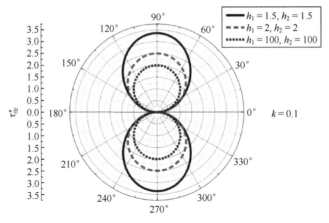

图 8-8 本节方法的验证

图 8-9 给出了 SH 型导波入射时圆形夹杂周边动应力集中系数随 h^* 的分布情况。取无量纲参数 $k_2/k_1 = 2$、$e_{15}^{II}/e_{15}^I = 1000$、$c_{44}^{II}/c_{44}^I = 1$、$\kappa_{11}^{II}/\kappa_{11}^I = 0.5$；$k_1/k_3 = 2$、$e_{15}^{III}/e_{15}^I = 1$、$c_{44}^{III}/c_{44}^I = 0.5$、$\kappa_{11}^{III}/\kappa_{11}^I = 1$、$d^* = 10$ 建立模型进行分析。由图 8-9 可知，当 $ka = 0.1$ 时，是"准静态"，$\tau_{\theta z}^*$ 的分布受 h_1^* 和 h_2^* 影响较大，因为上、下水平边界的存在使散射波发生反射而变得复杂，所以 $\tau_{\theta z}^*$ 的分布曲线变化复杂，当 $ka = 0.1$、$h_1^* = 20$、$h_2^* = 40$ 时，$\tau_{\theta z}^*$ 最大值为 0.62，比 $ka = 0.1$、$h_1^* = 20$、$h_2^* = 20$ 时，$\tau_{\theta z}^*$ 最大值 0.59 提高了 5%。当 $ka = 1$ 和 $ka = 2$ 时，

对应中频和高频的情况，$\tau_{\theta z}^*$ 的分布曲线沿水平线几乎对称，$\tau_{\theta z}^*$ 的分布曲线变化不明显。当 $ka=1$、$h_1^*=20$、$h_2^*=20$ 时，$\tau_{\theta z}^*$ 最大值为 1.0，约为"准静态"时 $\tau_{\theta z}^*$ 最大值的 1.6 倍。所以 h^* 对 $\tau_{\theta z}^*$ 的分布存在影响，而且当 SH 型导波高频入射时，h^* 对 $\tau_{\theta z}^*$ 的分布影响较大，这与含圆形夹杂的带形单一压电介质受到 SH 型导波作用时的动力学性能一致。

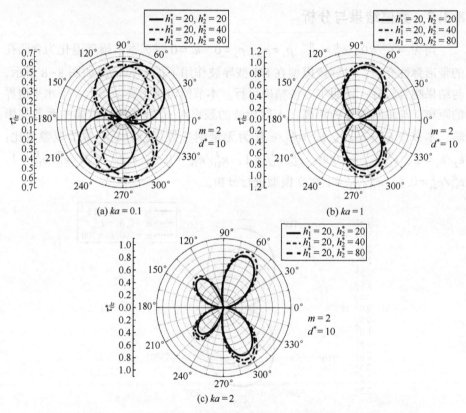

图 8-9　SH 型导波入射时圆形夹杂周边 DSCF 随 h^* 的分布

图 8-10 给出了 SH 型导波入射时圆形夹杂周边电场强度系数随 h^* 的变化。设变量如下：$k_2/k_1=2$、$e_{15}^{II}/e_{15}^{I}=1000$、$c_{44}^{II}/c_{44}^{I}=1$、$\kappa_{11}^{II}/\kappa_{11}^{I}=0.5$；$k_1/k_3=2$、$e_{15}^{III}/e_{15}^{I}=1$、$c_{44}^{III}/c_{44}^{I}=0.5$、$\kappa_{11}^{III}/\kappa_{11}^{I}=1$、$h^*=10$。根据图 8-10，当 $ka=0.1$ 时，对应低频 SH 型导波入射的情况，无量纲参数 h_1^* 和 h_2^* 对 E_θ^* 曲线分布的影响非常大，由于散射波在压电介质的上、下水平边界上的发生反射形成复杂的波场，所以 E_θ^* 的分布曲线变化也比较复杂，当 $ka=1$ 和 $ka=2$ 时，对应中频和高频 SH 型导波入射的情况，E_θ^* 的分布曲线沿水平轴线呈现出对称性，

且 E_θ^* 的分布曲线变化不明显。当 $ka=0.1$、$h_1^*=20$、$h_2^*=40$ 时，E_θ^* 最大值为 1.25，比 $ka=0.1$、$h_1^*=20$、$h_2^*=20$ 时 E_θ^* 最大值 1.19 提高了约 4.8%。当 $ka=2$、$h_1^*=20$、$h_2^*=20$ 时，E_θ^* 最大值为 1.96，比"准静态"时 E_θ^* 最大值提高了 57%。所以 h^* 对 E_θ^* 的分布存在影响，而且当 SH 型导波高频入射时，h^* 对 E_θ^* 的分布影响较大。

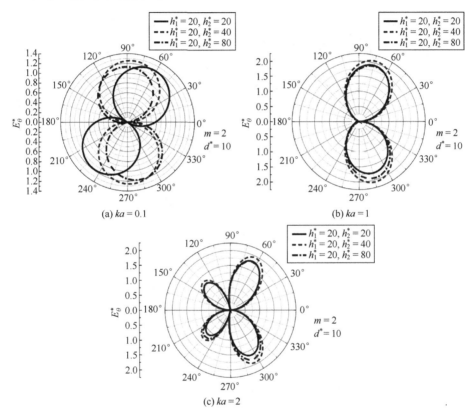

图 8-10 SH 型导波入射时随 E_θ^* 的 h^* 变化

图 8-11 给出了 SH 型导波入射时圆形夹杂周边动应力集中系数随 d^* 的分布情况。取无量纲参数 $k_2/k_1=2$、$e_{15}^{II}/e_{15}^{I}=1000$、$c_{44}^{II}/c_{44}^{I}=1$、$\kappa_{11}^{II}/\kappa_{11}^{I}=0.5$；$k_1/k_3=2$、$e_{15}^{III}/e_{15}^{I}=1$、$c_{44}^{III}/c_{44}^{I}=0.5$、$\kappa_{11}^{III}/\kappa_{11}^{I}=1$、$h^*=20$ 建立模型进行分析。由图 8-11 可知，$\tau_{\theta z}^*$ 的值随 d^* 的增大而逐渐变小，因为上、下水平边界和垂直边界的存在使散射波发生反射而使弹性波场变得复杂，所以 $\tau_{\theta z}^*$ 的分布曲线也比较复杂，圆形夹杂与垂直边界距离越大，边界效应越小，散射波越衰减。当 $ka=1$ 和 $ka=2$ 时，对应中频和高频的情况，$\tau_{\theta z}^*$ 的分布曲线沿水平轴线几乎

对称。当 $ka=0.1$、$d^*=8$ 时，$\tau_{\theta z}^*$ 最大值为 0.61，比 $ka=0.1$、$d^*=20$ 时 $\tau_{\theta z}^*$ 最大值 0.42 提高了 45%，通过分析数据也可以看出，$\tau_{\theta z}^*$ 的值随 d^* 的增大而逐渐变小。当 $ka=2$、$d^*=8$ 时，$\tau_{\theta z}^*$ 最大值为 1.0，约为"准静态"时 $\tau_{\theta z}^*$ 最大值 1.5 倍。所以 d^* 对 $\tau_{\theta z}^*$ 的分布存在影响，而且当 SH 型导波高频入射时，d^* 对 $\tau_{\theta z}^*$ 的分布影响较大。

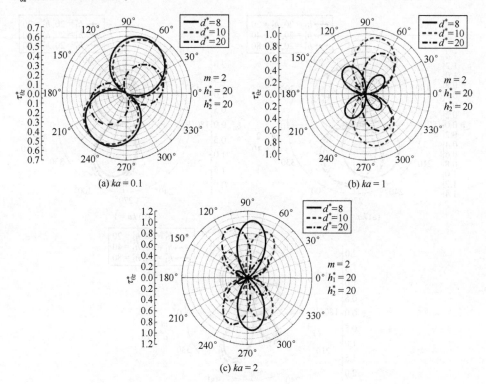

图 8-11　SH 型导波入射时圆形夹杂周边 DSCF 随 d^* 的分布

图 8-12 给出了 SH 型导波入射时 E_θ^* 随 d^* 的分布情况。设变量如下：$k_2/k_1=2$、$e_{15}^{II}/e_{15}^{I}=1000$、$c_{44}^{II}/c_{44}^{I}=1$、$k_{11}^{II}/k_{11}^{I}=0.5$；$k_1/k_3=2$、$e_{15}^{III}/e_{15}^{I}=1$、$c_{44}^{III}/c_{44}^{I}=0.5$、$k_{11}^{III}/k_{11}^{I}=1$、$h_1^*=20$、$h_2^*=20$。根据图 8-12，无量纲参数 d^* 对 E_θ^* 曲线分布的影响比较明显，E_θ^* 的分布曲线变化比较复杂，当 $ka=0.1$、$d^*=8$ 时，E_θ^* 最大值为 1.23，比 $ka=0.1$、$d^*=20$ 时 E_θ^* 最大值 0.86 提高了约 43%，随着 d^* 的增大，E_θ^* 的值逐渐变小，这是因为圆形夹杂与垂直边界距离越大，边界效应越小，散射波越衰减，这些变化缺陷和 E_θ^* 的分布曲线变化相一致。当 $ka=1$ 和 $ka=2$ 时，对应中频和高频 SH 型导波入射的情况，E_θ^* 的分布曲线沿水平轴线呈现出对称性。当 $ka=1$、$d^*=8$ 时，E_θ^* 最大值为 2.0，比

$ka=0.1$ 时 E_θ^* 最大值 1.23 提高了 62%。所以 E_θ^* 的分布受到 d^* 的影响,而且当 SH 型导波高频入射时,这种影响更明显。

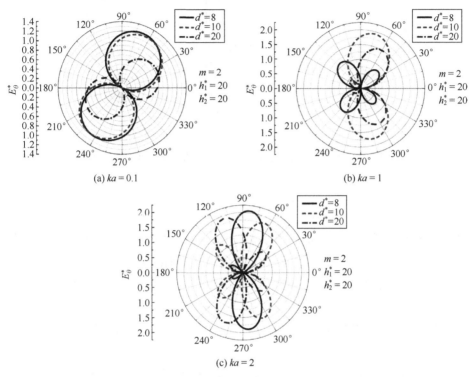

图 8-12 SH 型导波入射时圆形夹杂周边 EFICF 随 d^* 的分布

图 8-13 给出了 SH 型导波入射时圆形夹杂周边动应力集中系数随 ka 的分布情况。取无量纲参数 $k_2/k_1=2$、$e_{15}^{II}/e_{15}^{I}=1000$、$c_{44}^{II}/c_{44}^{I}=1$、$\kappa_{11}^{II}/\kappa_{11}^{I}=0.5$;$k_1/k_3=2$、$e_{15}^{III}/e_{15}^{I}=1$、$c_{44}^{III}/c_{44}^{I}=0.5$、$\kappa_{11}^{III}/\kappa_{11}^{I}=1$、$h_1^*=20$、$h_2^*=20$、$d^*=10$ 建立模型进行分析。由图 8-13 可知,当 $m=1$ 时,$\tau_{\theta z}^*$ 的分布曲线沿竖直轴线几乎对称,低频时 $\tau_{\theta z}^*$ 的值远大于中频和高频时的情况,当 $ka=0.1$ 时,此时是"准静态",$\tau_{\theta z}^*$ 最大值为 0.3,远大于 $m=1$、$ka=1$ 时 $\tau_{\theta z}^*$ 的最大值,所以低阶 SH 型导波入射时,应该对低频的情况引起重视。当 $m=2$ 时,表示高阶 SH 型导波入射的情况,$\tau_{\theta z}^*$ 分布曲线变化明显,当 $ka=1$ 时,$\tau_{\theta z}^*$ 最大值为 0.95,比 $m=2$、$ka=2$ 时 $\tau_{\theta z}^*$ 最大值 0.89 提高 7%,约为 $m=1$、$ka=0.1$ 时 $\tau_{\theta z}^*$ 最大值 0.3 的 3.1 倍,所以当高阶 SH 型导波入射时,$\tau_{\theta z}^*$ 变化剧烈。$\tau_{\theta z}^*$ 的值随 SH 型导波的阶数增大而增大。

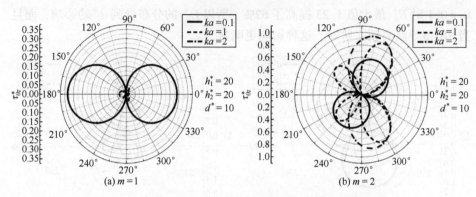

图 8-13　SH 型导波入射时圆形夹杂周边 DSCF 随 ka 的分布

图 8-14 给出了不同阶数的 SH 型导波入射随 ka 的分布情况。设变量如下：$k_2/k_1=2$、$e_{15}^{II}/e_{15}^{I}=1000$、$c_{44}^{II}/c_{44}^{I}=1$、$\kappa_{11}^{II}/\kappa_{11}^{I}=0.5$；$k_1/k_3=2$、$e_{15}^{III}/e_{15}^{I}=1$、$c_{44}^{III}/c_{44}^{I}=0.5$、$\kappa_{11}^{III}/\kappa_{11}^{I}=1$、$h_1^*=20$、$h_2^*=20$、$d^*=10$ 建立模型进行分析。由图 8-14 可知，当 $m=1$ 时，E_θ^* 的分布曲线沿竖直轴线呈现出对称性，低频 SH 型导波对 E_θ^* 的影响特别大，当 $m=1$、$ka=0.1$ 时，E_θ^* 最大值为 0.66，远大于 $m=1$、$ka=1$ 时 E_θ^* 的最大值，所以低阶 SH 型导波入射时低频对 E_θ^* 的影响特别大，此时，低频时 E_θ^* 最大值远大于中高频时的 E_θ^* 最大值，E_θ^* 曲线变化趋势和 $\tau_{\theta z}^*$ 变化趋势基本一致。当 $m=2$ 时，E_θ^* 分布曲线比较复杂，当 $m=2$、$ka=1$ 时，E_θ^* 最大值为 1.91，比 $m=2$、$ka=2$ 时 E_θ^* 最大值 1.71 提高约 12%，所以 SH 型导波的阶数越大，E_θ^* 的值越大，且高阶 SH 型导波入射时中频的情况对 E_θ^* 的分布影响特别明显。

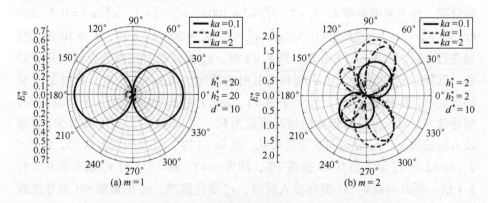

图 8-14　SH 型导波入射时圆形夹杂周边 EFICF 随 ka 的分布

第8章 带形双相压电介质中缺陷对导波的散射

图 8-15 给出了 SH 型导波入射时圆形夹杂周边动应力系数随波数比 k^* 的变化情况。其中波数比 $k^*=k_1/k_2$,取无量纲参数:$k_2/k_1=2$、$e_{15}^{II}/e_{15}^{I}=1000$、$c_{44}^{II}/c_{44}^{I}=1$、$\kappa_{11}^{II}/\kappa_{11}^{I}=0.5$;$e_{15}^{III}/e_{15}^{I}=1$、$c_{44}^{III}/c_{44}^{I}=0.5$、$\kappa_{11}^{III}/\kappa_{11}^{I}=1$、$h_1^*=20$、$h_2^*=20$ 建立模型进行分析。当 $k^*>1$ 时,表示入射导波从相对较软的压电介质入射到相对较硬的压电介质,当 $k^*<1$ 时,表示入射导波从相对较硬的压电介质入射到相对较软的压电介质。由图 8-15 可知,当 $ka=0.1$、$k^*=1$ 和 $k^*=2$ 时,$\tau_{\theta z}^*$ 分布曲线沿竖直轴线几乎对称,当 SH 型导波的入射频率逐渐增大后,$\tau_{\theta z}^*$ 分布曲线也呈现出复杂性。当 $ka=0.1$、$k^*=0.5$ 时,$\tau_{\theta z}^*$ 最大值为 0.75,比 $ka=0.1$、$k^*=2$ 时 $\tau_{\theta z}^*$ 最大值 0.59 提高 27%,当 $ka=2$、$k^*=0.5$ 时,$\tau_{\theta z}^*$ 最大值为 1.0,比 $ka=2$、$k^*=2$ 时 $\tau_{\theta z}^*$ 最大值 0.89 提高了 12%,$\tau_{\theta z}^*$ 的值随 k^* 的增大而减小,这说明 $\tau_{\theta z}^*$ 的分布情况和介质的软硬程度有关,当 SH 型导波由较硬介质入射较软的介质时,较软介质比较硬介质可以吸收更多的能量,导致圆形夹杂周边的 $\tau_{\theta z}^*$ 值增大,通过分析数据可知,当 $ka=0.1$ 时 $\tau_{\theta z}^*$ 最大值为 0.75,比 $ka=2$ 时 $\tau_{\theta z}^*$ 最大值 1.0 减少了约 33%,所以高频 SH 型导波入射时介质较软,对 $\tau_{\theta z}^*$ 的分布影响比较明显。可见 $\tau_{\theta z}^*$ 的分布很大程度受到介质Ⅲ和介质Ⅰ的波数比的影响。

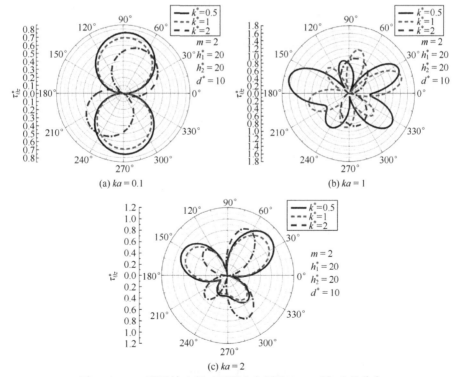

图 8-15 SH 型导波入射时圆形夹杂周边 DSCF 随 k^* 的分布

图 8-16 给出了 SH 型导波入射时圆形夹杂周边电场强度集中系数随波数比 k^* 的变化情况。其中，波数比 $k^* = k_1/k_3$，取无量纲参数 $k_2/k_1 = 2$、$e_{15}^{\mathrm{II}}/e_{15}^{\mathrm{I}} = 1000$、$c_{44}^{\mathrm{II}}/c_{44}^{\mathrm{I}} = 1$、$\kappa_{11}^{\mathrm{II}}/\kappa_{11}^{\mathrm{I}} = 0.5$；$k_1/k_3 = 2$、$e_{15}^{\mathrm{III}}/e_{15}^{\mathrm{I}} = 1$、$c_{44}^{\mathrm{III}}/c_{44}^{\mathrm{I}} = 0.5$、$\kappa_{11}^{\mathrm{III}}/\kappa_{11}^{\mathrm{I}} = 1$、$h_1^* = 20$、$h_2^* = 20$、$d^* = 10$ 建立模型进行分析。由图 8-16 可知，当 $ka = 0.1$ 时，E_θ^* 分布曲线沿 60° 轴线几乎对称；当 $ka = 2$ 时，对应高频 SH 型导波入射的情况，E_θ^* 曲线的分布沿水平轴向呈现出对称性。当 $ka = 0.1$、$k^* = 2$ 时，E_θ^* 最大值为 1.55，比 $ka = 0.1$、$k^* = 0.5$ 时 E_θ^* 最大值 1.19 提高了 30%，当 $ka = 2$、$k^* = 0.5$ 时，E_θ^* 最大值为 2.15，比 $ka = 2$、$k^* = 2$ 时 E_θ^* 最大值 1.79 提高了 20%，E_θ^* 的值随 k^* 的增大而逐渐变小，变化趋势和 $\tau_{\theta z}^*$ 曲线的分布一致，这说明 E_θ^* 的分布情况也和介质的软硬程度有关，当 SH 型导波由较硬介质入射较软的介质时，较软介质比较硬介质可以吸收更多的能量，导致圆形夹杂周边的 E_θ^* 的值增大。所以介质Ⅲ和介质Ⅰ的波数比对 E_θ^* 的分布存在不可忽略的影响。通过对图 8-15 和图 8-16 分析可知，实际工程中可以调节介质Ⅲ和介质Ⅰ的波数比，来延长压电元件寿命。

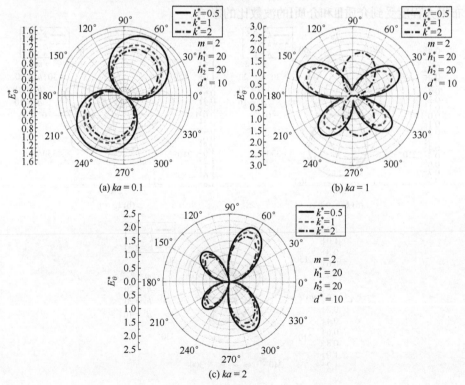

图 8-16　SH 型导波入射时圆形夹杂周边 EFICF 随 k^* 的分布

图 8-17 给出了 SH 型导波入射时圆形夹杂周边动应力系数随无量纲压电常数的变化情况。取无量纲参数 $k_2/k_1=2$、$e_{15}^{II}/e_{15}^{I}=1000$、$c_{44}^{II}/c_{44}^{I}=1$、$\kappa_{11}^{II}/\kappa_{11}^{I}=0.5$；$k_1/k_3=2$、$e_{15}^{III}/e_{15}^{I}=1$、$c_{44}^{III}/c_{44}^{I}=0.5$、$\kappa_{11}^{III}/\kappa_{11}^{I}=1$、$h_1^*=20$、$h_2^*=20$、$d^*=10$ 建立模型进行分析。由图 8-17 可知，当 $ka=0.1$ 时，$\tau_{\theta z}^*$ 分布曲线沿 60°轴线几乎对称，当 $ka=1$ 和 $ka=2$ 时，对应高频和中频 SH 型导波入射的情况，此时 $\tau_{\theta z}^*$ 曲线沿水平轴向呈现出对称性。$\tau_{\theta z}^*$ 的值随 λ^I 的增大而增大。当 $ka=0.1$、$\lambda^I=2$ 时，$\tau_{\theta z}^*$ 最大值为 0.59，比 $ka=0.1$、$\lambda^I=0.5$ 时 $\tau_{\theta z}^*$ 最大值 0.41 提高了约 44%，当 $ka=2$、$\lambda^I=2$ 时，$\tau_{\theta z}^*$ 最大值为 0.89，比 $ka=2$、$\lambda^I=0.5$ 时 $\tau_{\theta z}^*$ 最大值 0.71 提高了 25%，比 $ka=0.1$、$\lambda^I=2$ 时 $\tau_{\theta z}^*$ 最大值 0.59 提高 51%，所以高频 SH 型导波入射时 λ^I 对 $\tau_{\theta z}^*$ 的分布影响比较大。

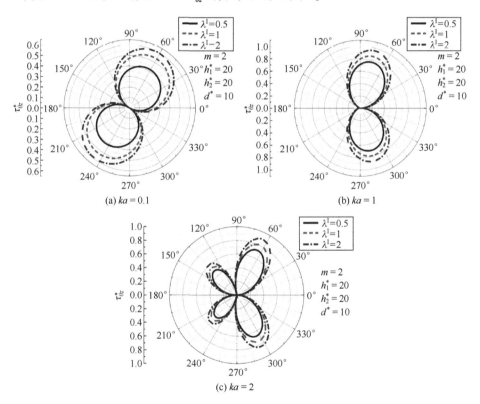

图 8-17 SH 型导波入射时圆形夹杂周边 DSCF 随 λ^I 的分布

图 8-18 给出了 SH 型导波入射时圆形夹杂周边电场强度集中系数随无量纲压电常数 λ^I 的变化情况。取无量纲参数 $k_2/k_1=2$、$e_{15}^{II}/e_{15}^{I}=1000$、$c_{44}^{II}/c_{44}^{I}=1$、$\kappa_{11}^{II}/\kappa_{11}^{I}=0.5$；$k_1/k_3=2$、$e_{15}^{III}/e_{15}^{I}=1$、$c_{44}^{III}/c_{44}^{I}=0.5$、$\kappa_{11}^{III}/\kappa_{11}^{I}=1$、$h_1^*=20$、

$h_2^* = 20$、$d^* = 10$ 建立模型进行分析。由图 8-18 可知,E_θ^* 分布曲线呈现出对称性,随着入射 SH 型导波的频率逐渐增大,E_θ^* 曲线的分布随 λ^I 变化也逐渐变复杂。当 $ka = 0.1$、$\lambda^I = 2$ 时,E_θ^* 最大值为 1.19,比 $ka = 0.1$、$\lambda^I = 0.5$ 时 E_θ^* 最大值 1.01 提高了约 15%,当 $ka = 2$、$\lambda^I = 2$ 时,E_θ^* 最大值为 1.79,比 $ka = 2$、$\lambda^I = 0.5$ 时 E_θ^* 最大值 1.49 提高了约 20%,所以 E_θ^* 的值随 λ^I 的增大而逐渐变大。当 $ka = 2$ 时,E_θ^* 最大值 1.79 比 $ka = 0.1$ 时 E_θ^* 最大值 1.19 提高了约 48%,所以高频 SH 型导波作用的情况下 λ^I 对 E_θ^* 的分布影响特别大。通过对图 8-17 和图 8-18 分析可知,实际工程中可以调节无量纲压电常数,同时避免高频 SH 型导波,提高带形压电元件的安全性和延长带形压电元件的使用寿命。

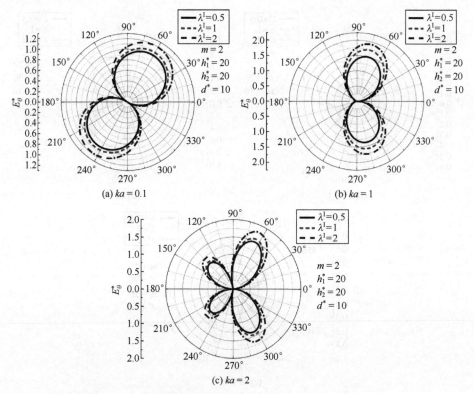

图 8-18 SH 型导波入射时圆形夹杂周边 EFICF 随 λ^I 的分布

本算例利用导波理论、"格林函数法"、"镜像法"和"契合法"研究含圆形夹杂的带形双相压电介质在 SH 型导波作用下的反平面特征。将无限长双相带形压电介质模型沿垂直界面分割为两个独立的含垂直边界的带形压电介质进

第8章 带形双相压电介质中缺陷对导波的散射

行研究。通过圆形夹杂周边连续条件建立起求解未知系数的积分方程组。利用"契合法"建立第一类弗雷德霍姆型积分方程组,并通过直接离散的方法求解未知出平面外力系和平面内电场,得到圆形夹杂周边动应力集中系数与电场强度集中系数解析表达式。数值算例研究了诸多变量对动应力集中系数与电场强度集中系数的影响。算例表明:

（1）当高频 SH 型导波入射时,圆形夹杂周边动应力集中系数和电场强度系数是低频时的 1.6 倍,所以模型受到的破坏比较大,工程中应该引起注意。

（2）当高频 SH 型导波入射时,$\tau_{\theta z}^*$ 和 E_θ^* 随 h^* 变化非常明显;圆形夹杂与垂直边界距离越大,散射波越衰弱,所以随着 d^* 的增大,$\tau_{\theta z}^*$ 和 E_θ^* 的值逐渐变小。

（3）SH 型导波的阶数越大,$\tau_{\theta z}^*$ 和 E_θ^* 越大,高阶时 $\tau_{\theta z}^*$ 和 E_θ^* 最大值约为低阶时的 3 倍;低阶 SH 型导波入射时低频对 $\tau_{\theta z}^*$ 和 E_θ^* 的影响特别大,此时 $\tau_{\theta z}^*$ 和 E_θ^* 最大值远大于中高频时的 $\tau_{\theta z}^*$ 和 E_θ^* 最大值。

选取合适的压电材料的参数组合,可以降低圆形夹杂周边的 $\tau_{\theta z}^*$ 和 E_θ^* 的值,保证压电元件的安全使用。

8.2 带形双相压电介质中界面裂纹附近圆形夹杂对 SH 型导波的散射

双相压电材料可以制造成多种压电元件,如传感器,在航天和军工领域有着重要用途。双相压电介质由于组成复杂,并且在生产、加工和使用的过程中容易出现破坏,所以经常在界面附近形成裂纹,在外荷载作用下压电材料有裂纹的部分容易发生动应力集中现象,严重时裂纹可能沿着界面发生扩展,导致结构失效,使传感器无法使用,所以对界面裂纹的动应力问题进行分析非常有意义。齐辉等人采用格林函数法和复变函数法,研究了两种不同的压电介质中界面裂纹对 SH 型导波的散射问题[5-6],丁生虎和李星采用傅里叶变换和奇异方程法,研究了一种功能梯度压电材料黏接到另外一种不同的功能梯度压电材料上时产生的反平面裂纹问题[7],靳静和马鹏利用积分变换法和奇异积分方程技术求解了压电压磁双材料界面裂纹的二维断裂问题[8],但是目前对于带形双相压电介质中界面裂纹附近圆形夹杂对 SH 型导波的散射问题,此模型的动态性能具有重要意义。

本节利用导波理论、"格林函数法"和"镜像法"研究含界面裂纹和圆形夹杂的带形双相压电介质在 SH 型导波作用下的反平面特征。根据第 6 章中相同方法求解格林函数表达式。利用"契合法"对两个1/2带形压电介质作用出平面外力系和平面内电场，通过连续性条件建立并求解第一类弗雷德霍姆型积分方程组，从而得到圆形夹杂周边动应力集中系数和动应力强度因子解析表达式。

8.2.1 问题模型的描述

图 8-19 所示为含圆形夹杂的带形双相压电介质，其质量密度、弹性常数、压电系数和介电常数分别为 ρ_1、c_{44}^{I}、e_{15}^{I} 和 κ_{11}^{I}，其上、下水平边界分别为 B_U 和 B_L，垂直边界为 B_V；介质 II 为无缺陷的带形压电介质，其质量密度、弹性常数、压电系数和介电常数分别为 ρ_2、c_{44}^{II}、e_{15}^{II} 和 $\kappa_{11}^{\mathrm{II}}$；介质 III 为圆形夹杂，其质量密度、弹性常数、压电系数和介电常数分别为 ρ_3、c_{44}^{III}、e_{15}^{III} 和 $\kappa_{11}^{\mathrm{III}}$，中心位置距上、下边界距离分别为 h_1、h_2，其半径为 a，与垂直边界 B_V 距离为 d，其边界为 B_c。界面裂纹长度为 $2A$，尖端与上、下水平边界分别为 B_U 和 B_L 距离为 h_3 和 h_4。本节采用多级坐标展开法，在夹杂圆心和裂纹中心分别建立坐标系 xOy、$x'O'y'$，所对应的复坐标系分别为 $\eta=x+yi=re^{i\theta}$，$\eta'=x'+y'i=r'e^{i\theta'}$。两坐标系关系为

$$\begin{cases} x'=x-d \\ y'=y-h_1 \end{cases} \tag{8-49}$$

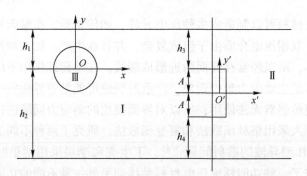

图 8-19 含圆形夹杂和裂纹的带形双相压电介质模型

8.2.2 格林函数

本节研究的介质 I 在线源荷载 $\delta(\eta-\eta_0)$ 作用下的模型如图 8-20 所示。

第8章 带形双相压电介质中缺陷对导波的散射

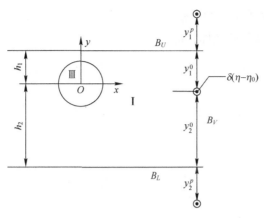

图 8-20 含圆形夹杂的带形压电介质模型

介质 I 满足水平边界上应力自由和电绝缘条件，边界条件可以表示为

$$\begin{cases} B_U: \tau_{yz}^I \big|_{y=h_1}=0, D_y^I \big|_{y=h_1}=0 \\ B_L: \tau_{yz}^I \big|_{y=-h_2}=0, D_y^I \big|_{y=-h_2}=0 \\ B_V: \tau_{xz}^I \big|_{x=d}=\delta(\eta-\eta_0) \\ B_C: G_w^I \big|_{r=a,-\pi\leqslant\theta\leqslant\pi}=G_w^{III} \big|_{r=a,-\pi\leqslant\theta\leqslant\pi} \\ B_C: \tau_{xz}^I \big|_{r=a,-\pi\leqslant\theta\leqslant\pi}=\tau_{xz}^{III} \big|_{r=a,-\pi\leqslant\theta\leqslant\pi} \\ B_C: G_\phi^I \big|_{r=a,-\pi\leqslant\theta\leqslant\pi}=G_\phi^{III} \big|_{r=a,-\pi\leqslant\theta\leqslant\pi} \\ B_C: G_{rz}^I \big|_{r=a,-\pi\leqslant\theta\leqslant\pi}=G_{rz}^{III} \big|_{r=a,-\pi\leqslant\theta\leqslant\pi} \\ B_C: D_r^I \big|_{r=a,-\pi\leqslant\theta\leqslant\pi}=D_r^{III} \big|_{r=a,-\pi\leqslant\theta\leqslant\pi} \end{cases} \quad (8\text{-}50)$$

式中：G_w^I、τ_{rz}^I、G_ϕ^I 与 D_r^I 分别为介质 I 中位移格林函数、径向剪应力、电势格林函数与电位移；G_w^{III}、τ_{rz}^{III}、G_ϕ^{III} 与 D_r^{III} 分别为介质 III 中位移格林函数、径向剪应力、电势格林函数与电位移。由线源荷载 $\delta(\eta-\eta_0)$ 产生的扰动，可视为已知的入射波，本节利用"镜像法"构造满足水平边界应力自由和电绝缘条件的入射波与散射波，略去时间因子。其中，入射波表达式为

$$G_{w0}^i(\eta,\eta_0)=\frac{\mathrm{i}}{2c_{44}^I(1+\lambda^I)}H_0^{(1)}(k_1|\eta-\eta_0|) \quad (8\text{-}51)$$

式中：$\lambda^I=(e_{15}^I)^2/(c_{44}^I\kappa_{11}^I)$ 为无量纲压电参数。

如图 8-21 所示，G_{w0}^i 在上、下水平边界发生反射，根据参考文献 [9] 中方法，本节对 G_{w0}^i 在上、下边界上多次利用镜像法，使入射波在上、下水平边界上满足应力自由和电绝缘条件，y_1^0，y_2^0 分别表示 η_0 点与上、下水平边界的

距离,用 p 表示镜像的次数, $\eta_1^P = d+(h_1+y_1^P)\mathrm{i}$, $\eta_2^P = d+(h_2+y_2^P)\mathrm{i}$ 分别表示镜像后产生的"新点源"的坐标,得

$$\begin{cases} G_{w1}^i(\eta,\eta_1^p) = \dfrac{\mathrm{i}}{2c_{44}^{\mathrm{I}}(1+\lambda^{\mathrm{I}})} H_0^{(1)}(k_1|\eta-\eta_1^P|) \\ G_{w2}^i(\eta,\eta_2^p) = \dfrac{\mathrm{i}}{2c_{44}^{\mathrm{I}}(1+\lambda^{\mathrm{I}})} H_0^{(1)}(k_1|\eta-\eta_2^P|) \end{cases} \tag{8-52}$$

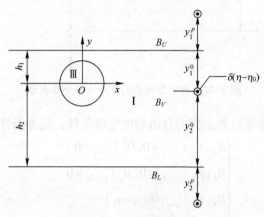

图 8-21　线源荷载的镜像

式中:

当 p 为奇数时:

$$y_1^P = y_1^0 + (p-1)(h_1+h_2), \quad y_2^P = y_2^0 + (p-1)(h_1+h_2) \tag{8-53}$$

当 p 为偶数时:

$$y_1^P = y_2^0 + (p-1)(h_1+h_2), \quad y_2^P = y_1^0 + (p-1)(h_1+h_2) \tag{8-54}$$

总入射波表达式为

$$G_w^i(\eta,\eta_0) = G_{w0}^i(\eta,\eta_0) + \sum_{P=1}^{+\infty} (G_{w1}^i(\eta,\eta_1^P) + G_{w2}^i(\eta,\eta_2^P)) \tag{8-55}$$

入射波产生的电势格林函数表达式如下:

$$G_\phi^i = \frac{e_{15}^{\mathrm{I}}}{\kappa_{11}^{\mathrm{I}}} G_w^i \tag{8-56}$$

对于介质 II,其位移格林函数和电势格林函数表达式分别为

$$G_w^{\mathrm{II}} = G_{w0}^{i\prime}(\eta,\eta_0) + \sum_{P=1}^{+\infty} (G_{w1}^{i\prime}(\eta,\eta_1^P) + G_{w2}^{i\prime}(\eta,\eta_2^P)) \tag{8-57}$$

$$G_\phi^i = \frac{e_{15}^{\mathrm{II}}}{\kappa_{11}^{\mathrm{II}}} G_w^i \tag{8-58}$$

式中

$$\eta_1^P = d+(h_1+y_1^P)\mathrm{i}, \quad \eta_2^P = d-(h_2+y_2^P)\mathrm{i} \tag{8-59}$$

$$G_{w0}^{i\prime}(\eta,\eta_0) = \frac{\mathrm{i}}{2c_{44}^{\mathrm{II}}(1+\lambda^{\mathrm{II}})} H_0^{(1)}(k_2|\eta-\eta_0|) \tag{8-60}$$

$$G_{w1}^{i\prime}(\eta,\eta_0) = \frac{\mathrm{i}}{2c_{44}^{\mathrm{II}}(1+\lambda^{\mathrm{II}})} H_0^{(1)}(k_2|\eta-\eta_1^p|) \tag{8-61}$$

$$G_{w2}^{i\prime}(\eta,\eta_0) = \frac{\mathrm{i}}{2c_{44}^{\mathrm{II}}(1+\lambda^{\mathrm{II}})} H_0^{(1)}(k_2|\eta-\eta_2^p|) \tag{8-62}$$

当 p 为奇数时：

$$y_1^P = y_1^0+(p-1)(h_1+h_2), \quad y_2^P = y_2^0+(p-1)(h_1+h_2) \tag{8-63}$$

当 p 为偶数时：

$$y_1^P = y_2^0+(p-1)(h_1+h_2), \quad y_2^P = y_1^0+(p-1)(h_1+h_2) \tag{8-64}$$

8.2.3 SH 型导波的散射

入射波 w^i、反射波 w^r、折射波 w^f 和散射波 w^s 以及激发的电位势函数 ϕ^i、ϕ^r、ϕ^f 和 ϕ^s 在带形介质上、下水平边界上均满足应力自由与电绝缘条件，在垂直边界 B_V 上均满足连续性条件。图 8-22 给出了不同阶数下 SH 型导波的振型，图 8-23 给出了由界面反射和折射产生的 w^i，w^r，w^f。利用导波理论，入射导波 w^i 及其激发的电位势函数 ϕ^i 表达式为

$$w^i = w_0 \sum_{m=0}^{+\infty} w_m^i, \phi^i = \phi_0 \sum_{m=0}^{+\infty} \phi_m^i \tag{8-65}$$

由参考文献 [9] 可知，带形介质内入射导波 w^i 中 w_m^i 的表达式为

$$w_m^i = f_{m0}(y)\exp[\mathrm{i}k_{m0}(x-d)-\mathrm{i}\omega t] \tag{8-66}$$

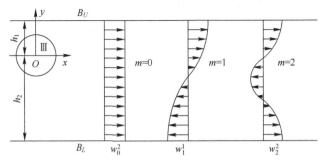

图 8-22 SH 型导波振型

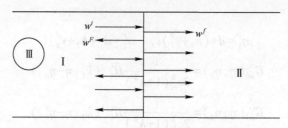

图 8-23 界面产生的反射波和折射波

利用参考文献 [9] 中的相同方法，由 w_m^i 激发的电位势函数 ϕ_m^i 可以表示为

$$\phi_m^i = f'_{m0}(y)\exp[\mathrm{i}k_{m0}(x-d)-\mathrm{i}\omega t] \qquad (8\text{-}67)$$

忽略时间因子 $\exp(-\mathrm{i}\omega t)$，上式中：$m$ 为导波阶数，表示 y 方向上干涉相的节点数，$k_{m0}^2 = k_1^2 - q_{mf}^2$，$f_{m0}(y)$ 和 $f'_{m0}(y)$ 表示 y 方向上干涉相的驻波，二者表达式如下：

$$f_{m0}(y) = w_{m0}^1 \sin\left[q_m\left(y+\frac{h_2-h_1}{2}\right)\right] + w_{m0}^2 \cos\left[q_m\left(y+\frac{h_2-h_1}{2}\right)\right] \qquad (8\text{-}68)$$

$$f'_{m0}(y) = \phi_{m0}^1 \sin\left[q_m\left(y+\frac{h_2-h_1}{2}\right)\right] + \phi_{m0}^2 \cos\left[q_m\left(y+\frac{h_2-h_1}{2}\right)\right] \qquad (8\text{-}69)$$

入射导波 w^i 及其激发的电位势 ϕ^i，在带形介质上、下水平边界上满足应力自由和电绝缘边界条件为

$$\begin{cases} \tau_{zy} = c_{44}\dfrac{\partial w^i}{\partial y} + e_{15}\dfrac{\partial \phi^i}{\partial y}\bigg|_{y=h_1,-h_2} \\ D_{zy} = e_{15}\dfrac{\partial w^i}{\partial y} - \kappa_{11}\dfrac{\partial \phi^i}{\partial y}\bigg|_{y=h_1,-h_2} \end{cases} \qquad (8\text{-}70)$$

将 w^i 和 ϕ^i 表达式代入式 (8-70)，得

$$\begin{cases} w_{m0}^1 \cos\left[q_m\left(\dfrac{h_1+h_2}{2}\right)\right] \pm w_{m0}^2 \sin\left[q_{mn}\left(\dfrac{h_1+h_2}{2}\right)\right] = 0 \\ \phi_{m0}^1 \cos\left[q_{mm}\left(\dfrac{h_1+h_2}{2}\right)\right] \pm \phi_{m0}^2 \sin\left[q_m\left(\dfrac{h_1+h_2}{2}\right)\right] = 0 \end{cases} \qquad (8\text{-}71)$$

须有 $q_m = \dfrac{m\pi}{h_1+h_2}$，当 m 为偶数时，$w_{m0}^1 = 0$，$\phi_{m0}^1 = 0$；当为奇数时，$w_{m0}^2 = 0$，$\phi_{m0}^2 = 0$。

所以入射导波及其激发的电势函数在带形介质上、下水平边界上满足应力自由和电绝缘边界条件。

第8章 带形双相压电介质中缺陷对导波的散射

类似地，可以得到忽略时间因子 $\exp(-\mathrm{i}\omega t)$ 后的反射导波 w^r 及其激发的电位势 ϕ^r 的表达式为

$$w^r = w_0 \sum_{m=0}^{+\infty} w_m^r, \quad \phi^r = \phi_0 \sum_{m=0}^{+\infty} \phi_m^r \tag{8-72}$$

$$w_m^r = f_{m1}(y)\exp[-\mathrm{i}k_{m0}(x-d)], \quad \phi_m^r = f'_{m1}(y)\exp[-\mathrm{i}k_{m0}(x-d)] \tag{8-73}$$

$$\begin{cases} f_{m1}(y) = w_{m1}^1 \sin\left[q_m\left(y+\dfrac{h_2-h_1}{2}\right)\right] + w_{m1}^2 \cos\left[q_{mn}\left(y+\dfrac{h_2-h_1}{2}\right)\right] \\ f'_{m1}(y) = \phi_{m1}^1 \sin\left[q_m\left(y+\dfrac{h_2-h_1}{2}\right)\right] + \phi_{m1}^2 \cos\left[q_m\left(y+\dfrac{h_2-h_1}{2}\right)\right] \end{cases} \tag{8-74}$$

当 m 为偶数时，$w_{m1}^1=0, \phi_{m1}^1=0$；当 p 为奇数时，$w_{m1}^2=0, \phi_{m1}^2=0$。折射波 w^f 及其激发的电位势函数 ϕ^f 表达式为

$$w^f = w_0 \sum_{m=0}^{+\infty} w_{mn}^f, \quad \phi^f = \phi_0 \sum_{m=0}^{+\infty} \phi_{mn}^f \tag{8-75}$$

$$w_m^f = f_{m2}(y)\exp[-\mathrm{i}k_{m2}(x-d)], \quad \phi_m^f = f'_{m2}(y)\exp[-\mathrm{i}k_{m2}(x-d)] \tag{8-76}$$

$$\begin{cases} f_{m2}(y) = w_{m2}^1 \sin\left[q_m\left(y+\dfrac{h_2-h_1}{2}\right)\right] + w_{m2}^2 \cos\left[q_m\left(y+\dfrac{h_2-h_1}{2}\right)\right] \\ f'_{m2}(y) = \phi_{m2}^1 \sin\left[q_m\left(y+\dfrac{h_2-h_1}{2}\right)\right] + \phi_{m2}^2 \cos\left[q_m\left(y+\dfrac{h_2-h_1}{2}\right)\right] \end{cases} \tag{8-77}$$

式中：$k_{m2}^2 = k_2^2 - q_{mv}^2$。

当 m 为偶数时，$w_{m2}^1=0, \phi_{m2}^1=0$；当为奇数时，$w_{m2}^2=0, \phi_{m2}^1=0$。

令式（8-65）、式（8-71）、式（8-77）中系数满足：

$$\begin{cases} w_{m0}^j + w_{m1}^j = w_{m2}^j \\ \phi_{m0}^j + \phi_{m1}^j = \phi_{m2}^j \end{cases} \tag{8-78}$$

式中：$j=1,2$。

对于 w^i、w^r、w^f 和 ϕ^i、ϕ^r、ϕ^f 级数表达式中单项 w_m^i、w_m^r、w_m^f，由式（8-78）可知，在垂直边界上均满足连续性条件：

$$w_m^i + w_m^r = w_m^f, \quad \phi_m^i + \phi_m^r = \phi_m^f, \quad x=d \tag{8-79}$$

当项数相同时，由式（8-79）可知，w^i、w^r、w^f 及其激发的电位势函数 ϕ^i、ϕ^r、ϕ^f 在垂直边界上也满足连续性条件：

$$w^i + w^r = w^f, \quad \phi^i + \phi^r = \phi^f, \quad x=d \tag{8-80}$$

略去时间因子 $\exp(-\mathrm{i}\omega t)$，散射导波表达式为

$$w_0^s(\eta,\eta_0) = \frac{\mathrm{i}}{2c_{44}^{\mathrm{I}}(1+\lambda^{\mathrm{I}})} \sum_{n=-\infty}^{+\infty} G_n$$

$$\left\{ H_n^{(1)}(k_1|\eta|) \left[\frac{\eta}{|\eta|}\right]^n + (-1)^n H_n^{(1)}(k_1|\eta-2d|) \left[\frac{\eta-2d}{|\eta-2d|}\right]^{-n} \right\}$$

(8-81)

w_0^s 在上、下水平边界发生反射，根据参考文献 [9] 中的方法，本节对 w_0^s 在上、下边界上多次利用镜像法，如图 8-24 所示，使散射波在上、下边界上满足应力自由边界条件，用 p 表示镜像的次数，令 $L_1^p = h_1 + d_1^p$，$L_2^p = -(h_2 + d_2^p)$ 得

$$\begin{cases} w_p^{s1} = \dfrac{\mathrm{i}}{2c_{44}^{\mathrm{I}}(1+\lambda^{\mathrm{I}})} \sum_{n=-\infty}^{+\infty} G_n \left\{ H_n^{(1)}(k_1|\eta-\mathrm{i}L_1^p|) \left[\dfrac{\eta-\mathrm{i}L_1^p}{|\eta-\mathrm{i}L_1^p|}\right]^{-n} \right. \\ \left. + (-1)^n H_n^{(1)}(k_1|\eta-2d-\mathrm{i}L_1^p|) \left[\dfrac{\eta-2d-\mathrm{i}L_1^p}{\eta\eta-2d-\mathrm{i}L_1^p|}\right]^n \right\} \\ w_p^{s2} = \dfrac{\mathrm{i}}{2c_{44}^{\mathrm{I}}(1+\lambda^{\mathrm{I}})} \sum_{n=-\infty}^{+\infty} G_n \left\{ H_n^{(1)}(k_1|\eta-\mathrm{i}L_2^p|) \left[\dfrac{\eta-\mathrm{i}L_2^p}{|\eta-\mathrm{i}L_2^p|}\right]^{-n} \right. \\ \left. + (-1)^n H_n^{(1)}(k_1|\eta-2d-\mathrm{i}L_2^p|) \left[\dfrac{\eta-2d-\mathrm{i}L_2^p}{\eta\eta-2d-\mathrm{i}L_2^p|}\right]^n \right\} \end{cases}$$

(8-82)

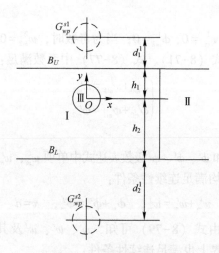

图 8-24 散射波的镜像

第8章 带形双相压电介质中缺陷对导波的散射

$$\begin{cases} w_p^{s1} = \dfrac{\mathrm{i}}{2c_{44}^{\mathrm{I}}(1+\lambda^{\mathrm{I}})} \sum_{n=-\infty}^{+\infty} G_n \Bigg\{ H_n^{(1)}(k_1|\eta - \mathrm{i}L_1^p|) \left[\dfrac{\eta - \mathrm{i}L_1^p}{|\eta - \mathrm{i}L_1^p|}\right]^n \\ \qquad + (-1)^n H_n^{(1)}(k_1|\eta - 2d - \mathrm{i}L_1^p|) \left[\dfrac{\eta - 2d - \mathrm{i}L_1^p}{\eta\eta - 2d - \mathrm{i}L_1^p|}\right]^n \Bigg\} \\ w_p^{s2} = \dfrac{\mathrm{i}}{2c_{44}^{\mathrm{I}}(1+\lambda^{\mathrm{I}})} \sum_{n=-\infty}^{+\infty} G_n \Bigg\{ H_n^{(1)}(k_1|\eta - \mathrm{i}L_2^p|) \left[\dfrac{\eta - \mathrm{i}L_2^p}{|\eta - \mathrm{i}L_2^p|}\right]^n \\ \qquad + (-1)^n H_n^{(1)}(k_1|\eta - 2d - \mathrm{i}L_2^p|) \left[\dfrac{\eta - 2d - \mathrm{i}L_2^p}{\eta\eta - 2d - \mathrm{i}L_2^p|}\right]^n \Bigg\} \end{cases} \quad (8\text{-}83)$$

$$\begin{cases} d_1^p = h_1 + (p-1)(h_1 + h_2) \\ d_2^p = h_2 + (p-1)(h_1 + h_2) \end{cases} \quad (8\text{-}84)$$

$$\begin{cases} d_1^p = h_2 + (p-1)(h_1 + h_2) \\ d_2^p = h_1 + (p-1)(h_1 + h_2) \end{cases} \quad (8\text{-}85)$$

散射导波表达式为

$$w^s = w_0^s + \sum_{p=1}^{+\infty} (w_p^{s1} + w_p^{s2}) \quad (8\text{-}86)$$

散射导波电势函数表达式为：

$$\phi^s = \phi_0^s + \sum_{p=1}^{+\infty} (\phi_p^{s1} + \phi_p^{s2}) \quad (8\text{-}87)$$

$$\begin{cases} \phi_0^s = \dfrac{e_{15}^{\mathrm{I}}}{\kappa_{11}^{\mathrm{I}}}(w_0^s + f_0^s),\ \phi_p^{s1} = \dfrac{e_{15}^{\mathrm{I}}}{\kappa_{11}^{\mathrm{I}}}(w_p^{s1} + f_p^{s1}) \\ \phi_p^{s2} = \dfrac{e_{15}^{\mathrm{I}}}{\kappa_{11}^{\mathrm{I}}}(w_p^{s2} + f_p^{s2}) \end{cases} \quad (8\text{-}88)$$

$$f_0^s = \sum_{n=1}^{+\infty} I_n [\eta^{-n} + (-1)^n (\overline{\eta} - 2d)^{-n}] + \sum_{n=1}^{+\infty} K_n [\overline{\eta}^{-n} + (-1)^n (\eta - 2d)^{-n}] \quad (8\text{-}89)$$

$$\begin{cases} f_p^{s1} = \sum_{n=1}^{+\infty} I_n [(\overline{\eta} + L_1^p \mathrm{i})^{-n} + (-1)^n (\eta - 2d - L_1^p \mathrm{i})^{-n}] \\ \qquad + \sum_{n=1}^{+\infty} K_n [(\eta - L_1^p \mathrm{i})^{-n} + (-1)^n (\overline{\eta} - 2d + L_1^p \mathrm{i})^{-n}] \end{cases}$$

$$\begin{cases} f_p^{s2} = \sum_{n=1}^{+\infty} I_n [(\overline{\eta} + L_2^p \mathrm{i})^{-n} + (-1)^n (\eta - 2d - L_2^p \mathrm{i})^{-n}] \\ + \sum_{n=1}^{+\infty} K_n [(\eta - L_2^p \mathrm{i})^{-n} + (-1)^n (\overline{\eta} - 2d + L_2^p \mathrm{i})^{-n}] \end{cases} \quad (8\text{-}90)$$

$$\begin{cases} f_p^{s1} = \sum_{n=1}^{+\infty} I_n [(\eta + L_1^p \mathrm{i})^{-n} + (-1)^n (\overline{\eta} - 2d - L_1^p \mathrm{i})^{-n}] \\ + \sum_{n=1}^{+\infty} K_n [(\overline{\eta} - L_1^p \mathrm{i})^{-n} + (-1)^n (\eta - 2d + L_1^p \mathrm{i})^{-n}] \\ f_p^{s2} = \sum_{n=1}^{+\infty} I_n [(\eta + L_2^p \mathrm{i})^{-n} + (-1)^n (\overline{\eta} - 2d - L_2^p \mathrm{i})^{-n}] \\ + \sum_{n=1}^{+\infty} K_n [(\overline{\eta} - L_2^p \mathrm{i})^{-n} + (-1)^n (\eta - 2d + L_2^p \mathrm{i})^{-n}] \end{cases} \quad (8\text{-}91)$$

当 p 为奇数时，w_p^{r1}、w_p^{r2} 取式 (8-82)，d_1^p、d_2^p 取式 (8-83)，f_p^{s1}、f_p^{s2} 取式 (8-90)。当 p 为偶数时，w_p^{r1}、w_p^{r2} 取式 (8-83)，d_1^p、d_2^p 取式 (8-85)，f_p^{s1}、f_p^{s2} 取式 (8-91)。

介质 I 中位移格林函数 w^{I} 与电位势格林函数 ϕ^{I} 表达式分别为

$$w^{\mathrm{I}} = w^i + w^s, \quad \phi^{\mathrm{I}} = \phi^i + \phi^s \quad (8\text{-}92)$$

圆形夹杂内部形成的驻波和电位势分别为

$$\begin{cases} w^{st} = \dfrac{\mathrm{i}}{2c_{44}^{\mathrm{III}}(1+\lambda^{\mathrm{III}})} \sum_{n=-\infty}^{+\infty} L_n J_n(k_3 |\eta|) [\eta/|\eta|]^n \\ \phi^{st} = \dfrac{e_{15}^{\mathrm{III}}}{\kappa_{11}^{\mathrm{III}}} (w^{st} + f^{st}), \quad f^{st} = V_0 + \sum_{n=1}^{\infty} (V_n \eta^n + Y_n \overline{\eta}^n) \end{cases} \quad (8\text{-}93)$$

介质 III 中位移格林函数 w^{III} 与电位势格林函数 ϕ^{III} 表达式分别为

圆形夹杂周边的边界条件为

$$w^{\mathrm{I}} = w^{\mathrm{III}}, \quad \tau_{rz}^{\mathrm{I}} = \tau_{rz}^i + \tau_{rz}^s = \tau_{zx}^i \cos\theta + \tau_{zy}^i \sin\theta + \tau_{rz}^s = \tau_{rz}^{\mathrm{III}}, \quad \phi^{\mathrm{I}} = \phi^{\mathrm{III}}, \quad D_r^{\mathrm{I}} = D_r^{\mathrm{III}} \quad (8\text{-}94)$$

由边界条件式 (8-94) 建立方程组：

$$\begin{cases} \sum_{n=-\infty}^{+\infty} G_n \xi_n^{(11)} + \sum_{n=-\infty}^{+\infty} L_n \xi_n^{(14)} = \xi^{(1)} \\ \sum_{n=-\infty}^{+\infty} G_n \xi_n^{(21)} + \sum_{n=1}^{+\infty} I_n \xi_n^{(22)} + \sum_{n=1}^{+\infty} K_n \xi_n^{(23)} + \sum_{n=-\infty}^{+\infty} L_n \xi_n^{(24)} \end{cases}$$

$$\begin{cases} + \sum_{n=-\infty}^{+\infty} G_n \xi_n^{(25)} + \sum_{n=-\infty}^{+\infty} L_n \xi_n^{(26)} = \xi^{(2)} \\ \sum_{n=-\infty}^{+\infty} G_n \xi_n^{(31)} + \sum_{n=1}^{+\infty} I_n \xi_n^{(32)} + \sum_{n=1}^{+\infty} K_n \xi_n^{(33)} + \sum_{n=-\infty}^{+\infty} L_n \xi_n^{(34)} + \\ \sum_{n}^{+\infty} V_n \xi_n^{(35)} + \sum_{-1}^{+\infty} Y_n \xi_n^{(36)} = \xi^{(3)} \\ \sum_{n=1}^{+\infty} I_n \xi_n^{(42)} + \sum_{n=1}^{+\infty} K_n \xi_n^{(43)} + \sum_{n=0}^{+\infty} L_n \xi_n^{(45)} + \sum_{n=1}^{+\infty} V_n \xi_n^{(46)} = \xi^{(4)} \end{cases} \quad (8\text{-}95)$$

式中：

$$\xi_n^{(11)} = \frac{\mathrm{i}}{2c_{44}^{\mathrm{I}}(1+\lambda^{\mathrm{I}})} \left\{ H_n^{(1)}(k_1|\eta|) \left[\frac{\eta}{|\eta|}\right]^n + (-1)^n H_n^{(1)}(k_1|\eta-2d|) \right.$$

$$\left. \cdot \left[\frac{\eta-2d}{|\eta-2d|}\right]^{-n} + \sum_{p=1}^{+\infty} v_1^p + \sum_{p=1}^{+\infty} v_2^p \right\}$$

$$\xi_n^{(14)} = -\frac{\mathrm{i}}{2c_{44}^{\mathrm{III}}(1+\lambda^{\mathrm{III}})} J_n(k_2|\eta|) \left[\frac{\eta}{|\eta|}\right]^n$$

$$\xi_n^{(21)} = \frac{\mathrm{i}k_1}{4} \left[\chi_1 \exp(\mathrm{i}\theta) + \chi_2 \exp(-\mathrm{i}\theta) + \sum_{p=1}^{+\infty} \varphi_1^p \exp(\mathrm{i}\theta) \right.$$

$$\left. + \sum_{p=1}^{+\infty} \varphi_2^p \exp(-\mathrm{i}\theta) + \sum_{p=1}^{+\infty} \psi_1^p \exp(\mathrm{i}\theta) + \sum_{p=1}^{+\infty} \psi_2^p \exp(-\mathrm{i}\theta) \right]$$

$$\xi_n^{(22)} = \frac{(e_{15}^{\mathrm{I}})^2}{\kappa_{11}^{\mathrm{I}}} \{ n[\eta^{-n-1}\mathrm{e}^{\mathrm{i}\theta} + (-1)^n (\overline{\eta}-2d)^{-n-1}\mathrm{e}^{-\mathrm{i}\theta}]$$

$$+ \sum_{p=1}^{+\infty} \gamma_1^p \exp(\mathrm{i}\theta) + \sum_{p=1}^{+\infty} \gamma_2^p \exp(-\mathrm{i}\theta) \}$$

$$\xi_n^{(23)} = \frac{(e_{15}^{\mathrm{I}})^2}{\kappa_{11}^{\mathrm{I}}} \{ n[\eta^{-n-1}\mathrm{e}^{\mathrm{i}\theta} + (-1)^n (\overline{\eta}-2d)^{-n-1}\mathrm{e}^{-\mathrm{i}\theta}]$$

$$+ \sum_{p=1}^{+\infty} v_1^p \exp(\mathrm{i}\theta) + \sum_{p=1}^{+\infty} v_2^p \exp(-\mathrm{i}\theta) \}$$

$$\xi_n^{(24)} = -\frac{\mathrm{i}k_3}{4} [J_{n-1}(k_3|\eta|) [\eta/|\eta|]^{n-1}\mathrm{e}^{\mathrm{i}\theta} - J_{n+1}(k_3|\eta|) [\eta/|\eta|]^{n+1}\mathrm{e}^{-\mathrm{i}\theta}]$$

$$\xi_n^{(25)} = -\frac{(e_{15}^{\mathrm{III}})^2}{\kappa_{11}^{\mathrm{III}}} n\eta^{n-1}\mathrm{e}^{\mathrm{i}\theta}, \quad \xi_n^{(26)} = -\frac{(e_{15}^{\mathrm{III}})^2}{\kappa_{11}^{\mathrm{III}}} n\overline{\eta}^{n-1}\mathrm{e}^{-\mathrm{i}\theta}$$

$$\xi_n^{(31)} = \frac{e_{15}^{\mathrm{I}} \mathrm{i}}{2c_{44}^{\mathrm{I}} \kappa_{11}^{\mathrm{I}} (1+\lambda^{\mathrm{I}})} \left\{ H_n^{(1)}(k_1|\eta|) \left[\frac{\eta}{|\eta|}\right]^n + (-1)^n H_n^{(1)}(k_1 |\eta-2d|) \right.$$

$$\left. \cdot \left[\frac{\eta-2d}{|\eta-2d|}\right]^{-n} + \sum_{p=1}^{+\infty} v_1^p + \sum_{p=1}^{+\infty} v_2^p \right\}$$

$$\xi_n^{(32)} = \frac{e_{15}^{\mathrm{I}}}{\kappa_{11}^{\mathrm{I}}} \left[\eta^{-n} + (-1)^n (\overline{\eta}-2d)^{-n} + \sum_{p=1}^{+\infty} \delta^p\right]$$

$$\xi_n^{(33)} = \frac{e_{15}^{\mathrm{I}}}{\kappa_{11}^{\mathrm{I}}} \left[\overline{\eta}^{-n} + (-1)^n (\eta-2d)^{-n} + \sum_{p=1}^{+\infty} t^p\right]$$

$$\xi_n^{(34)} = -\frac{e_{15}^{\mathrm{III}} \mathrm{i}}{2c_{44}^{\mathrm{III}} \kappa_{11}^{\mathrm{III}} (1+\lambda^{\mathrm{III}})} J_n(k_2|\eta|) \left[\frac{\eta}{|\eta|}\right]^n, \xi_n^{(35)} = -\frac{e_{15}^{\mathrm{III}}}{\kappa_{11}^{\mathrm{III}}} \eta^n, \xi_n^{(36)} = -\frac{e_{15}^{\mathrm{III}}}{\kappa_{11}^{\mathrm{III}}} \overline{\eta}^n$$

$$\xi_n^{(42)} = -e_{15}^{\mathrm{I}} \left[-n\eta^{-n-1} \mathrm{e}^{\mathrm{i}\theta} - n(-1)^n (\overline{\eta}-2d)^{-n-1} \mathrm{e}^{-\mathrm{i}\theta}\right.$$

$$\left. + \sum_{p=1}^{+\infty} \gamma_1^p \exp(\mathrm{i}\theta) + \sum_{p=1}^{+\infty} \gamma_2^p \exp(-\mathrm{i}\theta) \right]$$

$$\xi_n^{(43)} = -e_{15}^{\mathrm{I}} \left[-n(-1)^n (\eta-2d)^{-n-1} \mathrm{e}^{\mathrm{i}\theta} - n\overline{\eta}^{-n-1} \mathrm{e}^{-\mathrm{i}\theta}\right.$$

$$\left. + \sum_{p=1}^{+\infty} v_1^p \exp(\mathrm{i}\theta) + \sum_{p=1}^{+\infty} v_2^p \exp(-\mathrm{i}\theta) \right]$$

$$\xi_n^{(44)} = -e_{15}^{\mathrm{III}} n\eta^{n-1} \mathrm{e}^{\mathrm{i}\theta}, \quad \xi_n^{(45)} = -e_{15}^{\mathrm{III}} n\overline{\eta}^{n-1} \mathrm{e}^{-\mathrm{i}\theta}$$

$$\xi^{(1)} = -w^i, \quad \xi^{(2)} = -(\tau_{zx}^i \cos\theta + \tau_{zy}^i \sin\theta) = -\tau_{rz}^i, \quad \xi^{(3)} = -\phi^i, \quad \xi^{(4)} = 0$$

其中

$$\chi_1 = H_{n-1}^{(1)}(k_1|\eta|)[\eta/|\eta|]^{n-1} - (-1)^n H_{n+1}^{(1)}(k_1|\eta-2d|)[(\eta-2d)/|\eta-2d|]^{-n-1}$$

$$\chi_2 = -H_{n+1}^{(1)}(k_1|\eta|)[\eta/|\eta|]^{n+1} + (-1)^n H_{n-1}^{(1)}(k_1|\eta-2d|)[(\eta-2d)/|\eta-2d|]^{-n+1}$$

当 p 是奇数时, 有

$$\begin{cases} \varphi_1^p = -H_{n+1}^{(1)}(k_1|\eta-L_1^p \mathrm{i}|)[(\eta-L_1^p \mathrm{i})/|\eta-L_1^p \mathrm{i}|]^{-n-1} \\ \quad +(-1)^n H_{n-1}^{(1)}(k_1|\eta-2d-L_1^p \mathrm{i}|)[(\eta-2d-L_1^p \mathrm{i})/|\eta-2d-L_1^p \mathrm{i}|]^{n-1} \\ \varphi_2^p = -H_{n+1}^{(1)}(k_1|\eta-L_1^p \mathrm{i}|)[(\eta-L_1^p \mathrm{i})/|\eta-L_1^p \mathrm{i}|]^{-n+1} \\ \quad -(-1)^n H_{n-1}^{(1)}(k_1|\eta-2d-L_1^p \mathrm{i}|)[(\eta-2d-L_1^p \mathrm{i})/|\eta-2d-L_1^p \mathrm{i}|]^{n+1} \end{cases}$$

$$\begin{cases} \psi_1^p = -H_{n+1}^{(1)}(k_1|\eta-L_2^p \mathrm{i}|)[(\eta-L_2^p \mathrm{i})/|\eta-L_2^p \mathrm{i}|]^{-n-1} \\ \quad +(-1)^n H_{n-1}^{(1)}(k_1|\eta-2d-L_2^p \mathrm{i}|)[(\eta-2d-L_2^p \mathrm{i})/|\eta-2d-L_2^p \mathrm{i}|]^{-n-1} \\ \psi_1^p = -H_{n-1}^{(1)}(k_1|\eta-L_2^p \mathrm{i}|)[(\eta-L_2^p \mathrm{i})/|\eta-L_2^p \mathrm{i}|]^{-n+1} \\ \quad +(-1)^n H_{n+1}^{(1)}(k_1|\eta-2d-L_2^p \mathrm{i}|)[(\eta-2d-L_2^p \mathrm{i})/|\eta-2d-L_2^p \mathrm{i}|]^{n+1} \end{cases}$$

$$\gamma_1^p = -n[(-1)^n(\eta-2d-L_1^p\mathrm{i})^{-n-1}+(-1)^n(\eta-2d-L_2^p\mathrm{i})^{-n-1}]$$

$$\gamma_2^p = -n(\overline{\eta}+L_1^p\mathrm{i})^{-n-1}-n(\overline{\eta}+L_2^p\mathrm{i})^{-n-1}$$

$$v_1^p = -n(\eta-L_1^p\mathrm{i})^{-n-1}-n(\eta-L_2^p\mathrm{i})^{-n-1}$$

$$v_2^p = -n[(-1)^n(\overline{\eta}-2d+L_1^p\mathrm{i})^{-n-1}+(-1)^n(\overline{\eta}-2d+L_2^p\mathrm{i})^{-n-1}]$$

$$\begin{cases} u_1^p = H_n^{(1)}(k_1|\eta-L_1^p\mathrm{i}|)[(\eta-L_1^p\mathrm{i})/|\eta-L_1^p\mathrm{i}|]^{-n} \\ \quad +(-1)^n H_n^{(1)}(k_1|\eta-2d-L_1^p\mathrm{i}|)[(\eta-2d-L_1^p\mathrm{i})/|\eta-2d-L_1^p\mathrm{i}|]^n \\ v_2^p = H_n^{(1)}(k_1|\eta-L_2^p\mathrm{i}|)[(\eta-L_2^p\mathrm{i})/|\eta-L_2^p\mathrm{i}|]^{-n} \\ \quad +(-1)^n H_n^{(1)}(k_1|\eta-2d-L_2^p\mathrm{i}|)[(\eta-2d-L_2^p\mathrm{i})/|\eta-2d-L_2^p\mathrm{i}|]^n \end{cases}$$

$$\delta^p = (\overline{\eta}+L_1^p\mathrm{i})^{-n}+(\overline{\eta}+L_2^p\mathrm{i})^{-n}+(-1)^n(\eta-2d-L_1^p\mathrm{i})^{-n}+(-1)^n(\eta-2d-L_2^p\mathrm{i})^{-n}$$

$$l^p = (\eta-L_1^p\mathrm{i})^{-n}+(\eta-L_2^p\mathrm{i})^{-n}+(-1)^n(\overline{\eta}-2d+L_1^p\mathrm{i})^{-n}+(-1)^n(\overline{\eta}-2d+L_2^p\mathrm{i})^{-n}$$

当 p 是偶数时，有

$$\begin{cases} \varphi_1^p = H_{n-1}^{(1)}(k_1|\eta-L_1^p\mathrm{i}|)[(\eta-L_1^p\mathrm{i})/|\eta-L_1^p\mathrm{i}|]^{n-1} \\ \quad +(-1)^n H_{n+1}^{(1)}(k_1|\eta-2d-L_1^p\mathrm{i}|)[(\eta-2d-L_1^p\mathrm{i})/|\eta-2d-L_1^p\mathrm{i}|]^{-n-1} \\ \varphi_2^p = -H_{n+1}^{(1)}(k_1|\eta-L_1^p\mathrm{i}|)[(\eta-L_1^p\mathrm{i})/|\eta-L_1^p\mathrm{i}|]^{n+1} \\ \quad -(-1)^n H_{n-1}^{(1)}(k_1|\eta-2d-L_1^p\mathrm{i}|)[(\eta-2d-L_1^p\mathrm{i})/|\eta-2d-L_1^p\mathrm{i}|]^{-n+1} \end{cases}$$

$$\begin{cases} \psi_1^p = H_{n-1}^{(1)}(k_1|\eta-L_2^p\mathrm{i}|)[(\eta-L_2^p\mathrm{i})/|\eta-L_2^p\mathrm{i}|]^{n-1} \\ \quad +(-1)^n H_{n+1}^{(1)}(k_1|\eta-2d-L_2^p\mathrm{i}|)[(\eta-2d-L_2^p\mathrm{i})/|\eta-2d-L_2^p\mathrm{i}|]^{-n-1} \\ \psi_2^p = -H_{n+1}^{(1)}(k_1|\eta-L_2^p\mathrm{i}|)[(\eta-L_2^p\mathrm{i})/|\eta-L_2^p\mathrm{i}|]^{n+1} \\ \quad +(-1)^n H_{n-1}^{(1)}(k_1|\eta-2d-L_2^p\mathrm{i}|)[(\eta-2d-L_2^p\mathrm{i})/|\eta-2d-L_2^p\mathrm{i}|]^{-n+1} \end{cases}$$

$$\gamma_1^p = -n(\eta+L_1^p\mathrm{i})^{-n-1}-n(\eta+L_2^p\mathrm{i})^{-n-1}$$

$$\gamma_2^p = -n[(-1)^n(\overline{\eta}-2d-L_1^p\mathrm{i})^{-n-1}+(-1)^n(\overline{\eta}-2d-L_2^p\mathrm{i})^{-n-1}]$$

$$v_1^p = -n[(-1)^n(\eta-2d+L_1^p\mathrm{i})^{-n-1}+(-1)^n(\eta-2d+L_2^p\mathrm{i})^{-n-1}]$$

$$v_2^p = -n(\overline{\eta}-L_1^p\mathrm{i})^{-n-1}-n(\overline{\eta}-L_2^p\mathrm{i})^{-n-1}$$

$$\begin{cases} v_1^p = H_n^{(1)}(k_1|\eta-L_1^p\mathrm{i}|)[(\eta-L_1^p\mathrm{i})/|\eta-L_1^p\mathrm{i}|]^n \\ \quad +(-1)^n H_n^{(1)}(k_1|\eta-2d-L_1^p\mathrm{i}|)[(\eta-2d-L_1^p\mathrm{i})/|\eta-2d-L_1^p\mathrm{i}|]^{-n} \\ v_2^p = H_n^{(1)}(k_1|\eta-L_2^p\mathrm{i}|)[(\eta-L_2^p\mathrm{i})/|\eta-L_2^p\mathrm{i}|]^n \\ \quad +(-1)^n H_n^{(1)}(k_1|\eta-2d-L_2^p\mathrm{i}|)[(\eta-2d-L_2^p\mathrm{i})/|\eta-2d-L_2^p\mathrm{i}|]^{-n} \end{cases}$$

$$\delta^p = (\bar{\eta}+L_1^p\mathrm{i})^{-n}+(\bar{\eta}+L_2^p\mathrm{i})^{-n}+(-1)^n(\eta-2d-L_1^p\mathrm{i})^{-n}+(-1)^n(\eta-2d-L_2^p\mathrm{i})^{-n}$$

$$\tau^p = (\eta-L_1^p\mathrm{i})^{-n}+(\eta-L_2^p\mathrm{i})^{-n}+(-1)^n(\bar{\eta}-2d+L_1^p\mathrm{i})^{-n}+(-1)^n(\bar{\eta}-2d+L_2^p\mathrm{i})^{-n}$$

将以上方程组中等式左右两边乘以 $\exp(-\mathrm{i}F\theta)$，在 $(-\pi,\pi)$ 进行积分，从而得到关于 G_n、I_n、K_n、L_n、V_n、Y_n 的一次方程组。

8.2.4 契合法的应用

如图 8-25 所示，界面"部分"的过程破坏了界面上原有的应力和位移连续性条件。利用"契合法"将介质Ⅰ和介质Ⅱ在垂直边界上"契合"起来，形成无限长带形模型，将坐标系平移到裂纹中心点处，采用坐标系 $x'O'y'$。

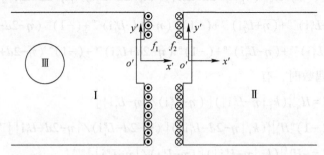

图 8-25 含圆形夹杂和界面裂纹的带形双相压电介质的契合

在介质Ⅰ中：
$$w^{\mathrm{I}} = w^j + w^r + w^s, \quad \tau_{\theta z}^{\mathrm{I}} = \tau_{\theta z}^i + \tau_{\theta z}^r + \tau_{\theta z}^s \tag{8-96}$$

在介质Ⅱ中：
$$w^{\mathrm{II}} = w^f, \quad \tau_{\theta z}^{\mathrm{II}} = \tau_{\theta z}^f \tag{8-97}$$

本节采用坐标系 $x'O'y'$，为满足在垂直边界 B_V 剖分面上裂纹以外区域连续性条件与裂纹区域应力自由条件，在剖分面上裂纹以外区域施加一对待求的反平面外力系：$f_1(r_0',\theta_0')$，$f_2(r_0',\theta_0')$。利用裂纹切割法，在欲出现裂纹的区域施加与剪应力 $\tau_{\theta z}^{\mathrm{I}}$、$\tau_{\theta z}^{\mathrm{II}}$ 对应的大小相等、方向相反的出平面荷载 $-\tau_{\theta z}^{\mathrm{I}}$、$-\tau_{\theta z}^{\mathrm{II}}$，则裂纹区域内左、右剖面上合应力均为零，而电场连续，可以看作导通裂纹。令 $\beta_1 = \pi/2$，$\beta_2 = -\pi/2$，当 $\theta_0' = \beta_1$、β_2 时，在垂直边界 B_V 上，由连续性条件可知：

$$\begin{cases} w^{\mathrm{I}} + w^{f_1} + w^{c_1} = w^{\mathrm{II}} + w^{f_2} + w^{c_2} \\ \tau_{\theta z}^{\mathrm{I}}\sin\theta_0' + f_1(r_0',\theta_0') = \tau_{\theta z}^{\mathrm{II}}\sin\theta_0' + f_2(r_0',\theta_0') \end{cases} \tag{8-98}$$

其中

第8章 带形双相压电介质中缺陷对导波的散射

$$\begin{cases}
w^{f1} = \int_{A}^{A+h_3} f_1(r'_0,\beta_1) G_w^{\mathrm{I}}(r'_0,\beta_1;r',\theta') \mathrm{d}r'_0 \\
\quad + \int_{A}^{A+h_4} f_1(r'_0,\beta_2) G_w^{\mathrm{I}}(r'_0,\beta_2;r',\theta') \mathrm{d}r'_0 \\
w^{f2} = \int_{A}^{A+h_3} f_2(r'_0,\beta_1) G_w^{\mathrm{II}}(r'_0,\beta_1;r',\theta') \mathrm{d}r'_0 \\
\quad + \int_{A}^{A+h_4} f_2(r'_0,\beta_2) G_w^{\mathrm{II}}(r'_0,\beta_2;r',\theta') \mathrm{d}r'_0 \\
w^{c1} = \int_{0}^{A} \tau_{\theta z}^{\mathrm{I}}(r'_0,\beta_1) G_w^{\mathrm{I}}(r'_0,\beta_1;r',\theta') \mathrm{d}r'_0 \\
\quad - \int_{0}^{A} \tau_{\theta z}^{\mathrm{I}}(r'_0,\beta_2) G_w^{\mathrm{I}}(r'_0,\beta_2;r',\theta') \mathrm{d}r'_0 \\
w^{c2} = \int_{0}^{A} \tau_{\theta z}^{\mathrm{II}}(r'_0,\beta_1) G_w^{\mathrm{II}}(r'_0,\beta_1;r',\theta') \mathrm{d}r'_0 \\
\quad - \int_{0}^{A} \tau_{\theta z}^{\mathrm{II}}(r'_0,\beta_2) G_w^{\mathrm{II}}(r'_0,\beta_2;r',\theta') \mathrm{d}r'_0
\end{cases} \quad (8\text{-}99)$$

式中：当 $\theta'_0=\beta_1$ 时，$A\leqslant r'_0\leqslant A+h_3$；当 $\theta'_0=\beta_2$ 时，$A\leqslant r'_0\leqslant A+h_4$；$w^{f1}$、$w^{f2}$ 分别为外力系 $f_1(r'_0,\theta'_0)$、$f_2(r'_0,\theta'_0)$ 引起的位移。w^{c1}、w^{c2} 分别为裂纹处 $-\tau_{\theta z}^{\mathrm{I}}(r'_0,\theta'_0)$、$-\tau_{\theta z}^{\mathrm{II}}(r'_0,\theta'_0)$ 引起的位移。

利用式（8-99）对式（8-98）进行简化，得到关于外力系的积分方程：

$$\begin{cases}
f_1(r'_0,\theta'_0) = f_2(r'_0,\theta'_0), \theta'_0 = \beta_1,\beta_2 \\
\int_{A}^{A+h_3} f_1(r'_0,\beta_1)[G_w^{\mathrm{I}}(r'_0,\beta_1;r',\theta') + G_w^{\mathrm{II}}(r'_0,\beta_1;r',\theta')] \mathrm{d}r'_0 \\
\quad + \int_{A}^{A+h_3} f_1(r'_0,\beta_2)[G_w^{\mathrm{I}}(r'_0,\beta_2;r',\theta') + G_w^{\mathrm{II}}(r'_0,\beta_2;r',\theta')] \mathrm{d}r'_0 \\
= -w^s(r,\theta) + \int_{0}^{A} \tau_{\theta z}^{\mathrm{I}}(r'_0,\beta_1) G_w^{\mathrm{I}}(r'_0,\beta_1;r',\theta') \mathrm{d}r'_0 \\
\quad - \int_{0}^{A} \tau_{\theta z}^{\mathrm{I}}(r'_0,\beta_2) G_w^{\mathrm{I}}(r'_0,\beta_2;r',\theta') \mathrm{d}r'_0 \\
\quad + \int_{0}^{A} \tau_{\theta z}^{\mathrm{II}}(r'_0,\beta_1) G_w^{\mathrm{I}}(r'_0,\beta_1;r',\theta') \mathrm{d}r'_0 \\
\quad - \int_{0}^{A} \tau_{\theta z}^{\mathrm{II}}(r'_0,\beta_2) G_w^{\mathrm{I}}(r'_0,\beta_2;r',\theta') \mathrm{d}r'_0
\end{cases} \quad (8\text{-}100)$$

式中：θ 分别取 $-\pi/2$、$\pi/2$。

积分方程（8-100）为含弱奇异性的第一类弗雷德霍姆型积分方程，由于散射波具有逐渐衰减的特性，利用"离散点法"对积分方程组进行处理并求解，求解出在一系列离散点上的 $f_1(r'_0,\theta'_0)$、$f_2(r'_0,\theta'_0)$。

8.2.5 动应力集中系数

根据参考文献 [10]，在 SH 型导波作用下夹杂周边的环向剪切应力可以表示为

$$\tau_{\theta z} = \tau^{\mathrm{I}}_{\theta z} + \mathrm{i}\left(c_{44} + \frac{e^{\mathrm{I}2}_{15}}{\kappa^{\mathrm{I}}_{11}}\right)\int_A^{A+h_3} f_1(\eta'_0)\left(\frac{\partial G^{\mathrm{I}}_w}{\partial \eta}\mathrm{e}^{\mathrm{i}\theta} - \frac{\partial G^{\mathrm{I}}_w}{\partial \overline{\eta}}\mathrm{e}^{-\mathrm{i}\theta}\right)\mathrm{d}|\eta'_0|$$
$$+ \mathrm{i}\left(c_{44} + \frac{e^{\mathrm{I}\,2}_{15}}{\kappa^{\mathrm{I}}_{11}}\right)\int_A^{A+h_4} f_1(\eta'_0)\left(\frac{\partial G^{\mathrm{I}}_w}{\partial \eta}\mathrm{e}^{\mathrm{i}\theta} - \frac{\partial G^{\mathrm{I}}_w}{\partial \overline{\eta}}\mathrm{e}^{-\mathrm{i}\theta}\right)\mathrm{d}|\eta'_0| \quad (8-101)$$

动应力系数可表示为 $\tau^*_{\theta z} = |\tau_{\theta z}/\tau_0|$，$\tau_0 = -\mathrm{i}k_1(c^{\mathrm{I}}_{44}w_0 + e^{\mathrm{I}}_{15}\phi_0)$ 为入射波剪切应力幅值。

8.2.6 动应力强度因子

如果动态荷载达到一定数值后，裂纹尖端将处于塑性流动状态，应力此时重新分布。一般将动应力强度因子利用参数 k'_3 进行定义，可以分析裂纹尖端位置的动应力集中程度，k'_3 表达式如下：

$$k'_3 = \left|\frac{\tau_{rz}|_{\bar{r}=\bar{r}_0}}{\tau_0 Q}\right| \quad (8-102)$$

式中：$\tau_{rz}|_{\bar{r}=\bar{r}_0}$ 表示与裂纹尖端距离微小位置处的名义应力，表示裂纹具有长度平方根量纲的特征尺寸，$\tau_0 = -\mathrm{i}k_1(c^{\mathrm{I}}_{44}w_0 + e^{\mathrm{I}}_{15}\phi_0)$ 为入射波剪切应力幅值，对于长度为 $2A$ 的直线型裂纹，$Q = \sqrt{A}$。

8.2.7 数值结果与分析

当 $\lambda^{\mathrm{I}} = \lambda^{\mathrm{II}} = 0$、$c^{\mathrm{I}}_{44} = c^{\mathrm{II}}_{44}$、$\rho_1 = \rho_2 = \rho_3 = 0$、$A=0$、$k_3 = 0$ 时，本节模型退化为含圆孔的带形弹性介质，取与参考文献 [9] 相同的参数，得到该模型在 SH 型导波作用下的分布情况，如图 8-26 所示，与参考文献 [9] 中结果吻合较好，证明本节方法精确可行。本节给圆形夹杂与上、下水平边界的距离、与垂直边界的距离、入射导波的频率对和电场强度集中系数的影响，本节令 $h^*_1 = h_1/a$、$h^*_2 = h_2/a$ 作为无量纲参数进行分析，本节取参数比：$k_2/k_1 = 2$、$e^{\mathrm{II}}_{15}/e^{\mathrm{I}}_{15} = 1000$、$c^{\mathrm{II}}_{44}/c^{\mathrm{I}}_{44} = 1$、$\kappa^{\mathrm{II}}_{11}/\kappa^{\mathrm{I}}_{11} = 0.5$；$k_1/k_3 = 2$、$e^{\mathrm{III}}_{15}/e^{\mathrm{I}}_{15} = 1$、$c^{\mathrm{III}}_{44}/c^{\mathrm{I}}_{44} = 0.5$、$\kappa^{\mathrm{III}}_{11}/\kappa^{\mathrm{I}}_{11} = 1$、$h^*_1 = 20$、$h^*_2 = 20$、$d^* = 10$、$A^* = 1$ 建立模型进行分析。

第8章 带形双相压电介质中缺陷对导波的散射

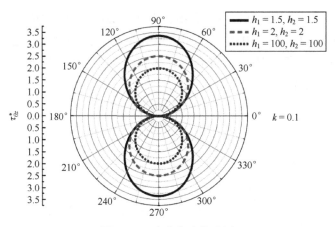

图 8-26 本节方法的验证

图 8-27 给出了 SH 型导波入射时圆形夹杂周边动应力集中系数随 h^* 的分布情况。取无量纲参数 $k_2/k_1=2$、$e_{15}^{II}/e_{15}^{I}=1000$、$c_{44}^{II}/c_{44}^{I}=1$、$\kappa_{11}^{II}/\kappa_{11}^{I}=0.5$；$k_1/k_3=2$、$e_{15}^{III}/e_{15}^{I}=1$、$c_{44}^{III}/c_{44}^{I}=0.5$、$\kappa_{11}^{III}/\kappa_{11}^{I}=1$、$d^*=10$、$A^*=1$ 建立模型进行分析。由图 8-27 可知，当 $ka=0.1$ 时，对应"准静态"的情况，$\tau_{\theta z}^*$ 的分布曲线沿水平线几乎对称，$\tau_{\theta z}^*$ 的值随 h_1^* 和 h_2^* 的增大而减小，圆形夹杂与上、下水平边界距离越大，边界效应越小，射波越衰减。当 $ka=0.1$、$h_1^*=20$、$h_2^*=20$ 时，$\tau_{\theta z}^*$ 最大值为 1.88，比 $ka=0.1$、$h_1^*=20$、$h_2^*=40$ 时 $\tau_{\theta z}^*$ 最大值 1.61 提高了约 17%。当 $ka=1$ 和 $ka=2$ 时，对应中频和高频的情况，$\tau_{\theta z}^*$ 的分布受 h_1^* 和 h_2^* 影响较大，因为上、下水平边界的存在使散射波发生反射而变得复杂，所以 $\tau_{\theta z}^*$ 的分布曲线变化复杂，当 $ka=2$、$h_1^*=20$、$h_2^*=20$ 时，$\tau_{\theta z}^*$ 最大值为 1.70，比"准静态"时最大值 1.88 减少约 10.5%。所以 h^* 对 $\tau_{\theta z}^*$ 的分布存在影响，而且当 SH 型导波低频入射时，h_1^* 和 h_2^* 对 $\tau_{\theta z}^*$ 的分布影响较大，这是与不含界面裂纹缺陷的带形双相压电介质模型受到 SH 型导作用时的动力学性能不一致。

图 8-28 给出了 SH 型导波入射时圆形夹杂周边动应力集中系数随 d^* 的分布情况。取无量纲参数 $k_2/k_1=2$、$e_{15}^{II}/e_{15}^{I}=1000$、$c_{44}^{II}/c_{44}^{I}=1$、$\kappa_{11}^{II}/\kappa_{11}^{I}=0.5$；$k_1/k_3=2$、$e_{15}^{III}/e_{15}^{I}=1$、$c_{44}^{III}/c_{44}^{I}=0.5$、$\kappa_{11}^{III}/\kappa_{11}^{I}=1$、$h_1^*=20$、$h_2^*=20$、$A^*=1$ 建立模型进行分析。由图 8-28 可知，$\tau_{\theta z}^*$ 的值随 d^* 的增大而逐渐变小，因为上、下水平边界和垂直边界的存在使散射波发生反射而使弹性波场变得复杂，所以 $\tau_{\theta z}^*$ 的分布曲线也比较复杂，圆形夹杂与垂直边界距离越大，边界效应越小，散射波越衰减。当 $ka=2$ 时，$\tau_{\theta z}^*$ 最大值为 1.88，约为 $ka=0.1$ 时最大值 1.09

的 1.72 倍,通过分析数据也可以看出,当 $d^*=20$ 时,$\tau_{\theta z}^*$ 的值随 d^* 增大而逐渐变小。当 $ka=1$、$d^*=10$ 时,$\tau_{\theta z}^*$ 最大值为 1.61,约为"准静态"时最大值 1.25 的 1.29 倍。所以对 $\tau_{\theta z}^*$ 的分布存在影响,而且当 SH 型导波低频入射时,对 $\tau_{\theta z}^*$ 的分布影响较大。

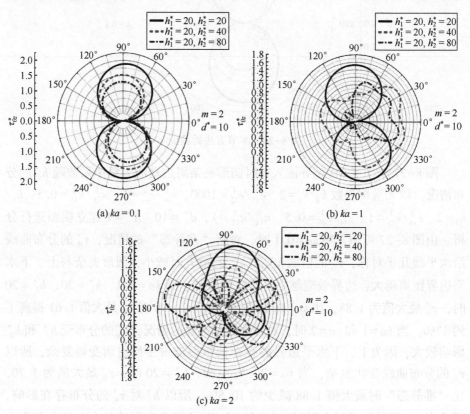

图 8-27 SH 型导波入射时 $\tau_{\theta z}^*$ 随 h^* 的变化

图 8-29 给出了 SH 型导波入射时圆形夹杂周边动应力集中系数随 ka 的分布情况。取无量纲参数 $k_2/k_1=2$、$e_{15}^{II}/e_{15}^{I}=1000$、$c_{44}^{II}/c_{44}^{I}=1$、$\kappa_{11}^{II}/\kappa_{11}^{I}=0.5$;$k_1/k_3=2$、$e_{15}^{III}/e_{15}^{I}=1$、$c_{44}^{III}/c_{44}^{I}=0.5$、$\kappa_{11}^{III}/\kappa_{11}^{I}=1$、$h_1^*=20$、$h_2^*=20$、$d^*=10$、$A^*=1$ 建立模型进行分析。由图 8-29 可知,当 $m=1$ 时,$\tau_{\theta z}^*$ 分布曲线变化明显,高频时 $\tau_{\theta z}^*$ 的值大于中频和低频时的情况,当 $ka=2$ 时,对应 SH 型导波高频的情况,$\tau_{\theta z}^*$ 最大值为 2.13,远大于 $m=1$、$ka=0.1$ 时"准静态"时的最大值,所以低阶 SH 型导波入射时,应该对高频的情况引起重视。当时,表示高阶 SH 型导波入射的情况,$\tau_{\theta z}^*$ 的分布曲线沿竖直轴线几乎对称,当 $ka=0.1$

时，$\tau_{\theta z}^*$ 最大值为 1.88，比 $m=1$、$ka=0.1$ 时 $\tau_{\theta z}^*$ 最大值 2.13 减小 13%，所以当高阶 SH 型导波入射时，$\tau_{\theta z}^*$ 变化剧烈。$\tau_{\theta z}^*$ 的值随 SH 型导波的阶数增大而减小。

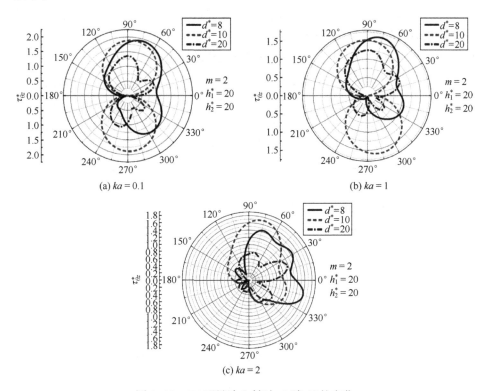

图 8-28 SH 型导波入射时 $\tau_{\theta z}^*$ 随 d^* 的变化

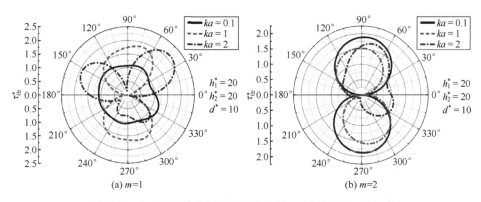

图 8-29 SH 型导波入射时圆形夹杂周边 DSCF 随 ka 的分布

图 8-30 给出了 SH 型导波入射时圆形夹杂周边动应力系数随波数比的变化情况。其中，波数比 $k^* = k_1/k_3$，取无量纲参数 $k_2/k_1 = 2$、$e_{15}^{II}/e_{15}^{I} = 1000$、$c_{44}^{II}/c_{44}^{I} = 1$、$\kappa_{11}^{II}/\kappa_{11}^{I} = 0.5$；$k_1/k_3 = 2$、$e_{15}^{III}/e_{15}^{I} = 1$、$c_{44}^{III}/c_{44}^{I} = 0.5$、$\kappa_{11}^{III}/\kappa_{11}^{I} = 1$、$h_1^* = 20$、$h_2^* = 20$、$d^* = 10$、$A^* = 1$ 建立模型进行分析。当 $k^* < 1$ 时，表示入射导波从相对较软的压电介质入射到相对较硬的压电介质；当 $k^* > 1$ 时，表示入射导波从相对较硬的压电介质入射到相对较软的压电介质。

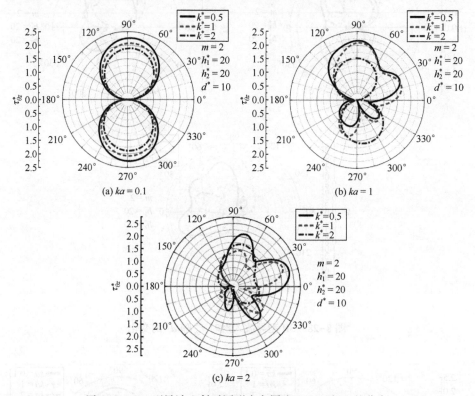

图 8-30 SH 型导波入射时圆形夹杂周边 DSCF 随 k^* 的分布

由图 8-30 可知，当 $ka = 0.1$，$\tau_{\theta z}^*$ 分布曲线沿竖直轴线几乎对称，当 SH 型导波的入射频率逐渐增大后，$\tau_{\theta z}^*$ 分布曲线也呈现出复杂性。当 $ka = 0.1$、$k^* = 0.5$ 时，$\tau_{\theta z}^*$ 最大值为 2.26，比 $ka = 0.1$、$k^* = 2$ 时最大值 1.88 提高 20%，当 $ka = 2$、$k^* = 0.5$ 时，$\tau_{\theta z}^*$ 最大值为 2.36，比 $ka = 2$、$k^* = 2$ 时最大值 1.70 提高了 39%，$\tau_{\theta z}^*$ 的值随 k^* 的增大而减小，这说明 $\tau_{\theta z}^*$ 的分布情况和介质的软硬程度有关，当 SH 型导波由较硬介质入射较软的介质时，较软介质比较硬介质可以吸收更多的能量，导致圆形夹杂周边的 $\tau_{\theta z}^*$ 的值增大，通过分析数据可知，当

$ka=0.1$ 时 $\tau_{\theta z}^*$ 最大值为 2.26，当 $ka=2$ 时 $\tau_{\theta z}^*$ 最大值 1.88，所以高频 SH 型导波入射时介质较软，对 $\tau_{\theta z}^*$ 的分布影响比较明显。可见 $\tau_{\theta z}^*$ 的分布很大程度受介质Ⅲ和介质Ⅰ的波数比的影响。

图 8-31 给出了 SH 型导波入射时圆形夹杂周边动应力系数随裂纹长度的变化情况。取无量纲参数 $k_2/k_1=2$、$e_{15}^{\mathrm{II}}/e_{15}^{\mathrm{I}}=1000$、$c_{44}^{\mathrm{II}}/c_{44}^{\mathrm{I}}=1$、$\kappa_{11}^{\mathrm{II}}/\kappa_{11}^{\mathrm{I}}=0.5$；$k_1/k_3=2$、$e_{15}^{\mathrm{III}}/e_{15}^{\mathrm{I}}=1$、$c_{44}^{\mathrm{III}}/c_{44}^{\mathrm{I}}=0.5$、$\kappa_{11}^{\mathrm{III}}/\kappa_{11}^{\mathrm{I}}=1$、$h_1^*=20$、$h_2^*=20$、$d^*=10$ 建立模型进行分析。由图 8-31 可知，$\tau_{\theta z}^*$ 分布曲线变化明显，$\tau_{\theta z}^*$ 的值随 A^* 的值增大而增大，当 $ka=0.1$、$A^*=2$ 时，$\tau_{\theta z}^*$ 最大值为 3.04，约为 $ka=0.1$、$A^*=1$ 时最大值 1.88 的 1.6 倍。当 $ka=2$、$A^*=2$ 时，$\tau_{\theta z}^*$ 最大值为 2.12。所以裂纹对 $\tau_{\theta z}^*$ 的分布影响比较大，工程中应该对低频 SH 型导波入射时存在裂纹的情况引起重视。

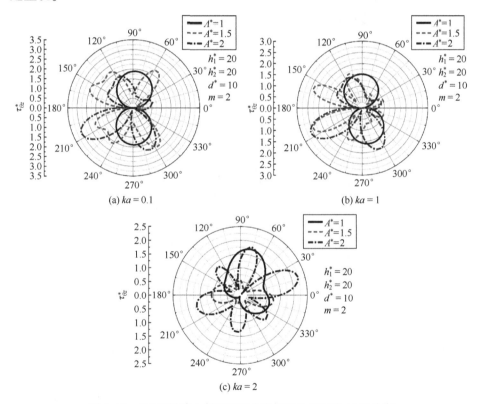

图 8-31 SH 型导波入射时圆形夹杂周边 DSCF 随 A^* 的分布

图 8-32 给出了 SH 型导波入射时圆形夹杂周边动应力系数随无量纲压电常数的变化情况。取无量纲参数 $k_2/k_1=2$、$e_{15}^{\mathrm{II}}/e_{15}^{\mathrm{I}}=1000$、$c_{44}^{\mathrm{II}}/c_{44}^{\mathrm{I}}=1$、$\kappa_{11}^{\mathrm{II}}/\kappa_{11}^{\mathrm{I}}=$

0.5；$k_1/k_3=2$、$e_{15}^{Ⅲ}/e_{15}^{Ⅰ}=1$、$c_{44}^{Ⅲ}/c_{44}^{Ⅰ}=0.5$、$\kappa_{11}^{Ⅲ}/\kappa_{11}^{Ⅰ}=1$、$h_1^*=20$、$h_2^*=20$、$d^*=10$、$A^*=1$ 建立模型进行分析。由图 8-32 可知，当 $ka=2$ 时，$\tau_{\theta z}^*$ 分布曲线沿 $60°$ 轴线几乎对称，当 $ka=0.1$ 和 $ka=1$ 时，对应低频和中频 SH 型导波入射的情况，此时曲线沿水平轴线呈现出对称性。$\tau_{\theta z}^*$ 的值随 $\lambda^Ⅰ$ 的增大而增大。当 $ka=0.1$、$\lambda^Ⅰ=2$ 时，$\tau_{\theta z}^*$ 最大值为 1.88，比 $ka=0.1$、$\lambda^Ⅰ=0.5$ 时最大值 1.56 提高了 21%，当 $ka=2$、$\lambda^Ⅰ=2$ 时，最大值为 1.70，比 $ka=2$、$\lambda^Ⅰ=0.5$ 时最大值 1.38 提高了 23%，所以高频 SH 型导波入射时 $\lambda^Ⅰ$ 对 $\tau_{\theta z}^*$ 的分布影响比较大。

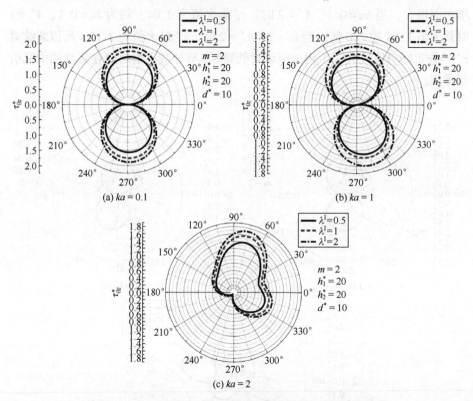

图 8-32　SH 型导波入射时圆形夹杂周边 DSCF 随 $\lambda^Ⅰ$ 的分布

图 8-33 给出了 SH 型导波入射时 k_3' 随 $\lambda^Ⅰ$ 的变化情况。取无量纲参数 $k_2/k_1=2$、$e_{15}^{Ⅱ}/e_{15}^{Ⅰ}=1000$、$c_{44}^{Ⅱ}/c_{44}^{Ⅰ}=1$、$\kappa_{11}^{Ⅱ}/\kappa_{11}^{Ⅰ}=0.5$；$k_1/k_3=2$、$e_{15}^{Ⅲ}/e_{15}^{Ⅰ}=1$、$c_{44}^{Ⅲ}/c_{44}^{Ⅰ}=0.5$、$\kappa_{11}^{Ⅲ}/\kappa_{11}^{Ⅰ}=1$、$h_1^*=20$、$h_2^*=20$、$d^*=10$、$A^*=1$ 建立模型进行分析。由图 8-33 可知，裂纹尖端的动应力强度因子 k_3' 呈现波动变化，并且 k_3' 的值随 $\lambda^Ⅰ$ 的增加而增大。当高频 SH 型导波入射时，对于 $\lambda^Ⅰ=2$ 的情况，在 $ka=1.3$ 附近 k_3' 达到最大值。

第8章 带形双相压电介质中缺陷对导波的散射

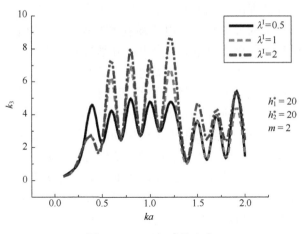

图 8-33 k_3' 随 λ^{I} 的变化

图 8-34 给出了 SH 型导波入射时裂纹尖端动应力强度裂纹长度因子 k_3' 随 A^* 的变化情况。取无量纲参数 $k_2/k_1=2$、$e_{15}^{\mathrm{II}}/e_{15}^{\mathrm{I}}=1000$、$c_{44}^{\mathrm{II}}/c_{44}^{\mathrm{I}}=1$、$\kappa_{11}^{\mathrm{II}}/\kappa_{11}^{\mathrm{I}}=0.5$;$k_1/k_3=2$、$e_{15}^{\mathrm{III}}/e_{15}^{\mathrm{I}}=1$、$c_{44}^{\mathrm{III}}/c_{44}^{\mathrm{I}}=0.5$、$\kappa_{11}^{\mathrm{III}}/\kappa_{11}^{\mathrm{I}}=1$、$h_1^*=20$、$h_2^*=20$、$d^*=10$ 建立模型进行分析。由图 8-34 可知,裂纹尖端的动应力强度因子 k_3' 呈现波动变化,对于 $A^*=2$ 的情况,在 $ka=1.5$ 附近 k_3' 达到最大值。在接近高频 $ka=1$ 时变小。随着入射波数的增加,裂纹尖端的强度因子曲线下降趋势明显。

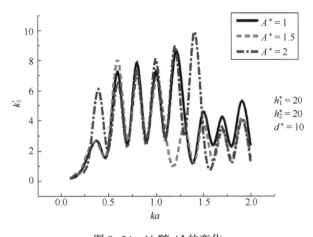

图 8-34 k_3' 随 A^* 的变化

本算例利用导波理论、"格林函数法"、"镜像法"和"契合法"研究含界面裂纹和圆形夹杂的带形双相压电介质在 SH 型导波作用下的反平面特征。将无限长双相带形压电介质模型沿垂直界面分割为两个独立的含垂直边界的带形压电介质进行研究。通过圆形夹杂周边连续条件建立起求解未知系数的积分方程组,得到散射波表达式。利用"裂纹切割技术"在界面处建立裂纹,利用"契合法"建立第一类弗雷德霍姆型积分方程组,并通过直接离散的方法求解未知出平面外力系,得到圆形夹杂周边动应力集中系数解析表达式。数值算例分析了入射波频率、介质参数、圆形夹杂位置、压电介质的物理参数和裂纹等对动应力集中系数与裂纹尖端强度因子的影响。算例表明:

(1) 当高频 SH 型导波入射时,$\tau_{\theta z}^*$ 比低频时减少 10.5%,所以模型受到的破坏比较大,工程中应该对低频入射的情况引起注意。

(2) 当高频 SH 型导波入射时,$\tau_{\theta z}^*$ 随 h^* 变化非常明显;圆形夹杂与垂直边界距离越大散射波越衰弱,所以随着 d^* 的增大,$\tau_{\theta z}^*$ 的值逐渐变小。

(3) SH 型导波的阶数越大,$\tau_{\theta z}^*$ 的值越小,高阶时 $\tau_{\theta z}^*$ 最大值比低阶减小 13%;低阶 SH 型导波入射时,应该对高频的情况引起重视;当高阶 SH 型导波入射时,低频的情况对 $\tau_{\theta z}^*$ 的分布影响特别明显。

(4) 随着入射波数的增加,裂纹尖端的强度因子曲线下降趋势明显。

参 考 文 献

[1] QI H, ZHANG X M. Scattering of SH wave by a semi-cylindrical salient near vertical interface in the bi-material half space [J]. Waves in Random and Complex Media, 2017, 27 (4): 751-767.

[2] 张希萌, 齐辉, 项梦. 半空间双相压电介质垂直边界附近圆孔对 SH 型导波的散射 [J]. 爆炸与冲击, 2017, 37 (4): 591-599.

[3] 张希萌, 齐辉, 丁晓浩, 等. 半空间双相压电介质垂直边界附近圆形夹杂的动态性能分析 [J]. 振动与冲击, 2017, 36 (21): 77-84.

[4] 孔艳平, 刘金喜. 功能梯度压电双材料板中厚度-扭曲波的传播 [J]. 工程力学, 2012, 29 (7): 24-28, 41.

[5] QI H, ZHANG X M. Scattering of SH-Wave by a Circular Inclusion Near the Interfacial Cracks in the Piezoelectric Bi-Material Half-Space [J]. Journal of Mechanics, 2017, 34 (3): 1-11.

[6] 张希萌, 齐辉, 孙学良. 半空间垂直界面附近半圆形衬砌凸起和孔洞对 SH 型导波的散射 [J]. 天津大学学报 (自然科学与工程技术版), 2017, 50 (2): 198-205.

[7] 丁生虎, 李星. 功能梯度压电带粘接功能梯度压电材料裂纹问题 [J]. 兰州大学学报

（自然科学版），2008，35（1）：102-107.
[8] 靳静，马鹏. 压电压磁双层材料界面裂纹断裂特性进一步分析 [J]. 工程力学，2013，30（6）：327-333.
[9] 齐辉，蔡立明，潘向南，等. 带形介质内 SH 型导波对圆柱孔洞的动力分析 [J]. 工程力学，2015，32（3）：9-14，21.
[10] 李冬，宋天舒. 双相压电介质中界面附近圆孔的动态性能分析 [J]. 振动与冲击，2011，30（3）：91-95.

附　　录

u	位移
f	体积力
c_p	纵波波速
c_s	横波波速
θ	体积膨胀率
ψ	矢量场
φ	标量场
I	能量强度
T	周期
v	速度
a	加速度
σ	应力
ε	应变
μ	弹性模量
ρ	质量密度
ω	角频率
w	反平面位移
$\tau_{rz}, \tau_{\theta z}$	应力分量
$w(x,y)$	稳态波
$w_0(z,\bar{z})$	柱面散射波
$f(y)$	y 方向上的驻波相
$\exp[i(k_x)(-\omega t)]$	x 方向上的传播相
k_m	x 方向的视波数
m	导波的阶数
Ω	无量纲频率
ξ	无量纲波数
k	波数
$w_J(z)$	入射波 w_J 的位移场

附录

$w_G(z)$	累次镜像方法构造的位移场
$w_s(z)$	驻波的位移场
$\tau_J(z)$、$\tau_G(z)$、$\tau_S(z)$	剪切应力
$\theta_0^\perp(z)$	外法向量的辐角 θ_0
w^*	0阶导波的对称波型的振幅
$\tau_{rz}^*(z)$	径向动应力集中因子
$\tau_{\theta z}^*(z)$	周向动应力集中因子
Δw^*	标准化的位移差
$\Delta \tau^*$	标准化的应力差
$F(\theta_0)$	无量纲化的远场位移
w_i^g	入射波
w_s^g	散射波
τ_0	最大剪应力幅值
w_0	最大位移幅值
k^*	无量纲波数
r^*	无量纲半径
a^*	无量纲距离
h^*	带形域的无量纲厚度
$\tau_{\theta z}^*$	动应力集中系数
k_c	截止频率
$G^S(z, z_0)$	反平面位移函数
$S(z)$	总位移
w_m	入射导波的位移函数
q_m	干涉相移沿 y 轴的节点数
ka	入射波频率
k_0^*	入射波波数
c_{44}	弹性常数
e_{15}	压电系数
κ_{11}	介电常数
ϕ	电位势
G_w	位移格林函数
G_ϕ	电势格林函数
D_r	电位移

$w^{(\cdot)}$	压电介质位移函数
$\phi^{(\cdot)}$	压电介质的电势函数
D_r^c	势位移
k_0	真空的介电常数
E_0	电场强度的振幅
E_θ^*	电场强度系数
k^*	波数比
λ^{I}	无量纲压电常数
k_3'	尖端动应力强度因子
A^*	裂纹长度

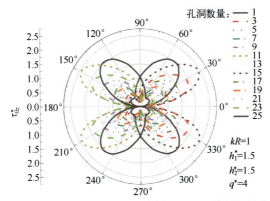

图 4-8 多孔带形介质中心圆孔周围 DSCF 的周期性分布

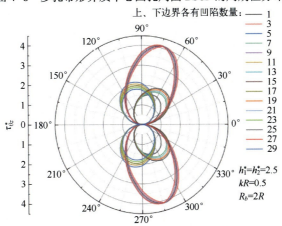

图 4-18 圆孔周围 DSCF 随边界凹陷数量的分布

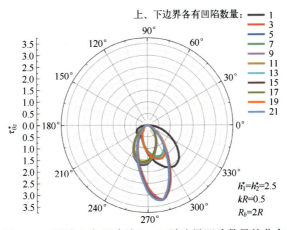

图 4-20 圆孔上方凹陷处 DSCF 随边界凹陷数量的分布

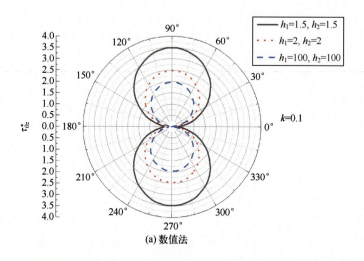

(a) 数值法

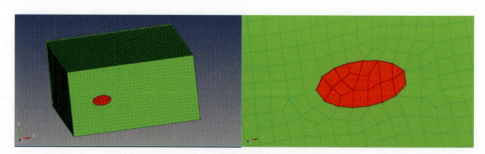

(b) 有限元法

图 5-11 本节方法的验证

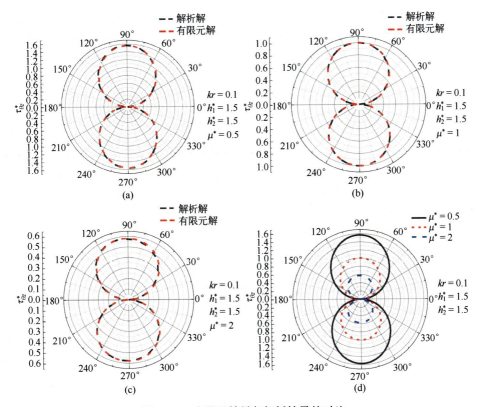

图 6-30 有限元结果与解析结果的对比

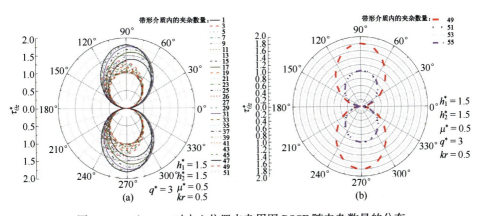

图 6-34 $\mu^* = 0.5$ 时中心位置夹杂周围 DSCF 随夹杂数量的分布

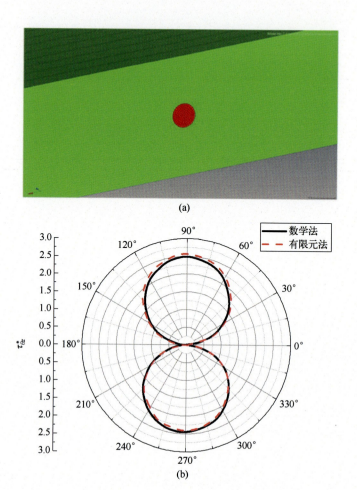

图 7-30 有限元方法的比较

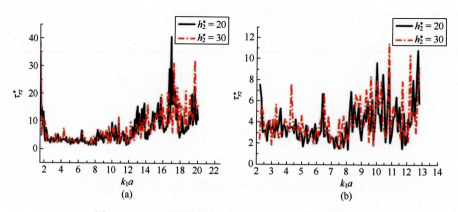

图 7-34 SH 引导波作用下 DSCF（τ_{rz}^*）的变化曲线